“十四五”高等学校数字媒体类专业规划教材

数字媒体设计图形图像理论基础

王建一　吕德生　编著

中国铁道出版社有限公司
CHINA RAILWAY PUBLISHING HOUSE CO., LTD.

内 容 简 介

本书以数字媒体应用开发为背景，介绍了使用 OpenGL、DirectX、Unity3d 等应用开发工具所必需的理论知识。本书主要有：计算机图形学的基本原理，包括图形建模、图形变换、光栅化、裁剪、消隐、曲线曲面理论、基本光照模型、纹理映射等；数字图像的基础知识，包括图像几何变换及图像处理基本算法；应用建模技术，包括骨骼模型、水面模型、布料模型等。本书特点是从数字媒体开发工具出发，聚焦于游戏、动漫及虚拟现实等数字媒体技术必备的基础知识。

本书适合作为高等院校数字媒体、动画类等相关专业教学用书，也可作为广大读者认识和学习数字动画知识的参考书，对于希望系统学习和研究动画的人员具有参考价值。

图书在版编目(CIP)数据

数字媒体设计图形图像理论基础/王建一，吕德生编著.—北京：中国铁道出版社有限公司，2021.6
"十四五"高等学校数字媒体类专业规划教材
ISBN 978-7-113-27891-5

Ⅰ.①数… Ⅱ.①王… ②吕… Ⅲ.①数字图像处理-高等学校-教材 Ⅳ.①TN911.73

中国版本图书馆 CIP 数据核字(2021)第 066622 号

书　　名：**数字媒体设计图形图像理论基础**
作　　者：王建一　吕德生

责任编辑：李学敏　　**编辑部电话**：(010)83529875
封面设计：刘　颖
责任校对：孙　玫
责任印制：樊启鹏

出版发行：中国铁道出版社有限公司(100054，北京市西城区右安门西街 8 号)
网　　址：http://www.tdpress.com/51eds/
印　　刷：三河市兴达印务有限公司
版　　次：2021 年 6 月第 1 版　2021 年 6 月第 1 次印刷
开　　本：787 mm×1 092 mm 1/16　**印张**：16　**字数**：400 千
书　　号：ISBN 978-7-113-27891-5
定　　价：42.00 元

编 委 会

序

“十三五”时期是我国全面建成小康社会的决胜阶段，国务院印发的《“十三五”国家战略性新兴产业发展规划》于2016年底公布，数字创意产业首次被纳入国家战略性新兴产业发展规划，成为与新一代信息技术、生物、高端制造、绿色低碳产业并列的五大新支柱之一，产业规模预计达8万亿元，数字创意产业已迎来大有可为的战略机遇期，对专业人才的需求日益迫切。

高等院校面向数字创意产业开展人才培养的直接相关本科专业包括：数字媒体技术、数字媒体艺术、网络与新媒体、艺术与科技等，这一类数字媒体相关专业应该积极服务国家战略需求，主动适应数字技术与文化创意、设计服务深度融合的时代背景，合理调整教学内容和课程设置，突出“文化+科技”的培养特色，这也是本系列教材推出的要义所在。

作为数字媒体专业人才培养的重要单位，哈尔滨工业大学设有数字媒体技术、数字媒体艺术两个本科专业，于2016年12月获批“互动媒体设计与装备服务创新文化部重点实验室”，该实验室主体是始建于2000年的哈尔滨工业大学媒体技术与艺术系，2007年获批为首批（动漫类）国家级特色专业建设点和省级实验教学示范中心，2018年获批设立“黑龙江省虚拟现实工程技术研究中心”。2018年3月，国务院机构改革，将文化部、国家旅游局的职责整合，组建文化和旅游部，文化部重点实验室是中华人民共和国文化和旅游部为完善文化科技创新体系建设，促进文化与科技深度融合，开展高水平科学研究，聚集和培养优秀文化科技人才而组织认定的我国文化科技领域最高级别的研究基地。

经过20年的探索与实践，哈尔滨工业大学数字媒体本科专业不断完善自身的人才培养观念和课程体系，秉承“以学生为中心，学生学习与发展成效驱动”的教育理念，突出“技术与艺术并重、文化与科技融合”的人才培养特色，开设数字媒体专业课程50余门，其中包括国家级精品视频公开课1门，国家级精品在线开放课程3门，省级精品课程3门，双语教学课程7门，本系列教材的作者主要来自该专业的一线任课教师。

教材的编写是一个艰辛的探索过程，每一位作者都为之付出了辛勤的汗水，但鉴于数字媒体专业领域日新月异的高速发展，教材内容难免会有不当、不准、不新之处，诚望各位专家和广大读者批评指正。我们也衷心期待有更多、更好、更全面和更深入的数字媒体专业教材面世，助力数字媒体专业人才在全面建成小康社会、建设创新型国家的新时代大展宏图。

互动媒体设计与装备服务创新文化部重点实验室（哈尔滨工业大学）主任

吕德生

2019年5月

前言

从20世纪50年代开始，世界进入了计算机时代，计算机开始应用于工业领域。在最初的应用中，图形图像就是主要的应用方向，如机械设计（CAD）和电视信号编码等。图形学科和图像学科也在计算机应用的早期就已经建立起来并快速发展，对图形图像的应用建立了理论基础。在图形图像学科研究及应用的发展过程中，建立了较完整的理论体系和技术标准，为应用的普及建立了技术基础。随着时代的发展，计算机的应用逐渐从工业领域普及到了各个领域，特别开拓了以游戏、虚拟现实为代表的数字媒体领域，对社会文化的进步起到了引领作用。当今社会，从产业的规模、从业人员、消费群体等多方面看，可以说已经进入了数字媒体时代。

图形学科和图像学科也是一个复合学科，包括多个细分领域，如算法、设备、交互、传输、软件设计等。在应用方面，以计算机动画、动漫、数字电影、电子游戏、虚拟现实为代表的数字媒体也作为一个细分领域，占据了突出的地位。现今，数字媒体应用已经拥有数十亿使用者，这样的应用规模也同时推动着数字媒体技术的发展，各种新技术、新算法不断涌现，可以预见的是，在将来，图形图像技术及应用还会发展到更新的高度。

数字媒体领域既包括设计，也包括技术工作。其特点一般是基于某种应用软件或应用平台进行应用的设计开发，过程中必然会涉及图形图像的基础原理和算法，掌握相关的知识是必要的。有关计算机图形图像理论的教材有很多种，但如果以数字媒体开发与应用教学为目标，会发现合适的教材较少。多数教材讲解最基础的算法、原理，而不能和应用实践联系起来。还有一些教材是从图形接口如DirectX等出发，脱离基础，不易理解，还容易陷入编程细节中。面对数字媒体专业，特别是设计方向的数字媒体专业，图形图像理论应着眼于以下目标：

（1）理解图形图像的数字构成；

（2）理解主流设计工具（如OpenGL、DirectX、Unity3d等）所涉及的概念和原理；

（3）掌握数字媒体开发中常用的图形图像算法，如图形变换、网格面片计算、图形着色、色彩计算及图像几何处理等；

（4）了解当前图形图像领域的技术发展，如先进的渲染技术、GPU计算等。

教材的主旨是让学生具备基础的、有实用价值的图形图像知识，在学习使用数字媒体设计工具时，容易理解其各种功能的作用和制约。在进行应用开发编程时，能够设计技术路线，对技术步骤有较准确的把握。教学应该始终围绕数字媒体设计开发工具（3ds Max、Photoshop、Unity、HTML5等）进行。

本书共包括10章：第1章到第8章为图形图像知识的基础部分；第9、10章为提高部分，这部分介绍了一些较高级的图形学算法，对学习者起到引领和提升作用。第1章为绪论；第2章介绍了图形学的基本概念和体系；第3章介绍了图形图像的数字化表达方法；第4章介绍了图形变换原理，包括基本变换、组合变换、摄像机变换、视窗变换等基本理论；第5章介绍了裁剪、消隐、光栅化等图形处理的基础算法；第6章介绍了曲线曲面建模的基本数学理论，包括Bezier曲线曲面和B样条曲线曲面的数学原理；第7章介绍了色彩计算的几种基础算法，包括光照计算和纹理映射技术；第8章介绍了图像技术的一些基础算法，包括图像的表示、图像变换、常用图像特效算法；第9章介绍了几种常见的动画算法，包括骨骼动画算法、布料动画算法、粒子动画算法、水面动画算法等；第10章以NVIDIA芯片为代表介绍了目前主流的GPU渲染技术；附录为实验指导。

由于编者水平有限、时间仓促，本书难免在内容选材和叙述上有不妥和疏漏之处，竭诚欢迎广大读者批评指正。

编　者

2020年11月

目 录

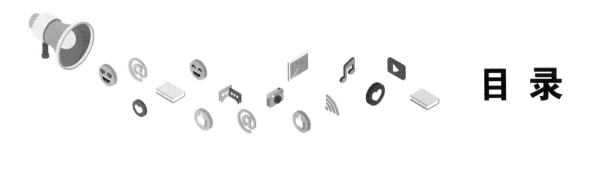

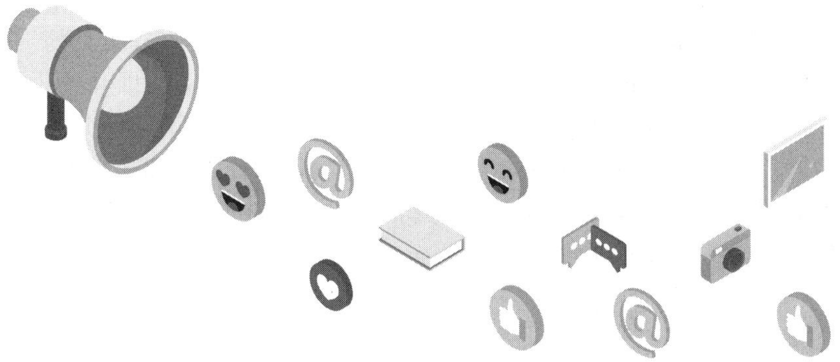

第1章 绪　论

计算机图形学(Computer Graphics,CG)作为一个学科,从20世纪50年代开始已经历了大半个世纪的发展过程。在这个过程中,学科体系已经建立,技术方法已经应用到众多的领域,本章概述计算机图形学相关概念、技术及应用。

1.1 计算机图形学研究内容

在自然界,视觉是人们感知客观事物的主要方式。人们通过视觉获取客观对象的信息,并将这些视觉信息与自身内在的经验知识整合,从而产生对客观对象的认知。在这个过程中,“形状”对认知产生了重要的作用,是人对客观对象做出判断的主要依据。另外,色彩及明暗也起到重要的作用,是空间感知的主要根据。从认知心理学的理论上看,视觉信息不是离散的,其意义在于其整体,包括图形、亮度、运动以及它们的变化。

广义上讲,能够被人的视觉系统所感知,形成视觉印象的都可以称为图形。如山水等自然景物,工业产品等人造物,以及照片、图画等。作为计算学科理论,计算机图形学必须对图形的基本元素做出规定,才能研究其计算技术。计算机图形学中的图形概念,更强调对象的几何表示,记录图形的形状参数、属性参数和明暗亮度参数。从这个意义上说,构成图形的要素包括。

①几何要素:表述对象的轮廓、形状,基本元素为点、线、面、体等。

②色彩要素:表述对象的颜色、纹理、材质等信息,使图形产生明暗亮度变化,具有真实感和运动感。

用几何方法所表示的视觉对象,也称为矢量图形。

因此计算机图形学是基于几何方法的技术理论。图形计算的各个阶段、各个步骤,都建立在基本的几何学基础上。例如,现代的实体模型大多采用三角形网格模型,所以图形相关的计算直至最终显示在屏幕上的整个过程都围绕着关于三角形的几何计算来进行。

计算机图形学,就是研究利用计算机表示、生成、处理和显示图形的原理、算法、方法和技术的一门学科。计算机图形学的目的是将具有属性信息的几何模型以图像形式显示在计算机上。在上述定义中所说的图形,就是指具有几何意义的图形。

与术语“图形”相对应的一个术语是图像,它是由颜色点组成的点阵,其研究内容和研究方法与图形学完全不同,是另一个领域的问题。但图形和图像都是以视觉信息的处理为目的,所以图形和图像是可以相互转换的。图形转换为图像的方法称为渲染或称光栅化,图像转化为图形的方法则称为模式识别或称计算机视觉。

从基本的几何元素开始,直到图形被绘制到如显示器等的输出设备上,计算机图形学的处理过程包含了多个步骤。参见图1.1,这些步骤包括建模、运动变换、视窗裁剪、消隐、投影、光栅化等一系列步骤。其中建模还包括多种不同的方法,如曲面建模。

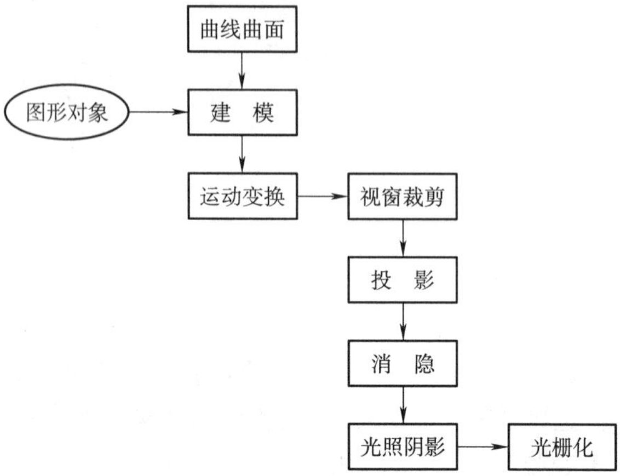

图1.1　计算机图形处理过程

围绕着图形处理这个基本任务,计算机图形学的研究内容广泛,主要包括以下内容:

1. 模型技术

研究如何运用合适的数据结构来表达实体的形状。由于客观物体形状繁多,建模方法也各有不同,有实体几何建模、流体建模、柔体建模、布料建模、骨骼建模等。这方面既有广为应用的标准化的建模方法,也有针对特殊对象的非标准方法。

同时,模型技术也包括对已有模型的加工,如图形的扩展、复制、分割、合并、开口等形状方面的处理。

2. 曲线曲面技术

利用曲面技术,可以模拟光滑连续变化的物体表面。在动画领域,使得物体的光影变化更为真实。在计算机辅助设计(CAD)领域,能够精确地表达工业品的表面形状。这方面,通用的、标准化的曲面模拟技术是基于样条曲线曲面的建模技术,而对高精度的工业零件,一般采用专用的曲面模型。

3. 图形变换技术

处理图形的布局方面的操作,包括关于图形空间位置及大小的计算,如平移、转动、缩放、投影、坐标系变换。

4. 光栅图形生成技术

图形输出设备如显示器等,大多是以光栅设备为主。矢量化的几何图形最终要转化为以像素点为单位的光栅图形。为了在光栅设备显示图形,需要计算该图形在进行显示时所覆盖、占据的像素点,其本质是将连续的几何图形进行离散化,用有限数量的点来替代图形区域。光栅化的关键是对基本图形,如线、圆、三角形、多边形,或者是更为复杂的图形,实现全整数的光栅化计算,提升计算效率。

5. 色彩生成技术

通常也称着色技术。主要内容是色彩计算,即计算每个像素所具有的颜色属性。在游戏、虚拟现实应用方面为了产生强真实感的图形输出,着色过程需要大量的计算,对色彩生成的质量和运算速度要求都非常高。基本的方法分为两大类,一是基于光照的色彩计算,一是基于纹理的色彩映射。寻求高质量高效率的渲染算法,目前仍然是研究要点之一。

6. 图形输入设备与输出设备技术

计算机的使用过程就是一个人机交互过程,在工业设计领域,在互动娱乐领域,或者是在其他各种计算机应用领域,首先就是如何与计算机图形进行交互的问题,包括图形的输入、编辑、选择、状态修改、绘制输出等。因此在计算机应用的最初,就产生了用于工业领域的图形交互设备,如滚筒式绘图仪、数字化仪等。到当今的多媒体时代,交互设备早已多样化。随着交互理念不断地进步,越来越多的交互设备不断地出现,更多的图形设备研究研制仍在发展中。

7. 计算机动画

在以电影特技、电子游戏为代表的计算机动画作品深受欢迎的情况下,20 世纪 90 年代以来计算机动画技术快速发展。典型的有关键帧动画技术、骨骼动画技术、流体动画技术、集群动画技术、虚拟现实技术等。同时也产生了多种被广泛应用的计算机动画工具软件,如 3ds Max、Maya、Flash 等。

8. 自然景物仿真

任务是如何运用几何元素来描述各种形状复杂、变化不定的自然物体,如山脉、岩石、花草、树木、烟火、云彩、雨雪、流水等。基本方法是利用数学、物理学、计算机科学和其他科学知识在计算机图形设备上生成真实感充足的图形。目前已经形成了大量的研究成果并实现了应用,如粒子技术模拟烟火流水等,凸凹纹理技术模拟树木表面,基于斯托克斯方程的流体模拟,基于力学原理的树木模型和布料模型。这个研究方向面对的是复杂的对象,用简单的几何元素描述复杂的客观物体难度十分大,还远没有到达成熟阶段。

9. 图形标准

计算机图形学的基本应用已经普及众多领域,基础条件变得十分重要。在这种情况下,图形计算的基本方法的标准化工作就非常必要了。标准化工作规定了有关图形存储、计算、显示绘制等各个方面统一的技术方法。图形标准由相关的国际组织制定,如图元标准 CGM(ANSI 和 ISO 制订)、OpenGL(SGI 制订)、DirectX(微软)。标准化工作有助于实现基础设备的一致性,从而具有通用性,如当今的显卡,统一遵守 OpenGL 和 DirectX 标准,而图形应用软件也运用 OpenGL API 和 DirectX 开发,因此任何显卡都能够支持各种游戏。随着计算机图形学技术的进步,图形标准也会越来越多。

通过上面的内容,可以知道,计算机图形学的研究对象是点、线、面(包括平面和曲面)等基本几何体,研究内容是这些几何体如何在计算机内存储、组织成复杂的几何体,表达客观对象,在计算机中处理这些几何体所需要的计算方法,以及如何显示绘制输出,产生视觉可识别、可认知的有意义的图案。

1.2 计算机图形学发展及应用

现代电子计算机的出现,原本来自战争需要。进入 20 世纪 50 年代后,人们开始尝试将计算机应用于机械图纸的绘制。在飞机、船舶等大工业,工程结构及零件图纸数量多,人工绘制成本非常高,计算机的出现使得相关领域看到了制图机械化的可能性。沿着这个方向发展,在20世纪50年代末期,美国Calcomp公司研制出作为计算机输出设备的滚筒式绘图仪,图纸绘制开始走向自动化。

在这个时期,图形的基本元素是点和直线,在计算机内,存储和处理点和线的规范方法,如输入、定位、修改、输出等计算技术也逐渐地完善。1962年,Ivan E. Sutherland发表了题为"Sketchpad:一个人机交互通信的图形系统"的论文,首次使用了计算机图形学"Computer Graphics"这个术语,从而确定了计算机图形学作为一个新的科学分支的独立地位。此后计算机图形学这个学科进入发展期。

在20世纪60年代后期到20世纪70年代末,图形处理的相关计算技术不断建立、完善和规范化。如坐标变换、裁剪、消隐、光栅化、基本图元及图形存储数据结构等都建立起来。

在这个时期,推动计算机图形学算法理论发展的一个重要因素是光栅显示器的出现。与绘图仪不同,光栅显示器能够显示色彩、能够进行交互,使得图形设备产生了质的进步,直到今天一直是主流的图形设备。这时图形计算的相关算法研究也以光栅显示器为背景进行。这一时期重要的成果有:

①曲面模型技术的产生。1971年到1975年,曲线曲面技术从Bezier曲线发展成为非均匀有理B样条(NURBS)方法,成为现代曲面造型标准模型,也是最为广泛流行的技术。

②色彩计算模型的产生。1970年Bouknight提出了第一个光反射模型。1971年Gourand提出漫反射模型。1975年Phong提出了著名的简单光照模型。这些都是基于光照的色彩计算方法,使得在显示器上,图形不仅仅是图纸那样单纯的线条,而是具备了实体的形态,与现实中的物体相似,具有色彩和明暗。此后尽管出现了多种光照模型,Phong模型至今仍然是游戏等交互媒体的主要算法。

③全局光照模型的产生。前述色彩计算模型,都属于局部色彩计算,没有考虑由于场景中多物体的相互影响而产生的色彩变化,1979年Whitted提出了光线追踪算法,称为全局光照算法。光线追踪能够现实地模拟光线在复杂场景中的运动轨迹,产生反射、折射、透射等物理效果。

④动画技术的产生。1972年Catmull提出了骨骼驱动刚性蒙皮变形方法,是图形学领域最早提出的骨骼动画技术,也是现代动画技术的早期基础。

经过近20年的发展,计算机图形学的基础算法已经基本形成,应用领域和规模也逐渐发展普及。到了这个时期,图形计算的标准化工作也开始进行。

图形学标准即是图形系统及其相关应用之间进行数据传输和通信的接口标准,以及图形应用程序调用的公共API集的格式及规则。统一了格式和规则,计算机图形软件和硬件才能具有通用性,图形应用程序才可以做到设备无关。

1978年,国际标准化组织ISO正式成立的图形工作组,其他一些国家或国际组织也成立了相应的部门参与到标准化工作中。这一时期出自ISO或ISO与ANSI联合推出的图形学标准如下。

(1)面向图形设备的接口标准

①计算机图形元文件标准(CGM)。

②计算机图形接口标准(CGI)。

(2)面向应用软件的标准

①程序员层次交互式图形系统(PHIGS)。

②图形程序包(GL)。

③三维图形核心系统(GKS)。

(3)面向数据模型及文件格式的标准

①基本图形转换规范(IGES)。

②产品数据转换规范(STEP)。

其后,1992 年,AT&T 等多家公司,在图形程序包(GL)标准的基础上联合推出开放式图形库 OpenGL,应用在微型计算机上。OpenGL 已经成为现代计算机中事实上的标准,是主流的基础图形库。在 OpenGL 标准化工作中,原本著名的微软公司也在其中,参与了 OpenGL1.0 标准的制订,后来微软公司又推出了自己的图形接口 DirectX,成为与 OpenGL 并列的一个标准图形库。DirectX 特点是面向游戏产品,加入了很多游戏开发相关的功能。

上述图形标准,以及实现这些标准的软件集,典型的如 OpenGL,与之相对应的硬件设备也必须适应这些标准,软件、硬件的配合才能协同工作。按目前主流计算机结构,需要与图形标准一致的设备主要是图形卡(显卡)。

从 20 世纪 90 年代末开始,显卡就已经不仅仅是进行数据传输的接口部件,而是承担着主要的图形计算工作。到现在,由于图形计算已经标准化,基础算法已经固定下来,就能够将算法在专用硬件上实现,计算速度大为提升,加之显卡上承载的 GPU,包含了大量计算单元,实现高度并行计算,其图形计算能力已经远远地高于 CPU 的计算能力,所完成的图形计算是作为通用计算单元的 CPU 所无法做到的。当前市场上初级显卡,外观大体上如图 1.2 所示,已经能做到每秒实现上亿个三角面的计算。

图 1.2 用于 PC 的显卡
(华硕 ROG STRIX GTX1080)

可以说现在显卡就是按图形学标准算法实现图形相关计算的部件。

最早能够实现图形计算的显卡是 3DFX 公司在 1995 年 11 月发布的 VOODOO,开始了图形硬件计算的时代。VOODOO 显卡能够实现包括镜面高光、透视校正、动画贴图等十几项图形计算,支持 OpenGL1.2 和 DirectX6。3DFX 公司的这款显卡,代表了图形计算的新方向,此后 NVIDIA 公司和 ATI 公司的显卡占据了市场,后来逐步推出了 CUDA 和 GPGPU 技术,图形计算能力也越来越强大。

在 20 世纪 80 年代以前,计算机图形学主要是以工业设计(CAD)为背景,图形计算技术以及相关标准也都是围绕着 CAD 这个应用主题。20 世纪 90 年代以后,随着计算机设备的普及、平民化,计算机图形学的应用就不仅限于 CAD 领域,而扩大到了工作、生活的各个领域,特别是在文化娱乐领域,如动态网站、影视、游戏,以至于虚拟现实等。这些领域对计算机图形处理质量的要求更高,也更进一步地推动了图形技术的发展进步。

人类认识自然的主要方式是通过视觉来认知,图形是最适合人类认知的信息形式。人们使用计算机,本质上也是通过计算机来表达知识、处理知识。计算机技术、计算技术的快速发展,提供了在计算机上以图形方式来展示信息的可行性。因此,正是信息可视化的需求,推动了计算机图形学的发展。图形学技术的进步,又应用到各种实际应用场景中。下面列举一些典型的应用场景。

①统计图表，如报告文档中常见的直方图、饼图等。

②计算机辅助设计 CAD，应用在工业领域，如机械、建筑等。

③虚拟现实。

④数据可视化。

⑤教学与培训。

⑥计算机艺术。

⑦影视动漫。

⑧游戏娱乐。

⑨文化传播和保护。

⑩图像处理，如计算机视觉。

⑪图形用户界面。

事实上，时至今日，计算机的应用已经非常普及，相对于早期的只有字符终端的计算机，现代计算机都是基于图形的计算机，任何计算机应用都离不开图形技术。上面列举的只能是一部分，而且列举的每个领域，都包含着不同形态、不同层次的应用实例。但归结到底，应用层和基础理论层、技术层是不同的。应用层面是开放的、形式多样的，基础理论层、技术层则是规范，相对固定的。花样繁多的应用形态，不过是基本技术的一种组合形态。例如，软件工具 3ds Max，软件的功能是确定的，其每项功能都对应着一项图形学算法，是基础算法的实现。但设计者运用 3ds Max 软件，就可以制作出各具特色的作品来，其本质就是图形学标准算法的组合而产生的效果。

1.3 标准化图形库 OpenGL 简介

目前的状况是，显示图形图像已经是现代计算机最基本的功能之一，图形的生成已经是标准组成部件，成为计算机组成的一部分。这个组成部分具体地就是显卡。主流的显卡包括 AMD 卡和 NVIDIA 卡，都具备很强的图形计算能力。它们的图形计算都是按图形标准 OpenGL 和 DirectX 来实现的。对图形应用的使用者和开发者来说，无论是否直接使用了这些图形接口，最终都是通过它们来实现的。因此本教程尽管不涉及 OpenGL 知识，但 OpenGL 是这些图形学基本算法的实现，所以有必要对 OpenGL 有简单的了解。

OpenGL 最早的版本制订于 1992 年，在 2000 年，成立了公共组织 Khronos Group，负责 OpenGL 及其他图形计算标准的制订和维护。OpenGL 的最近的版本是 2017 年 7 月发布的 OpenGL4.6。

对 OpenGL，Khronos Group 官网上这样描述：OpenGL 是业内最广泛采用的 2D 和 3D 图形应用编程接口，为各种各样的计算机平台带来了数以千计的应用。它是窗口系统和操作系统独立的，也是网络透明的。OpenGL 使个人计算机、工作站和超级计算硬件软件的开发人员能够在计算机辅助设计、内容创建、能源、娱乐、游戏开发、制造、医疗和虚拟现实等市场中创建高性能、视觉上引人注目的图形软件应用程序。OpenGL 展示了最新图形硬件的所有功能。

具体地说，OpenGL 就是一组函数库，称为图形 API。这些函数都是标准 C 语言编写的，因此具有独立性，可以用于不同的平台系统和不同的开发环境。开发者使用这些库函数时，通过程序语句，按 C 语言规则直接调用具体的函数就可以。

OpenGL 函数库分为基础库和扩展库。基础库部分在 OpenGL2.1 版本的时候就已经基本成熟定型了，后面更高版本主要是加入各种扩展库。

OpenGL 基础库部分包括：

①OpenGL 核心库 GL。

核心库 GL 包含 115 个函数，用于常规的、核心的图形处理。包括绘制基本几何图元的函数；矩阵操作、几何变换和投影变换的函数；颜色、光照和材质的函数；显示列表函数；纹理映射函数；特殊效果函数；光栅化、像素操作函数；曲线与曲面的绘制函数；状态设置与查询函数。

②OpenGL 实用库 GLU。实用库 GLU 包含 43 个函数，它们是在 GL 库基础上实现的更高级的功能，如生成球体、圆柱体二次曲面图形，定义和绘制 NURBS 曲线和曲面等。为开发者提供相对简单的用法，实现一些较为复杂的操作。

③OpenGL 辅助库 AUX，包含有 31 个函数，提供窗口管理、输入/输出处理以及绘制一些简单三维物体。

④OpenGL 工具库 GLUT，包含大约 30 个函数，主要包括窗口操作函数；菜单函数；消息回调函数；创建复杂的三维物体等。

除了上述 4 个库，还有 GLX 库，用于 X - Window 系统，类似于 GLUT。

从上述中可以看到，图形学基础算法全部在 GL 和 GLU 库中实现。另外几个库都是用于实现部分系统功能的，如窗口管理、输入/输出等。

OpenGL 是开放标准，允许厂商加入新的内容，因此扩展库部分数量较多，扩展一般是设备厂商提出申请，加入到 OpenGL 库中。常见的扩展库有两类：

EXT 扩展，是由多个厂商共同协商后形成的扩展，库名称中包含 EXT 3 个字符。

ARB 扩展，是由多个厂商共同协商形成后，再经过 OpenGL 体系结构审核委员会 ARB 确认。库名称中包含 ARB 3 个字符。ARB 扩展是 OpenGL 标准的一部分，而 EXT 扩展不是。

在使用 OpenGL 时，开发者还需要熟悉 OpenGL 的工作流程，按流程实现所要达到的目的。这个流程一般是从提供基本的图形数据开始，直到将图形绘制到显示设备上，而达到最终目的。

工作流程从基本的图元开始，OpenGL 图元包括三种：点、线、多边形（见图 1.3）。足够多的图元组合在一起，就能够完整地表达出一个具体的物体形状。

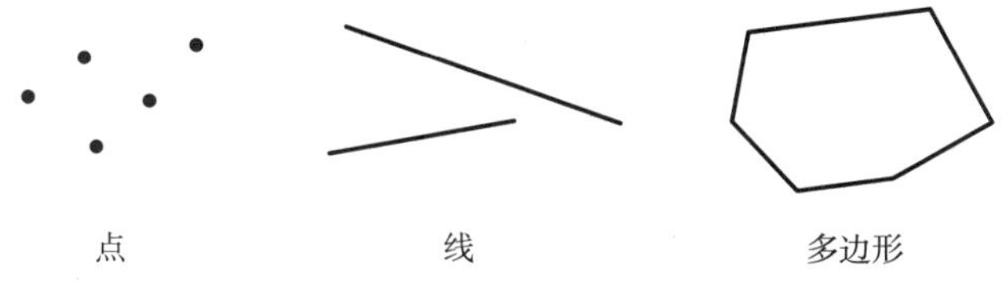

图 1.3　OpenGL 图元

这几种图元不是独立的，最基本的图元是点，线、多边形，都是通过点来定义。多边形的具体位置和形状还是取决于顶点，多边形所描述的点和点之间需要填充的部分。

图元数据是最基本的数据，是需要准备好的原始数据，此外还有纹理数据也同样是原始数据，OpenGL 的其他功能都是围绕着图元和纹理的处理来进行的。主要的功能有：

1. 建模

模型数据包括顶点和图元的数据，OpenGL 有多种方法来创建图元数据，最终的结果都是相同的，即指定这些数据后，OpenGL 将它们存储到缓存中，包括顶点缓存和索引缓存。索引缓存存储的就是面元所关联的顶点序号。

2. 变换

变换是对顶点坐标进行的计算，OpenGL 中包含多种坐标系统，建模时提供的顶点坐标是本地坐标系的坐标，接着要执行一系列的坐标变换计算，最终计算出该顶点在显示设备上的坐标。变换的过程如图 1.4 所示，其中的每一个变换步骤都和场景的状况相关，如投影变换与视点当前位置相关。

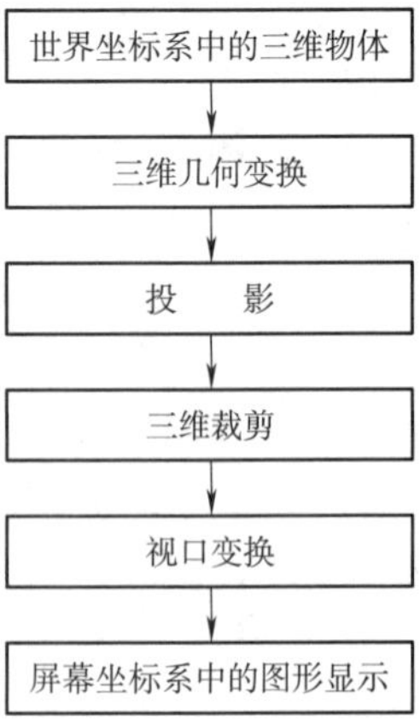

图 1.4 OpenGL 坐标变换过程

3. 颜色

OpenGL 使用 RGBA 颜色模型。产生图形颜色的方法有几种，包括：定义顶点颜色；定义面元颜色；定义光源执行光照计算；纹理贴图。前两种是比较简单的方法，即直接定义图形颜色。对后两种，OpenGL 要运行着色器组件进行较复杂的计算。

4. 光照

光照计算是根据光源参数，按光学物理模型，计算图元表面投射到观察者眼中的光亮度大小和颜色分量，并将它转换图元的颜色值，从而确定投影画面上每一像素的颜色，最终生成图形。OpenGL 是实时渲染的图形系统，光照模型采用改进的 Phong 模型，速度较快。

5. 纹理映射

纹理映射是将一个或多个图片贴到图元上，从而在图元上产生复杂的颜色。OpenGL 有着较强的纹理映射能力，支持多重纹理等复杂纹理。OpenGL 的渲染管线中有一个线路是用来处理纹理的。

6. 特效

OpenGL 能实现几种场景特效，包括 Alpha 场景融合、反走样、雾化。

7. 切换帧缓存

当前面的工作都完成了后，图形显示工作即已经在内部完成。OpenGL 采用的是双缓存技术，前缓存对应于显示设备，绘制工作是在后缓存中进行。绘制完成后，将前后缓存互换，新绘制的图形即显示在设备上，而后新的图形绘制仍然在后缓存中进行（见图 1.5）。

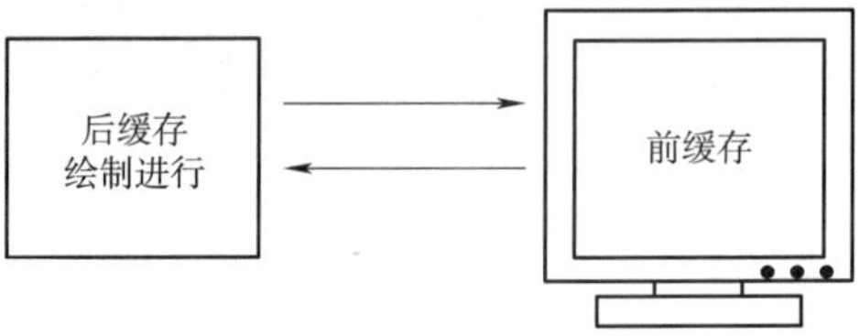

图 1.5 OpenGL 双缓存

1.4 数字影视动漫领域应用

20 世纪 90 年代中期以后，计算机图形学系统设备已经通用化，算法标准已经成熟，进入到高速普及时期。这以后的 10 年时间，图形学应用迅速扩展到各个领域，特别是在文化领域的发展尤其瞩目。一段时间里 CG 成为一个流行词，CG 电影、CG 动画等带着 CG 标签的影视文娱产品不断产生，深受欢迎。如 1995 年出品的全 CG 电影《玩具总动员》，播出后即成为当年的票房冠军。

文化艺术发展的每个时期,无不与当时的社会环境、技术条件相关。世界进入了数字时代,文化和艺术也同样进入数字时代。在艺术领域,传统的艺术形式通过数字技术来重现或者提升,而更多的是基于 CG 的新的艺术形式不断地涌现,因此新世纪也被称为数字媒体艺术时代。在文化领域,传统文化形式,数字技术被用于保护、传播和体验。无论是物质文化还是非物质文化,数字技术都在发挥着重要作用。

数字媒体时代的文化艺术创作,得益于工具软件的发展成熟。众多基于图形图像技术的创作工具被广泛地应用,产生了无数的数字作品。部分创作者还运用图形学算法,自己编制创作程序,产生独具特色的作品,如分形图形艺术。下面列举部分目前通用的图形图像软件。

图形类:3ds Max;Maya;Flash;C4D;CorelDRAW;Illustrator。

图像类:Photoshop;AfterEffect;Premiere。

交互动画类:Unity3d;Unreal Engine。

1. CG 技术应用于电影制作

电影短片《大象之梦》创作于 2006 年,图 1.6 是该片的一个画面。这个电影没有情节,目的完全是为了展示电影数字技术。《大象之梦》使用免费开源软件 Blender3D 制作,因此电影是 Blender3D 软件的一个展示。Blender3D 是一个动画制作工具,主要是面向电影的制作。Blender3D 是基于图形学技术的,其特色是使用了实时渲染器 Eevee。这是一种基于物理的渲染器。其功能包括体积测量、屏幕空间反射和折射、次表面散射、软阴影和接触阴影、景深、相机运动模糊等。

图 1.6 电影《大象之梦》

2. 电影《僵尸世界大战》的动画技术

电影《僵尸世界大战》大量地使用了 3D 动画,僵尸、飞机、烟火爆竹特效等。该电影的特效部分由英国公司 MPC 制作,MPC 是以电影数字特效为主的公司,特别长于群体动画技术方面。在《僵尸世界大战》中,一个僵尸就是一个 3D 模型。图 1.7 中的画面是僵尸群挤在一个窄路上,很多僵尸被挤到墙上或倒在地上。群体动画是一类动画技术,其要点是群体中每个个体的行为,包括一个总体目标,如僵尸冲向人类士兵。同时每个个体的行为都要受到邻近个体的制约和干扰，所受到的约束与邻近个体的距离相关。在相邻个体发生接触时，会产生接触反应，如碰撞和跌倒。建立了合理的规则，动画就如预期进行。

图 1.7　电影《僵尸世界大战》

3. 数字技术制作的《虚拟寒山寺》

在文化领域，数字技术很多用于复制和重现，使其传播范围变得广泛。2006 年，IBM 公司制作了《虚拟紫禁城》为故宫文化建立了一种新的体验方式。《虚拟寒山寺》则是利用虚拟技术，重现了寒山寺场景。图 1.8 是其中两个画面，这个作品使用 Unity3d 引擎制作。运用了 3D 建模技术和交互技术，实现交互和角色扮演，获得最大程度的沉浸感。而且实现了游客现实中难于做到的事情，如鸟瞰全景、360 环绕观赏、亲自敲击古钟等体验方式。

图 1.8　《虚拟寒山寺》场景

4. 面向交通规则学习的汽车模拟驾驶系统

这是一个以交通法规学习为目的的模拟驾驶系统。因此系统中建立了道路数据模型和交通信息法规库，在模拟驾驶过程中，系统实时地检查汽车行进时的法规状态，并作出必要的提示。

设计的关键在于，将路面定义为零散的 3D 实体模型，并根据实体所处的位置存储相关交通规则。这样设计的模型结构，能够模拟任何复杂的交通区域或交通规则，也能够判断超速、交通灯、限行等情况。该系统的运行画面如图 1.9 所示。

5. 电子游戏

有了计算机图形学以及相应的图形设备，才有了现代种类繁多的电子游戏。当今电子游戏已经成为一大产业，也常常被归到艺术范畴，称为第 9 艺术。同时，电子游戏也是致力于追求将图形学技术发挥到极致的领域。从这个角度上说,游戏产业是图形学技术进步的主要推动者。前述 OpenGL 的扩展,大多是在游戏公司推动下产生的。

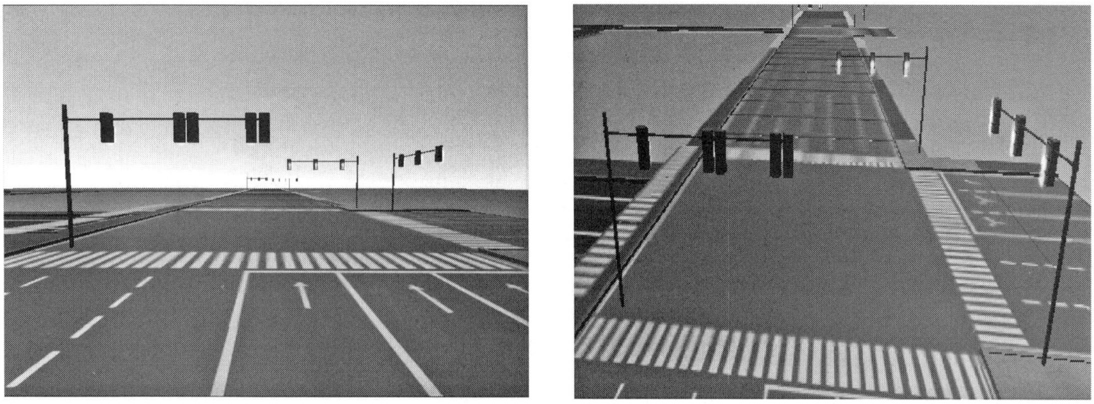

图 1.9　汽车模拟驾驶系统路况

电子游戏制作技术涉及图形学的各个方面,是图形图像技术的综合应用。在游戏设计中,关键技术是渲染引擎。为了追求游戏画面的绚丽,并实现诸如水火等多种特效,游戏公司往往会大成本地研发新的渲染器,提升游戏画面效果。

图 1.10 是著名的游戏反恐精英(CS),使用的是 Source 引擎。该引擎是游戏引擎中的一个知名引擎,除了包含常规的图形计算流程,其渲染器在光影效果的渲染上表现出色。引擎中使用了两类的方法处理光影:辐射度光影贴图和环境光立方体贴图。在辐射度光影算法中,光能被实时传播,产生真实的光照效果。

图 1.10　反恐精英场景

数字影视动漫领域有着广阔的发展前景,它们和图形图像技术相互推动,共同发展。计算机图形学有成熟的一面,也有不成熟的地方,就是因为应用领域从来都不满足于现有条件,需求不断地提升,因此新的图形技术也仍然在不断出现,最近一些年来,新技术主要是在物理模拟方面,是高层次的图形学技术。

习　　题

1. 计算机图形学的研究背景是什么？
2. 计算机图形学的应用领域是如何不断扩展的？
3. 整理总结图形接口 OpenGL 的功能。
4. 为什么电子游戏对图形卡的要求越来越高？
5. 图形标准有哪些？
6. 论述图形和图像应用领域的异同。

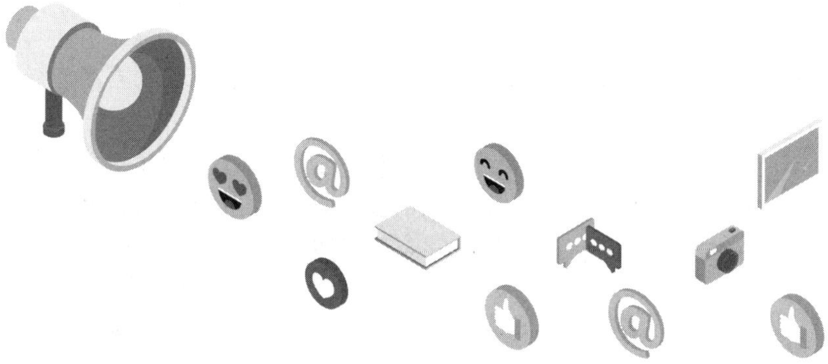

第2章 向量和矩阵数学基础

向量和矩阵是图形图像运算中最基础的数学方法。一个图形的内部构成是点、线、面等几何元素，而线、面等也是建立在点之上的。图形的几何形态，如位置、形状、姿态、运动等计算都被归结为构成图形的众多点的计算。一个点的基本属性，即其位置，或称为坐标。点的坐标的计算是由向量及矩阵运算来实现，本章可看作是对线性代数中相关内容进行总结整理，是后续各章特别是图形图像变换部分的数学基础。

2.1 笛卡尔坐标系

为了表述一个点在空间中的位置，需要有一个基准，点相对于这个基准的偏离量即是它的位置，坐标系的功能就在于此。

在三维空间中，一个笛卡尔坐标系的基本构成如图 2.1 所示。构成元素包括：

①原点 O。

②三个相互垂直的坐标轴 x,y,z。坐标轴表示了方向及沿该方向的距离度量。

③ 三个坐标轴的相对关系，根据不同的顺序，可分作左手坐标系和右手坐标系。

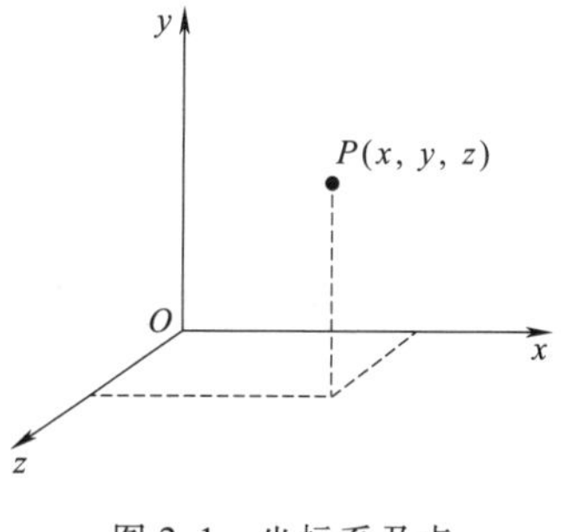

图 2.1　坐标系及点

在图 2.1 中，点 P 偏离基准点 O 的距离为：沿 x 方向偏离了 x 距离，沿 y 方向偏离了 y 距离，沿 z 方向偏离了 z 距离。因此我们说 P 的坐标是(x,y,z)。

图形上各点的位置是相对于其所在的坐标系的位置，是取决于空间坐标系的定义的。图形世界可以存在多个坐标系，因为当涉及坐标的计算或使用时，要先明确其坐标值是关于哪个坐标系的坐标值。

空间距离的度量单位会影响图形的实际尺寸，如点 $P(2,5,-3)$，其坐标值代表了什么距离也要有明确的含义。此时沿 x 方向偏离原点 2，是 2 mm 还是 2 km 是有区别的，在定义坐标系的时候也要规定下来。

x、y、z 三个坐标轴的顺序或者说相对关系可以归为两种，分别称为左手坐标系和右手坐标系（见图 2.2）。

两者的区别在于其中一个坐标轴是反向的。实际上将任何一个坐标轴反向，都会产生从左手坐标系到右手坐标系，或是从右手坐标系到左手坐标系的变化。左手坐标系到右手坐标系的区分的方法可以从 z 轴的 $+\infty$ 处，向着坐标系原点 O 方向看，此时从坐标轴 x 转到坐标轴 y 是顺时针，则是左手坐标系，否则就是右手坐标系。

右手坐标系符合数学上的一般习惯，而左手坐标系更适合表述人或车等运动主体。以人物为例（见图 2.3），若人处在站立状态，人的右侧为 x 轴，向上方向为 y 轴，正前方为 z 轴，这样定义的坐标系更方便于对人的运动进行描述及计算，而这正好是一个左手坐标系。

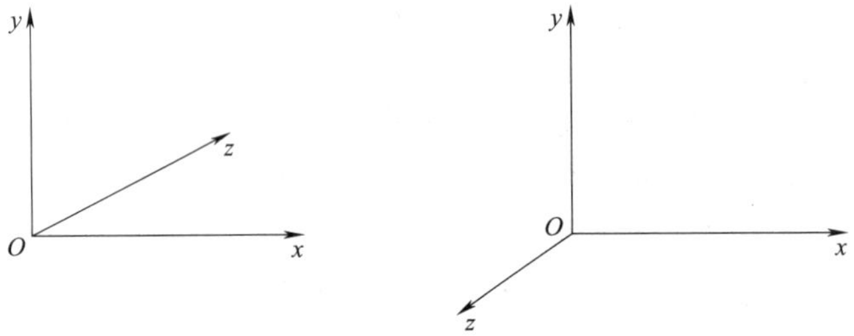

（a）左手坐标系　　（b）右手坐标系

图 2.2　左手坐标系和右手坐标系

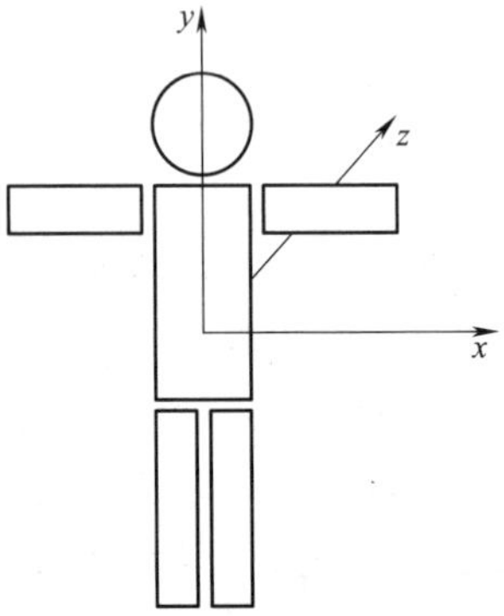

图 2.3　左手坐标系和人物

不同的图形系统，坐标系规则并不一致。如 3ds Max 使用右手坐标系，DirectX 及 Unity 使用左手坐标系。同时在它们的内部也支持左右手转换，这些情况在设计和开发中是需要注意的。

2.2　向　　量

2.2.1　向量的概念

向量是表达某种信息的一组参数，其参数的数量称为向量的维数，表示为

$$\boldsymbol{A}=(a_1,a_2,\cdots,a_n)$$

或

$$\boldsymbol{A}=\begin{pmatrix}a_1\\a_2\\\vdots\\a_n\end{pmatrix}$$

其中 $\boldsymbol{A}$ 是向量，n 是向量的维数，$a_1,a_2,\cdots,a_n$ 称为向量的分量。以上两式分别是行向量表示法和列向量表示法。行表示法和列表示法并没有本质上的不同（它们之间互为“转置”关系），但在书写向量运算公式时会有差别，具体用哪种形式可以看作是书写习惯的不同。如 OpenGL 文档中采用列向量表示，DirectX 文档中则采用行向量表示。

用图形来表示时，向量被表示成空间中的一个箭头，如图 2.4 所示。

n 维向量是 n 维空间（即有 n 个坐标轴）中的一个有方向的线段，n 维向量有 n 个分量，第 i 个分量就是该向量在第 i 个坐标轴上的投影。在这里，坐标系一律按数学习惯使用右手坐标系。

在空间图形计算时，通常用向量来表示空间点的相对位置关系。按前述，点 P 的坐标 (x,y,z) 是它沿三个轴方向偏离原点 O 的距离，也就是 OP 连线在三个坐标轴上的投影。此时我们可以将点 P 看作是一个向量，其分量就是坐标值 (x,y,z)，如图 2.5 所示。

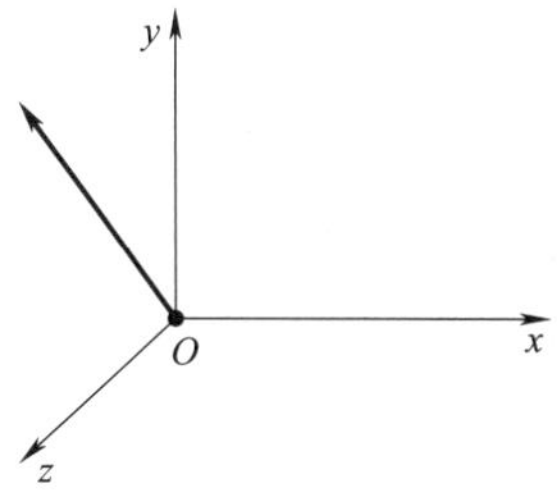

图 2.4　向量 $\boldsymbol{A}$ 的图示

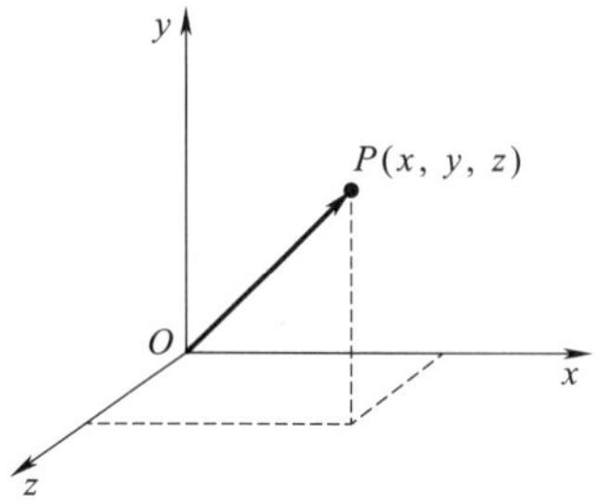

图 2.5　作为向量的点 P

那么，我们就可以对点 $P(x,y,z)$ 做出新的解释。向量 $\boldsymbol{P}$ 是一个连接 OP 的有向线段，它包含了从 O 到 P 的方向信息和距离信息。即点 P 的当前位置 (x,y,z) 是从 O 点沿向量 $\boldsymbol{P}$ 方向移动了一定距离的结果。因此点和向量是等价的，三维空间中的点即是三维向量，二维空间中的点即是二维向量，六维空间中的点即是六维向量。我们说到点 P 时，也可以理解为从 O 出发到 P 终止的一个向量。

例：向量 $\boldsymbol{Q}(3,0,0)$，表示三维坐标系 x 轴上的点，该点到原点的距离为 3。

向量的绝对值记做 $|\boldsymbol{A}|$，其意义是向量长度。根据向量分量可以计算其绝对值为

$$|\boldsymbol{A}| = \sqrt{a_1^2 + a_2^2 + \cdots + a_n^2}$$

向量的长度是一个数量值。具有以下性质：

①除非向量的分量全为 0，向量的长度总为正数。

②如果向量的分量全为 0，则其长度为 0，称为 $\boldsymbol{0}$ 向量。

③如果一个向量长度值为 1，则称为单位向量。将任意向量转换为单位向量称为向量的归一化或标准化，计算式为

$$\boldsymbol{A}_{\text{norm}} = \frac{\boldsymbol{A}}{|\boldsymbol{A}|}$$

通过计算向量长度，可以得到空间点之间的距离。若有空间点 P 和 Q，以 P 和 Q 为端点构成的向量为 $Q-P$，则 P、Q 间的距离是 $|Q-P|$。

坐标轴也是一个向量，三维坐标系 x、y、z 轴上的向量分别记做 i、j、k，有

$$\boldsymbol{i} = (1,0,0)^{\mathrm{T}}$$

$$\boldsymbol{j} = (0,1,0)^{\mathrm{T}}$$

$$\boldsymbol{k} = (0,0,1)^{\mathrm{T}}$$

其中的 $()^{\mathrm{T}}$ 表示转置，它们都是长度为 1 的单位向量，称为坐标轴向量。那么，一个三维向量也可以看作是向量分量与轴向量的组合

$$\boldsymbol{P}=(x,y,z)=x\cdot\boldsymbol{i}+y\cdot\boldsymbol{j}+z\cdot\boldsymbol{k}$$

此式可以从后面说到的向量运算规则中得到验证。

理解了向量表示法及向量的构成,我们就知道向量是一种包含多个参数的复合数据,既然是数据形式的一种,它也应该存在计算规则。下面就说明向量相关的计算。

2.2.2 向量加法

只有维数相同的向量才能进行加法运算,规则是同位置上的分量分别相加,得到新向量的分量。

向量 $\boldsymbol{A}$ 与向量 $\boldsymbol{B}$ 相加,得到向量 $\boldsymbol{C}$。

$$\boldsymbol{C}=\boldsymbol{A}+\boldsymbol{B}=\begin{pmatrix}a_1\\a_2\\\vdots\\a_n\end{pmatrix}+\begin{pmatrix}b_1\\b_2\\\vdots\\b_n\end{pmatrix}=\begin{pmatrix}a_1+b_1\\a_2+b_2\\\vdots\\a_n+b_n\end{pmatrix}$$

如图 2.6 所示,向量加法运算相当于将两个向量首尾连接起来,而在 $\boldsymbol{A}$ 的起点到 $\boldsymbol{B}$ 的终点构成了新的向量。参考图中的虚线,也能看到加法是可交换的,即 $\boldsymbol{A}+\boldsymbol{B}=\boldsymbol{B}+\boldsymbol{A}$。

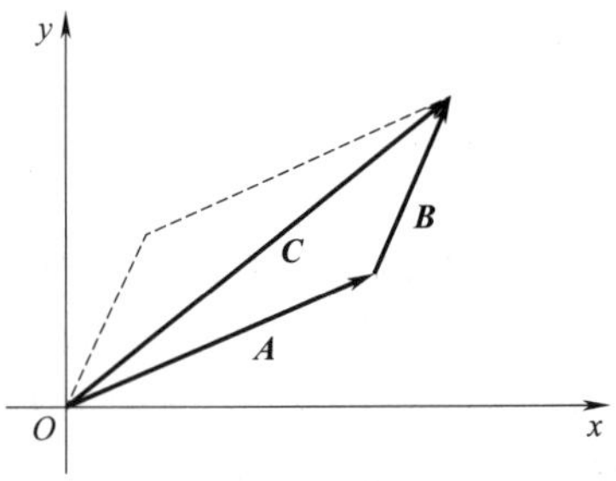

图 2.6 向量加法

对于一个空间点来说,向量加法有着它的确定的含义。假若将一个点看作是从 O 点出发的向量的末端点,则 $\boldsymbol{C}$ 向量所表示的点,是 $\boldsymbol{A}$ 向量所表示点沿 $\boldsymbol{B}$ 向量的方向移动了 $\boldsymbol{B}$ 向量长度所到达的位置。

负向量是将向量的分量全体取负值,等同于向量乘以常数 -1,即

$$\boldsymbol{A}=\begin{pmatrix}a_1\\a_2\\\vdots\\a_n\end{pmatrix}\text{时},-\boldsymbol{A}=\begin{pmatrix}-a_1\\-a_2\\\vdots\\-a_n\end{pmatrix}$$

定义了负向量,就能了解到,向量减法就是加上一个负向量。

2.2.3 向量乘法

向量乘法有三种情况,向量乘数量、向量点乘向量(数量积)、向量叉乘向量(向量积)。

1. 向量乘常量

向量与一个数量 m 相乘,即将这个 m 乘到向量的每个分量上,得到新向量

$$m\cdot\boldsymbol{A}=\boldsymbol{A}\cdot m=\begin{pmatrix}m\cdot a_1\\m\cdot a_2\\\vdots\\m\cdot a_n\end{pmatrix}$$

其结果是向量在方向不变的情况下,其长度以 m 为倍数被放大。对一个几何体来说,相当于

几何体尺寸被放大 m 倍。

2. 向量点乘

两个维数相同的向量 $\boldsymbol{A}$ 和 $\boldsymbol{B}$ 可以进行点乘,其结果是一个数量,公式为

$$\boldsymbol{A} \cdot \boldsymbol{B} = a_1 \cdot b_1 + a_2 \cdot b_2 + \cdots + a_n \cdot b_n = \sum_{i=1}^{n} a_i \cdot b_i$$

点乘公式也可以写为

$$\boldsymbol{A} \cdot \boldsymbol{B} = |\boldsymbol{A}| \cdot |\boldsymbol{B}| \cdot \cos\alpha$$

其中 α 是向量 $\boldsymbol{A}$,$\boldsymbol{B}$ 间的夹角(见图 2.7)。关于点乘的两个式子是等价的,虽然形式不同,计算结果相同。

对于非 0 向量,当 $\boldsymbol{A} \cdot \boldsymbol{B} = 0$ 时,只能是 $\cos\alpha = 0$,因此两个向量相互垂直。$\boldsymbol{A} \cdot \boldsymbol{B} = |\boldsymbol{A}| \cdot |\boldsymbol{B}|$时,只有 $\cos\alpha = 1$,两个向量相互平行。这个规律对判断图形表面相对关系是有用的。

例:如图 2.7 所示,已知三角形三个顶点,计算三角形的内角。图 2.7 所示的内角为

$$\cos\alpha = \frac{(Q-P) \cdot (R-P)}{|Q-P| \cdot |R-P|}$$

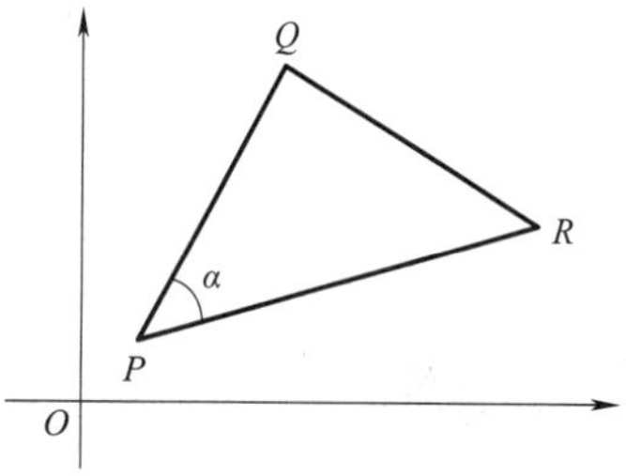

图 2.7　三角形内角

坐标轴向量 $\boldsymbol{i}$,$\boldsymbol{j}$,$\boldsymbol{k}$ 因为相互垂直,点乘时有以下运算规则

$$\boldsymbol{i} \cdot \boldsymbol{i} = \boldsymbol{j} \cdot \boldsymbol{j} = \boldsymbol{k} \cdot \boldsymbol{k} = 1$$

$$\boldsymbol{i} \cdot \boldsymbol{j} = \boldsymbol{j} \cdot \boldsymbol{i} = \boldsymbol{j} \cdot \boldsymbol{k} = \boldsymbol{i} = \boldsymbol{k} \cdot \boldsymbol{j} = \boldsymbol{k} \cdot \boldsymbol{i} = \boldsymbol{j}, \boldsymbol{i} \cdot \boldsymbol{k} = 0$$

向量点乘的主要性质是交换律,从上述运算规则中就能看到,相乘时无关顺序,多个向量进行连续点乘时,其次序是可以交换的。表示为

$$\boldsymbol{A} \cdot \boldsymbol{B} = \boldsymbol{B} \cdot \boldsymbol{A}$$

$$\boldsymbol{A} \cdot \boldsymbol{B} \cdot \boldsymbol{C} = \boldsymbol{A} \cdot (\boldsymbol{B} \cdot \boldsymbol{C})$$

3. 向量叉乘

向量 $\boldsymbol{A}$ 和 $\boldsymbol{B}$ 可以进行叉乘,其结果仍是一个向量。叉乘只定义于三维向量。二维向量可看作是三维向量的特例,但结果是一个数量值,其意义是两个向量围成的区域的面积。高于三维的向量,其叉乘结果不唯一,在此不进行讨论。

定义:三维向量 $\boldsymbol{A}$ 和 $\boldsymbol{B}$ 的叉乘定义为

$$\boldsymbol{A} \cdot \boldsymbol{B} = \begin{pmatrix} a_2 b_3 - a_3 b_2 \\ a_3 b_1 - a_1 b_3 \\ a_1 b_2 - a_2 b_1 \end{pmatrix} = (a_2 b_3 - a_3 b_2) \cdot \boldsymbol{i} + (a_3 b_1 - a_1 b_3) \cdot \boldsymbol{j} + (a_1 b_2 - a_2 b_1) \cdot \boldsymbol{k}$$

其中 a_1,b_1 等是向量 $\boldsymbol{A}$ 和 $\boldsymbol{B}$ 的分量。

按定义,坐标轴向量间的叉积为

$$\boldsymbol{i} \times \boldsymbol{i} = \boldsymbol{j} \times \boldsymbol{j} = \boldsymbol{k} \times \boldsymbol{k} = 0$$

$$\boldsymbol{i} \times \boldsymbol{j} = \boldsymbol{k}, \boldsymbol{j} \times \boldsymbol{k} = \boldsymbol{i}, \boldsymbol{k} \times \boldsymbol{i} = \boldsymbol{j}$$

$$\boldsymbol{j} \times \boldsymbol{i} = -\boldsymbol{k}, \boldsymbol{k} \times \boldsymbol{j} = -\boldsymbol{i}, \boldsymbol{i} \times \boldsymbol{k} = -\boldsymbol{j}$$

关于叉积的性质,进行以下说明。

(1)叉积向量的方向

根据定义以下公式成立

$$(\boldsymbol{A} \times \boldsymbol{B}) \cdot \boldsymbol{A} = (\boldsymbol{A} \times \boldsymbol{B}) \cdot \boldsymbol{B} = 0$$

因此 $\boldsymbol{A}$ 和 $\boldsymbol{B}$ 叉乘得到的向量，既垂直于 $\boldsymbol{A}$ 也垂直于 $\boldsymbol{B}$。即向量 $(\boldsymbol{A}\times\boldsymbol{B})$ 垂直于 $\boldsymbol{A}$ 和 $\boldsymbol{B}$ 所在的平面，且在向量方向上，$\boldsymbol{A}$、$\boldsymbol{B}$、$(\boldsymbol{A}\times\boldsymbol{B})$ 构成右手定则所说的关系，如图 2.8 所示。

根据这个性质还可以推出 $\boldsymbol{A}\times\boldsymbol{B} = -(\boldsymbol{B}\times\boldsymbol{A})$。因此交换相乘的次序所得到的向量方向是相反的。

据此，叉积规则可以用来计算三维空间中三角形面元的法线。如图 2.9 所示，若三角形三个顶点向量为已知，则利用任意两个边向量就可以计算其法线，如

$$\boldsymbol{N} = (\boldsymbol{R}-\boldsymbol{P})\times(\boldsymbol{Q}-\boldsymbol{P})$$

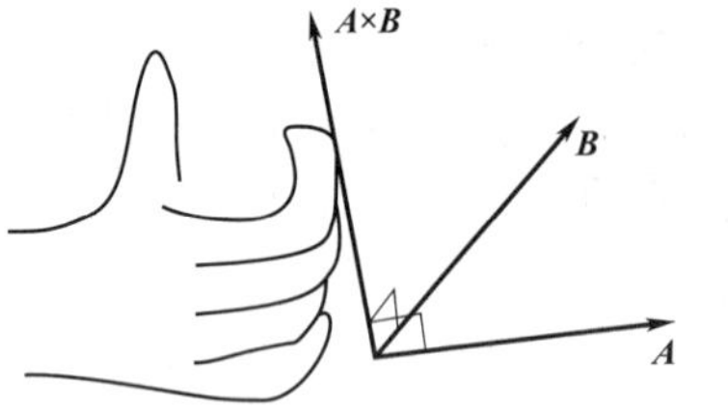

图 2.8　叉积的方向

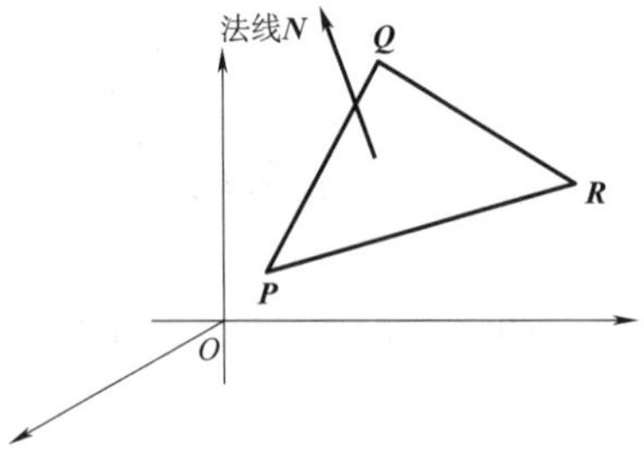

图 2.9　三角形面的法线

(2) 叉积向量绝对值

如果将叉积向量的定义式按绝对值公式展开，最后可以得到如下公式

$$|\boldsymbol{A}\times\boldsymbol{B}| = |\boldsymbol{A}|\,|\boldsymbol{B}|\sin\alpha$$

α 是两个向量间的夹角。此式表明 $|\boldsymbol{A}\times\boldsymbol{B}|$ 恰好是向量 $\boldsymbol{A}$、$\boldsymbol{B}$ 所围成的平行四边形的面积，或者说是所围成的三角形面积的两倍（见图 2.10）。

由此还可以推出，$\boldsymbol{A}$、$\boldsymbol{B}$ 相互平行时 $\alpha=0$，因此 $\boldsymbol{A}\times\boldsymbol{B}=\boldsymbol{0}$。

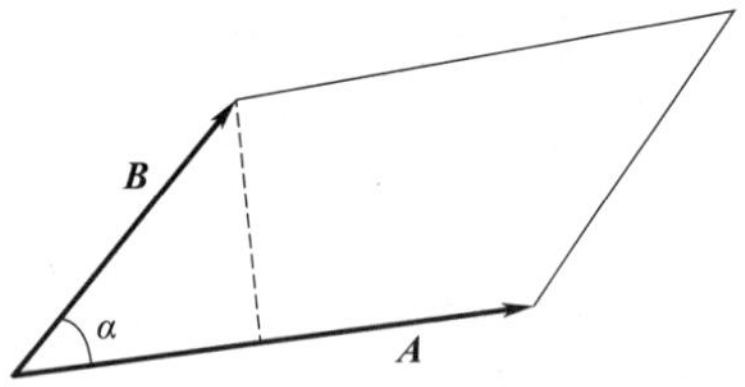

图 2.10　叉积向量绝对值即面积

4. 混合积

三个向量 $\boldsymbol{A}$、$\boldsymbol{B}$、$\boldsymbol{C}$ 的混合积定义为 $(\boldsymbol{A}\times\boldsymbol{B})\cdot\boldsymbol{C}$，简记为 $(\boldsymbol{A},\boldsymbol{B},\boldsymbol{C})$。混合积具有轮换不变性，即

$$(\boldsymbol{A},\boldsymbol{B},\boldsymbol{C}) = (\boldsymbol{A}\times\boldsymbol{B})\cdot\boldsymbol{C} = (\boldsymbol{B}\times\boldsymbol{C})\cdot\boldsymbol{A} = (\boldsymbol{C}\times\boldsymbol{A})\cdot\boldsymbol{B}$$

因为最后的运算为点积，混合积的计算结果为数量，计算公式可写为行列式形式

$$(\boldsymbol{A},\boldsymbol{B},\boldsymbol{C}) = \begin{vmatrix} a_1 & a_2 & a_3 \\ b_1 & b_2 & b_3 \\ c_1 & c_2 & c_3 \end{vmatrix}$$

三个向量 $\boldsymbol{A}$、$\boldsymbol{B}$、$\boldsymbol{C}$ 共面的充要条件是 $(\boldsymbol{A},\boldsymbol{B},\boldsymbol{C})=0$。

2.3　矩　　阵

2.3.1　相关概念

一组被排列成 m 行 n 列方阵形式的数据，称之为矩阵，记为

$$A_{m\times n}=\begin{pmatrix} a_{11} & a_{12} & \cdots & a_{1n} \\ a_{21} & a_{22} & \cdots & a_{2n} \\ \vdots & \vdots & & \vdots \\ a_{m1} & a_{m2} & \cdots & a_{mn} \end{pmatrix}$$

其中 $\boldsymbol{A}_{m\times n}$是矩阵的符号名称,$a_{ij}(1\leqslant i\leqslant m,1\leqslant j\leqslant n)$是矩阵的元素,下标 ij 表示该元素位于矩阵的第 i 行第 j 列,m 和 n 表示矩阵的行数和列数,因此矩阵 $\boldsymbol{A}_{m\times n}$具有 $m\times n$ 个元素。$m\times n$ 也被称为矩阵的阶数,$\boldsymbol{A}_{m\times n}$称为 $m\times n$ 阶矩阵。

和向量一样,约定用大写字母表示矩阵,对应的小写字母加下标表示矩阵的元素。在不产生歧义的情况下,矩阵名称中行数和列数的标识可以省略,即 $\boldsymbol{A}_{m\times n}$可简写为 $\boldsymbol{A}$。

以下是矩阵的一些特型:

①当 $m=n$ 时,矩阵的行列数相等,称为方阵,如 $\boldsymbol{A}_{n\times n}$称 n 阶方阵。

②当 $m=1$ 或 $n=1$ 时,矩阵简化为行向量或列向量,此时该下标也可同时简化掉。如

$$\boldsymbol{A}_{1\times n}=\boldsymbol{A}_n=[\,a_{11}\quad a_{12}\quad \cdots\quad a_{1n}\,]=(\,a_1\quad a_2\quad \cdots\quad a_n\,)$$

③元素值全为 0 的矩阵称为 0 矩阵。

④一个方阵除对角线上的元素 a_{ii}外,其他元素的值全为 0 的矩阵称为对角矩阵。

⑤对角矩阵中非 0 元素 a_{ii}全为 1 时,称为单位矩阵,记为 $\boldsymbol{I}$,如下式

$$\boldsymbol{I}=\begin{pmatrix} 1 & 0 & \cdots & 0 \\ 0 & 1 & \cdots & 0 \\ \vdots & \vdots & & \vdots \\ 0 & 0 & \cdots & 1 \end{pmatrix}$$

⑥交换矩阵元素的下标,将 a_{ij}转为 a_{ji},称为矩阵的转置,记为 $\boldsymbol{A}^{\mathrm{T}}_{m\times n}$或 $\boldsymbol{A}^{\mathrm{T}}$,如下例

$$\boldsymbol{A}_{3\times 3}=\begin{pmatrix} 3 & 6 & -1 \\ 2 & 0 & 21 \\ 8 & 5 & 1 \end{pmatrix}\qquad A^{\mathrm{T}}_{3\times 3}=\begin{pmatrix} 3 & 2 & 8 \\ 6 & 0 & 5 \\ -1 & 21 & 1 \end{pmatrix}$$

特别地,如果 $a_{ij}=a_{ji}$,即转置后矩阵不变,$\boldsymbol{A}=\boldsymbol{A}^{\mathrm{T}}$,称为对称矩阵。

我们应该理解的是,矩阵是多元数据的一种简洁的表示方法。矩阵方法一定程度上抽象了数据,倾向于表达多元数据信息的总体,而隐藏烦琐的细节。能将复杂冗长的算式或推导过程表示为简洁的形式,形式上直观易于观察和理解,同时也更容易凸显其中的逻辑性。能否用矩阵形式表达一个算式,取决于该矩阵表达按矩阵运算规则展开后得到的算式是否是正确的。实践表明,多数情况下用矩阵来表示算式、方程及计算过程都是有效的,而且带来了很好的效果。下面是几个简单的例子。

例:计算 n 个数据的平方和,公式为

$$y=x_1^2+x_2^2+\cdots+x_n^2$$

定义向量 $\boldsymbol{X}=\begin{pmatrix} x_1 \\ x_2 \\ \vdots \\ x_n \end{pmatrix}$,则算式可写为 $y=\boldsymbol{X}^{\mathrm{T}}\cdot\boldsymbol{X}$。

例:一个二元线性变换

$$y_1 = a_{11}x_1 + a_{12}x_2$$
$$y_2 = a_{21}x_1 + a_{22}x_2$$

如定义

$$\boldsymbol{X} = \begin{pmatrix} x_1 \\ x_2 \end{pmatrix}, \boldsymbol{Y} = \begin{pmatrix} y_1 \\ y_2 \end{pmatrix}, \boldsymbol{A} = \begin{pmatrix} a_{11} & a_{12} \\ a_{21} & a_{22} \end{pmatrix}$$

则变换式可写成

$$\boldsymbol{Y} = \boldsymbol{A} \cdot \boldsymbol{X}$$

例:矩阵理论起源自对线性方程组的研究,如以下三元一次方程组

$$a_{11}x_1 + a_{12}x_2 + a_{13}x_3 = b_1$$
$$a_{21}x_1 + a_{22}x_2 + a_{23}x_3 = b_2$$
$$a_{31}x_1 + a_{32}x_2 + a_{33}x_3 = b_3$$

表示为矩阵形式

$$\boldsymbol{A} \cdot \boldsymbol{X} = \boldsymbol{B}$$

其中 $\boldsymbol{A} = \begin{pmatrix} a_{11} & a_{12} & a_{13} \\ a_{21} & a_{22} & a_{23} \\ a_{31} & a_{32} & a_{33} \end{pmatrix}, \boldsymbol{X} = \begin{pmatrix} x_1 \\ x_2 \\ x_3 \end{pmatrix}, \boldsymbol{B} = \begin{pmatrix} b_1 \\ b_2 \\ b_3 \end{pmatrix}$

则方程组的解为

$$\boldsymbol{X} = \boldsymbol{A}^{-1} \cdot \boldsymbol{B}$$

2.3.2 矩阵运算规则

矩阵的基本运算包括加法、乘法、求逆、行列式。

1. 矩阵加法

两个行数和列数都相等的矩阵可以进行加法运算,规则是两矩阵内同位置上的元素分别相加得到新的矩阵。

$$\boldsymbol{A}_{m\times n} + \boldsymbol{B}_{m\times n} = \begin{pmatrix} a_{11} & a_{12} & \cdots & a_{1n} \\ a_{21} & a_{22} & \cdots & a_{2n} \\ \vdots & \vdots & & \vdots \\ a_{m1} & a_{m2} & \cdots & a_{mn} \end{pmatrix} + \begin{pmatrix} b_{11} & b_{12} & \cdots & b_{1n} \\ b_{21} & b_{22} & \cdots & b_{2n} \\ \vdots & \vdots & & \vdots \\ b_{m1} & b_{m2} & \cdots & b_{mn} \end{pmatrix}$$
$$= \begin{pmatrix} a_{11}+b_{11} & a_{12}+b_{12} & \cdots & a_{1n}+b_{1n} \\ a_{21}+b_{21} & a_{22}+b_{22} & \cdots & a_{2n}+b_{2n} \\ \vdots & \vdots & & \vdots \\ a_{m1}+b_{m1} & a_{m2}+b_{m2} & \cdots & a_{mn}+b_{mn} \end{pmatrix}$$

从加法规则可以看到,矩阵加法满足交换律,即 $\boldsymbol{A}+\boldsymbol{B}=\boldsymbol{B}+\boldsymbol{A}$。

2. 矩阵乘法

(1)矩阵乘常量

矩阵与常量相乘是将常量乘到矩阵内的每一个元素上,得到新的矩阵

$$c \cdot \boldsymbol{A}_{m\times n} = c \cdot \begin{pmatrix} a_{11} & a_{12} & \cdots & a_{1n} \\ a_{21} & a_{22} & \cdots & a_{2n} \\ \vdots & \vdots & & \vdots \\ a_{m1} & a_{m2} & \cdots & a_{mn} \end{pmatrix} = \begin{pmatrix} c\cdot a_{11} & c\cdot a_{12} & \cdots & c\cdot a_{1n} \\ c\cdot a_{21} & c\cdot a_{22} & \cdots & c\cdot a_{2n} \\ \vdots & \vdots & & \vdots \\ c\cdot a_{m1} & c\cdot a_{m2} & \cdots & c\cdot a_{mn} \end{pmatrix}$$

此类乘法同样地满足交换律

$$c \cdot \boldsymbol{A}_{m\times n} = \boldsymbol{A}_{m\times n} \cdot c$$

（2）矩阵乘矩阵

$\boldsymbol{A}$ 和 $\boldsymbol{B}$ 矩阵可以进行相乘，前提条件是：矩阵 $\boldsymbol{A}$ 的列数等于 $\boldsymbol{B}$ 的行数，相乘后得到的矩阵大小为 $\boldsymbol{A}$ 的行数和 $\boldsymbol{B}$ 的列数，即

$$\boldsymbol{A}_{mk} \cdot \boldsymbol{B}_{kn} = \boldsymbol{C}_{mn}$$

$\boldsymbol{A}$ 矩阵中第 i 行元素（共 k 个），与 $\boldsymbol{B}$ 矩阵中第 j 列元素（共 k 个），分别对应相乘后再求和，得到新矩阵中第 i 行第 j 列元素，即

$$\boldsymbol{A}_{m\times k} = \begin{pmatrix} a_{11} & a_{12} & \cdots & a_{1k} \\ a_{21} & a_{22} & \cdots & a_{2k} \\ \vdots & \vdots & & \vdots \\ a_{m1} & a_{m2} & \cdots & a_{mk} \end{pmatrix} \cdot \begin{pmatrix} b_{11} & b_{12} & \cdots & b_{1n} \\ b_{21} & b_{22} & \cdots & b_{2n} \\ \vdots & \vdots & & \vdots \\ b_{k1} & b_{k2} & \cdots & b_{kn} \end{pmatrix} = \begin{pmatrix} c_{11} & c_{12} & \cdots & c_{1n} \\ c_{21} & c_{22} & \cdots & c_{2n} \\ \vdots & \vdots & & \vdots \\ c_{m1} & c_{m2} & \cdots & c_{mn} \end{pmatrix}$$

其中

$$c_{ij} = \sum_{l=1}^{k} a_{il} \cdot b_{lj}$$

例：矩阵 $\boldsymbol{A}_{32} = \begin{pmatrix} 1 & 5 \\ 3 & 0 \\ 9 & 3 \end{pmatrix}$，$\boldsymbol{B}_{22} = \begin{pmatrix} 6 & 3 \\ 1 & 1 \end{pmatrix}$，相乘后得到一个 3×2 矩阵

$$\boldsymbol{C}_{32} = \begin{pmatrix} 1 & 5 \\ 3 & 0 \\ 9 & 3 \end{pmatrix} \cdot \begin{pmatrix} 6 & 3 \\ 1 & 1 \end{pmatrix} = \begin{pmatrix} 1\times 6+5\times 1 & 1\times 3+5\times 1 \\ 3\times 6+0\times 1 & 3\times 3+0\times 1 \\ 9\times 6+3\times 1 & 9\times 3+3\times 1 \end{pmatrix} = \begin{pmatrix} 11 & 8 \\ 18 & 9 \\ 57 & 30 \end{pmatrix}$$

矩阵乘法不满足交换律，即 $\boldsymbol{A}\cdot\boldsymbol{B} \neq \boldsymbol{B}\cdot\boldsymbol{A}$。只有在特例的情况下，$\boldsymbol{A}$ 和 $\boldsymbol{B}$ 都是方阵且都是对称矩阵，交换律才能成立。

关于转置与乘法运算的关系，有以下性质

$$(\boldsymbol{A}_{mk} \cdot \boldsymbol{B}_{kn})^{\mathrm{T}} = \boldsymbol{B}_{kn}^{\mathrm{T}} \cdot \boldsymbol{A}_{mk}^{\mathrm{T}}$$

由于 $\boldsymbol{A}_{mk}$转置后变成 $\boldsymbol{A}'_{km}$，$\boldsymbol{B}_{kn}$转置后变成 $\boldsymbol{B}'_{nk}$，所以 $\boldsymbol{B}_{kn}^{\mathrm{T}} \cdot \boldsymbol{A}_{mk}^{\mathrm{T}} = \boldsymbol{B}'_{nk} \cdot \boldsymbol{A}'_{km}$，乘法能够进行，且相乘后得到的矩阵为 $n\times m$ 矩阵。$\boldsymbol{B}'_{nk} \cdot \boldsymbol{A}'_{km}$矩阵第 i 行第 j 列元素的计算公式此时为

$$\sum_{l=1}^{k} b'_{il} \cdot a'_{lj} = \sum_{l=1}^{k} b_{li} \cdot a_{jl} = \sum_{l=1}^{k} a_{jl} \cdot b_{li}$$

式中最后一项正是 $\boldsymbol{A}_{mk} \cdot \boldsymbol{B}_{kn}$正第 j 行第 i 列元素，也就是 $\boldsymbol{A}_{mk} \cdot \boldsymbol{B}_{kn}$转置后第 i 行第 j 列元素，所以关于乘法的转置性质成立。

例：仍然使用上例的矩阵，则

$$\boldsymbol{A}_{32} \cdot \boldsymbol{B}_{22} = \begin{pmatrix} 1 & 5 \\ 3 & 0 \\ 9 & 3 \end{pmatrix} \cdot \begin{pmatrix} 6 & 3 \\ 1 & 1 \end{pmatrix} = \begin{pmatrix} 11 & 8 \\ 18 & 9 \\ 57 & 30 \end{pmatrix}$$

$$B_{22}^{T} \cdot A_{32}^{T} = \begin{pmatrix} 6 & 1 \\ 3 & 1 \end{pmatrix} \cdot \begin{pmatrix} 1 & 3 & 9 \\ 5 & 0 & 3 \end{pmatrix} = \begin{pmatrix} 11 & 18 & 57 \\ 8 & 9 & 30 \end{pmatrix}$$

因此$(A_{32} \cdot B_{22})^{T} = B_{22}^{T} \cdot A_{32}^{T}$。

单位矩阵 I 总是方阵，在满足“矩阵 A 的列数等于 B 的行数”的前提条件下，任何矩阵与单位矩阵 I 相乘都不变，即

$$A_{mn} \cdot I_{nn} = A_{mn}, \text{或 } I_{mm} \cdot A_{mn} = A_{mn}$$

(3)矩阵与向量相乘

矩阵与向量能够进行相乘运算，此时将向量看做是 1 行或 1 列的矩阵。n 维行向量作为 $1 \times n$ 矩阵，n 维列向量作为 $n \times 1$ 矩阵。

行向量和矩阵相乘时，必须向量在左，矩阵在右，且矩阵的行数与向量的列数(即维数)相同。相乘后仍然是一个行向量，但维数是矩阵的列数。相乘的方法如下式

$$X \cdot A = (x_1 \quad x_2 \quad \cdots \quad x_m) \cdot \begin{pmatrix} a_{11} & a_{12} & \cdots & a_{1n} \\ a_{21} & a_{22} & \cdots & a_{2n} \\ \vdots & \vdots & & \vdots \\ a_{m1} & a_{m2} & \cdots & a_{mn} \end{pmatrix} = (y_1 \quad y_2 \quad \cdots \quad y_n) = Y$$

其中 $y_i = \sum_{k=1}^{m} x_k \cdot a_{ki} (1 \leqslant i \leqslant n)$。

列向量和矩阵相乘的情况与上述情况相似，此时必须矩阵在左，向量在右，且矩阵的列数与向量的行数相同。相乘后仍然是一个列向量，但维数是矩阵的行数。相乘的方法如下式

$$A \cdot X = \begin{pmatrix} a_{11} & a_{12} & \cdots & a_{1n} \\ a_{21} & a_{22} & \cdots & a_{2n} \\ \vdots & \vdots & & \vdots \\ a_{m1} & a_{m2} & \cdots & a_{mn} \end{pmatrix} \cdot \begin{pmatrix} x_1 \\ x_2 \\ \vdots \\ x_n \end{pmatrix} = \begin{pmatrix} y_1 \\ y_2 \\ \vdots \\ y_n \end{pmatrix} = Y$$

其中 $y_i = \sum_{k=1}^{n} a_{ik} \cdot x_k, (1 \leqslant i \leqslant m)$。

3. 矩阵的行列式

矩阵和行列式是两个完全不同的概念，但形式上比较相似。我们可以将一个矩阵 A 中的全体元素，原封不动地放到行列式里，称为矩阵 A 的行列式，记做 $|A|$。即

$$\text{若 } A = \begin{pmatrix} a_{11} & a_{12} & \cdots & a_{1n} \\ a_{21} & a_{22} & \cdots & a_{2n} \\ \vdots & \vdots & & \vdots \\ a_{n1} & a_{n2} & \cdots & a_{nn} \end{pmatrix}, \text{则 } |A| = \begin{pmatrix} a_{11} & a_{12} & \cdots & a_{1n} \\ a_{21} & a_{22} & \cdots & a_{2n} \\ \vdots & \vdots & & \vdots \\ a_{n1} & a_{n2} & \cdots & a_{nn} \end{pmatrix}$$

其含义是矩阵 A 的绝对值。无疑 A 和 $|A|$ 具有唯一的对应关系。但由于行列式的限制，只有方阵才能这样做，非方阵没有行列式。n 行 n 列的行列式称为 n 阶行列式。

某些矩阵运算会涉及矩阵的行列式，因此要先了解相关的知识。

行列式是一组按行、列排列成方阵的数据，并按规定的计算过程计算出的一个数量值。因此，与矩阵不同，行列式意味着一个确定的数值，数据的阵列是作为该数值的数据源存在的，行列式除了包含数据阵列，还包含着固有的计算规定，因而能够产生一个数值。而矩阵仅仅是排

列好的一组数据，并不存在原始的、确定的、内置的运算。

对行列式的数据阵列进行计算，得到行列式值的过程称为求值。

对任意阶数 n 的行列式进行求值计算，基本方法是采用代数余子式进行降阶的方法，计算过程是一个反复过程。这里只说明几个常用的低阶行列式求值方法。

$n=2$ 时，行列式值为

$$|\boldsymbol{A}| = \begin{vmatrix} a_{11} & a_{12} \\ a_{21} & a_{22} \end{vmatrix} = a_{11} \cdot a_{22} - a_{12} \cdot a_{21}$$

$n=3$ 时，行列式值为

$$|\boldsymbol{A}| = \begin{vmatrix} a_{11} & a_{12} & a_{13} \\ a_{21} & a_{22} & a_{23} \\ a_{31} & a_{32} & a_{33} \end{vmatrix} = a_{11} \cdot a_{22} \cdot a_{33} + a_{12} \cdot a_{23} \cdot a_{31} + a_{13} \cdot a_{21} \cdot a_{32} - a_{31} \cdot a_{22} \cdot a_{13} - a_{11} \cdot a_{23} \cdot a_{32} - a_{21} \cdot a_{12} \cdot a_{33}$$

$n=4$，且第 4 行如以下特殊情况的计算方法

$$|\boldsymbol{A}| = \begin{vmatrix} a_{11} & a_{12} & a_{13} & a_{14} \\ a_{21} & a_{22} & a_{23} & a_{24} \\ a_{31} & a_{32} & a_{33} & a_{34} \\ 0 & 0 & 0 & 1 \end{vmatrix} = \begin{vmatrix} a_{11} & a_{12} & a_{13} & 0 \\ a_{21} & a_{22} & a_{23} & 0 \\ a_{31} & a_{32} & a_{33} & 0 \\ a_{41} & a_{42} & a_{43} & 1 \end{vmatrix} = \begin{vmatrix} a_{11} & a_{12} & a_{13} \\ a_{21} & a_{22} & a_{23} \\ a_{31} & a_{32} & a_{33} \end{vmatrix}$$

4. 矩阵求逆

如果矩阵 $\boldsymbol{A}$ 存在着一个与之对应的矩阵，使得 $\boldsymbol{A}$ 与之相乘结果为单位矩阵，则该矩阵为矩阵 $\boldsymbol{A}$ 的逆矩阵，记为 $\boldsymbol{A}^{-1}$。有

$$\boldsymbol{A} \cdot \boldsymbol{A}^{-1} = \boldsymbol{A}^{-1} \cdot \boldsymbol{A} = \boldsymbol{I}$$

按定义，$\boldsymbol{A}$ 和 $\boldsymbol{A}^{-1}$是互为逆矩阵的。此外只有方阵才可能有逆矩阵，否则上定义式就不能成立。

逆矩阵可看作是矩阵的倒数。逆矩阵参加运算对应于算数运算中的除法运算。

例：如前面的例子所示，方程组可表示为

$$\boldsymbol{A} \cdot \boldsymbol{X} = \boldsymbol{B}$$

若系数矩阵 $\boldsymbol{A}$ 存在着逆矩阵 $\boldsymbol{A}^{-1}$，则式左右同乘 $\boldsymbol{A}^{-1}$，有

$$\boldsymbol{A}^{-1} \cdot \boldsymbol{A} \cdot \boldsymbol{X} = \boldsymbol{A}^{-1} \cdot \boldsymbol{B}$$

而 $\boldsymbol{A}^{-1} \cdot \boldsymbol{A} = \boldsymbol{I}$ 得到

$$\boldsymbol{X} = \boldsymbol{A}^{-1} \cdot \boldsymbol{B}$$

因此求解方程组就转化为求系数矩阵 $\boldsymbol{A}$ 的逆矩阵 $\boldsymbol{A}^{-1}$。

只有方阵才能有逆矩阵，但并非任意的方阵都有逆矩阵。矩阵 $\boldsymbol{A}$ 可逆即存在 $\boldsymbol{A}^{-1}$的充分且必要条件是$|\boldsymbol{A}| \neq 0$。这是因为对于$|\boldsymbol{A}|=0$ 的矩阵，如果强行求逆，计算过程中会产生值为无穷大的数据，计算就无法进行了。

矩阵求逆的基本方法是使用代数余子式方法。

如果将 n 行 n 列的矩阵 $\boldsymbol{A}_{nn}$ 中的第 i 行和第 j 列元素都去掉，则剩余元素组成 $n-1$ 行 $n-1$ 列的矩阵，此降阶了的矩阵的行列式且乘以符号$(-1)^{i+j}$，为 i 行 j 列的代数余子式 A_{ij}。注意 A_{ij}是一个行列式，即是一个数值。$\boldsymbol{A}_{nn}$ 中每个元素 a_{ij}都有对应的 A_{ij}，那么这些 A_{ij}放在原来 a_{ij}的

位置上就可构成一个新矩阵，阶数与 $\boldsymbol{A}_{nn}$ 相同。逆矩阵的计算式为

$$\boldsymbol{A}^{-1}=\frac{1}{|\boldsymbol{A}|}\begin{pmatrix}A_{11} & A_{12} & \cdots & A_{1n}\\ A_{21} & A_{22} & \cdots & A_{2n}\\ \vdots & \vdots & & \vdots\\ A_{n1} & A_{n2} & \cdots & A_{nn}\end{pmatrix}^{\mathrm{T}}$$

例：求以下矩阵的逆

$$\boldsymbol{A}=\begin{pmatrix}10 & 9 & 9\\ 5 & 8 & 11\\ 5 & 6 & 4\end{pmatrix}$$

计算过程如下

$$|\boldsymbol{A}|=\begin{vmatrix}10 & 9 & 9\\ 5 & 8 & 11\\ 5 & 6 & 4\end{vmatrix}=-115$$

$$A_{11}=\begin{vmatrix}8 & 11\\ 6 & 4\end{vmatrix}=-34$$

其他的余子式计算略。最终

$$\boldsymbol{A}^{-1}=\frac{1}{-115}\begin{pmatrix}-34 & 18 & 27\\ 35 & -5 & -65\\ -10 & -15 & 35\end{pmatrix}$$

可以验证

$$\boldsymbol{A}\cdot\boldsymbol{A}^{-1}=\frac{1}{-115}\begin{pmatrix}10 & 9 & 9\\ 5 & 8 & 11\\ 5 & 6 & 4\end{pmatrix}\begin{pmatrix}-34 & 18 & 27\\ 35 & -5 & -65\\ -10 & -15 & 35\end{pmatrix}=\begin{pmatrix}1 & 0 & 0\\ 0 & 1 & 0\\ 0 & 0 & 1\end{pmatrix}$$

同样可以验证 $\boldsymbol{A}^{-1}\cdot\boldsymbol{A}=\boldsymbol{I}$。

习　题

1. 如果一个三角形三个顶点向量 $\boldsymbol{A}$、$\boldsymbol{B}$、$\boldsymbol{C}$ 为已知，给出计算三角形面积的公式。

2. 如果一个三角形三个顶点向量 $\boldsymbol{A}$、$\boldsymbol{B}$、$\boldsymbol{C}$ 为已知，如何判断它是锐角三角形还是钝角三角形？

3. 证明坐标轴向量 $\boldsymbol{i},\boldsymbol{j},\boldsymbol{k}$ 有以下关系：

$$\boldsymbol{i}\times\boldsymbol{i}=\boldsymbol{j}\times\boldsymbol{j}=\boldsymbol{k}\times\boldsymbol{k}=0$$

$$\boldsymbol{i}\times\boldsymbol{j}=\boldsymbol{k},\boldsymbol{j}\times\boldsymbol{k}=\boldsymbol{i},\boldsymbol{k}\times\boldsymbol{i}=\boldsymbol{j}$$

$$\boldsymbol{j}\times\boldsymbol{i}=-\boldsymbol{k},\boldsymbol{k}\times\boldsymbol{j}=-\boldsymbol{i},\boldsymbol{i}\times\boldsymbol{k}=-\boldsymbol{j}$$

4. 空间任意位置有一道墙，其上有一个三角形顶点向量 $\boldsymbol{W}_1,\boldsymbol{W}_2,\boldsymbol{W}_3$ 为已知，另有空间点 P_1,P_2，如何判断 P_1,P_2 在墙的同一侧？

5. 有一右手笛卡尔坐标系 (x,y,z)，其中有点 $P=(x_1,x_2,x_3)$。若将坐标系的 x 反向，使之朝向 $-x$ 方向，坐标系变成左手坐标系。那么点 P 在新坐标系中的坐标是什么？

6. 证明对向量 $\boldsymbol{A}$，有 $\boldsymbol{A}\cdot\boldsymbol{A}=|\boldsymbol{A}|^2$。

7. 证明在满足相乘条件时，对任意矩阵 $\boldsymbol{A}$，等式 $\boldsymbol{A}\cdot\boldsymbol{I}=\boldsymbol{I}\cdot\boldsymbol{A}=\boldsymbol{A}$ 都成立，其中 $\boldsymbol{I}$ 是单位矩阵。

8. 求以下矩阵的逆矩阵

$$\boldsymbol{A}=\begin{pmatrix}1 & 2 & 3\\ 2 & 2 & 1\\ 3 & 4 & 3\end{pmatrix}$$

9. 证明矩阵乘法满足分配率 $\boldsymbol{A}(\boldsymbol{B}+\boldsymbol{C})=\boldsymbol{AB}+\boldsymbol{AC}$。

10. 一个对角矩阵 $\boldsymbol{A}$ 与一个列向量 $\boldsymbol{P}$ 相乘，结果 $\boldsymbol{A}\cdot\boldsymbol{P}$ 有什么特点。

11. 若三个向量 $\boldsymbol{A}$、$\boldsymbol{B}$、$\boldsymbol{C}$ 共面，证明 $\boldsymbol{A}\cdot(\boldsymbol{B}\times\boldsymbol{C})=0$ 成立。

12. 三维空间中三角形的三个顶点向量为 $\boldsymbol{P}_0,\boldsymbol{P}_1,\boldsymbol{P}_2$，证明 $\frac{1}{3}(\boldsymbol{P}_0+\boldsymbol{P}_1+\boldsymbol{P}_2)$ 是该三角形中心点。

13. 在左手坐标系中，向量矢量积的方向是如何定义的？

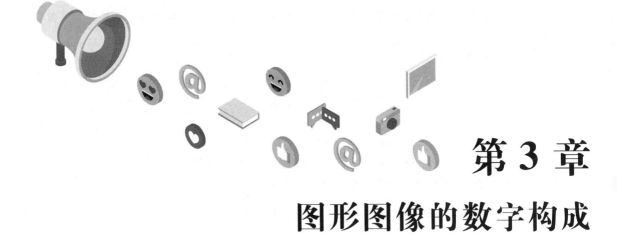

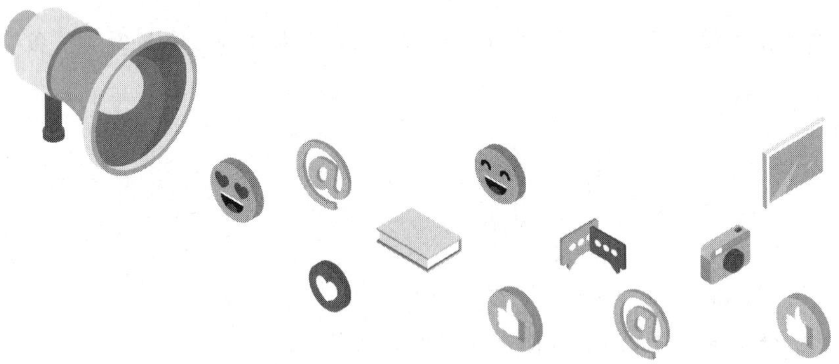

第3章 图形图像的数字构成

图形学建模，是指用一组有限数量的数据来描述、模拟一个图形或图画。图形学建模不仅仅是对特定形状的数学描述，还包括对客观事物的抽象、图形的运动、性质、组织关系、历史来源、表征意义等信息，因此建模是一个比较广泛的概念。而造型这个词，范围要比建模小，造型仅以表达图形对象的静态形状为目的，即造型是建模的一部分。对一个图形对象来说，静态形状是必要的，但图形是运动变化中不断呈现的，仅有形状显然不够，还需要更多的数据来表达更多的信息。以 3ds Max 为例，所谓 3ds Max 建模，实际上就包括了形体、形体运动、光学材质等多项内容，形体造型是其中的一项内容。

客观世界的有形对象中，一类是形状固定或基本固定，即使有变化但其构成特征不变的，如机械零件、机械结构、建筑物、家具、石头等。这类对象的形状有明确的几何特征，适合用几何方法来表示。用几何元素来描述一个对象形状，称为几何造型。几何造型是一种技术，研究如何用几何方法，在计算机内通过几何元素的组合来描述物体的空间结构。将物体的形状存储在计算机内，形成该物体的三维几何模型，并能为各种具体应用提供信息。几何造型目前最为成熟，用途也最广，是主流方法。

除此之外，客观世界还存在着大量形状不固定、不确定的对象，如火焰、云、水、植物、衣物等，这类对象因为细节复杂、运动性强，变化程度大，不适合单纯地用几何方法来表示，一般用过程建模方法，其模型是多用数学方程及物理方程来描述，因此也称物理建模，或自然景物建模，由于每种对象的特征都不一样，并没有统一的建模方法，每一类对象的建模技术都单独研究和建立。典型的粒子模型就属于这一类。粒子模型是一个参数化的运动方程，启动后根据运动方程计算每个粒子的位置、色彩，再绘制出来，是一个实时计算的运动模型而不是几何模型。此外还有布料模型、水流模型等。

现在我们知道，图形的几何模型记录的是几何元素信息，如直线、多边形等。无论图形的几何构成如何，由于几何体是连续图形，图形对象在表达上是连续的。建立这种表达方法上的图形称为矢量图形。

本章学习的任务：理解实体模型的构成；掌握三角形网格模型的数据结构及一些几何算法；理解图像的构成。

3.1 图形的几何模型

图形学技术的发展过程中,几何造型方法是成熟较早的方法。对图形应用系统来说,图形的表达和存储是一切后续处理的基础,而且早期的图形应用是以 CAD 为主,所以面向机械工业制造的几何造型方法很早就确立并规范化。具体涉及几何模型的国际标准有 GKS、CGM、IGES。标准中几何造型的方法也不是唯一的,包含多种方法,不同的应用系统则根据自身的特点运用不同的方法。

几何造型方法的基本思路是先确定几种基本的几何元素,然后建立一种组织方法,将足够数量的几何元素组织在一起,从而表达出一个完整的形体。如图 3.1 所示的圆锥体模型,就是由几个三角形构成的,而每个三角形又由点和线构成。从示例也可以看到,几何建模不是对目标对象的精确表达,存在着一定的误差。

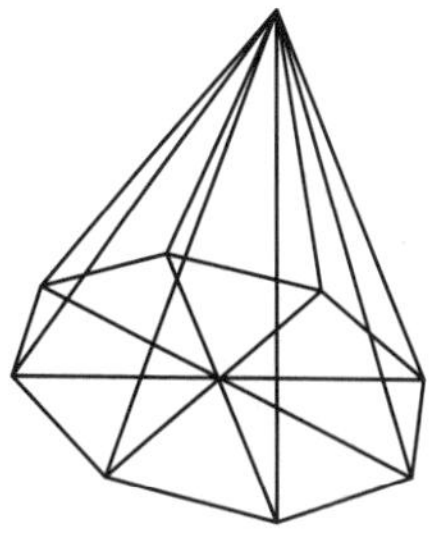

图 3.1 圆锥体几何模型

作为一般性原则,几何造型的基本要求是具备完整性、唯一性、通用性、逻辑性和并行性。

本节作为一般性的了解,介绍几种典型的方法。

1. 基本几何元素

几何建模中的基本几何元素包括点、线、环、面、体(见图 3.2)。

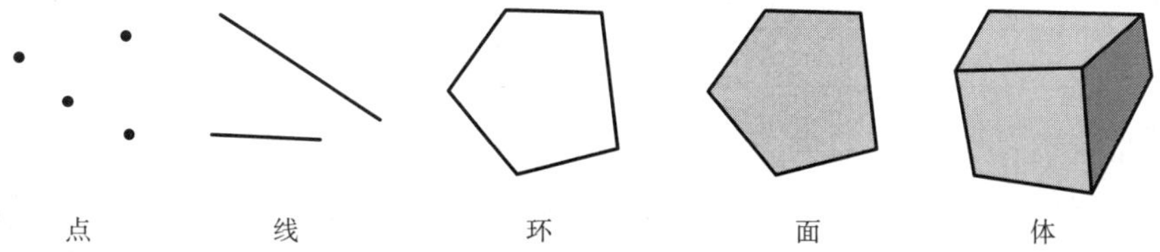

图 3.2 基本几何元素

点是 0 维元素,空间体积为 0。点的基本属性也是必要的属性为三维坐标(x,y,z)。我们知道,点和向量等价,一个点就是一个向量,有关点的计算常用向量形式来进行。

线是一维元素,一个线是由 2 个点来定义的线段。线占据 2 个点之间的连续空间,空间体积就是线的长度,即 2 个点之间的距离。射线是线的特例,如果其中一个点在无穷远处,线就成为射线。

环也是一维元素,一个环是由 3 条或 3 条以上的线首尾连接且最终封闭所组成,是一个封闭折线序列。环可以定义方向,称为有向环,此时构成环的顶点和线必须是有序排列的,如图 3.3 所示,环的方向根据顶点排列,按右手定则来确定。

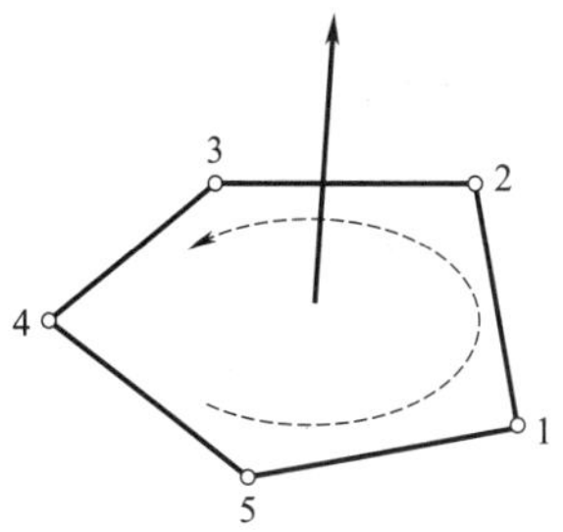

图 3.3 有向环

面是二维元素,一个环加上所围的区域形成一个面,因而面就是多边形。同样面也是可以有方向的,面的方向与环的方向定义相同。

因而面和环从数据结构上并没有区别,仅是含义不同。

体是三维元素,多个面连接在一起,构成一个封闭区域,所围成的三维空间区域即是一个体。构成一个体至少需要 4 个面，否则就不能完全封闭。

这几种基本几何元素的关系是，体由面来定义，面由环来定义，环由线来定义，线由点来定义。无论构造什么样的模型，点都是必不可少的元素。

有了这几种基本元素，接着就是如何进行组织，从而达到描述三维物体的目的。下面介绍一些传统的方法。

2. 线框模型

最早使用的形体模型就是线框模型。线框模型是使用点和线的集合来描述三维体，其数据结构包括两个表，一个表是点表，记录所有点的坐标；第二个表是边表，记录所有线，而线是用相关联的顶点来表示。此时将线称为边。

图 3.4 是一个立方体线框模型，设它的边长为 1，位置恰好在第一象限上，共有 8 个顶点，12 个边。那么它的点表和边表如表 3.1 和表 3.2 所示。

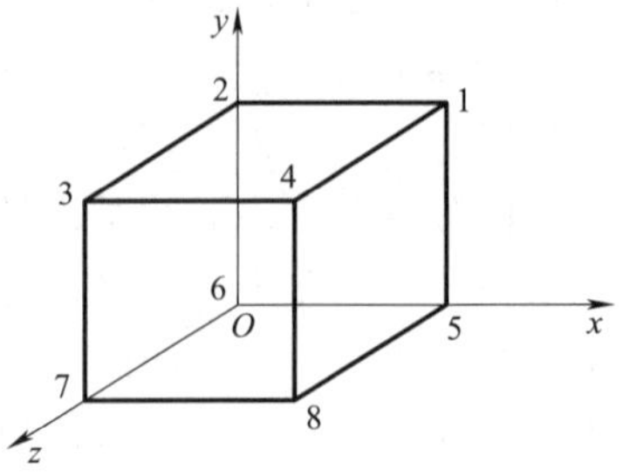

图 3.4　立方体线框模型

表 3.1　点表

序号	1	2	3	4	5	6	7	8
坐标	1,1,0	0,1,0	0,1,1	1,1,1	1,0,1	0,0,0	0,0,1	1,0,1

表 3.2　边表

序号	1	2	3	4	5	6	7	8	9	10	11	12
顶点	1,5	1,2	2,6	6,5	4,3	3,7	7,8	8,4	1,4	2,3	6,7	5,8

线框模型仅记录点和线，不包含其他信息，因此点和线是次序无关的，可以任意编号。

线框模型的优点是涉及的元素少，数据结构简单，存储和编辑修改等处理都容易实现。仅以绘制工程图纸为目的时，线框模型已经够用。若选择不同的视角进行绘图，能产生包括三视图、轴侧图、透视图等各种标准图，是最接近工程图纸的一种模式。在数字媒体领域，显示线框图也是一种常见的表现方式，一种艺术化的形式。

线框模型因为包含的信息过少，缺点也是明显的。不能计算遮挡关系进行消隐，不能生成带有色彩明暗的图。在一些复杂的地方不容易被正确理解，在线框图上看到的多边形，实际上就不能确定它对应的实体在那个位置上是实的部分还是孔洞。线框模型上并没有实体和边界的信息，也就不能进行实体所需进行物理计算，如动画应用中的碰撞计算就不能进行。

3. 表面模型

在线框模型的基础上，再增加一个面的数据结构，就成为表面模型。仍然使用图 3.4 的例子，立方体共 6 个面，每个面由 4 条线组成，增加面表如表 3.3 所示。

表 3.3　面表

序号	1	2	3	4	5	6
线	1,2,3,4	5,6,7,8	8,9,5,6	3,6,10,11	4,7,11,12	2,5,9,10

有了面表，线框模型中的线和线之间就有了填充，物体就具有了外壳。但面表中的面并没有正反面的区分，表面模型仅是零散面元素的集合，并不能指明物体的内部和外部，不能表示物体的内部结构，不能确认三维图形是一个实体或仅仅是一个空壳。仅从视觉表达上看，物体

内部信息并不重要，但对工程设计来说，它们是有意义的，在计算一些物理参数时，就需要明确哪些地方是实的，哪些地方是虚的，表面模型不能提供这方面信息。表面模型仍然是有歧义的，可能会产生二义性的解释。

表面模型的优点是在绘制输出方面。由于有了面，能够绘制色彩连续变化的图形，能够进行消隐计算，区分位置靠前或靠后的面，在绘制时表现出正确的遮挡关系。还能够使用曲面来填充表面，这样就使图形在表现上更为形象，接近真实状况。输出的图形更艺术化，也为便于工程设计时对设计对象进行直观的观察。

4. 实体模型

实体模型在表面模型的基础上，增加更多的信息，完整地描述出物体的三维形状，实体模型的要点是确切地表示了物体内实的部分。

表面模型使用了三个表记录数据，实体模型仍然是这三个表，并不增加新的表格和新的数据。但对这些数据做了进一步的规定，在数据组织方面约束更多，三维信息即体现在这些规则中。在读取这些数据时，相关信息可以从中解读到。

①一个面表需要指明它所属的实体。一个面表对应于一个实体，如果有多个实体，就应该使用多个面表。

②一个面表中所有的面放在一起，必须封闭，而且没有多余的部分。连接成的整张面必须是无边界、无重叠、无缺失开孔的完整面。

③面表中每一个面，都要求隐含地或显式地包含方向信息。这就要求构成面的线或点是有序的，就像图 3.3 表示的那样。排序的规则是，使得按这个顺序计算出的面的法线，指向体的外侧。

在图 3.5 中，我们取出一个面为例。图中带圆圈的编号表示线的编号，不带圆圈的数组表示顶点的编号。在这个面中，4 条线在线表中存储的数据应该是：

线 1:4,3；线 2:8,4；线 3:3,7；线 4:7,8。

所示例的一个面，在面表中存储的数据应该是：

面 1:2,1,3,4。（面 1 由 4 个线组成）或者在面表中直接记为点的序列：

面 1:4,3,7,8。（面 1 由 4 个点组成）

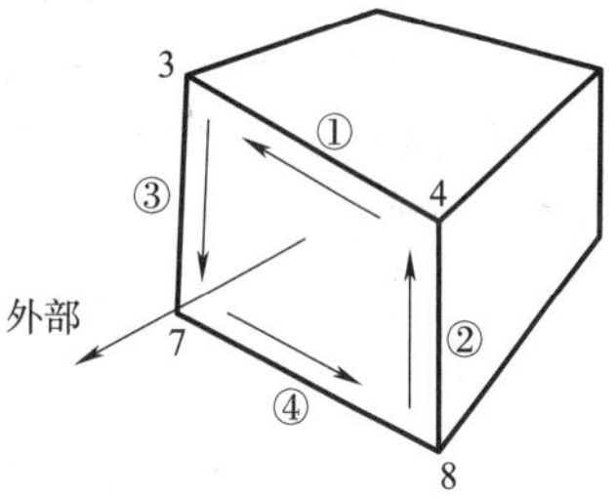

图 3.5　线的方向和面的方向

这样，面的构成元素有了一定的顺序，面表中所有面的法线都是可计算的，而且一致指向物体的外侧。物体的内和外，或者对一个面来说，虚的一侧和实的一侧就区分出来了。

④需要注意的是，实体模型中所使用的基本元素包括点、线、面三种，它们组合在一起构成一个整张的面。其面元素的相连，不是位置上的一致，而是因为 2 个相邻面共用了 1 个线形成的。由于元素被共用，才使得所有的几何元素被连接到了一起，因此这种连接关系是内在的，确定不变的。通过搜索实体模型的 3 个数据表，对其中的任何一个元素，都能找到与它相连的其他元素。比如对具体一个线元素，遍历 3 个表，就能找到它所连接的所有点、线和面。对另外 2 种元素也是一样的。

⑤关于实体的一个概念是正则实体。在数学上，正则实体的定义是比较复杂比较抽象的，我们没必要做深入的解读。直观地理解，所谓正则实体就是客观现实中能够物理性存在的实体。这样理解并不严谨，极端情况下还存在例外，但一般来说是一致的。CAD 以生产制造为

目的,有必要要求实体为正则实体。

对正则实体的定义,目的是排除不合理的,物理上不能实现的结构,图 3.6 所示的几种情况,以二维图形为例,列举了两种物理上不合理的情况。

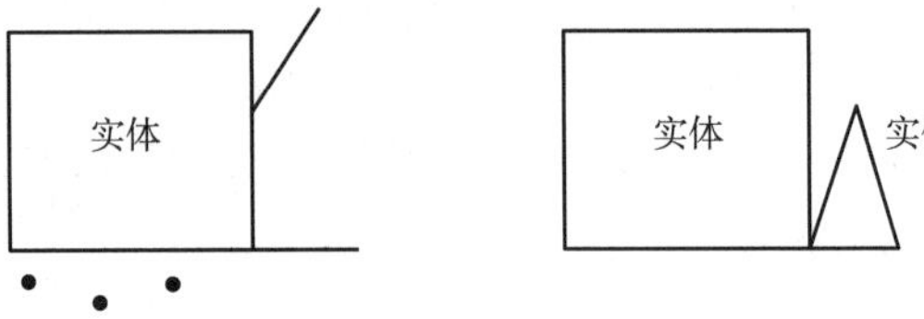

(a)飞点和飞线　　(b)点连接

图 3.6　非正则实体的情况

在数字媒体设计中,实体模型仅作为视觉表现使用,并不要求客观存在,非正则实体是允许的。但即使这样,完成建模时,对残留的飞点和非线等的清理还是必要的。这些多余的几何元素,尽管在渲染时看不到,但会保留在数据结构里。如果模型用到游戏中,进行与交互相关的计算时,会产生麻烦。

5. 边界表示法和翼边结构

边界表示法是一个概念,而不是一个具体的数据结构。所谓边界,是指实体内部和外部的分界。如果将这个边界用数据结构表达出来,也就唯一地表示出了一个实体。边界表示法的基本思想就是这样。

边界表示法的描述中,包括了实体的几何信息和拓扑信息。在前述的实体模型中,点包含了位置参数,面表达着形状信息,这些属于几何信息。而面元素使用了公共的线元素,线元素使用了公共的点元素。这些都表示了面元素的连接关系,属于拓扑信息。实际上,只要限定模型中所使用的顶点,都处于实体表面上(实际上也应该在表面上),实体模型就是边界表示法的一个例子。

在 CAD 应用中,仅使用点表、线表、面表描述实体模型还是不够的,原因就是拓扑还不够直接。尽管通过遍历数据表可以找到所有的连接关系,但对复杂模型,数据量很大的情况下,在全体数据进行搜索的效率很低,要花费相当多的时间,并不实用。而邻接关系、邻接的元素的获知,又是实际所需要的。如绘图仪绘图时,由于绘图笔是机械运动,图形最好能连续画下去,不要发生过多的跳跃。再如修改局部设计时,与被修改局部相关的部分能立即被发现,以便使相关联的部分同时被修改。因此在实体模型基础上,还需要建立更复杂的数据结构,更直接地表示出实体模型的拓扑信息。

翼边结构是斯坦福大学的 B. G. Baugart 于 1972 年提出来的一种数据结构。该模型以边(即线元素)为中心来组织数据,表达模型的拓扑关系。从一个边出发,可以容易地找出它连接的面和其他的边,有着明显的局部性。从边 A 直接找到所连接的边 B,从边 B 直接找到所连接的边 C,这样一个局部范围就确认了下来。

在图 3.7 的示例中,取编号为 2 的边。翼边结构中记录有关该边的数据包括:

①两个端点 8、4,其中 8 是起点,4 是终点。

②左右两个环,面 1 和面 2。

③左环中与起点相连的边,即编号为 4 的边。

④右环中与起点相连的边，即编号为 10 的边。

⑤左环中与终点相连的边，即编号为 1 的边。

⑥右环中与终点相连的边，即编号为 9 的边。

这样，对编号为 2 的边来说，共记录了 8 项信息，除了两个端点外，还记录了 4 个相连的边，2 个相连的面。

翼边结构的缺点是数据存储量变大，虽然局部性变好，但计算比较复杂。

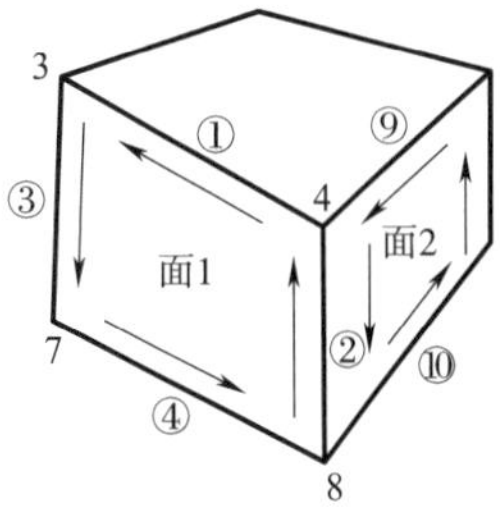

图 3.7　翼边结构

6. 体素构造法(CSG 法)

现实中的一个物体，从形状上总可以看作是由一些比较小的物体堆叠出来的。尽管对较复杂的物体，这种堆叠过程一定会十分复杂，但仍不失为一种方法。机械制品现今已经基本上做到了标准化，机械结构一般也是由标准件构成的，因而堆叠方法具备可行性。体素构造法就是在这个思想上建立的一种建模方法。

运用体素构造法进行建模，首先是建立体素库。体素即实体的元素，是简单的、比较规范的实体，且为正则实体。选择作为体素的实体一类是标准几何体，如球、圆柱、圆锥、立方体、正多面体等。另一类就是从工业标准件中进行选用。

其次是建立实体的正则运算方法。对正则实体进行正则运算，得到的结果仍然是正则实体。正则运算过程实质上就是堆叠的过程，这个运算可以反复进行，使得作为运算结果的实体越来越大，细节越来越丰富，直到产生最终的实体。

实体正则运算有 3 种：

①并运算，记号为∪(或记为 +)。将 2 个物体合并为一个物体。

②交运算，记号为∩(或记为 ×)。计算结果为 2 个物体重叠占有相同空间的部分物体。

③差运算，记号为 -。计算结果为第 1 个物体中减去与第 2 个物体重叠部分后所剩余的物体。图 3.8 是一个 CSG 构造过程示例。

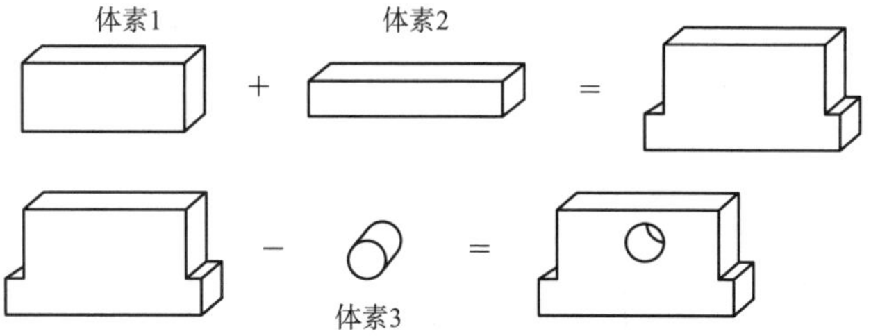

图 3.8　CSG 构造过程示例

体素构造法的优点是数据结构简单，只要存储引用的体素、体素空间变换及运算规则。缺点是受限于体素，构造细节变化复杂的形体难度很大。

7. 扫描建模方法

假若让一个正方形沿空间移动一段距离，只要移动方向不与正方形所在平面重合，那么所经过的空间就形成一个三维体，这就是扫描建模的基本思想。

扫描一般是以一个平面的轮廓为基体，沿某一路径的运动而产生的形体。扫描表示需要两个要素：一是被运动的基体，一个是基本运动的路径。如果是变截面扫描，还要给出截面的变化规律。基本的扫描方式有三种：平移扫描、旋转扫描和广义扫描。

图 3.9 显示了三种扫描方法。(a)图是平移扫描,一个圆环形基体,经平移后形成一个空心圆柱体。(b)图是旋转扫描,一个长方形基体,经旋转后也形成一个空心圆柱体。(c)图显示的是广义扫描,即变截面扫描。一个圆在平移过程中半径也同时变化,扫过的空间形成圆台体。

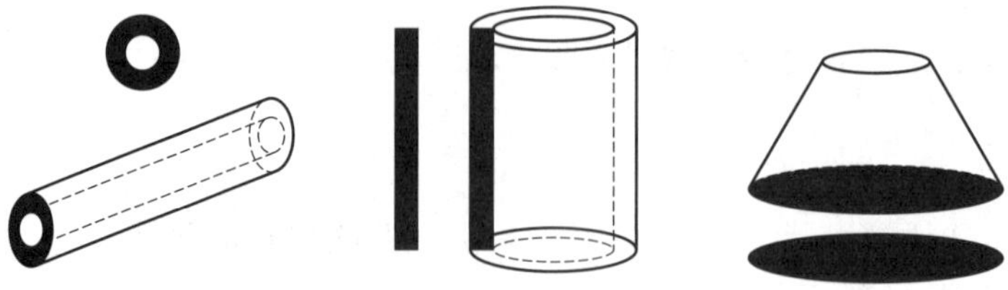

(a) (b) (c)

图 3.9 扫描建模示例

在流行的建模软件中,扫描建模方法也是常见的方法,一般称为放样建模。例如,用一个花瓶截面的曲线,经旋转放样操作,就可以得到一个花瓶的三维模型,等等。放样建模是三维建模的有力工具,有着广泛的用途。

3.2 三角图元及三角形网格

数字媒体领域的实体几何造型,最常见的是网格模型。构成网格模型最基本的面元就是三角形。尽管图形工具软件中也较多地使用四边形面元,但四边形存在着 4 个顶点可能不共面的问题,为计算带来不便,在执行某些计算时,也是按三角形进行计算。图 3.10 中显示了 Unity3d 中的 4 种基本几何体模型,在 Unity3d 中,网格模型全部采用三角形面元。

这种模型属于实体模型一类。与表面模型比,多了关于内部、外部的区分,但和严格的实体模型比,限制要少,如网格不需要封闭。在某些情况下,不需要为实体对象建立完整的封闭网格,只为需要显示的部分制作网格就可以。在地形、水面模型中,网格也不是封闭的。不完整的表面网格并不影响进行绘制。

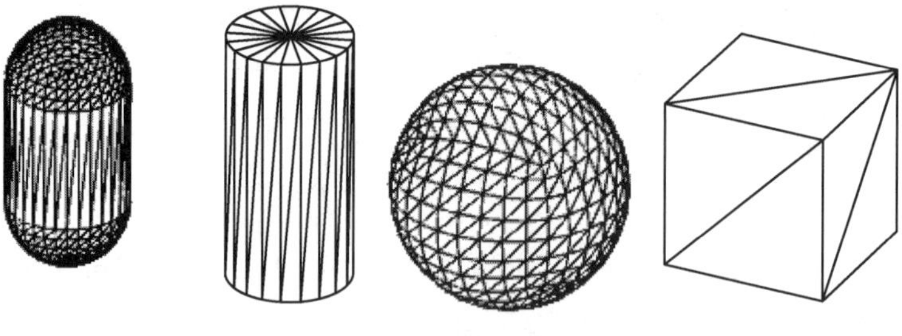

图 3.10 网格模型

存储网格数据的数据结构,只需要 2 个表,顶点表和面表。由于从面表中可以获取线的信息,所以省去线表。在这里,按计算机的表达方式,将表用数组来表示。那么,2 个表就需要定义 2 个数组:

```
float Vertices[N,3];        //顶点数组,N是顶点总数,每个顶点记录x,y,z三个坐标值
int FaceIndex[M,3];         //面索引数组,M是三角面的总数,每个面记录该三角形的
                            //三个顶点号
```

其中第 i 个面($i<N$)的 3 个顶点就是 FaceIndex[i,0],FaceIndex[i,1],FaceIndex[i,2]。

三角形的 3 个顶点要按顺序存放,使得全体面的法线一致。一般是规定法线指向体的外侧,但也有约定指向内侧的情况。本书都认为法线是指向外侧的。

对 FaceIndex 数组进行搜索,可以得到:

①一个点所连接的所有的面。

②网格中所有的边。

③一个边所连接的所有的面。

④一个边被使用的次数。

点可区分为内点和边界点,如图 3.11 所示的部分三角形网格。判断一个点是内点还是边界点,可以计算该点所在的面在该顶点处相邻边的夹角,所有关联面夹角的总和如果是 180°,那么该点就是内点,否则就是边界点。但这不是一个可靠的方法,如果网格局部有畸变,出现不合理的结构,计算结果就是错误的。

另一个方法是,搜索所有的边,统计边被使用的次数。如果一个边被使用的次数为 1,则该边是边界上的边;如果一个边被使用的次数为 2,则该边是在网格的内部;如果一个边被使用的次数大于 2,则在该处存在着重叠面,这是一种不合理的结构,有可能是来自建模时的操作错误。图 3.12 列举了两种错误的网格结构。在(a)图中,有 5 个顶点,3 个面的顶点集是:面①(1,2,5)、面②(4,3,5)、面③(2,3,4)。从面中可以提取到边的信息,共有 9 个边:(1,2)、(2,5)、(5,1)、(2,3)、(3,4)、(4,2)、(4,3)、(3,5)、(5,4)。

其中(3,4)和(4,3)是同一个边,即该边被用到 2 次,是包含在网格内部的,其他边都被使用 1 次,是边界上的边。面②和面③有着共用边,是相连的。面①和面②、面③都没有共用边,是分离的,这种情况说明图形在这里出了缝隙。而(b)图中间那个边因为连接了 3 个三角形,被使用了三次,显示这里存在着重叠面。

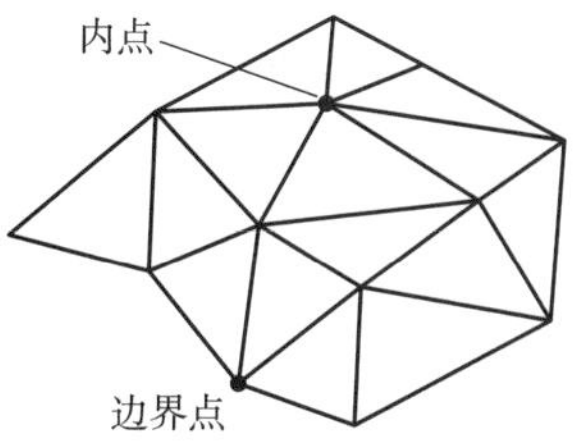

图 3.11　内点和边界点

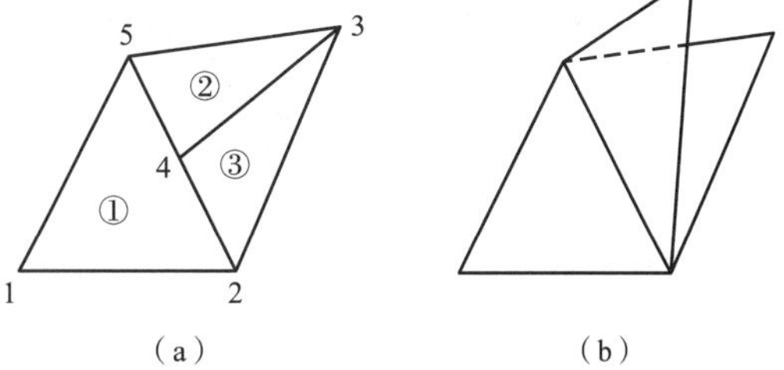

图 3.12　不合理的结构

在搜索边界点时,对所有被使用次数为 1 的边,按首末点的顺序进行排序。在一个序列中,相邻的两个边,前一个边的末点应该与后一个边的首点相同,最后一个边的末点应该与第一个边的首点相同。这样,一个边的序列就构成了一个环。全部排序后,形成几个环,网格就有几个边界。每个序列就是一个边界,该序列中的点就是边界点。这样就找出了所有的边界

点，而且还知道了具体一个点是处于哪个边界上。

渲染过程中，每个三角形是单独处理和绘制的，下面讨论三角形相关的计算。约定三角形的 3 个顶点依次为 $\boldsymbol{A}$，$\boldsymbol{B}$，$\boldsymbol{C}$，都是向量形式，其分量分别为 (a_x, a_y, a_z)，(b_x, b_y, b_z)，(c_x, c_y, c_z)。

1. 三角形的法线方向

三角形的方向即三角形平面法线方向，法线通过顶点向量来计算。一般说来，网格是用来表示一个物体，而三角形面元是网格的组成单元，约定三角形的方向指向物体的外部。那么三角形的法线方向与物体和三角形的位置相关，与坐标系无关，法线计算结果必须使得法线方向指向物体外侧。实际上，三角形法线的计算与顶点的顺序相关，具体的计算要分几种情况讨论。

图 3.13(a)所示的情况，坐标系为右手坐标系，三角形顶点顺序为 $\boldsymbol{A}\to\boldsymbol{B}\to\boldsymbol{C}$，指向物体外侧的方向为 $\boldsymbol{n}$。顺序 $\boldsymbol{A}\to\boldsymbol{B}\to\boldsymbol{C}\to\boldsymbol{n}$ 恰好符合右手定则。向量关系为

$$\boldsymbol{n} = (\boldsymbol{B} - \boldsymbol{A}) \times (\boldsymbol{C} - \boldsymbol{A})$$

或

$$\boldsymbol{n} = (\boldsymbol{C} - \boldsymbol{B}) \times (\boldsymbol{B} - \boldsymbol{A})$$

图 3.13(b)所示的情况，坐标系变为左手坐标系，但物体及三角形的位置没有变，可以看作是将物体放入了一个左手坐标系。为了使向量积仍符合方向 $\boldsymbol{n}$，就要改变边向量相乘的顺序，即

$$\boldsymbol{n} = (\boldsymbol{C} - \boldsymbol{A}) \times (\boldsymbol{B} - \boldsymbol{A})$$

此时顶点和方向向量的顺序为 $\boldsymbol{A}\to\boldsymbol{C}\to\boldsymbol{B}\to\boldsymbol{n}$，服从左手定则方向。

在图 3.13(c)所示的情况，仍是左手坐标系，但顶点坐标仍旧使用右手坐标系时的坐标。这种情况可以看作是物体直接建立在左手坐标系中。为了使向量积符合方向 $\boldsymbol{n}$，相乘的顺序为

$$\boldsymbol{n} = (\boldsymbol{B} - \boldsymbol{A}) \times (\boldsymbol{C} - \boldsymbol{A})$$

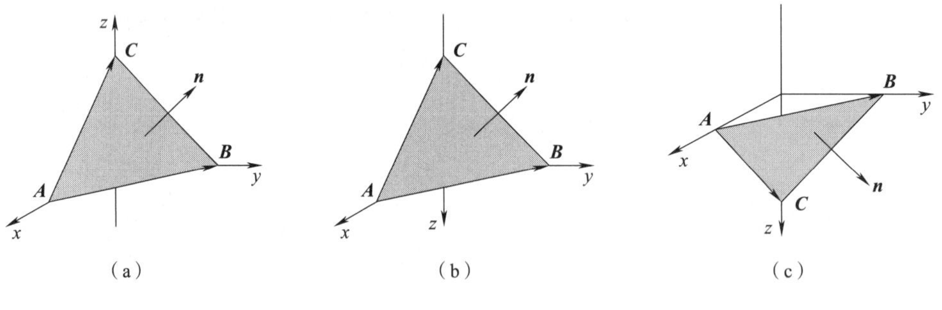

图 3.13　三角形的方向

此时顶点和方向向量的顺序为 $\boldsymbol{A}\to\boldsymbol{B}\to\boldsymbol{C}\to\boldsymbol{n}$，但注意到物体已经镜像翻转，这个顺序仍是左手定则的方向。

就是说，在右手坐标系中，顶点加上方向向量的排序要按右手定则，在左手坐标系则要按左手定则，才能确保三角形的法线方向指向物体外部。或者说，当物体空间发生左右手坐标系改变时，3 个顶点的排序要做反转。之所以会出现这种情况，是因为向量积的定义不考虑坐标系是右手坐标系还是左手坐标系，一律按右手定则规定方向。

法线仅用于表示方向，长度没有意义。因此法线还需要单位化（规范化），转成为单位向量

$$\boldsymbol{n}=\frac{\boldsymbol{n}}{|\boldsymbol{n}|}$$

为了叙述上不至混乱，以下与三角形计算的说明都采用右手坐标系。

2. 三角形的面积计算

根据矢量积的定义，三角形面积可以直接由矢量积计算

$$S=\frac{1}{2}|(\boldsymbol{B}-\boldsymbol{A})\times(\boldsymbol{C}-\boldsymbol{A})|$$

3. 顶点法线的计算

三角形是一个平面，在三角形内，包括边界及顶点，各点的法线都是相同的。但考虑到一个顶点为多个三角形共用，那么顶点的法线应该和三角形内点不同。如图 3.14 所示，认为顶点法线是它所连接的面法线的平均。

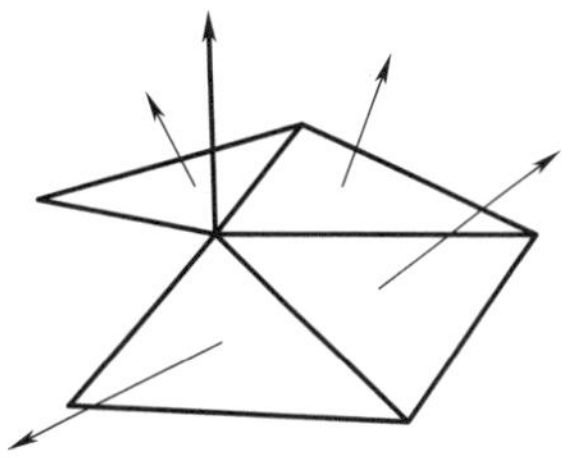

图 3.14 面法线和顶点法线

设一个顶点连接了 N 个面，其第 i 个面的构成顶点为 A_i，B_i，C_i，法线为 n_i。平均方法有三种：

(1)简单平均

$$n=\frac{1}{N}\sum n_i$$

(2)按夹角加权平均

计算每个三角形在该顶点处的内角，内角的不同，该三角形对平均法线的贡献大小也不同，因此以夹角为权重进行平均。设第 i 个三角形内角为 θ_i，则

$$\theta_i=\arccos\frac{(B_i-A_i)\cdot(C_i-A_i)}{|(B_i-A_i)|\cdot|(C_i-A_i)|}$$

$$n=\frac{\sum\theta_i n_i}{\sum\theta_i}$$

(3)按面积加权平均

与上面的方法相似，将三角形面积作为加权系数。设第 i 个三角形面积为 s_i，则

$$n=\frac{\sum s_i n_i}{\sum s_i}$$

法线计算完成后，都应该进行规范化。

4. 三角面的平面方程

将三角形展开形成平面，平面上任意点为 $\boldsymbol{P}(x,y,z)$，该平面方程为

$$(\boldsymbol{P}-\boldsymbol{A})\cdot[(\boldsymbol{B}-\boldsymbol{A})\times(\boldsymbol{C}-\boldsymbol{A})]=0$$

若写成分量形式，为

$$\begin{vmatrix} x & y & z & 1 \\ a_x & a_y & a_z & 1 \\ b_x & b_y & b_z & 1 \\ c_x & c_y & c_z & 1 \end{vmatrix}=0$$

将任意一个空间点代入这个方程，能判断点是否与三角形共面，但还不能简单地判断该点在三角形的内部或外部。

5. 三角面内的参数方程

三角面可以认为是一个被嵌入三维空间的有界的二维空间，可以在三角面上定义一个二维坐标系（见图 3.15）。定义坐标原点在 A 点，AB 线为 u 轴，且在 A 点坐标值为 $u=0$，在 B 点坐标值为 $u=1$。AC 线为 v 轴，且在 A 点坐标值为 $v=0$，在 C 点坐标值为 $v=1$。在 BC 边上满足 $u+v=1$。这样定义在三角形内部的坐标系称为三角形参数坐标系。

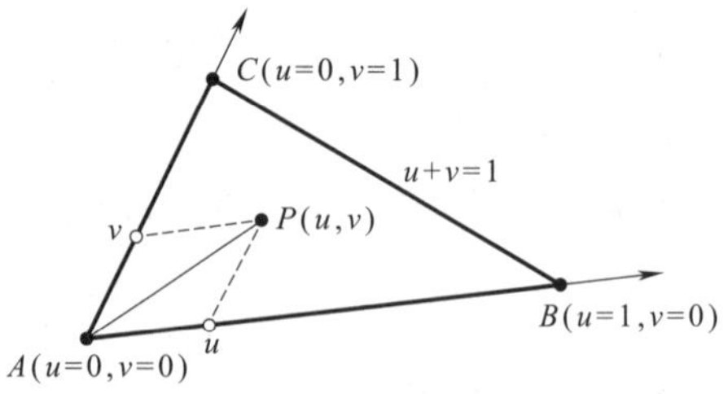

图 3.15　三角面内坐标系

三角形的一个内点 P，其空间坐标为 (x,y,z)，面内参数坐标为 (u,v)，则三角形的参数方程为

$$P-A=u\cdot(B-A)+v\cdot(C-A)$$
$$0\leqslant u\leqslant 1, 0\leqslant v\leqslant 1, u+v\leqslant 1$$

或写成代数式为

$$x=a_x+u\cdot(b_x-a_x)+v\cdot(c_x-a_x)$$
$$y=a_y+u\cdot(b_y-a_y)+v\cdot(c_y-a_y)$$
$$z=a_z+u\cdot(b_z-a_z)+v\cdot(c_z-a_z)$$

其中 $0\leqslant u\leqslant 1, 0\leqslant v\leqslant 1, u+v\leqslant 1$，$u,v$ 超出这个范围，就不在三角形内部。根据这个条件，就能够判断一个点是否在三角形内部。

参数方程表示了点从二维空间到三维空间的映射。对三角形内点 P，已知它的参数坐标 (u,v)，代入上面的方程就可以计算 P 的三维坐标 (x,y,z)。反过来，已知点 P 的三维坐标 (x,y,z)，代入上面的方程中的任意 2 式，就可以解出 P 的二维坐标 (u,v)。此时因为点 P 在平面上，第三个式子自然满足。

6. 点与三角形的关系

对空间点 $P(x,y,z)$，将其代入三角形的平面方程，计算

$$\Delta=(P-A)\cdot[(B-A)\times(C-A)]$$

若 $\Delta>0$，则点在三角形面的法线正向一侧。

若 $\Delta<0$，则点在三角形面的法线负向一侧。

若 $\Delta=0$，则点在三角形平面上，再代入参数方程求解其参数坐标，判断是在三角形内部还是外部。

7. 线段与三角形的关系

已知三角形 ABC 的法线为 $\boldsymbol{n}$；空间任一线段 L，其端点为 P_1,P_2。参见图 3.16，L 与 ABC 存在下面的关系。

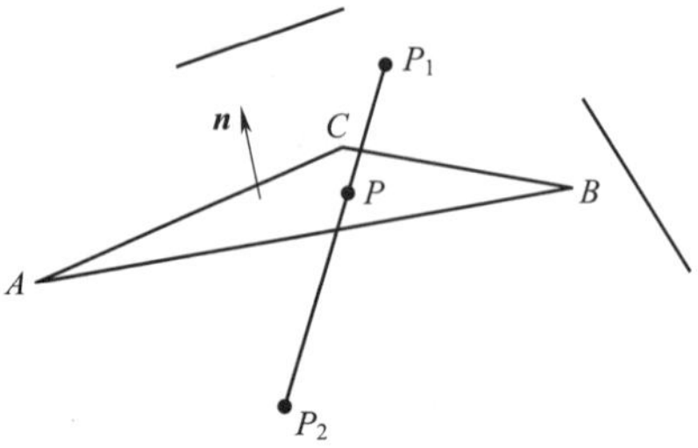

图 3.16　线段与三角形的关系

若 $n\cdot(P_2-P_1)=0$，则线段与三角形平行。此时可以将 P_1 代入三角形平面方程，判断线段与三角形是否共面。若共面，计算 P_1、P_2 的参数坐标，判断线段是否在三角形内部。

若线段与三角形不平行，则可能存在交点。将线段写成参数方程形式

$$P(t) = P_1 + (P_2 - P_1) \cdot t$$

其中 t 是直线的参数坐标,在线段的范围内有 $0 \leqslant t \leqslant 1$。将上式代入三角形参数方程,成为

$$P_1 + (P_2 - P_1) \cdot t - A - u \cdot (B - A) - v \cdot (C - A) = 0$$

其中包括 3 个方程和 3 个未知数 u,v,t,可以解出未知数 u,v,t。为了便于应用计算,Moller 和 Trumbore 给出了混合积形式的方程解

$$\begin{pmatrix} t \\ u \\ v \end{pmatrix} = \frac{1}{[(P_2 - P_1) \times (C - A)] \cdot (B - A)} \begin{pmatrix} [(P_1 - A) \times (B - A)] \cdot (C - A) \\ [(P_2 - P_1) \times (C - A)] \cdot (P_1 - A) \\ [(P_1 - A) \times (B - A)] \cdot (P_2 - P_1) \end{pmatrix}$$

若满足条件 $0 \leqslant u \leqslant 1, 0 \leqslant v \leqslant 1, u + v \leqslant 1, 0 \leqslant t \leqslant 1$,则线段与三角形有交点,将 t 代入线段的参数方程即可求出交点的三维坐标。不满足这个条件就是没有交点。若仅满足 $0 \leqslant t \leqslant 1$,则线段与三角形扩展平面有交点。

这个方法中的线段也可以扩展到射线,假设射线以 P_1 为起点并通过 P_2,按上面的方程求解出 u,v,t,且满足 $0 \leqslant u \leqslant 1, 0 \leqslant v \leqslant 1, u + v \leqslant 1, t \geqslant 0$,则可判断射线 P_1P_2 与三角形相交。

8. 三角形与三角形的关系

两个三角形 T_1, T_2 的关系分几种情况,分别进行讨论,在进行相对关系测试时,也应按这个次序进行。

(1)两个三角形平行

两个面法线相同,面在空间平行。

(2)两个三角形共面

将 T_1 的一个顶点代入 T_2 的平面方程,得到满足,则两个三角形共面。如果不满足,则仅平行而不共面,两个三角形不相交。

共面时,将 T_1 的 3 个顶点,分别代入 T_2 的参数方程,求解其参数坐标,判断出 T_1 的顶点,是否落在 T_2 内。同样地,将 T_2 的 3 个顶点,分别代入 T_1 的参数方程,求解其参数坐标,判断出 T_2 的顶点,是否落在 T_1 内。如果每个顶点都不在对方三角形内,则两个三角形共面但不相交。除以上情况,两个三角形相交。

图 3.17 列举了几种三角形的相对关系,对这些关系的判断,都可以通过将顶点代入对方三角形参数方程进行测试。

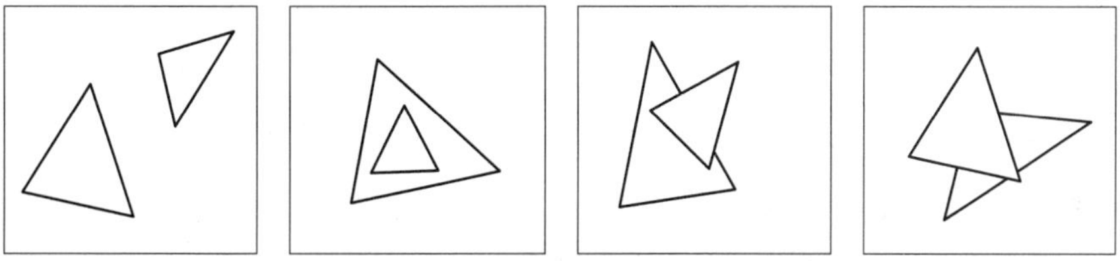

图 3.17　三角形的相对关系

(3)一个三角形在另一个三角形的同侧

将 T_1 的 3 个顶点,分别代入 T_2 的平面方程,如果方程全都大于 0 或全都小于 0,则 T_1 全体在 T_2 的同侧。此时两个三角形不相交。

(4)两个三角形相交

既不共面,又不在同一侧,那么三角形就有可能相交。此时两个三角形的扩展平面在空间是相交的。

判断三角形相交并计算交线的直观方法是:计算 T_1 的每个边与 T_2 的交点,同时也计算 T_2 的每个边(线段)与 T_1 的交点。这样就需要进行 6 次交点计算。作为可能的结果,一种情况是所有的计算都不存在交点,此时两个三角形不相交。第二种情况是产生两个交点(见图 3.18),此时判断为相交并得到交线。

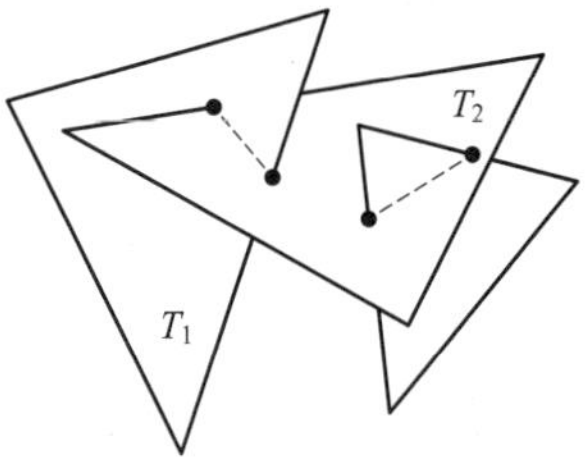

图 3.18　三角形的相交

3.3　点阵图像的构成

点阵图也称位图,是颜色点的集合,这些颜色点被称为像素,它们整齐地按行按列进行排列,形成一个方阵,构成图像的整体。图像中的颜色点都独立地存在,各自有自己的位置,彼此不互相依赖,但聚集在一起,整体上所呈现出的颜色变化,能够被人们理解,获得有意义的信息。如图 3.19 所示,图中的亮度分布,让我们感觉到一个接近三角形的形状。

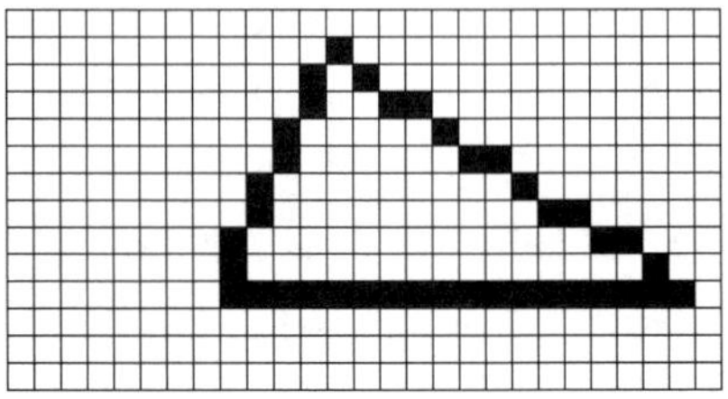

图 3.19　点阵图

像素是个抽象概念。像素的属性包括位置、颜色以及其他参数。像素的位置仅指它在阵列中所处的行列位置,并不是物理上的空间位置。图像同样也是抽象概念,描述的是像素的排列方式。图像尺寸,指的是其中阵列行数和列数,同样不是物理上的尺寸。

显示设备与图像相似,同样是由颜色点组成。在物理设备上,颜色点称为光栅。图形学中的光栅化算法,指的就是将图形转化为显示设备上的颜色点。但现在通常将光栅也称像素,不再区别两种不同来源的颜色点。实际区别还是明显的,图像中的颜色点没有尺寸,而设备上的颜色点有尺寸,相邻的颜色点也有间距。图像绘制到显示设备时,也就有了物理上的尺寸。我们对图像尺寸的认识,就是来自图像显示在设备上时的实际尺寸所带来的习惯。

像素需要存储的数据是颜色,需要指明:颜色的表示方法;存储单元的大小和数据存储格式。常见颜色的表示方法有:

①黑白。

②灰度。

③RGB,这是使用最普通的模式。

④其他模式,如 HSL、LAB、CMYK 等。尽管不同的模式之间可以相互转换,但视域不同,还是有着不同的特点。

通道数是指为描述一个像素的性质所需要存储的独立数值的数量。像素的数据包括颜色值,如 RGB 就是三个通道,而 CMYK 则是四个通道。像素的数据也可以包括颜色之外的其他数值,如透明度,那么 RGBA 就是四个通道,A 表示该像素的透明度。一个图像文件通道的数量和每个通道的含义都是可根据自身的特点定义的。

存储一个通道数据所需要的存储单元大小,以位(bit)为单位表示,称为位深度。

以 RGB 模式为例,包含有三个分量即红绿蓝,存储时需要存储三个数据。如果存储单位为 24 位(3 字节),每个分量 8 位,即位深度为 8 位。那么最多能存储的数据个数,R、G、B 各有 256 个,总数为 256×256×256 = 16 777 216,即能表示出这么多种的颜色。如果存储单位为 30 位,每个分量 10 位,即位深度为 10 位。那么最多能存储的数据个数,R、G、B 各有 1 024 个,总数为 1 073 741 824,大约 10 亿种颜色。位深度越大,所能表示及存储的颜色就越多。所能表示的颜色总数,称为色彩分辨率。

数据存储格式方面,多采用整数形式。这是因为整数计算方便,也易于人们理解和使用。但可以使用其他数据类型,如 OpenGL 就是使用浮点类型。

位图中所包含的像素的多少称为位图的大小或分辨率。位图的大小用宽、高或分辨率分别表示水平方向和垂直大小像素数量。用水平分辨率表示宽,垂直分辨率表示高。简单地表示方法为宽×高,例如 800×600 就表示出了像素的分布情况。

表示一个位图的理论方法通常用矩阵。矩阵元素就是同位置像素。如下面的矩阵

$$\boldsymbol{G} = \begin{pmatrix} 23 & 9 & 3 & 13 & 34 & 26 \\ 17 & 4 & 5 & 12 & 37 & 16 \\ 44 & 34 & 76 & 2 & 32 & 52 \\ 54 & 46 & 5 & 12 & 23 & 44 \\ 34 & 55 & 28 & 65 & 66 & 18 \end{pmatrix}$$

其中每个数据代表该位置上的颜色值,RGB 模式有三个分量,就需要三个矩阵来表示,分布是 $\boldsymbol{R}$ 矩阵、$\boldsymbol{G}$ 矩阵、$\boldsymbol{B}$ 矩阵。指示像素时,使用 $\boldsymbol{G}_{ij}$ 来表示第 i 行第 j 列的像素。

计算机中的存储,无论是在内存中还是在磁盘文件中,都是流式存储方式。这就是说逻辑上数据在存储设备中都是一个接一个地顺序存储,整体可看做是一个队列,对应到程序中,即内存中就是一个一维数组。文件格式定义了像素及像素中每个通道的存储顺序,每种文件格式都有自己的方式。当前存在着多种类型的图像文件,其内部数据格式都是不一样的。当需要在程序中处理一个图像时,要按下面步骤:

①定义一个一维数组,长度为:图像分辨率×通道数,数组数据类型按文件格式所设定的类型。

②从图像文件中按顺序读入数据,按同样顺序存储到数组。此时数组中的数据格式、顺序和数值与文件中的数据一致。

③对照该类型文件格式的定义,获知数组中各项数据的含义,以此为根据使用或修改像素数据。

④如有必要,将数组按顺序写入文件。

下面以 bmp 格式图像文件为例,说明图像及像素数据的存储机制。扩展名为 .bmp 图片文件,是 Windows 系统中图片的基本格式,称为位图文件。位图是最基本的图像格式,其他各种格式的图片文件一般都是在位图格式的基础上,应用不同的压缩算法生成的。下面对 bmp 文件的数据存储格式进行说明。

说明中以一个具体的 bmp 位图文件为例,该位图文件信息为

分辨率:500×353。

文件尺寸:529 554 字节。

可以计算出,像素数为 500×353 = 175 400,因本示例文件每像素占 3 字节,所以像素数据

总字节数为 529 500。与文件尺寸相比,相差 54 字节,这部分就是文件头,其作用是对图片文件进行总体说明。在图 3.20 中,显示了该文件的数据序列。图中开始处黑框部分即 54 字节的头部数据,其后的就是像素数据,每 3 字节为一组,表示一个像素的 3 个通道,即 R、G、B 的数值。

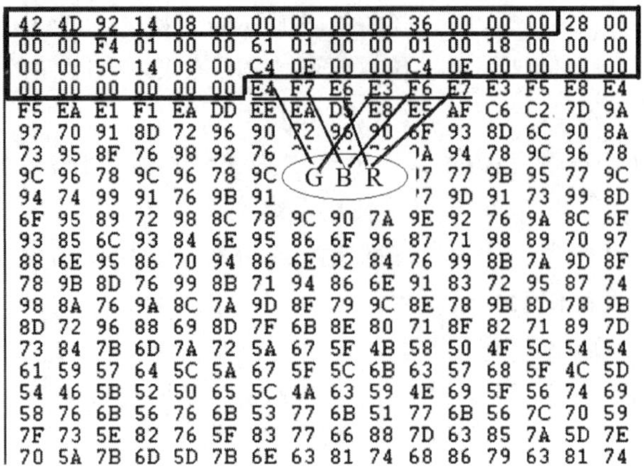

图 3.20　bmp 图像数据

完整的 bmp 文件包括四个部分,其中第三部分为调色板,是可选的。如果该图片没有使用调色板,则没有这部分。图 3.20 中示例文件即只有三部分数据。

需要说明的是,图 3.20 中的数据均为十六进制数。在下面的说明中出现的 Windows 数据类型有:

UINT:2 字节无符号整型。

WORD:2 字节无符号整型。

DWORD:4 字节无符号整型。

LONG:4 字节整型。

①位图文件的第一部分为位图文件头 BITMAPFILEHEADER,共包含 5 项数据,占 14 字节,其中数据项及含义为

UINT bfType:必须为 4D42。

DWORD bfSize:位图文件尺寸,示例中为 0x00081492 = 529554。

UINT bfReserved1:不使用。

UINT bfReserved2:不使用。

DWORD bfOffBits:像素数据之前数据总数,本例为 0x36 = 54。本例没有调色板,如果包含调色板,还要加上调色板数据的数量。

②第二部分,位图信息头 BITMAPINFOHEADER,共包含 11 项数据,占 40 字节,其中数据项及含义为:

DWORD biSize:本部分字节数,为 0x28 = 40。

LONG biWidth:位图宽度,示例中为 0x000001F4 = 500。

LONG biHeight:位图高度,示例中为 0x00000161 = 353。

WORD biPlanes:位面数,必须为 1。

WORD biBitCount:每像素数据位数,即图像深度。可以是 1,4,8,16,24 中的一个值,示例中为 0x18 = 24。

DWORD biCompression：压缩方法，BI_RGB = 0 为不压缩，还可以使用 BI_RLE8，BI_RLE4，BI_BITFIELDS，代表不同是压缩算法。

DWORD biSizeImage：像素部分的字节数，本例中为 0x08145C = 529500。

LONG biXPelsPerMeter：X 方向每米像素数。

LONG biYPelsPerMeter：Y 方向每米像素数，这 2 项是为使用 dpi 参数的图形设备提供的参数，如打印机、绘图仪等。本例中为 0x0EC4 = 3780。

DWORD biClrUsed：调色板中颜色数量，本例中为 0，不使用调色板。

DWORD biClrImportant：调色板中重要颜色数量。

③第三部分，调色板 RGBQUAD。真彩位图不需要使用调色板，如果 biClrUsed = 0，则没有这部分。

④第四部分，RGB 颜色阵列，即实际的图像数据。

对于 2 色黑白位图，用 1 位就可以表示该像素的颜色（一般 0 表示黑，1 表示白），所以一个字节可以表示 8 个像素。

对于 16 色位图，用 4 位可以表示一个像素的颜色，所以一个字节可以表示 2 个像素。

对于 256 色位图，一个字节刚好可以表示 1 个像素。

图形中每一行的字节数必须是 4 的整倍数，如果不是，则需要补齐。这在前面介绍 biSizeImage 时已经提到了。

对于 24 位真彩色图，图像数据就是实际的 R、G、B 值。像素的排列顺序是从左到右，从下到上，图 3.21 中显示了这个顺序。即最下一行为第一行，向上相邻的行为第二行，左下角像素为第一个像素，向右为第二个像素，等等。

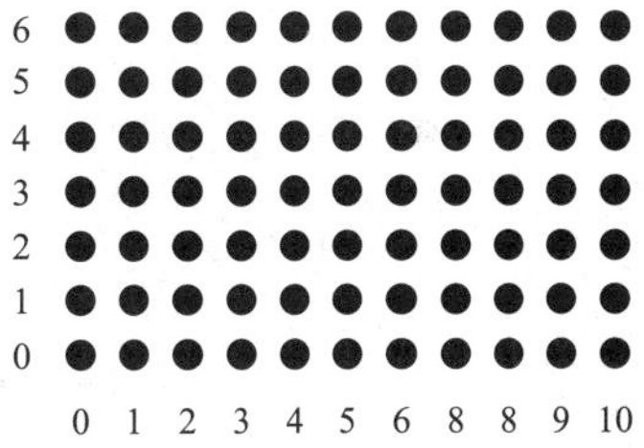

图 3.21　位图行列顺序

颜色值的排列顺序，对 24 位真彩，每个颜色值有三个分量，顺序为 B、G、R，每个分量占一个字节。图 3.20 中的示例数据中，第一个像素颜色值为

```
R = 0xE6 = 230
G = 0xF7 = 247
B = 0xE4 = 228
```

此外，bmp 文件还规定每行数据的字节数必须是 4 的倍数，如果不是，则需要以 0 进行填充。

前面使用的示例图片每行像素为 500，符合 4 的倍数要求，不需要补齐。假设为该图片宽度增加一个像素，宽度为 501，则每行像素所需要是数据总数为 501 × 3 = 1 503。但 1 504 才是 4 的倍数，所以每行像素数据的最后，要增加一个空字节。此时文件尺寸的计算式为（501 × 3 + 1）× 353 + 54 = 530 996。

实际应用开发时，可以使用 Windows 系统 .NetFramework 库中的 Bitmap 类实现图像的操作。因为 Unity3d 支持 C#语言编程，Bitmap 类同样可以用于 Unity3d 开发。

Bitmap 类继承自 Image 类，功能是在内存中创建位图对象，存储位图相关属性参数，修改颜色属性，并能够实现各种不同类型位图之间的格式转换。

（1）创建位图对象

Bitmap 类包括 12 个构造函数，支持多种方式创建位图对象，常用的两个构造函数为：

`Bitmap(Int32 w,Int32 h);`	创建一个长度 w，高度 h 的位图对象，此时位图内容为空。程序中可以通过对对象属性的设置，完善位图信息。

Bitmap(String filename);	从文件创建一个位图对象,此时创建位图对象,并将位图文件载入到位图对象中。Bitmap 支持文件类型包括 BMP、GIF、EXIF、JPG、PNG 和 TIFF。

(2)访问位图属性

一部分属性通过 Bitmap 类的数据成员来访问,还有一部分通过成员方法来访问,主要成员如下:

PixelFormat	像素格式,指明每个像素数据的构成.Bitmap 支持 23 种像素格式,如 Format24bppRgb 表示 24 位 RGB 格式 Format32bppArgb 表示 32 位 ARGB 格式 Format48bppRgb 表示 48 位 RGB 格式 Format16bppGrayScale 表示 16 位灰度图像 Format16bppRgb565 表示 15 位 RGB 格式,其中 R 占 5 位,G 占 6 位,B 占 5 位
Width	位图宽度
Height	位图高度
GetPixel(Int32 x,Int32 y)	获取 x,y 坐标的像素颜色,返回类型为 Color 其中类型 Color 是一个结构类型,包括 R,G,B,Alpha 四个成员
SetPixel(Int32 x,Int32 y,Color)	设置 x,y 坐标的像素颜色 以上两个方法实现了像素颜色的读写.读写像素颜色时,不必考虑像素格式,方法将按位图的格式进行读写
Save(String)	保存位图到文件
Save(String,ImageFormat)	按指定格式保存位图到文件,此方法将位图对象保存为指定的格式的位图文件,是实现位图格式的转换的简捷方法
RotateFlip(RotateFlipType)	翻转位图,RotateFlipType 参数有 16 个预设值,可以实现 16 种形式的翻转

下面的代码例子实现了:

①将位图载入到 Bitmap 对象。

②将下三角部分像素的颜色减为原颜色的一半。

③保存 Bitmap 对象到位图文件。

```
System.Drawing.Bitmap bmp = new Bitmap("photo.bmp");        //定义位图对象,并从文件中
                                                            //载入位图
Color clr;                                                  //定义颜色对象
for(int i =0;i < bmp.Height;i ++)                           //循环行
  for(int j =0;j < bmp.Width;j ++)                          //循环列
  {
    if(j* bmp.Height < i* bmp.Width)                   //符合条件的 i,j 像素,处于下三角区
    {
      clr = bmp.GetPixel(j,i);                              //读取 i,j 像素颜色
      clr = Color.FromArgb(0,clr.R/2,clr.G/2,clr.B/2);     //计算颜色
                                                       //其中 FromArgb 为 Color 的静态方法
      bmp.SetPixel(j,i,clr);                               //设置像素 i,j 的颜色
    }
  }
bmp.Save("photo.bmp");          //保存位图到文件
```

程序运行结果如图 3.22 所示其中(a)图为原图像,(b)图为修改后的位图。

(a) 原图

(b) 修改后的位图

图 3.22　位图处理示例

习　　题

1. 说明表面模型和实体模型的异同。

2. 体素构造法如何为一个如右图所示的零件建模。

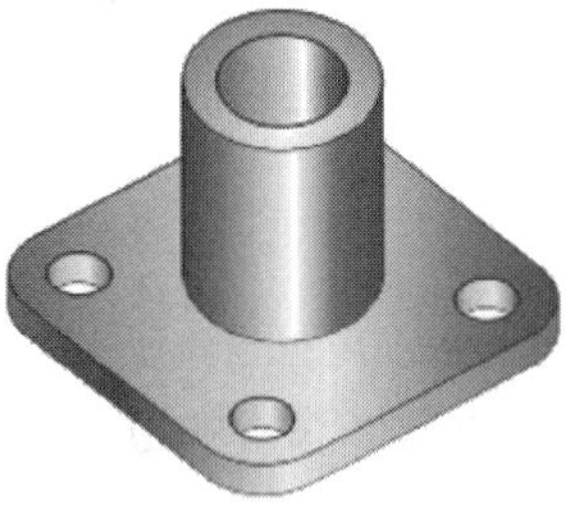

3. Unity3d 的网格模型用两个数组表示:vertices 和 triangles。其中 vertices 依次存储每个顶点的 x,y,z;triangles 依次存储每个三角形的三个顶点编号。设计一个算法,获得该网格的所有边。

4. 三角形内部的参数坐标是如何定义的,其数学意义是什么?

5. 设三角形三个顶点坐标为 $A(1,0,0)$,$B(0,1,0)$,$C(0,0,1)$,分别在右手坐标系和左手坐标系下计算其法线。

6. 三角形应按什么规则给出三个顶点的顺序。

7. 网格模型顶点法线如何计算,以伪代码形式写出计算程序。

8. 求射线与三角形的交点,以伪代码形式写出计算程序。

9. 什么是位图的位深度,在 Bitmap 类中,位深度参数体现在哪个变量中?

10. 设有一 bmp 位图文件,分辨率为 800×602,位深度为 16 位灰度值,不使用调色板,位图文件大小该如何计算?

11. 应用 Bitmap 类编程实现颜色通道互换,R→G→B→R,观察运行结果。

12. 应用 Bitmap 类编程实现位图文件格式 bmp、jpg、png 之间的转换。

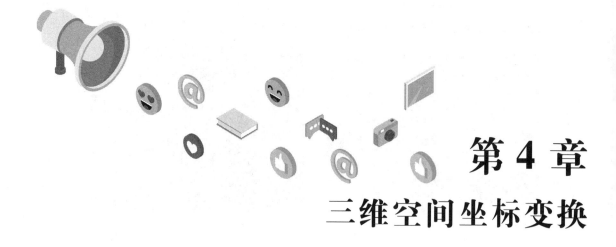

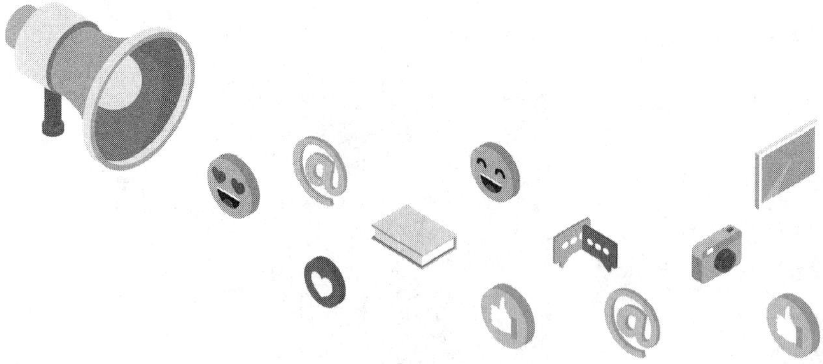

第4章 三维空间坐标变换

图形在三维空间中的位置是不确定的，如零件的装配、动画中的运动等。在图形系统中需要频繁地计算图形的坐标，所以需要有规范化的计算方法，即变换矩阵法。图形变换是线性变换，矩阵方法可以处理各种需要进行位置计算的情况。

图形变换是渲染流水线中的一个步骤。在图形绘制前，要完成所有顶点的坐标变换，得到各点最终的坐标值。本章介绍各种情况下的变换方法。

4.1 变换分类和矩阵变换原理

我们已经了解到，三维空间中的图形是由基本的几何体构成的，如三角形、四边形等。这些基本的几何体的空间位置，以及它在屏幕上的位置，取决于其上各个顶点的位置。因此，图形的位置计算归结为点坐标的计算，一旦其上各顶点的坐标确定下来，图形的位置，包括形状也就固定下来了。而点的坐标又是相对于参考坐标系来说的，坐标系定义的方式不同，坐标值也随之不同。

在以下情况中，都需要对图形上各点的坐标进行计算：

①图形发生了运动，产生的变化包括方位的变化和形状的变化。

②坐标系发生了变化。

如图4.1所示的两种情况，由于图形运动或者坐标系转换所导致的关于点的坐标的计算，统称为变换，还可以细分为几何变换和坐标变换。即在假设坐标系不动的情况下，计算由于图形运动所产生的各个顶点坐标变化，称为几何变换。在不考虑图形本身运动的情况下，计算由于坐标系改变所产生的各个顶点坐标变化，称为坐标系变换。

在三维空间中，变换具有线性性质，可以统一用矩阵方法来表示。为了统一变换计算的形式，首先要将点的坐标向量扩展为齐次坐标形式。所谓齐次坐标，就是将点的坐标向量扩充一维，并将增加的那个分量值规定为1，变成高一维的向量。点

$$\boldsymbol{P}=\begin{pmatrix}x\\y\\z\end{pmatrix}$$

写成齐次坐标形式为

$$P = \begin{pmatrix} x \\ y \\ z \\ 1 \end{pmatrix}$$

即将三维向量表示为四维向量。

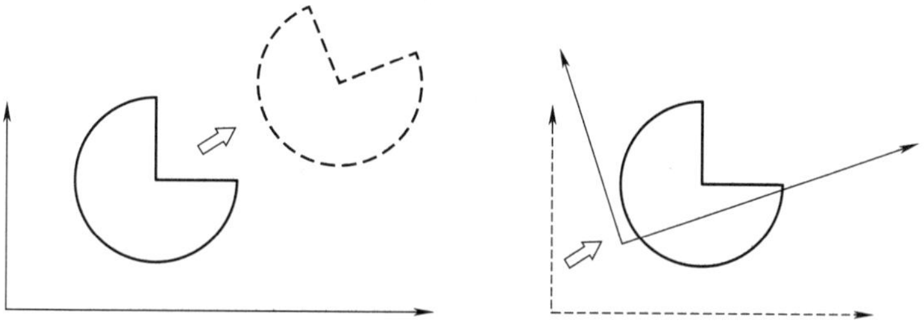

图 4.1　几何变换和坐标变换

例如,平面上有一个三角形,三个顶点为 $A(0,0)$,$B(1,0)$,$C(0,1)$,写成齐次坐标形式即

$$A = (0,0,1)$$
$$B = (1,0,1)$$
$$C = (0,1,1)$$

最后一个分量保持为 1。

若三角形为三维空间三角形,三个顶点为 $A(0,0,0)$,$B(1,0,1)$,$C(0,1,0)$,写成齐次坐标形式为

$$A = (0,0,0,1)$$
$$B = (1,0,1,1)$$
$$C = (0,1,0,1)$$

同样最后一个分量均为 1。

反过来说,如果一个四维向量,最后一个分量值是 1 时,其前三个分量构成的三维向量就是该四维向量所表达的三维点的坐标值。

规定了用四维向量表示点的坐标的齐次坐标形式后,点的变换可以用一个 4 ×4 矩阵来表示,即

$$\boldsymbol{P}' = \boldsymbol{T} \cdot \boldsymbol{P}$$

其中

$$\boldsymbol{T} = \begin{pmatrix} T_{11} & T_{12} & T_{13} & T_{14} \\ T_{21} & T_{22} & T_{23} & T_{24} \\ T_{31} & T_{32} & T_{33} & T_{34} \\ T_{41} & T_{42} & T_{43} & T_{44} \end{pmatrix}$$

T 称为变换矩阵。由于 4 ×4 矩阵与 4 ×1 向量相乘后总会得到一个 4 ×1 向量,因此关于 **T** 有以下变换性质:

①任何一个变换都可用一个变换矩阵 **T** 来表示。

②任何一个 $\boldsymbol{T}$ 都可以表示一个变换。

这样,无论是几何变换还是坐标变换,每种具体的变换都可以归结为给出适当的变换矩阵 $\boldsymbol{T}$,变换计算即点运动后的新坐标可以通过与变换矩阵 $\boldsymbol{T}$ 相乘运算得到。

例1 单位矩阵 $\boldsymbol{I}$ 不产生任何运动。

这是因为

$$\boldsymbol{P}'=\boldsymbol{I}\cdot\boldsymbol{P}=\begin{pmatrix}1&0&0&0\\0&1&0&0\\0&0&1&0\\0&0&0&1\end{pmatrix}\cdot\begin{pmatrix}x\\y\\z\\1\end{pmatrix}=\begin{pmatrix}x\\y\\z\\1\end{pmatrix}$$

即 $\boldsymbol{I}$ 代表不动。

例2 矩阵

$$\boldsymbol{T}=\begin{pmatrix}1&0&0&2\\0&1&0&0\\0&0&1&0\\0&0&0&1\end{pmatrix}$$

表达了沿 x 方向移动且移动量为 2 的运动。

因为

$$\boldsymbol{P}'=\boldsymbol{T}\cdot\boldsymbol{P}=\begin{pmatrix}1&0&0&2\\0&1&0&0\\0&0&1&0\\0&0&0&1\end{pmatrix}\cdot\begin{pmatrix}x\\y\\z\\1\end{pmatrix}=\begin{pmatrix}x+2\\y\\z\\1\end{pmatrix}$$

写成代数式为

$$x'=x+2$$
$$y'=y$$
$$z'=z$$

二维空间的变换方法与三维空间相同,只是坐标向量维数为二维,即去掉 z 分量。但一般是将 z 分量一律视为 0,仍按三维方式进行计算。因此本章仅说明三维空间的变换方法。

4.2 基本几何变换

点坐标的基本几何变换指的是几种简单情况下的变换。按照线性原理,一般性的变换可以分解为几个基本几何变换而逐步实现。因而可以说,任意的变换可以由简单变换组合出来。但以下所说的基本变换是独立的,是最基础的,不能再用其他的某些变换组合出来。

基本几何变换有三种:平移变换、旋转变换、缩放变换。

4.2.1 平移变换

如图 4.2 所示,当物体发生平移运动,且沿三个坐标轴的平移量分别为 $\Delta x,\Delta y,\Delta z$ 时,有

$$x' = x + \Delta x$$
$$y' = y + \Delta y$$
$$z' = z + \Delta z$$

将上式写成矩阵形式为

$$\begin{pmatrix} x' \\ y' \\ y' \\ z' \end{pmatrix} = \begin{pmatrix} 1 & 0 & 0 & \Delta x \\ 0 & 1 & 0 & \Delta y \\ 0 & 0 & 1 & \Delta z \\ 0 & 0 & 0 & 1 \end{pmatrix} \cdot \begin{pmatrix} x \\ y \\ z \\ 1 \end{pmatrix} = \boldsymbol{T} \cdot \begin{pmatrix} x \\ y \\ z \\ 1 \end{pmatrix}$$

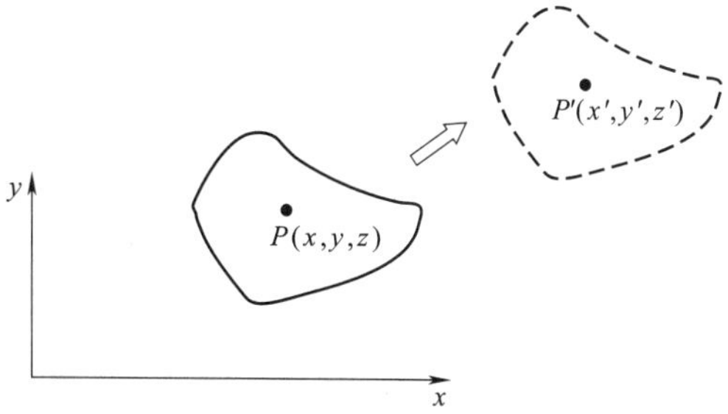

图 4.2　平移运动

平移变换矩阵为

$$\boldsymbol{T} = \begin{pmatrix} 1 & 0 & 0 & \Delta x \\ 0 & 1 & 0 & \Delta y \\ 0 & 0 & 1 & \Delta z \\ 0 & 0 & 0 & 1 \end{pmatrix}$$

4.2.2　旋转变换

图 4.3 是二维空间情况下的旋转运动示意图。假设物体以坐标系原点 O 为转动中心，旋转了 θ 度。物体上的点 $P(x,y)$ 运动到了 $P(x',y')$。代数公式为

$$x' = x\cos\theta - y\sin\theta$$
$$y' = x\sin\theta + y\cos\theta$$

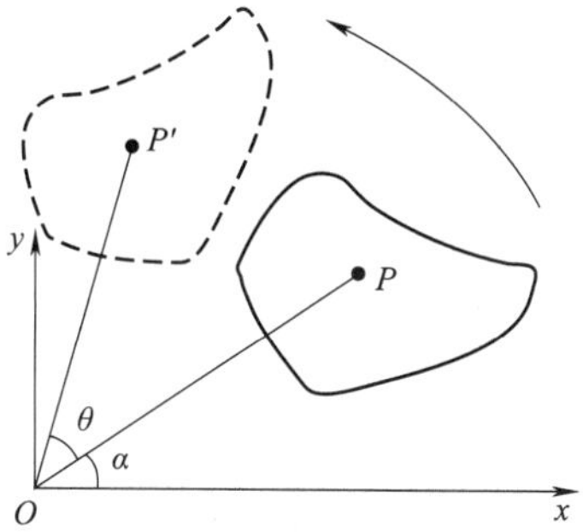

图 4.3　二维旋转运动

写成矩阵形式即

$$\begin{pmatrix} x' \\ y' \end{pmatrix} = \begin{pmatrix} \cos\theta & -\sin\theta \\ \sin\theta & \cos\theta \end{pmatrix} \begin{pmatrix} x \\ y \end{pmatrix}$$

将上式推广到三维空间中，设物体以 z 轴为转动轴发生旋转运动，那么转动过程中 z 坐标不发生变化，直接将二维情况下的坐标原点 O 替换为 z 轴，并写成齐次坐标形式，转动公式为

$$\begin{pmatrix} x' \\ y' \\ z' \\ 1 \end{pmatrix} = \begin{pmatrix} \cos\theta & -\sin\theta & 0 & 0 \\ \sin\theta & \cos\theta & 0 & 0 \\ 0 & 0 & 1 & 0 \\ 0 & 0 & 0 & 1 \end{pmatrix} \begin{pmatrix} x \\ y \\ z \\ 1 \end{pmatrix}$$

即三维空间中绕 z 轴旋转运动的变换矩阵为

$$\boldsymbol{R}_z=\begin{pmatrix}\cos\theta & -\sin\theta & 0 & 0\\ \sin\theta & \cos\theta & 0 & 0\\ 0 & 0 & 1 & 0\\ 0 & 0 & 0 & 1\end{pmatrix}$$

同样地,可以写出绕 x 轴和 y 轴旋转运动的变换矩阵分别为

$$\boldsymbol{R}_x=\begin{pmatrix}1 & 0 & 0 & 0\\ 0 & \cos\theta & -\sin\theta & 0\\ 0 & \sin\theta & \cos\theta & 0\\ 0 & 0 & 0 & 1\end{pmatrix}\quad \boldsymbol{R}_y=\begin{pmatrix}\cos\theta & 0 & \sin\theta & 0\\ 0 & 1 & 0 & 0\\ -\sin\theta & 0 & \cos\theta & 0\\ 0 & 0 & 0 & 1\end{pmatrix}$$

4.2.3 缩放变换

如图 4.4 所示,设物体产生了缩放运动,即总体大小发生了变化,且缩放中心为坐标系原点 O,沿三个坐标轴方向的放大系数分别为(S_x,S_y,S_z)。那么就有

$$x'=x\cdot S_x$$
$$y'=y\cdot S_y$$
$$z'=z\cdot S_z$$

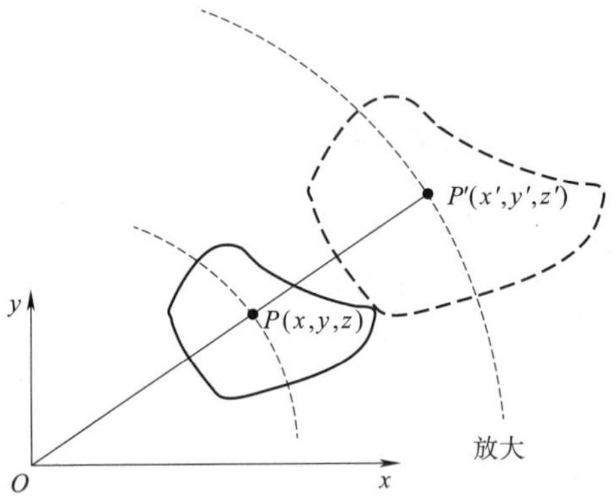

图 4.4 缩放运动

该式的矩阵形式为

$$\begin{pmatrix}x'\\ y'\\ z'\\ 1\end{pmatrix}=\begin{pmatrix}S_x & 0 & 0 & 0\\ 0 & S_y & 0 & 0\\ 0 & 0 & S_z & 0\\ 0 & 0 & 0 & 1\end{pmatrix}\begin{pmatrix}x\\ y\\ z\\ 1\end{pmatrix}$$

所以三维空间缩放变换矩阵为

$$S=\begin{pmatrix}S_x & 0 & 0 & 0\\ 0 & S_y & 0 & 0\\ 0 & 0 & S_z & 0\\ 0 & 0 & 0 & 1\end{pmatrix}$$

例 3 若物体发生了以坐标原点为中心的放大运动,三个方向的放大系数为(2,1,1),物体上的一个点(1,1,1)在运动后的坐标为

$$\begin{pmatrix}2 & 0 & 0 & 0\\ 0 & 1 & 0 & 0\\ 0 & 0 & 1 & 0\\ 0 & 0 & 0 & 1\end{pmatrix}\begin{pmatrix}1\\ 1\\ 1\\ 1\end{pmatrix}=\begin{pmatrix}2\\ 1\\ 1\\ 1\end{pmatrix}$$

即运动后该点坐标为(2,1,1)。

一般地,缩放系数 S_x,S_y,S_z 为正数。若为负值,则同时产生对称(镜像)运动。例如,$S_x=-1$,则 x 坐标被取反,结果是产生相对于 yz 坐标面的对称运动。基本的对称变换包含以下几种:

$S_x=-1, S_y=1, S_z=1$，相对于 yz 坐标面的对称变换。

$S_x=1, S_y=-1, S_z=1$，相对于 xz 坐标面的对称变换。

$S_x=1, S_y=1, S_z=-1$，相对于 xy 坐标面的对称变换。

$S_x=-1, S_y=-1, S_z=1$，相对于 z 轴的对称变换。

$S_x=-1, S_y=1, S_z=-1$，相对于 y 轴的对称变换。

$S_x=1, S_y=-1, S_z=-1$，相对于 x 轴的对称变换。

$S_x=-1, S_y=-1, S_z=-1$，相对于坐标原点的对称变换。

以上对称变换请读者自行验证。

4.3　组合变换和层级运动

变换具有线性性质，一个 4×4 矩阵总可以分解为 2 个 4×4 矩阵的乘积。反之 2 个 4×4 矩阵的相乘可以得到一个 4×4 矩阵，说明运动可以分解及组合。这个特点可以用来解决复杂问题，本节对此进行说明。

4.3.1　组合变换

上节中所说的三种基本变换，都是对应于比较简单的运动形态，其变换矩阵可以比较容易地导出。实际所发生的运动可能比较复杂，其变换矩阵往往不容易给出。

为了得到实际情况下的变换矩阵，方法之一是将运动分解为多个比较简单的运动，认为复杂运动是这一序列简单运动依次进行的结果。这里所谓的简单运动就是指已知变换矩阵的，或者能用简单方法得到变换矩阵的那些运动。如前节所说的基本运动，就是已知变换矩阵的运动。

按照这样的做法，一个任意的运动 T 就被分解为有限的若干步 $T_1, T_2, \cdots, T_n$，假设运动时，先进行 T_1 运动，完成后再进行 T_2 运动，依次进行直至完成 T_n 运动，其结果恰好与运动 T 相同，则运动 T 与 $T_1, T_2, \cdots, T_n$ 序列是等效的，运动 T 的变换矩阵就可以通过 $T_1, T_2, \cdots, T_n$ 的变换矩阵求出，公式为

$$\boldsymbol{T}=\boldsymbol{T}_n \cdot \boldsymbol{T}_{n-1}, \cdots, \boldsymbol{T}_1$$

$\boldsymbol{T}$ 称为组合变换矩阵。点的坐标计算公式可写成

$$\begin{pmatrix} x' \\ y' \\ z' \\ 1 \end{pmatrix}=\boldsymbol{T} \cdot \begin{pmatrix} x \\ y \\ z \\ 1 \end{pmatrix}=\boldsymbol{T}_n \cdot \boldsymbol{T}_{n-1}, \cdots, \boldsymbol{T}_1 \cdot \begin{pmatrix} x \\ y \\ z \\ 1 \end{pmatrix}$$

即各步骤的变换矩阵按相反的顺序连乘起来就是总变换矩阵。此规则说明运动变换是一种线性变换，规则简单统一，这也就是使用矩阵变换表达运动的优点所在。

下面通过例子来说明组合变换具体的运用情况。

例 4　二维空间中（忽略 z 坐标）绕物体中心点的转动。

如图 4.5 所示，四边形物体长宽为 a, b，中心点坐标为 x_0, y_0，所发生的运动是绕四边形中心点逆时针转动角度 α，求此运动的变换矩阵及四边形角点运动后的坐标。

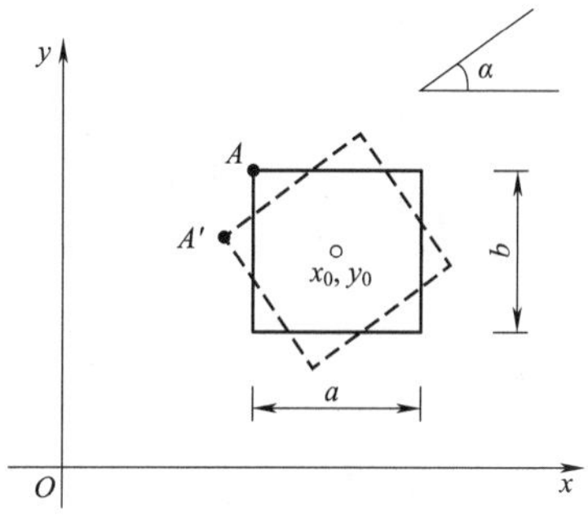

图 4.5　四边形中心点转动示例

将此运动分解为三步，如图 4.6 所示。

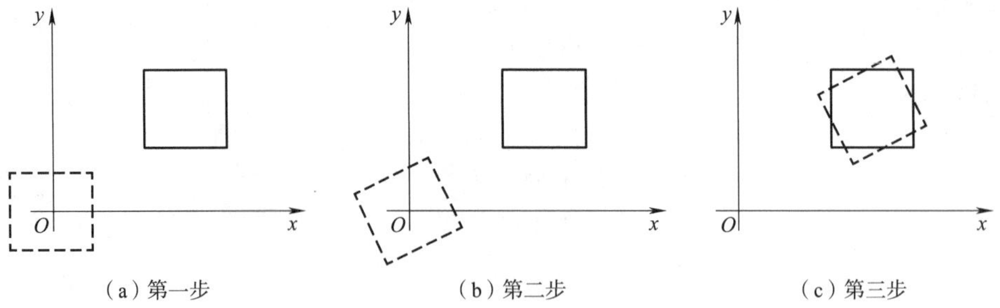

图 4.6　运动的分解

①平移四边形，使四边形中心点落在坐标原点，此步的变换即平移变换，变换矩阵为

$$\boldsymbol{T}_1=\begin{pmatrix}1&0&-x_0\\0&1&-y_0\\0&0&1\end{pmatrix}$$

②使四边形产生绕坐标原点的转动，逆时针转 α 角度，此步的变换即旋转变换，变换矩阵为

$$\boldsymbol{T}_2=\begin{pmatrix}\cos\alpha&-\sin\alpha&0\\\sin\alpha&\cos\alpha&0\\0&0&1\end{pmatrix}$$

③平移四边形，使四边形中心点从坐标原点回到最初的 x_0,y_0，此步的变换为平移变换，变换矩阵为

$$\boldsymbol{T}_3=\begin{pmatrix}1&0&x_0\\0&1&y_0\\0&0&1\end{pmatrix}$$

以上的三步连续进行，等效于绕四边形中心点逆时针转动角度 α，组合变换矩阵为

$$\boldsymbol{T}=\boldsymbol{T}_3\cdot\boldsymbol{T}_2\cdot\boldsymbol{T}_1=\begin{pmatrix}1&0&x_0\\0&1&y_0\\0&0&1\end{pmatrix}\cdot\begin{pmatrix}\cos\alpha&-\sin\alpha&0\\\sin\alpha&\cos\alpha&0\\0&0&1\end{pmatrix}\cdot\begin{pmatrix}1&0&-x_0\\0&1&-y_0\\0&0&1\end{pmatrix}$$

$$=\begin{pmatrix}\cos\alpha&-\sin\alpha&-x_0\cos\alpha+y_0\sin\alpha+x_0\\\sin\alpha&\cos\alpha&-x_0\sin\alpha-y_0\cos\alpha+y_0\\0&0&1\end{pmatrix}$$

以四边形的角点 A 为例，初始坐标为 $(x_0-a/2,y_0-b/2)$，则运动后坐标为

$$\boldsymbol{A}'=\begin{pmatrix}\cos\alpha&-\sin\alpha&-x_0\cos\alpha+y_0\sin\alpha+x_0\\\sin\alpha&\cos\alpha&-x_0\sin\alpha-y_0\cos\alpha+y_0\\0&0&1\end{pmatrix}\begin{pmatrix}x_0-a/2\\y_0-b/2\\1\end{pmatrix}$$

$$=\begin{pmatrix}x_0-\dfrac{a}{2}\cos\alpha+\dfrac{b}{2}\sin\alpha\\y_0-\dfrac{a}{2}\sin\alpha-\dfrac{b}{2}\cos\alpha\\1\end{pmatrix}$$

例 5　证明:平移运动可以任意分解,且与变换次序无关。

设点的初始位置为(x_0,y_0,z_0),平移量为$(\Delta x,\Delta y,\Delta z)$。假若将平移运动分解为两步:

①平移量为$(\Delta x_1,\Delta y_1,\Delta z_1)$。

②平移量为$(\Delta x_2,\Delta y_2,\Delta z_2)$。

只要满足 $\Delta x_1+\Delta x_2=\Delta x,\Delta y_1+\Delta y_2=\Delta y,\Delta z_1+\Delta z_2=\Delta z$,则①、②两步是可以交换的,即

$$\begin{pmatrix}1&0&0&\Delta x_1\\0&1&0&\Delta y_1\\0&0&1&\Delta z_1\\0&0&0&1\end{pmatrix}\cdot\begin{pmatrix}1&0&0&\Delta x_2\\0&1&0&\Delta y_2\\0&0&1&\Delta z_2\\0&0&0&1\end{pmatrix}=\begin{pmatrix}1&0&0&\Delta x_2\\0&1&0&\Delta y_2\\0&0&1&\Delta z_2\\0&0&0&1\end{pmatrix}\cdot\begin{pmatrix}1&0&0&\Delta x_1\\0&1&0&\Delta y_1\\0&0&1&\Delta z_1\\0&0&0&1\end{pmatrix}=\begin{pmatrix}1&0&0&\Delta x_1+\Delta x_2\\0&1&0&\Delta y_1+\Delta y_2\\0&0&1&\Delta z_1+\Delta z_2\\0&0&0&1\end{pmatrix}$$

平移变换的次序无关性是一个特例,一般情况下变换次序是不能交换的,交换了次序会产生不同的结果。

4.3.2　层级变换

运动都是相对的,每个运动都有一个基准点,运动指的是相对于这个基准点的运动。前面关于运动的描述,都是默认地以坐标原点为基准,所指的运动都是相对于物体所在的坐标系而说的。

假设物体 A 的运动基准是另一个物体 B,那么运动变换该如何表达,这就是层级变换问题。实际上经常用这种方式来描述比较复杂的运动,例如,有一个运动的汽车,汽车上有一个活动的物体,那么就是物体相对于汽车运动,汽车相对于世界运动。再如,应用设计中常采用这样的方法,设置一个空物体,将多个物体设置为空物体的下层,让空物体总体上控制下层多个物体的运动,这也是层级变换问题。

假设如图 4.7 的情况,有 n 个物体 $A_1,\cdots,A_n$,对其中的 A_i,已知它相对于 A_{i-1} 的运动变换矩阵为 T_i^{i-1},A_i相对于世界坐标系的运动为 T_i^0,此时将世界坐标系看作是第 0 级。那么 A_i已知相对于世界坐标系的运动为

$$T_i^0=T_1^0\cdot T_2^1\cdot\cdots\cdot T_i^{i-1}$$

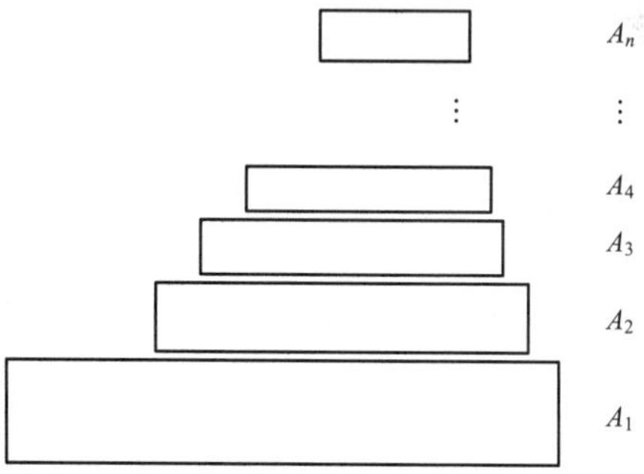

图 4.7　层级运动

证明这个关系式,只需对两个物体来进行。设有物体 A_1和 A_2,T_1和 T_2,分别表示 A_1和相对于世界坐标系的运动,T_2表示 A_2相对于 A_1的运动。将 A_2的运动分解为两步:

①设 A_2不动,仅有 A_1运动,此时因关联关系,A_2仍发生运动,运动的程度就是 A_1所进行的运动,所以 A_2的变换为 T_1。

②设 A_1不动,仅有 A_2运动,A_2的变换为 T_2。

那么根据组合变换规则,A_2的变换矩阵为

$$\boldsymbol{T}=T_1\cdot T_2$$

所以层级变换是组合变换的一种应用。

例 6　层级运动。如图 4.8 所示,有两个物体 A 和 B。物体 A 做 x 方向的平移运动 Δx,物体 B

在物体 A 上绕 A 本地坐标系的 y 轴旋转,转角为 θ。求物体 B 的运动变换矩阵。

物体 A 的变换矩阵为

$$\boldsymbol{T}_A=\begin{pmatrix}1&0&0&\Delta x\\0&1&0&0\\0&0&1&0\\0&0&0&1\end{pmatrix}$$

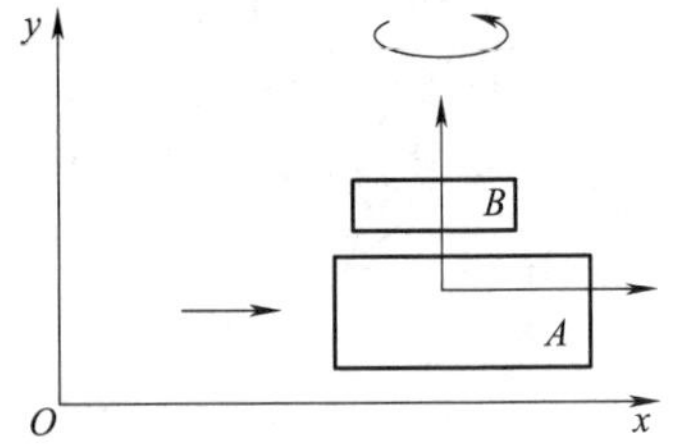

图 4.8　两个物体层级运动

物体 B 相对于物体 A 的变换矩阵为

$$\boldsymbol{T}_B^A=\begin{pmatrix}\cos\theta&0&\sin\theta&0\\0&1&0&0\\-\sin\theta&0&\cos\theta&0\\0&0&0&1\end{pmatrix}$$

那么物体 $\boldsymbol{B}$ 的变换矩阵为

$$\boldsymbol{T}_B=\boldsymbol{T}_B\cdot\boldsymbol{T}_B^A$$

4.4　投影变换

图形处于三维空间中,图形和空间共同构成三维世界。若要将无边界的三维空间中的内容显示在有限的、二维的计算机显示设备上,需要进行选取和三维到二维的转换。投影变换包括了裁剪计算和坐标变换计算。

在计算机图形系统中,设置了一个虚拟的摄像机,仿照实体摄像机的工作方式,虚拟摄像机对图形世界进行截取,并将三维图形转化为二维图形,这一步骤的计算称为投影变换,如图 4.9(a)所示。实际上,投影变换模仿了实体计算机拍照过程,计算工作所做的就是将图形上各顶点的三维坐标值转化为二维坐标值,如图 4.9(b)所示,即

$$\begin{pmatrix}x\\y\\z\\1\end{pmatrix}\Rightarrow\begin{pmatrix}x'\\y'\\1\end{pmatrix}$$

其中(x,y,z)是顶点在三维空间中的坐标,(x',y')是顶点在二维投影空间中的坐标。

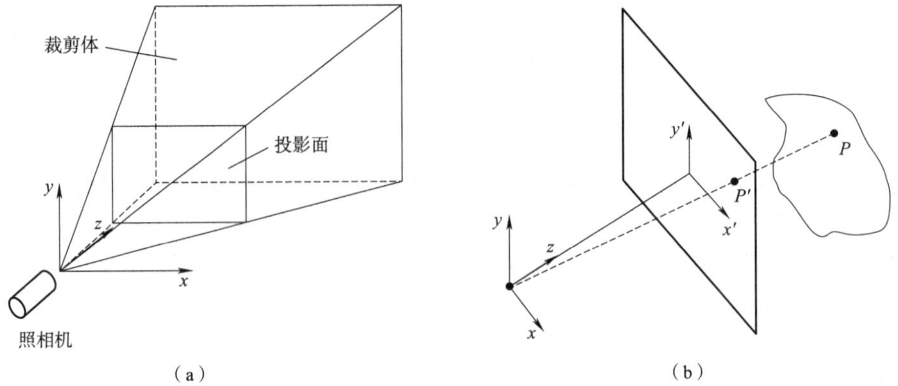

图 4.9　虚拟相机示意图

在进行投影变换之前，约定了以下关于虚拟摄像机的设置：三维空间中的坐标系已经被转换到摄像机坐标系，此时坐标原点在摄像机的位置，三个坐标轴分别为：x 轴指向摄像机正向的右侧，y 轴指向摄像机上方，z 轴指向摄像机的前方，即拍照对象的方向。

相关的术语包括：

①摄像机，也称为视点或投影中心，是投影计算系统的中心点。当摄像机的位置、方向发生变化时，投影面、裁剪体等都会随着变化而和摄像机保持一致。

②投射线，从摄像机向空间各个方向发出的射线。或者说，空间或物体中任意点都存在与它相交的投射线。显然摄像机就是全体投射线的汇聚点、中心点，所以也称为投影中心。

③投影面，是相机的成像平面。一个空间点的投影结果，即通过该点的投射线与投影面的交点。或者说，一个空间点的投影，就是该点沿着投射线移动到投影面的结果。

④投射线是从摄像机（视点）发出，投向空间各个方向的，两条投射线之间必然存在一个非零的夹角。不忽略这个夹角，计入投射线分散性所带来的投影效果的影响，称为透视投影。假设摄像机与投影面的距离相比于投影面的尺寸足够大，投影面范围里的投射线之间的夹角就会很小。此时可以认为投射线之间都是平行的，没有明确的投影中心。两种情况的投影如图 4.10 所示。平行投影可以看作是透视投影的特例，即摄像机放在无穷远的地方时的情况。

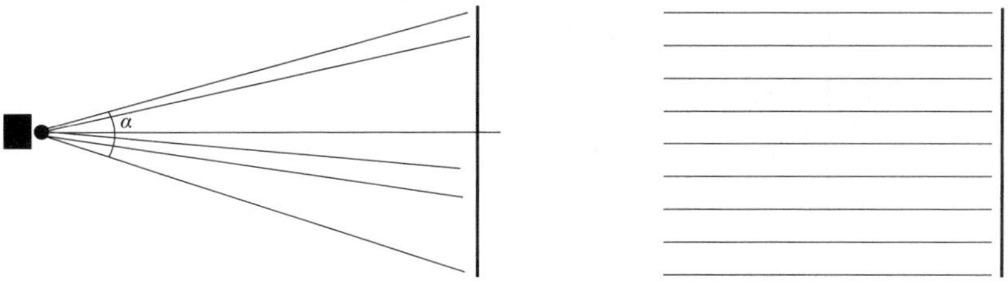

图 4.10　透视投影和平行投影

投影过程使得空间点的坐标发生了变化，产生了与此空间点对应的处于投影面内的二维点，此变换称为投影变换。同样地，按照变换的基本规则，投影变换也要用矩阵来表示。下面具体介绍投影变换矩阵。

4.4.1　平行投影变换矩阵

如图 4.11 所示，此时摄像机正向为 z 轴，投射线平行于 z 轴，投影面平行于 xy 面。空间中一点 P 的坐标与投影面上对应点 P'的坐标值的关系为

$$x' = x$$
$$y' = y$$
$$z' = d$$

写成齐次矩阵形式为

$$\begin{pmatrix} x' \\ y' \\ z' \\ 1 \end{pmatrix} = \begin{pmatrix} 1 & 0 & 0 & 0 \\ 0 & 1 & 0 & 0 \\ 0 & 0 & d/z & 0 \\ 0 & 0 & 0 & 1 \end{pmatrix} \begin{pmatrix} x \\ y \\ z \\ 1 \end{pmatrix}$$

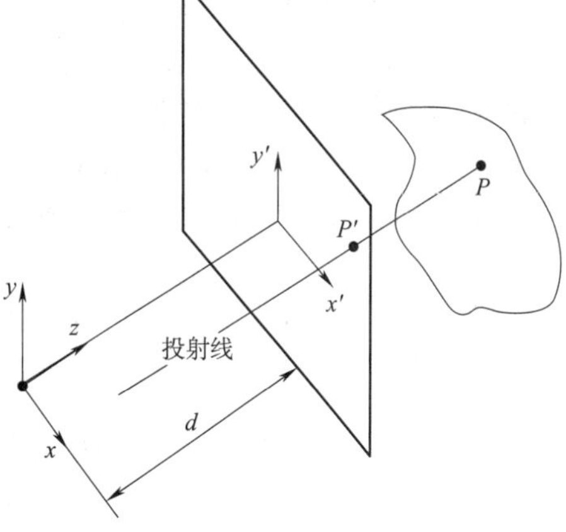

图 4.11　平行投影

上式中中间的矩阵就是平行投影变换矩阵。由于最终有意义的项只是(x',y')，因此矩阵中只有前面的两行两列是有意义的。

4.4.2 透视投影变换矩阵

透视投影的情况如图 4.9(b)所示。我们可以在 xz 面及 yz 面上表示出这种关系，如图 4.12 所示。摄像机位于坐标系原点，正向为 z 轴，投影面平行于 xy 面，且与原点距离为 d。空间中一点 $P(x,y,z)$ 的坐标与投影面上对应点 $P'(x',y',z')$ 的坐标值关系为

$$\begin{cases} x' = \dfrac{d}{z} \cdot x \\ y' = \dfrac{d}{z} \cdot y \\ z' = d \end{cases}$$

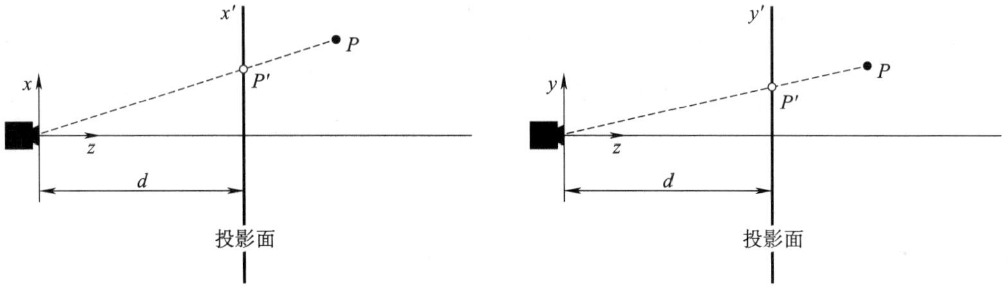

图 4.12 透视投影计算

写成矩阵形式为

$$\begin{pmatrix} x' \\ y' \\ z' \\ 1 \end{pmatrix} = \begin{pmatrix} d/z & 0 & 0 & 0 \\ 0 & d/z & 0 & 0 \\ 0 & 0 & d/z & 0 \\ 0 & 0 & 0 & 1 \end{pmatrix} \begin{pmatrix} x \\ y \\ z \\ 1 \end{pmatrix}$$

其中，矩阵项即透视投影变换矩阵。这里也可以看出，透视投影变换相当于缩放变换，其缩放系数与投影面的位置相关。此时落在投影平面上后，其 z 值恒等于 d。

例 7 如图 4.13 所示，空间中有四棱锥，顶点为 $A(x_a, y_a, z_a)$、$B(x_b, y_b, z_b)$、$C(x_c, y_c, z_c)$、$D(x_d, y_d, z_d)$，投影平面平行于 xy 面，与原点距离为 d。按投影变换规则，A 点的投影点坐标为

$$\begin{pmatrix} x'_a \\ y'_a \\ z'_a \\ 1 \end{pmatrix} = \begin{pmatrix} d/z_a & 0 & 0 & 0 \\ 0 & d/z_a & 0 & 0 \\ 0 & 0 & d/z_a & 0 \\ 0 & 0 & 0 & 1 \end{pmatrix} \begin{pmatrix} x_a \\ y_a \\ z_a \\ 1 \end{pmatrix}$$

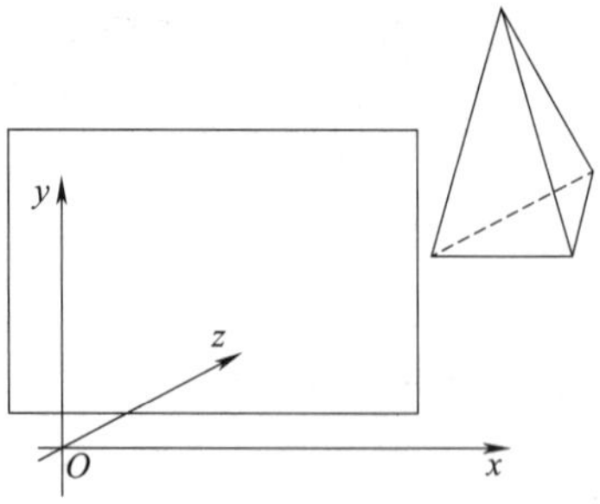

图 4.13 棱锥的透视投影

即

$$x'_a=\frac{d}{z_a}x_a$$

$$y'_a=\frac{d}{z_a}y_a$$

同样的方法可计算 B、C、D 点。

4.5 视窗变换

在投影变换这步，实质上是模拟了摄像机的拍照过程，产生了两个结果：

①产生了一个投影面即视平面。三维图形被转换为二维图形，三维空间的点转换为二维空间的点。但视平面仍处于三维空间内，它的坐标单位仍然是原三维空间的坐标单位。如果三维空间的坐标单位是米，视平面内的坐标单位仍是米。

②摄像机取景框是有边界的，称为视口。视平面上的图形处在视口内的部分才是显示时用得到的，超出边界的部分则被忽视。

视口内的图形部分，将被绘制在显示器或者其他图形设备上（见图 4.14）。由于显示设备的坐标系统和图形空间的坐标系统不一样，图形还需要做一次坐标变换。例如，显示器以像素为坐标单位，假若有图形空间的一个点，其坐标为(5，1)，被绘制线显示器屏幕上时，则可能被绘制在坐标为(340，760)的屏幕点上。

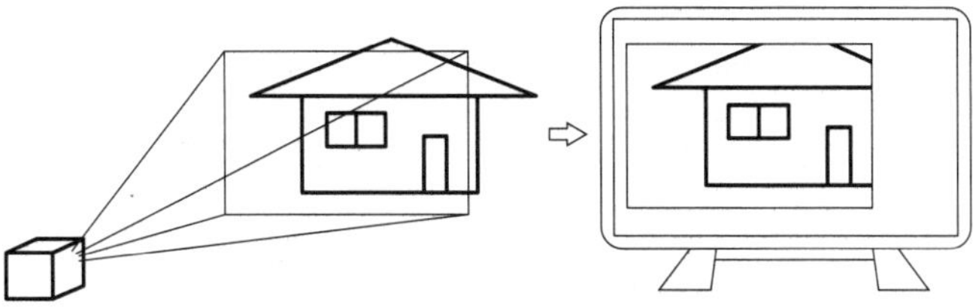

图 4.14　视口和窗口关系

现在将问题抽象为，有两个矩形 R_1 和 R_2，四个边界角点坐标如图 4.15 所标记。图中上标区分两个矩形，下标 l,r,b,t 表示左、右、下、上。那么两个矩形间点的对应关系是什么？四个角点的对应关系是已知的，如$(x_l^1,y_b^1)\Rightarrow(x_l^2,y_b^2)$。需要推导出任意点$(x^1,y^1)$，$(x^2,y^2)$的对应关系，其关系称为视窗变换。

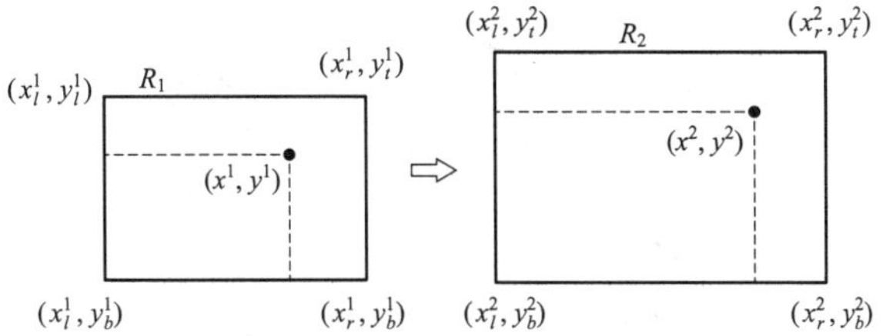

图 4.15　视口和窗口的表示

根据比例关系，可写出等式

$$\begin{cases}\dfrac{x^1-x_l^1}{x_r^1-x_l^1}=\dfrac{x^2-x_l^2}{x_r^2-x_l^2}\\[2ex]\dfrac{y^1-y_b^1}{y_t^1-y_b^1}=\dfrac{y^2-y_b^2}{y_t^2-y_b^2}\end{cases}$$

$$\begin{cases} x^2 = x_l^2 + \dfrac{x^1 - x_l^1}{x_r^1 - x_l^1}(x_r^2 - x_l^2) \\ y^2 = y_b^2 + \dfrac{y^1 - y_l^1}{y_t^1 - y_b^1}(y_t^2 - y_b^2) \end{cases}$$

将坐标写成齐次坐标形式，用矩阵表示变换格式，则

$$\begin{pmatrix} x^2 \\ y^2 \\ 1 \end{pmatrix} = \boldsymbol{T}_{vw} \cdot \begin{pmatrix} x^1 \\ y^1 \\ 1 \end{pmatrix} = \begin{pmatrix} \dfrac{x_r^2 - x_l^2}{x_r^1 - x_l^1} & 0 & x_l^2 - x_l^1 \cdot \dfrac{x_r^2 - x_l^2}{x_r^1 - x_l^1} \\ 0 & \dfrac{y^2 - y_b^2}{y_t^1 - y_b^1} & y_b^2 - y_b^1 \cdot \dfrac{y_r^2 - y_l^2}{y_t^1 - y_b^1} \\ 0 & 0 & 1 \end{pmatrix} \cdot \begin{pmatrix} x^1 \\ y^1 \\ 1 \end{pmatrix}$$

其中 $\boldsymbol{T}_{vw}$ 即视窗变换矩阵。从矩阵中也可以看出，视窗变换 2×2 部分是对角矩阵，第 2 列非零，而第 3 行第 3 列为 1，实质上是平移变换和缩放变换的组合。

例 8 将一个周期的正弦曲线绘制在屏幕 (x_0, y_0) 开始，尺寸为 w, h 的矩形区内，如图 4.16 所示。

正弦曲线的值域为[-1,1]，一个周期的变量域为[0,360]，需要绘制的曲线图区域为(0,-1)到(360,1)。屏幕绘制区域为 (x_0, y_0) 到 $(x_0 + w, y_0 + h)$。

因此

$$x_l^1 = 0, y_b^1 = -1, x_r^1 = 360, y_t^1 = 1$$

$$x_l^2 = x_0, y_b^2 = y_0, x_r^2 = x_0 + w, y_t^2 = y_0 + h$$

变换矩阵为

$$\boldsymbol{T}_{vw} = \begin{pmatrix} \dfrac{w}{360} & 0 & x_0 \\ 0 & \dfrac{h}{2} & y_0 + \dfrac{h}{2} \\ 0 & 0 & 1 \end{pmatrix}$$

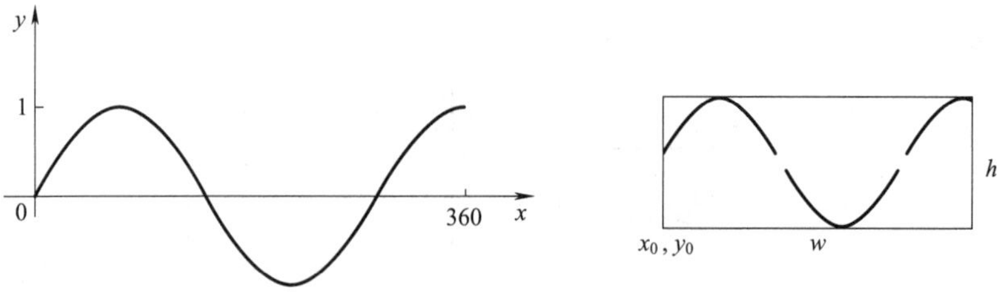

图 4.16　正弦曲线绘制变换

例 9 向标准化视口的投影变换。

在投影变换部分，我们将摄像机投影面看作是一个世界空间的平面，现在进一步将其变换到一个单位正方形里，称为规范化视口，从而消除投影变换矩阵中的投影面距离 d。这个情景表示在图 4.17 中。

①投影面尺寸。设照相机 x、y 方向视角分别为 α、β。投影面距离为 d，则投影区尺寸如图 4.18 中所示

$$(w,h)=(d\cdot \mathrm{tg}\frac{\alpha}{2},d\cdot \mathrm{tg}\frac{\beta}{2})$$

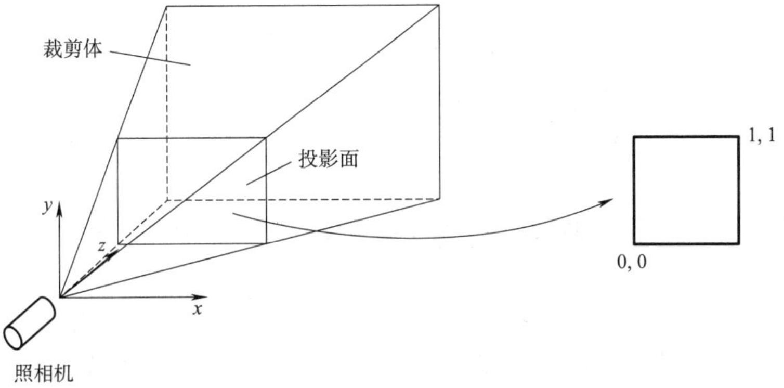

图 4.17　规范化视口变换

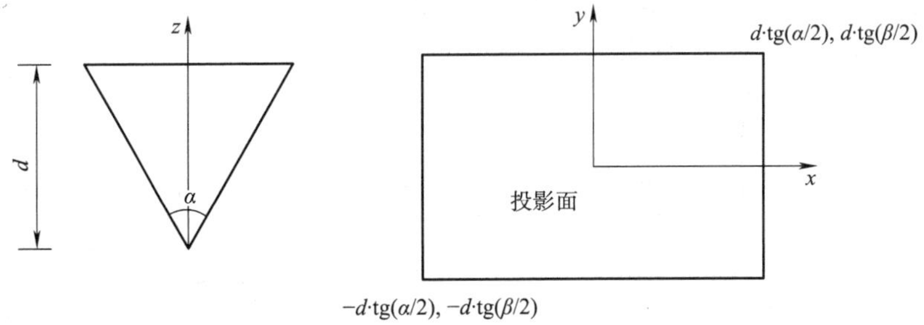

图 4.18　投影面尺寸

②投影面、标准视口参数。使用视窗变换矩阵，将投影面空间变换到单位正方形，边界参数为

$$x_l^1=-d\cdot \mathrm{tg}\frac{\alpha}{2}\quad x_r^1=d\cdot \mathrm{tg}\frac{\alpha}{2}$$

$$y_b^1=-d\cdot \mathrm{tg}\frac{\beta}{2}\quad y_t^1=d\cdot \mathrm{tg}\frac{\beta}{2}$$

$$x_l^2=0\qquad x_r^2=1$$

$$y_b^2=0\qquad y_t^2=1$$

③代入视窗变换矩阵，有

$$\begin{pmatrix}\dfrac{x_r^2-x_l^2}{x_r^1-x_l^1} & 0 & x_l^2-x_l^1\cdot\dfrac{x_r^2-x_l^2}{x_r^1-x_l^1}\\ 0 & \dfrac{y_t^2-y_b^2}{y_t^1-y_b^1} & y_b^2-y_b^1\cdot\dfrac{y_t^2-y_b^2}{y_t^1-y_b^1}\\ 0 & 0 & 1\end{pmatrix}=\begin{pmatrix}\dfrac{1}{2d\cdot \mathrm{tg}\dfrac{\alpha}{2}} & 0 & \dfrac{1}{2}\\ 0 & \dfrac{1}{2d\cdot \mathrm{tg}\dfrac{\beta}{2}} & \dfrac{1}{2}\\ 0 & 0 & 1\end{pmatrix}$$

④与投影矩阵相乘，即标准化视口投影变换矩阵为

$$
\begin{pmatrix} \dfrac{1}{2d \cdot \mathrm{tg}\dfrac{\alpha}{2}} & 0 & \dfrac{1}{2} \\ 0 & \dfrac{1}{2d \cdot \mathrm{tg}\dfrac{\beta}{2}} & \dfrac{1}{2} \\ 0 & 0 & 1 \end{pmatrix} \cdot \begin{pmatrix} \dfrac{d}{z} & 0 & 0 \\ 0 & \dfrac{d}{z} & 0 \\ 0 & 0 & 1 \end{pmatrix} = \begin{pmatrix} \dfrac{1}{2z \cdot \mathrm{tg}\dfrac{\alpha}{2}} & 0 & \dfrac{1}{2} \\ 0 & \dfrac{1}{2z \cdot \mathrm{tg}\dfrac{\beta}{2}} & \dfrac{1}{2} \\ 0 & 0 & 1 \end{pmatrix}
$$

4.6 坐标系变换和摄像机坐标系

图形变换过程中会涉及多个坐标系，对一个点来说，在不同的坐标系里坐标值是不同的。已知点在坐标系 I 中的坐标，计算该点在坐标系 II 中的坐标，称为坐标系变换。这里先来介绍坐标系变换的一般规则。

在图 4.19 中，(a)图有两个坐标系，均为右手正交坐标系。I 系为 xyz 坐标系，II 系为 $n_1n_2n_3$坐标系。其中 $n_1n_2n_3$是 I 系中的单位向量。可以理解为，在 I 系中有三个相互垂直的向量 n_1,n_2,n_3，它们组成的另一个坐标系 II。

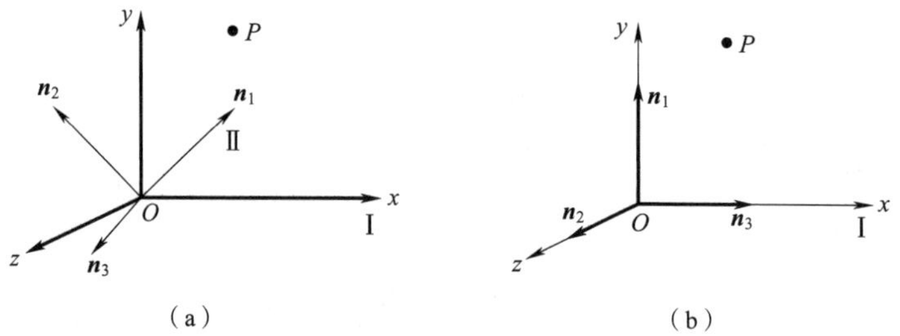

图 4.19 坐标系变换

若空间中有一个点 P，那么 P 就有两个坐标，表示为 P^{I}和 P^{II}，分别是 I 系和 II 系中的坐标。坐标系变换就对其两个坐标之间的转换关系的描述。

坐标系变换的一般规则，用矩阵形式表示为

$$
\boldsymbol{P}^{\mathrm{II}} = \begin{bmatrix} n_{1x} & n_{1y} & n_{1z} & 0 \\ n_{2x} & n_{2y} & n_{2z} & 0 \\ n_{3x} & n_{3y} & n_{3z} & 0 \\ 0 & 0 & 0 & 1 \end{bmatrix} \cdot \boldsymbol{P}^{\mathrm{I}} = [\boldsymbol{n}] \cdot \boldsymbol{P}^{\mathrm{I}}
$$

其中 n_{1x},n_{1y},n_{1z}表示向量 $\boldsymbol{n}_1$的三个分量，$[\boldsymbol{n}]$就是坐标系变换矩阵，且是一个正交矩阵，满足$[\boldsymbol{n}]^{-1}=[\boldsymbol{n}]^{\mathrm{T}}$。

例 10 考虑图 4.19(b)中所示的一种情况，此时

$$\boldsymbol{n}_1 = (0 \quad 1 \quad 0)$$
$$\boldsymbol{n}_2 = (0 \quad 0 \quad 1)$$
$$\boldsymbol{n}_3 = (1 \quad 0 \quad 0)$$

代入变换公式中

$$\begin{pmatrix} P_x^{\mathrm{II}} \\ P_y^{\mathrm{II}} \\ P_z^{\mathrm{II}} \\ 1 \end{pmatrix} = \begin{pmatrix} 0 & 1 & 0 & 0 \\ 0 & 0 & 1 & 0 \\ 1 & 0 & 0 & 0 \\ 0 & 0 & 0 & 1 \end{pmatrix} \cdot \begin{pmatrix} P_x^{\mathrm{I}} \\ P_y^{\mathrm{I}} \\ P_z^{\mathrm{I}} \\ 1 \end{pmatrix} = \begin{pmatrix} P_y^{\mathrm{I}} \\ P_z^{\mathrm{I}} \\ P_x^{\mathrm{I}} \\ 1 \end{pmatrix}$$

即 $\boldsymbol{P}_x^{\mathrm{II}} = \boldsymbol{P}_y^{\mathrm{I}}, \boldsymbol{P}_y^{\mathrm{II}} = \boldsymbol{P}_z^{\mathrm{I}}, \boldsymbol{P}_z^{\mathrm{II}} = \boldsymbol{P}_x^{\mathrm{I}}$。

例 11　如图 4.20 所示，二维空间 xy 中有向量 $\boldsymbol{n}_1 = (1,1)$，$\boldsymbol{n}_2 = (-1,1)$，$\boldsymbol{n}_1$，$\boldsymbol{n}_2$ 为坐标轴建立新坐标系，写出坐标变换矩阵，并求原坐标系中的点 $A = (1,1)$，$B = (0,1)$ 在新坐标系中的坐标。

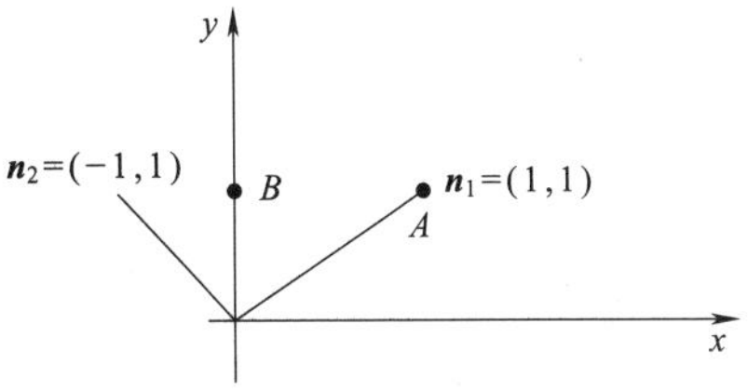

图 4.20　二维坐标变换

将 $\boldsymbol{n}_1$，$\boldsymbol{n}_2$ 规范化，有

$$\boldsymbol{n}_1 = \left(\frac{1}{\sqrt{2}}, \frac{1}{\sqrt{2}}\right)$$

$$\boldsymbol{n}_2 = \left(-\frac{1}{\sqrt{2}}, \frac{1}{\sqrt{2}}\right)$$

则变换矩阵为

$$\boldsymbol{N} = \begin{pmatrix} \frac{1}{\sqrt{2}} & \frac{1}{\sqrt{2}} & 0 \\ -\frac{1}{\sqrt{2}} & \frac{1}{\sqrt{2}} & 0 \\ 0 & 0 & 1 \end{pmatrix}$$

可以验证

$$\boldsymbol{N} \cdot \boldsymbol{N}^{\mathrm{T}} = \begin{pmatrix} \frac{1}{\sqrt{2}} & \frac{1}{\sqrt{2}} & 0 \\ -\frac{1}{\sqrt{2}} & \frac{1}{\sqrt{2}} & 0 \\ 0 & 0 & 1 \end{pmatrix} \cdot \begin{pmatrix} \frac{1}{\sqrt{2}} & -\frac{1}{\sqrt{2}} & 0 \\ \frac{1}{\sqrt{2}} & \frac{1}{\sqrt{2}} & 0 \\ 0 & 0 & 1 \end{pmatrix} = \begin{pmatrix} 1 & 0 & 0 \\ 0 & 1 & 0 \\ 0 & 0 & 1 \end{pmatrix}$$

可见 $\boldsymbol{N}$ 是正交矩阵。

将 $A = (1,1)$ 代入变换公式，得

$$A' = \begin{pmatrix} \frac{1}{\sqrt{2}} & \frac{1}{\sqrt{2}} & 0 \\ -\frac{1}{\sqrt{2}} & \frac{1}{\sqrt{2}} & 0 \\ 0 & 0 & 1 \end{pmatrix} \cdot \begin{pmatrix} 1 \\ 1 \\ 1 \end{pmatrix} = \begin{pmatrix} \frac{2}{\sqrt{2}} \\ 0 \\ 1 \end{pmatrix}$$

将 $B = (0,1)$ 代入变换公式，同样可得 $B = \left(\frac{1}{\sqrt{2}}, \frac{1}{\sqrt{2}}, 1\right)$。

前面假设了坐标系 I 和坐标系 II 原点是重合的，在一个位置。如果坐标系 II 的原点在 $C = (c_x, c_y, c_z)$，C 是坐标系 I 中的向量，变换矩阵 $[\boldsymbol{n}]$ 中还要加一个平移项，成为

$$[\boldsymbol{n}] = \begin{pmatrix} n_{1x} & n_{1y} & n_{1z} & 0 \\ n_{2x} & n_{2y} & n_{2z} & 0 \\ n_{3x} & n_{3y} & n_{3z} & 0 \\ 0 & 0 & 0 & 1 \end{pmatrix} \cdot \begin{pmatrix} 1 & 0 & 0 & -c_z \\ 0 & 1 & 0 & -c_y \\ 0 & 0 & 1 & -c_z \\ 0 & 0 & 0 & 1 \end{pmatrix}$$

平移项矩阵在后,是因为坐标系变换和几何变换是相反的,是互逆变换。

下面考虑摄像机的问题。首先,图形存在于世界坐标系中,摄像机同样放置在世界坐标系内。从摄像机出发观察图形,反映了图形与摄像机的相对位置。

为了投影计算、消隐计算,以及光栅化计算等步骤的方便,以摄像机为中心,以摄像机正向视线为坐标轴,建立一个摄像机坐标系更为合适。

摄像机变换等同于坐标变换,而坐标变换是几何变换的逆变换,因此图形软件中也可以用几何变换代替视点变换。

在图形世界中,摄像机可以处在任意位置,而且位置可以随时发生变化。用三个向量来描述摄像机的位置和朝向,如图 4.21 所示。三个向量分别是:摄像机位置 $\boldsymbol{C} = (c_x \quad c_y \quad c_z)$;视线方向 $\boldsymbol{N} = (n_x \quad n_y \quad n_z)$,上方 $\boldsymbol{UP} = (up_x \quad up_y \quad up_z)$。

为建立摄像机坐标系,以摄像机位置为中心,三个坐标轴为 U、V、N。正前方为 N 轴,正向左侧为 U 轴,上方为 V 轴。各个坐标轴定义如下

$$U = UP \times N = (u_x \quad u_y \quad u_z)$$

$$V = N \times U = (v_x \quad v_y \quad v_z)$$

$$N = (n_x \quad n_y \quad n_z)$$

均为单位向量,而且相互垂直。

按照前面的坐标系变换规则,就可以写出摄像机变换矩阵。将世界坐标系内的点(x,y,z)变换到摄像机坐标系为(x',y',z'),按下式

$$\begin{pmatrix} x' \\ y' \\ z' \\ 1 \end{pmatrix} = \begin{pmatrix} u_x & u_y & u_z & 0 \\ v_x & v_y & v_z & 0 \\ n_x & n_y & n_z & 0 \\ 0 & 0 & 0 & 1 \end{pmatrix} \begin{pmatrix} 1 & 0 & 0 & -c_x \\ 0 & 1 & 0 & -c_y \\ 0 & 0 & 1 & -c_z \\ 0 & 0 & 0 & 1 \end{pmatrix} \begin{pmatrix} x \\ y \\ z \\ 1 \end{pmatrix}$$

其中两个矩阵乘积就是摄像机变换矩阵。

例 12 设 x 轴上有一物体沿 x 轴运动,瞬时位置为 $x(t)$,摄像机在空间(2,5,12)处,且正向始终朝向该物体(见图 4.22)。建立摄像机坐标系,并写出世界到摄像机的变换。

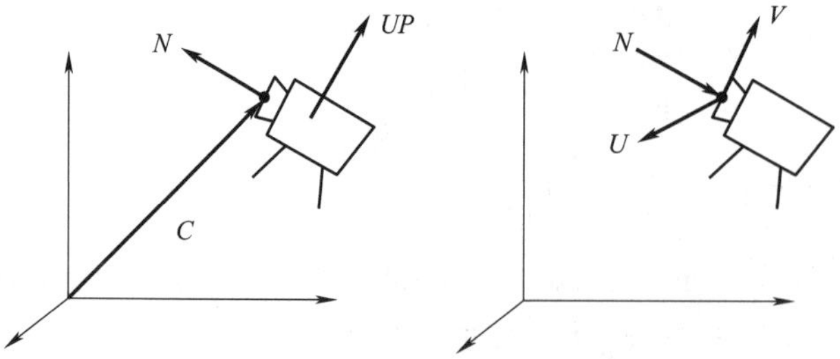

图 4.21 摄像机坐标系

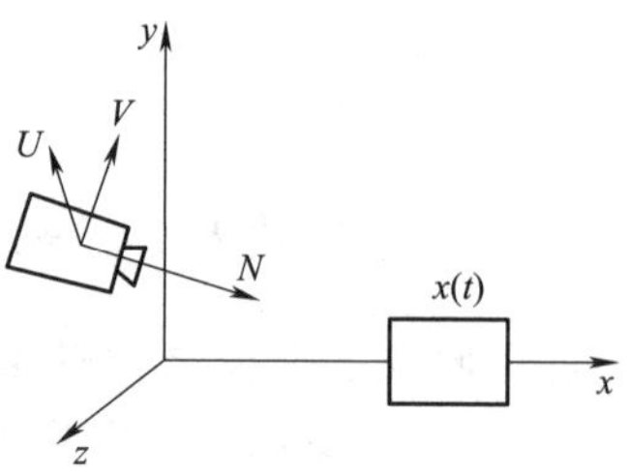

图 4.22 朝向物体的摄像机

物体位置：$W=(x(t),0,0)$。

摄像机位置：$C=(2,5,12)$。

摄像机正向：$N=(x(t)-2,-5,-12)$。

设摄像机上方在 y 轴方向：$UP=(0,1,0)$。

那么，摄像机坐标系的三个方向轴为

$$U=UP\times N=(0,1,0)\times(x(t)-2,-5,-12)=(-12,0,x(t))$$

$$\begin{aligned}V&=N\times U=(x(t)-2,-5,-12)\times[(0,1,0)\times(x(t)-2,-5,-12)]\\&=(-5x(t),x(t)(x(t)-2)-144,60)\end{aligned}$$

$$N=(x(t)-2,-5,-12)$$

变换矩阵为

$$[\boldsymbol{n}]=\begin{pmatrix}-12/a & 0 & x(t)/a & 0\\ -5x(t)/b & (x^2(t)-2x(t)-144)/b & 60/b & 0\\ (x(t)-2)/c & -5/c & -12/c & 0\\ 0 & 0 & 0 & 1\end{pmatrix}\begin{pmatrix}1 & 0 & 0 & -2\\ 0 & 1 & 0 & -5\\ 0 & 0 & 1 & -12\\ 0 & 0 & 0 & 1\end{pmatrix}$$

其中

$$a=\sqrt{12^2+x^2(t)}$$

$$b=\sqrt{(5x(t))^2+(x^2(t)-2x(t)-144)^2+60^2}$$

$$c=\sqrt{(x(t)-2)^2+5^2+12^2}$$

4.7　空间转动的四元数表示法

大多数情况下，一个运动都会使物体产生方向变化，就是说如果将运动分解，其中总会包含转动成分，但表述转动却不是容易的事情。图形学的基本方法是将转动表述为绕某坐标轴的转动，但面对任意的运动，这样的表述是不容易做到的。在计算机图形学中，绕任意轴旋转表述方法主要包括 4 种：

①基本几何变换法（矩阵法）。

②坐标变换法。

③欧拉角表示法。

④四元数表示法。

图形引擎如 OpenGL、DirectX、OGRE 等都支持上述方法以及相互转换计算。本节介绍四元数表示法。用四元数来表示旋转，是目前最为通用的方法。其优点有：

①基本数据少，计算量少。

②避免了万向节死锁。死锁现象的出现，一般是在连续的运动过程中。关键在于我们分解了转动过程，规定了转动步骤和顺序，和物理世界中实际发生的转动有所不同。

③容易进行插值计算，实现连续动画。

四元数是四维实空间中复数的一种形式，1985 年，Shoemake 把四元数引入计算机图形学，从此四元数在计算机图形学、计算机动画、计算机视觉和机器人等领域获得广泛应用。关于四元数,做以下说明。

1. 四元数的定义

四元数是复数的扩展,定义为

$$q=w+x\cdot i+y\cdot j+z\cdot k=(w\quad(x\quad y\quad z))=(w\quad v)$$

其中 i,j,k 为虚数,并满足

$$i^2=-1\quad j^2=-1\quad k^2=-1\quad i\cdot j=-j\cdot i=k\quad j\cdot k=-k\cdot j=i\quad k\cdot i=-i\cdot k=j$$

2. 四元数的运算

四元数也是数,有它的运算规则,四元数运算包括:

加法:$q_1+q_2=(w_1+w_2)+(x_1+x_2)\cdot i+(y_1+y_2)\cdot j+(z_1+z_2)\cdot k$

乘实数:$aq=aw+ax\cdot i+ay\cdot j+az\cdot k$

乘法:$q_1\times q_2=w_1w_2-v_1v_2+w_1v_2+w_2v_1+v_1v_2$

点积:$q_1\cdot q_2=w_1w_2+x_1x_2+y_1y_2+z_2z_2$

两个四元数的夹角可以由点积得到:$\cos\theta=\dfrac{q_1\cdot q_2}{|q_1|\cdot|q_2|}$

绝对值:$|q|=\sqrt{w^2+x^2+y^2+z^2}$,如果 $|q|=1$,称为单位四元数。

共轭四元数:$q^*=w-x\cdot i-y\cdot j-z\cdot k$

四元数的逆:$q^{-1}=\dfrac{q^*}{|q|}$,如果是单位四元数,则四元数的逆等于共轭四元数。

3. 四元数表示转动

设点绕空间任意单位向量构成的轴(a_x,a_y,a_z)转动 θ,则构造单位四元数

$$q=w+x\cdot i+y\cdot j+z\cdot k$$

其中

$$w=\cos\frac{\theta}{2}$$

$$x=a_x\sin\frac{\theta}{2}\quad y=a_y\sin\frac{\theta}{2}\quad z=a_z\sin\frac{\theta}{2}$$

显然有 $|q|=1$。

四元数表示法将转动表示成一个空间单位向量和一个转角,即绕任意轴的空间转动,并以此为基础进行转动计算。

设有一个物体发生了四元数转动,为计算物体上一点 P 转动后的坐标,将点 P 看作是纯虚数,$P=x\cdot i+y\cdot j+z\cdot k$,转动后有

$$P'=q\cdot P\cdot q^{-1}\quad 或\quad P'=q\cdot P\cdot q^*$$

从这里看到,转动四元数的作用与转动矩阵相当,点运动前的坐标以上面的形式与转动四元数相乘,即得到点运动后的坐标。

对分步进行的运动,矩阵法是两个矩阵相乘表示组合运动,四元数方法也与此相似。若先转动了四元数 a,再转动四元数 b,则

$$P'=b(a\cdot P\cdot a^{-1})b^{-1}=(ba)P(ba)^{-1}$$

即连续转动可以用四元数乘积表示。

例 13 如图 4.23 所示,点 $P(1,0,0)$绕向量表示的转动轴$(1,0,0)$转动 180°,计算该点转

动后的坐标 P'。

首先将点 P 和转动表示为四元数 R

$$P = i$$

$$R = \cos\frac{180^\circ}{2} + \sin\frac{180^\circ}{2}(i + k)$$

$$= \frac{1}{\sqrt{2}}i + \frac{1}{\sqrt{2}}k$$

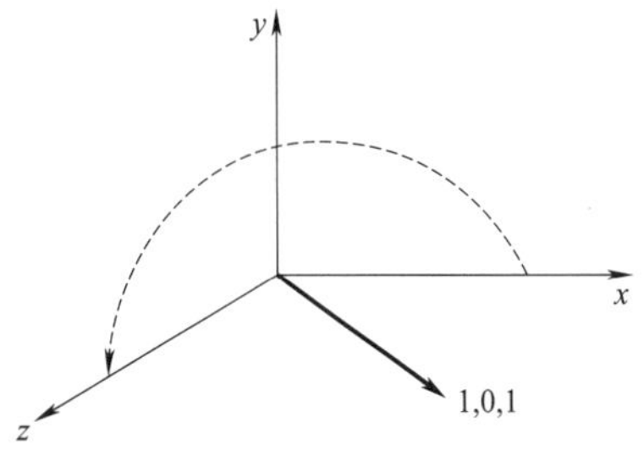

图 4.23　绕空间轴转动

再按四元数转动规则进行

$$P' = RPR^* = \left(\frac{1}{\sqrt{2}}i + \frac{1}{\sqrt{2}}k\right)i\left(-\frac{1}{\sqrt{2}}i - \frac{1}{\sqrt{2}}k\right)$$

$$= \left(\frac{1}{\sqrt{2}}i \cdot i + \frac{1}{\sqrt{2}}k \cdot i\right)\left(-\frac{1}{\sqrt{2}}i - \frac{1}{\sqrt{2}}k\right)$$

$$= \left(-\frac{1}{\sqrt{2}} + \frac{1}{\sqrt{2}}j\right)\left(-\frac{1}{\sqrt{2}}i - \frac{1}{\sqrt{2}}k\right)$$

$$= \frac{1}{2}i + \frac{1}{2}k - \frac{1}{2}j \cdot i - \frac{1}{2}j \cdot k$$

$$= \frac{1}{2}i + \frac{1}{2}k + \frac{1}{2}k - \frac{1}{2}i = k = 0 \cdot i + 0 \cdot j + 1 \cdot k$$

即转动后点的坐标 $P' = (0,0,1)$。

四元数法与变换矩阵法是等价的，仅仅是在表示方面比矩阵方法更简洁、更直接，使用上有时更为方便，四元数可直接转化为变化矩阵。设转动轴为单位向量(n_x, n_y, n_z)，转角为 θ，对应的变换矩阵为

$$R = \begin{pmatrix} \cos\theta + (1-\cos\theta)n_x^2 & (1-\cos\theta)n_x n_y - n_z\sin\theta & (1-\cos\theta)n_x n_z + n_y\sin\theta \\ (1-\cos\theta)n_x n_y + n_z\sin\theta & \cos\theta + (1-\cos\theta)n_y^2 & (1-\cos\theta)n_y n_z - n_x\sin\theta \\ (1-\cos\theta)n_x n_z - n_y\sin\theta & (1-\cos\theta)n_y n_z + n_x\sin\theta & \cos\theta + (1-\cos\theta)n_z^2 \end{pmatrix}$$

这就是绕空间任意轴的转动变换矩阵。

4.8　Unity3d 中的坐标系和摄像机

变换涉及不同的坐标系，还可以进行组合。为了帮助理解，本节介绍 Unity3d 中的变换方法，通过图形系统实例进一步说明变换理论的实际运用。

事实上，矩阵变换方法是标准方法，尽管以 Unity3d 为例，其他图形系统也大同小异，基本原理都一样，具体实现方式上有细节上的不同。如 Unity3d 采用左手坐标系，而 OpenGL 则采用右手坐标系，但这都不是本质上的区别。

4.8.1　坐标系

Unity3d 中与图形变换相关的坐标系有四种，如图 4.24 所示，其他的还有纹理坐标系、切线坐标系等，都是关于渲染计算的，与模型变换不相关。

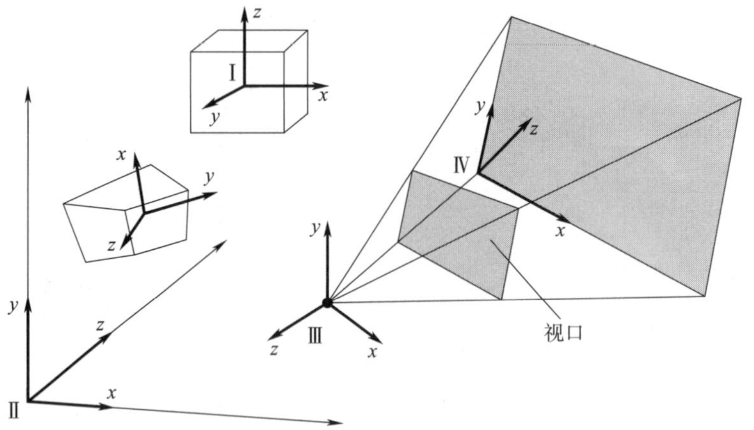

图 4.24　Unity3d 坐标系

四种坐标系中，世界坐标系、本地坐标系、视口坐标系为左手坐标系，摄像机坐标系为右手坐标系。世界坐标系、本地坐标系和摄像机坐标系为直角坐标系，而视口坐标系在透视投影时不是直角坐标系，但因为在这个坐标系中不进行三维计算，所以没有什么影响。视口坐标系中的 z 坐标，仅仅用于保存深度值，在消隐计算时使用。

这里顺便说一下，3ds Max 是右手坐标系，在导入 3ds Max 模型时，Unity3d 会自动将模型坐标改为左手坐标系。

1. 世界坐标系

图 4.24 中标记为 II 的坐标系是顶层坐标系，是场景中各种组成成分的公共基准，所有其他坐标系都存在于世界坐标系中。

世界坐标系没有量纲的概念，比如用浮点数 6.39f 表示位置或者距离，可以将它理解为任何单位，米、尺、厘米、公里等都可以。这就要求设计者在建立场景时，预设一个坐标单位，让所有数据都符合这个单位，或者说都按这个单位进行解释。

2. 本地坐标系

本地坐标系是物体所在的坐标系。物体在 Unity3d 中叫作 GameObject，有多种类型。无论哪种类型都必有一个本地坐标系，各物体间本地坐标系互不相干。本地坐标系在图 4.24 标记为 I。

实体在 Unity3d 中表示为网格型物体，网格顶点坐标都是基于本地坐标系的，而且在整个运行过程中保持不变。只有一种情况会改变顶点坐标，即修改网格使物体产生变形。

本地坐标系和物体的关系是创建物体时产生的，对标准体，如立方体、球等，本地坐标系处于物体的中心。物体中的本地坐标系处于什么位置，会影响转动变换和缩放变换，还是一个很重要的事情。

物体之间还可以定义层级关系，Unity3d 称为父子关系。这表明每个物体都有着一个上层物体，即父物体。本地坐标系的定义是基于它的父物体的，本地坐标系的移动等变换也是基于它的父物体的。物体永远活动在它的父物体坐标系中。一个物体如果没有定义父物体，默认的父物体就是世界坐标系。

例如,物体沿 x 轴做平移运动,这个 x 轴指的是它的父物体的 x 轴,而不是它自身的本地坐标系,也不是世界坐标系。

假如所有的物体都没定义父物体,那么本地坐标系的坐标原点和坐标轴向量基于世界坐标系,而且和世界坐标系重合。这就是说,场景中所有物体,其实本来是重叠在一起的,而且就是世界原点上。物体能够处在场景中的某个位置,是因为变换产生的,平移、转动等变换操作使物体分布在场景中的各个位置上。

3. 摄像机坐标系

摄像机也是一个物体,摄像机坐标系就相当于此物体的本地坐标系。但特别的是,摄像机坐标系是右手坐标系,在图 4.24 标记为 III。它的 x 轴在右方,y 轴向上,z 轴则在摄像机的反面,即背向视线方向的一面。

4. 视口坐标系

摄像机的取景框称为视口。它和投影变换中所说的视平面不一样,视口是有边界的,视平面则没有边界。另外视口坐标系和前面的几种不同,没有坐标单位,采用的是标准化坐标系统。

视窗变换中所提到的窗口,Unity3d 是在软件系统环境中定义的。窗口属于目标设备,对窗口的定义包括分辨率和宽高比。

4.8.2 摄像机和视口

摄像机和其他类型的物体一样,有位置、方向,可以在空间移动或转动。特别的地方是,摄像机的正前方有一个矩形,称为视口。在图 4.24 中,用离摄像机较近的那个深色的矩形表示视口。因为视口总是在摄像机的正前方,所以摄像机的移动、转动会改变视口的空间位置。

视口可以比作照片,就是摄像机成像的地方。视口参数用于投影变换和裁剪,其中投影变换可以是平行投影或透视投影。因此视口构成是很重要的。

在图 4.24 中,前后两个深色的平面之间围成一个棱台形的三维体,称为视景体,如果是平行投影,视景体就是一个立方体。视景体的每个侧面称为裁剪面,有:近裁剪面,远裁剪面,左裁剪面,右裁剪面,上裁剪面,下裁剪面。只有落在视景体中或者说落在六个裁剪面范围内的物体,或者部分物体,才被进行投影计算。

视景体的大小决定了收入摄像机镜头内景物的多少,也就是最终屏幕上能显示出多大部分场景。如果视景体定义得比较小,摄像机收进来的景物就比较少,因为屏幕大小是一定的,显示出来的物体尺寸就会比较大。

视景体的定义包括在摄像机参数中,包括下面参数:

①nearClipPlane:近裁剪面到摄像机的距离,用世界坐标系单位。

②farClipPlane:远裁剪面到摄像机的距离,用世界坐标系单位。

③fieldOfView:透视变换时,垂直方向视线角。

④aspect:视口的长宽比,它可以由系统自动根据目标设备屏幕计算。

在透视投影情况下,以上几个参数就定义了视景体的大小和位置。其中 fieldOfView 为摄像机的视角,近裁剪面和远裁剪面被设置后,由 fieldOfView 就可以计算出上下左右四个裁剪面。因此视景体被确定(见图 4.25)。

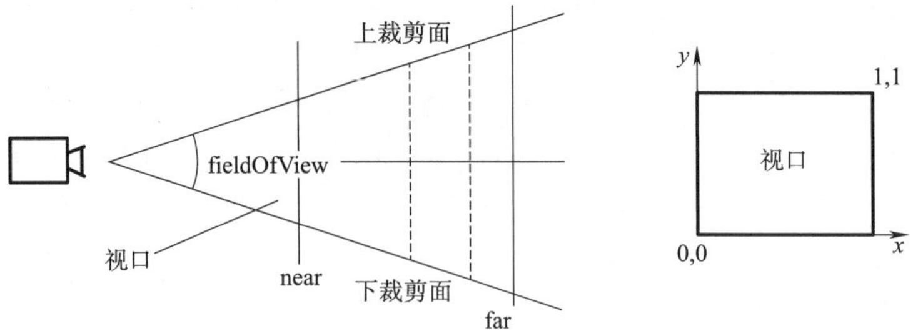

图 4.25　视口示意图

视口就是近裁剪面，作为投影变换时投影面使用。但研究图 4.25，可以看到任何一个在 fieldOfView 范围内且平行于近裁剪面的面都可以作为视口，如图中虚线所表示的几个平面。在进行投影变换时，物体处在摄像机坐标系中，投影计算后，其原来的 z 坐标保留，作为消隐时用的深度值，x,y 坐标变为投影面上的 x,y。使用不同的视口，得到的 x,y 值不同，但落在投影面上的图形是完全一样的，x,y 值的大小仅与视口尺寸相关，与视口尺寸成比例。既然 x,y 值依赖于视口尺寸，而无论视口尺寸多大，最终显示在屏幕上都一样，那么 x,y 值就没有实际意义了。那么就可以直接将视口坐标系规定为规范化坐标系，左下角为(0,0)，右上角为(1,1)。

4.8.3　变换流程

Unity3d 中物体变换的步骤为：

①运动变换。

②摄像机变换。

③视口变换。

Unity3d 为每个物体保存一个变换矩阵，名为 transform，最初这个矩阵为单位矩阵，此后在各种变换中产生的变换矩阵都和 transform 相乘并保存到 transform。

平移变换总是相对于世界坐标系的，即在世界中移动。转动和缩放所使用的参照系在 Unity3d 中可选，例如，在世界坐标系中转动及在本地坐标系中转动都可以。

现在以一个标准立方体为例，完成它的变换流程。

①创建一个单位立方体，包含 8 个顶点和 6 个面。本地坐标原点为立方体中心。

②生成平移变换矩阵，使立方体平移，移动到合适位置，矩阵保存到 transform。

③生成旋转变换矩阵，在本地坐标系中转动立方体，转到合适的方向，矩阵保存到 transform。

④生成缩放变换矩阵，在本地坐标系中放大立方体，使立方体大小合适，矩阵保存到 transform。

⑤调节摄像机位置，生成世界坐标系到摄像机坐标系变换矩阵，存储在 worldToCameraMatrix。

⑥设置摄像机视口，生成投影变换矩阵，存储在 nonJitteredProjectionMatrix。

此时，立方体上的顶点坐标仍然是最初被创建时的原始坐标，在视口中的坐标由上述变换矩阵依次相乘，最后乘顶点坐标得到。

4.8.4　几何变换工具 Transform

Transform 存储几何变换相关数据,以及执行相关变换功能,主要功能列出如下。其中的数据很多是只读的,这是因为数据是通过变换矩阵计算得出,不提供单独修改功能。

1. 读取或设置

position:物体在世界坐标系的位置。

localPosition:相对于父级的位置。

localRotation:相对于父级物体的旋转角度。

localScale:相对于父级物体变换的缩放。

rotation:转动四元数。

worldToLocalMatrixMatrix:从世界坐标系到本地坐标系变换矩阵。

localToWorldMatrixMatrix:从本地坐标系到世界坐标系变换矩阵。

2. 运算功能

Translate():生成平移变换矩阵。

Rotate():以欧拉角方式生成转动变换矩阵。

RotateAround():以四元数方式生成转动变换矩阵。

LookAt():生成转动变换矩阵,使本物体朝向指定点。

TransformPoint():本地坐标系到世界坐标系变换。

InverseTransformPoint():世界坐标系到本地坐标系变换。

4.8.5　摄像机变换工具 Camera

在 Camera 中提供了很多功能,用来设置或者读取摄像机及视口数据。下面对一些主要功能分类列出。

1. 定义视口

fieldOfView:设置透视投影视角。

farClipPlane:设置远裁剪面。

nearClipPlane:设置近裁剪面。

aspect:设置宽高比。

rect:设置屏幕矩形区域。

orthographicSize:设置平行投影视口尺寸。

backgroundColor:设置背景色。

2. 变换矩阵

worldToCameraMatrix:世界到摄像机变换矩阵。

cameraToWorldMatrix:摄像机到世界变换矩阵。

nonJitteredProjectionMatrix:无抖动透视投影变换矩阵。

3. 运算功能

ScreenPointToRay():生成屏幕点的射线。

ScreenToViewportPoint():屏幕到视口变换。

ScreenToWorldPoint():屏幕到世界变换。

ViewportPointToRay()：生成视口点的射线。

ViewportToScreenPoint()：视口到屏幕变换。

ViewportToWorldPoint()：视口到世界变换。

WorldToScreenPoint()：世界到屏幕变换。

WorldToViewportPoint()：世界到视口变换。

习　题

1. 通过(x_0,y_0,z_0)，且平行于z轴的轴线转动θ，求变换矩阵。

2. 四边形$ABCD$，求绕$P(5,4)$点逆时针旋转90°的变换矩阵，并求出各顶点坐标。

3. 在二维空间中，下面的矩阵表达的是什么运动规律？

$$\boldsymbol{T}=\begin{pmatrix}2 & 0 & 1\\0 & 1 & 1\\0 & 0 & 1\end{pmatrix}$$

4. 证明关于$y=x$的反射变换矩阵等价于相对于x轴的反射加上逆时针旋转90°。

5. 已知$P_0(3,3)$、$P_1(6,7)$，新坐标系的原点位置定义在旧坐标系的P_0处，新的y轴为P_0P_1，请构造完整的从旧坐标系到新坐标系的坐标变换矩阵。

6. 将三角形$A(0,0)$，$B(1,1)$，$C(5,2)$放大2倍，保持C点不动，写出变换矩阵和ABC的新位置。

7. 一个单位立方体在$OXYZ$右手坐标系中，现欲形成以$A(1,1,1)$为坐标原点，以OA为Z轴的左手观察坐标系，请推导变换矩阵。

8. 二维空间中，三角形ABC绕A点转动θ，写出此运动的变换矩阵

9. 四边形顶点坐标为$(-1,-1,0)$，$(1,-1,0)$，$(1,1,0)$，$(-1,1,0)$，绕y轴转动30°，计算顶点坐标。

10. 物体A初始位置在原点，物体B在A上，并固连在A的(x_0,y_0)位置；现A发生平移运动$(\Delta x,0)$，同时B绕(x_0,y_0)转动θ，分别写出物体A、B的变换矩阵。

11. 四边形顶点坐标为$(-1,-1,0)$，$(1,-1,0)$，$(1,1,0)$，$(-1,1,0)$，绕y轴转动30°，且投影到xy面。计算各顶点坐标，投影中心（视点）在$z=10$。

12. 如果世界空间为右手坐标系，摄像机空间为左手坐标系，写出摄像机变换矩阵。

13. 用四元数方法计算点(0 1 0)绕轴线(1 0 1)转180°后的坐标。

14. 用四元数方法计算点(1 0 0)和(0 1 0)绕x轴转90°后的坐标。

15. 图形的可见部分为$(-1,-1)(1,1)$，显示屏幕尺寸为w、h（像素），写出图形中的点x,y应该显示在屏幕的哪个像素点？

16. 若要在窗口上绘制一条正弦曲线，原点在窗口的x_0,y_0位置，应该如何进行变换？

17. 分析视窗变换和几何变换的关系。

18. 什么是视口？在Unity3d中，视口是如何定义的？

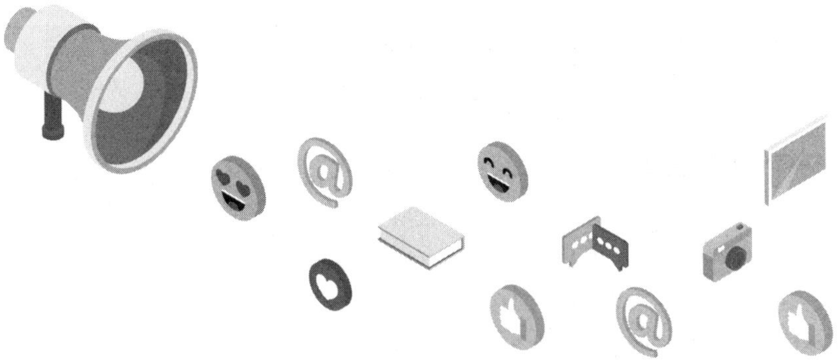

第5章 图形裁剪、消隐和光栅化

在图形渲染流水线上，裁剪、消隐和光栅化都是必要的、不可缺少的环节。本章将介绍其中一些基础的典型算法，是计算机图形学基础知识的一部分。通过本章的学习达到理解和掌握相关概念，理解算法的原理和计算步骤的目的。

5.1 图形的窗口裁剪

图形绘制时，是在显示器的一个有限的区域内进行，这个区域称为窗口，而且窗口都是矩形。窗口中所绘制的内容通常是图形世界的一部分，这就会出现一个图形仅有一部分被绘制的情况。因此需要对图形进行裁剪，将超出窗口的部分去除，保留落在窗口内的部分。由于图形是由基本几何元素点、线、多边形组成的，图形裁剪计算就是对点、线、多边形的裁剪运算。

设窗口边界平行于坐标轴，用 left，right，bottom，top 来表示，如图 5.1 所示。它们分别是 x 方向最小和最大，y 方向最小和最大，因而窗口尺寸即为

```
wdith = right - left
height = top - bottom
```

后面涉及窗口时都是按这个表示方法。

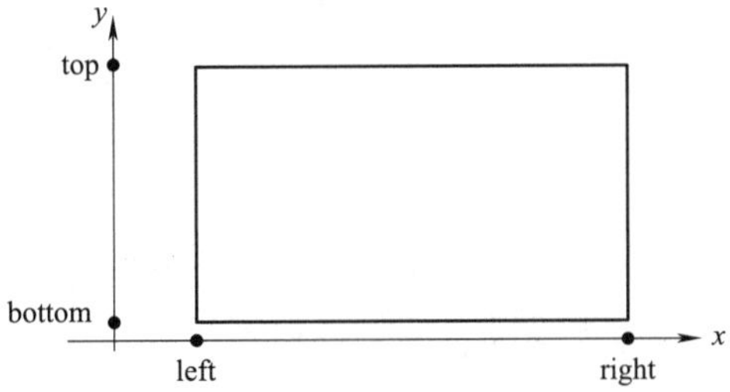

图 5.1 裁剪窗口

图形裁剪属于图形求交运算，正矩形图形是求交运算中的一种特殊情况。

5.1.1 点的裁剪

点 $P(x,y)$ 的窗口裁剪就是判断 P 位置是在窗口内还是在窗口外，可以用下面的表达式进行判断

$$m = (x \leqslant \text{right})\ \text{and}\ (x \geqslant \text{left})\ \text{and}\ (y \leqslant \text{top})\ \text{and}\ (y \geqslant \text{bottom})$$

其中 and 表示逻辑运算“与”，几个比较判断需同时都成立。上式中计算结果 $m=1$ 则点在窗口内，$m=0$ 则点在窗口外。

5.1.2 线段的裁剪：Cohen – Sutherland 区域编码算法

考察线段与窗口的关系，如图 5.2 所示，有以下几种：

①整条线段在窗口之内。

②整条线段在窗口之外。

③线段的一部分在窗口之内，另一部分在窗口之外。此时，需要求出线段与窗口的交点，并将窗口外的部分线段裁剪掉，保留窗口内的部分。

线段裁剪算法有两个主要步骤：一是将整体都在窗口内或窗口外的，不需裁剪的线段挑出，并删去其中在窗外的线段。二是对其余线段，逐条与窗口边界求交点，并将线段在窗外部分删去，保留窗口内的部分，成为新的线段也就是裁剪结果。

Cohen – Sutherland 区域编码算法将窗口及其周围的八个方向的空间分为九个区域，如图 5.3 所示，对这些区域分别用编码来表示。编码为 4 位，每一位分别表示该区域处于上、下、右、左。如 1000 的含义是，该区域处于上方，但不处于下方、右方、左方，那么从图上看，它就是上排中间的区域。如果该区域上、下、右、左全不是，编码即是 0000，就是中央窗口区域。

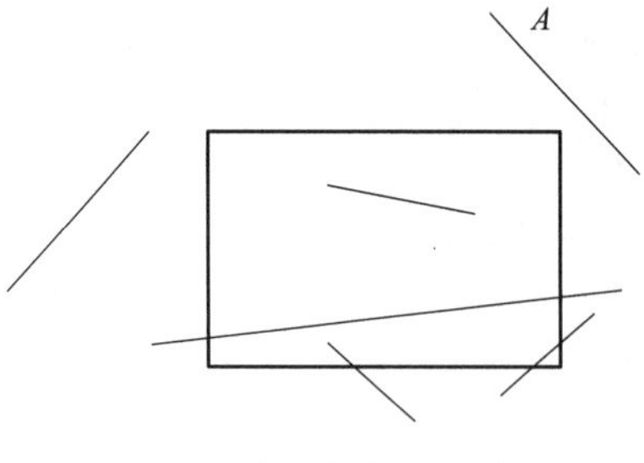

图 5.2　线段与窗口的关系

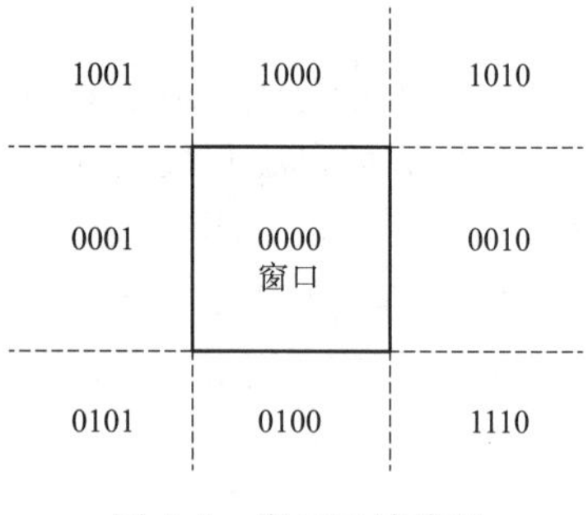

图 5.3　窗口区域编码

区域编码的优点：

①容易将不需裁剪的线段挑出。规则：如果一条线段的两端都在窗口内，或都在同一侧外部区域，则该线段不需裁剪，否则，该线段为可能裁剪直线。

②对可能裁剪的线段，容易对相交边框进行判断，缩小了求交范围。裁剪规则：如果线段的一个端点在上区域，则此线段与上边框求交，然后删去边框以外的部分。

设线段两个段端点为 $P_1(x_1,y_1)$、$P_2(x_2,y_2)$，执行裁剪计算共 4 步，步骤如下：

①对线段两端点 P_1，P_2 分别进行区域编码，记为：

$$C_1(P_1) = (a_1, b_1, c_1, d_1)$$
$$C_2(P_2) = (a_2, b_2, c_2, d_2)$$

其中 a_i，b_i，c_i，d_i 取值域为 1 或 0。

例如：if($x1$ < left) $a_3 = 1$ else $a3 = 0$。其他编码计算方法都相似。

②if($a_1 = b_1 = c_1 = d_1 = a_2 = b_2 = c_2 = d_2 = 0$)，则线段整体处于窗口内，不需要裁剪。存储此线段，取出下一条线段，返回①。

③if[(a_1 and a_2) or(b_1 and b_2) or(c_1 and c_2) or(d_1 and d_2) = 1]则线段端点均处于窗口的同一侧，线段整体处于窗口外，不需要裁剪。取出下一条线段，返回①。

④裁剪计算：

if(a_1 or $a_2 = 1$)，求线段与窗口上边直线(y = top)的交点，设交点为 P。

比较 y_1 和 y_2，若 $y_2 > y_1$，则 P_1 与 P 组合为新线段，否则 P 与 P_2 组合为新线段。返回①，重新进行裁剪计算。

if(b_1 or $b_2 = 1$)，求线段与窗口下边直线(y = bottom)的交点，后续的处理如上。

if(c_1 or $c_2 = 1$)，求线段与窗口右边直线(x = right)的交点，并删去交点以右部分，后续的处理如上。

if(d_1 or $d_2 = 1$)，求线段与窗口左边直线(x = left)的交点，并删去交点以左部分，后续的处理如上。

在裁剪计算这步，产生交点后，去除窗口外部分得到新线段。然后立即回到第①步开始对新形成的线段进行再次裁剪，是考虑到存在图 5.2 中线段 A 的情况。该线段既不与窗口相交，又不处在窗口的同一侧，需要两次裁剪才能完全去除。

交点的计算按公式

$$x_w = \frac{x_2 - x_1}{y_2 - y_1}(y_w - y_1) + x_1$$

$$y_w = \frac{y_2 - y_1}{x_2 - x_1}(x_w - x_1) + y_1$$

因为窗口边界都是平行于坐标轴的直线，所以与线段交点的计算只需要计算一个分量。线段与平行于 x 轴的直线计算交点，此时 $y = y_w$ 为已知，只需按第一式计算 x_w。线段与平行于 y 轴的直线计算交点，此时 $x = x_w$ 为已知，只需按第二式计算 y_w。

例 1 裁剪窗口(0,0)(1,1)对线段(−0.2,0)(0.5,1.2)进行裁剪(见图 5.4)，计算剩余线段。

①对两个端点进行编码 $C_1 = 0001$，$C_2 = 1000$。

②测试编码是否全为 0，此时不是。

③测试某一位置编码是否全为 1，此时不是。

④测试第 1 位有一个是 1，此时是。计算与窗口边界交点，上边界 $y_w = 1$，计算 x_w

$x_w = (0.5 - (-0.2))/(1.2 - 0) * (1 - 0) + (-0.2) = 0.38$

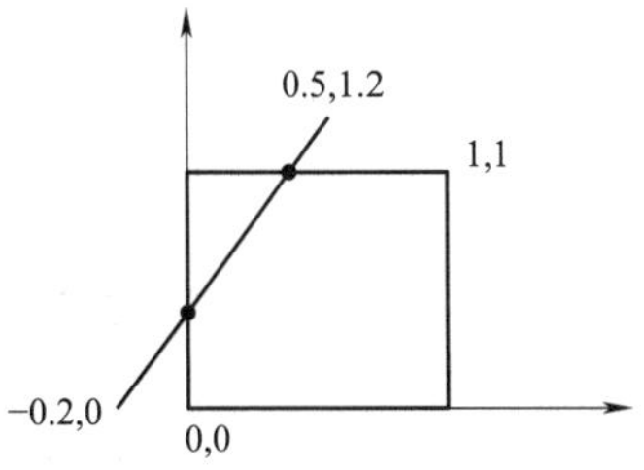

图 5.4 裁剪计算例

根据对 y 的判断，新线段为(−0.2,0)(0.38,1)，对这个线段重新进行计算。

⑤进行编码 $C_1 = 0001$，$C_2 = 0000$。

⑥测试编码是否全为 0,此时不是。

⑦测试某一位置编码是否全为 1,此时不是。

⑧测试第 1 位有一个是 1,此时不是;

测试第 2 位有一个是 1,此时不是;

测试第 3 位有一个是 1,此时不是;

测试第 4 位有一个是 1,此时是,与左边界有交点。计算交点,此时 $x_w=0$

$$y_w=(1.2-0)/(0.5-(-0.2))*(0-(-0.2))+0=0.34$$

根据对 x 的判断,新线段为(0,0.34)(0.38,1),对这个线段重新进行计算。

⑨进行编码 $C_1=0000$,$C_2=0000$。

⑩测试编码是否全为 0,此时是。不再需要进行裁剪,保存此线段即裁剪结果。

5.1.3 多边形裁剪:Sutherland – Hodgeman 逐边裁剪算法

多边形裁剪,就是通过计算去除多边形在窗口外的部分。与直线不同,多边形裁剪后必须仍是多边形(见图 5.5)。

逐边裁剪算法的基本思想如下:

将多边形的顶点按顺序排列,多边形的边就成为多个有向线段组成的折线序列,每个线段都具有方向,是有向线段。对其中的一段,起点表示为 S,终点表示为 P。

裁剪过程中重新生成的点的序列,裁剪结果就是新产生的顶点序列构成新多边形。

裁剪过程为:

①取出窗口的一个边界线。该窗口边界线把平面分成两个部分:包含窗口这一部分称为边界内侧;另一部分称为边界外侧。

②定义一个数组 C,并置为空。

③依次取出多边形的每个线段,逐个进行下面的计算。

如图 5.6 所示,当前线段 SP 与窗口边界的位置关系有下面四种情况:

① S 在外侧,P 在内侧。此时计算交点 Q,将 Q、P 保存到数组 C。

② S、P 均在内侧,将当点 P 保存到数组 C。

③ S 在内侧,P 在外侧。此时计算交点 Q,将 Q 保存到数组 C。

④ S、P 均在外侧,没有点被保存。

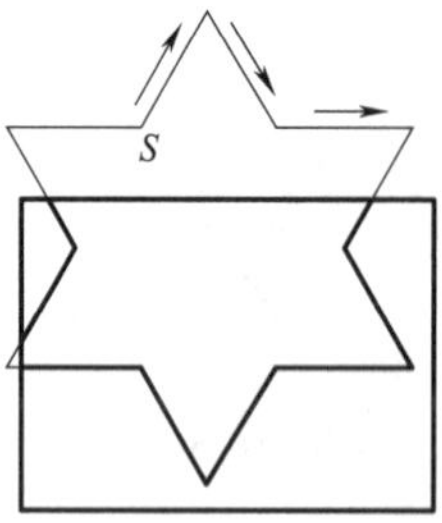

图 5.5 多边形裁剪

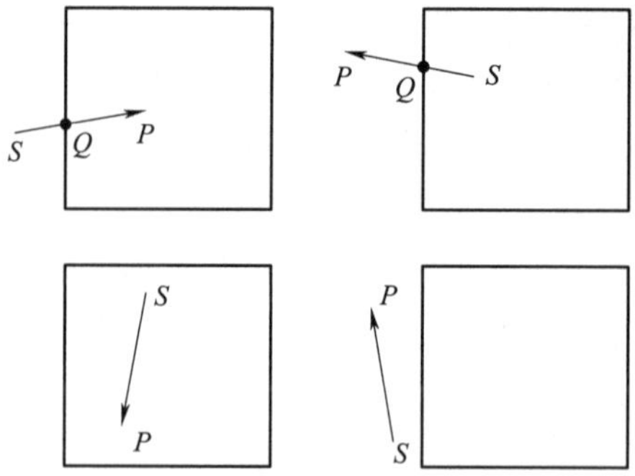

图 5.6 线段与窗口的关系

⑤取出窗口的下一个边界线,回到①重新进行。

每个窗口边界对每个线段都做了上述计算后,最后的数组 C 中保存的点,依次取出连接成新多边形,即为裁剪结果。

例 2 多边形由 4 个点 P_1,P_2,P_3,P_4及 4 个边 P_1P_2,P_2P_3,P_3P_4,P_4P_1构成(见图 5.7)。裁剪多边形的步骤为:

①取窗口左边界线。

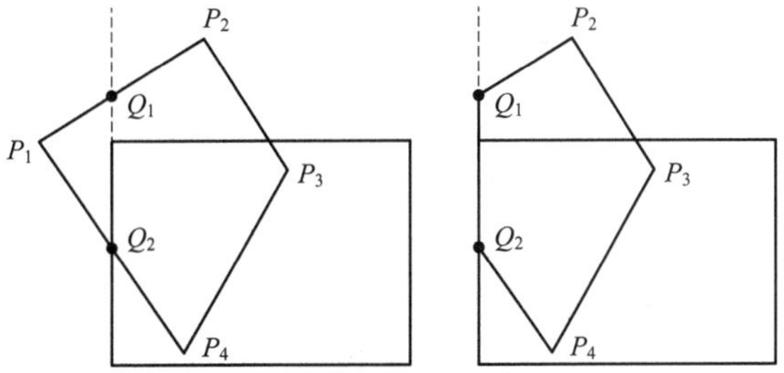

图 5.7 左边界裁剪示例

②逐个取出线段计算测试。

对于 P_1P_2,判断 P_1在外部,P_2在内部。计算交点 Q_1,记录下 Q_1、P_2。

对于 P_2P_3,判断全在内部,记录下 P_3。

对于 P_3P_4,判断全在内部,记录下 P_4

对于 P_4P_1,判断 P_4内部,P1 外部。求交点 Q_2,记录下 Q_2。

记录下的点序列 Q_1、P_2、P_3、P_4、Q_2构成被左边界裁剪后的多边形。接着对窗口的其他边界,重复上述步骤。

5.2 图形光栅化

光栅是指显示器上的颜色点,像素是指一个抽象的颜色点。因此光栅化也可以称为像素化。几何图形最终要转化为像素点,以便在显示器上显示或保存为图像。所谓光栅化就是寻找适当的光栅点,在这些点上着色后能最接近于所要显示的几何图形。图 5.8 是一个线段被绘制在光栅显示器时的样子。

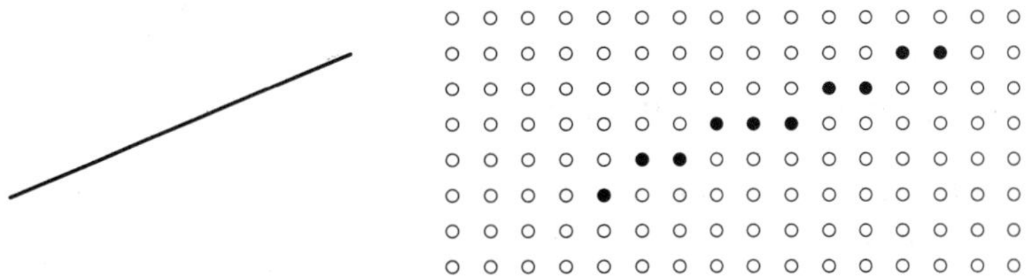

图 5.8 在光栅设备上绘制线段

光栅的特点是点的坐标都为整数值,光栅化的结果就是将图形离散成具有整数坐标的点集。考虑到图形学中的基本几何图形为点、线、多边形,本节介绍面向这几种图形的光栅化算法。

5.2.1 点的光栅化

对一个点 $P(x,y)$，如果 x,y 不是整数，需要进行取整处理

$$x=\text{int}(x+0.5),y=\text{int}(y+0.5)$$

这样得到的就是最接近 (x,y) 的整数点。

5.2.2 线段的光栅化：DDA 算法

设线段为 $(x_1,y_1),(x_2,y_2)$，坐标值均为整数，且 $x_2-x_1>0,x_2-x_1>y_2-y_1$。斜率 $m=(y_2-y_1)/(x_2-x_1)$，满足 $0\leqslant m\leqslant 1$。

若其中已经存在一个光栅化后的点 (x_i,y_i)，则它右侧的光栅点为

$$x_{i+1}=x_i+1$$

$$y_{i+1}=y_i+m\cdot(x_{i+1}-x_i)=y_i+m$$

注意，此时因 m 不是整数，y_{i+1} 不是整数。DDA 算法原理如图 5.9 所示。

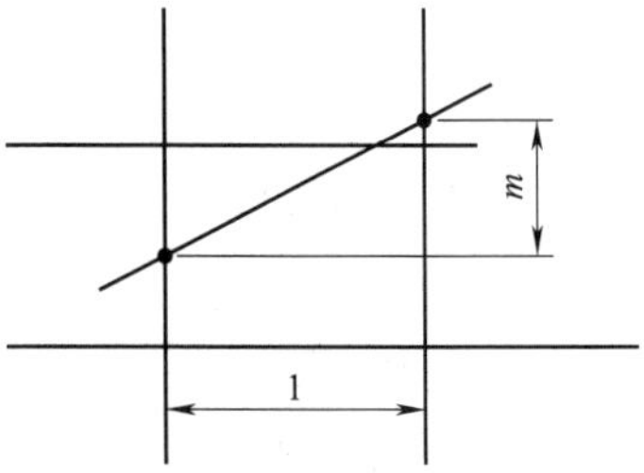

图 5.9 DDA 算法原理

按上式进行光栅化，是一个循环过程，初值为

$$x=x_1,y=y_1$$

每次循环开始时给 x 坐标加 1，计算 y，直到 $x=x_2$。

例 3 模拟线段(0,0)，(5,2)的计算过程

$$m=2/5=0.4$$

初始值为 $x_0=0,y_0=0$，接下来循环计算得

$x_1=1,y_1=0.4;x_2=2,y_2=0.8;x_3=3,y_3=1.2;x_4=4,y_4=1.6;x_5=5,y_5=2$

循环完成后再将非整数坐标四舍五入转为整数，此线段光栅化结果共得到 6 个光栅点，为(0,0)，(1,0)，(2,1)，(3,1)，(4,2)，(5,2)。这些光栅点与原线段最为接近，可以用来近似地表示原线段。

上面的循环公式是每次为 x 值加 1，计算 y 值。如果线段不在这个方向上，即不满足给出的条件，就不能这样循环。下面给出其他情况时的循环公式

当 $\Delta x>0,|\Delta x|>|\Delta y|$，则 $x_{i+1}=x_i+1,y_{i+1}=y_i+m$。

当 $\Delta y>0,|\Delta x|<|\Delta y|$，则 $y_{i+1}=y_i+1,x_{i+1}=x_i+1/m$。

当 $\Delta x<0,|\Delta x|>|\Delta y|$，则 $x_{i+1}=x_i-1,y_{i+1}=y_i-m$。

当 $\Delta y<0,|\Delta x|<|\Delta y|$，则 $y_{i+1}=y_i-1,x_{i+1}=x_i-1/m$。

5.2.3 线段的光栅化：Bresenham 算法

Bresenham 算法增加了一个判别参数，实现了全整数计算，每步计算只包括一个正负判别和一个整数加法，比 DDA 算法效率更高，而且适合硬件实现。

设线段为 $(x_1,y_1),(x_2,y_2)$，坐标值均为整数，且满足 $x_2-x_1\geqslant 0,y_2-y_1\geqslant 0$，斜率 $m=(y_2-y_1)/(x_2-x_1)\leqslant 1$。

Bresenham 算法计算时，从左侧的端点 $x=x_1,y=y_1$ 出发，每次为 x 增加 1，计算 $x+1$ 时的 y，直至 x 增加到 x_2。

计算的基本思想如图 5.10 所示，若 (x_i,y_i) 已经计算得出，那么根据线段斜率的特点，它

右侧的点就是(x_{i+1},y_i)和(x_{i+1},y_{i+1})中的一个，且$x_{i+1}=x_i+1$。为了进行选择，算法设立了一个判别量e_i，根据e_i的情况可以做出判断，确定选择哪一个。关于e_i，对第一个点e_1可计算出，为已知。其后e_i可按一个递推公式逐个计算出。

线段的直线方程为

$$y=m\cdot x+b$$

$$\Delta x=x_2-x_1,\Delta y=y_2-y_1$$

$$m=\frac{\Delta y}{\Delta x}$$

现设$x=x_i$时，已有光栅化计算结果，为(x_i,y_i)，接着要计算x_{i+1}时的y。此时直线、x_i、x_{i+1}以及y的关系如图 5.10 所示。

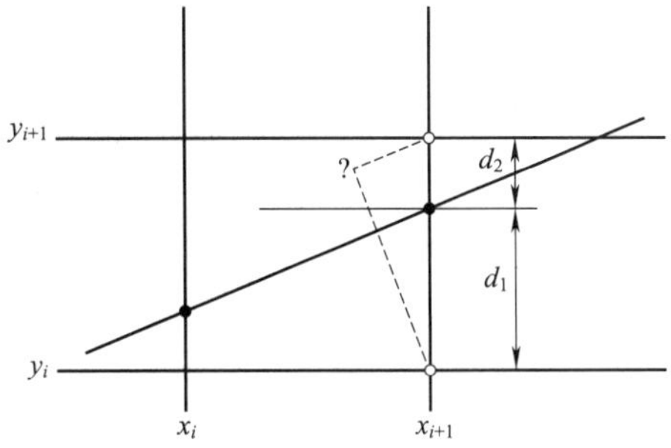

图 5.10 Bresenham 算法图解

此时

$$y=m\cdot x_{i+1}+b$$

是直线上的点，它的整数点要从y_i或y_{i+1}中选择一个。由于所假设的斜率，不会再有别的选择。现在计算它们之间的距离

$$d_1=y-y_i=(m\cdot(x_i+1)+b)-y_i$$

$$d_2=(y_i+1)-y=y_i+1-(m\cdot(x_i+1)+b)$$

$$d_1-d_2=2\cdot m\cdot(x_i+1)-2y_i+2b-1$$

d_1-d_2可以作为选择y的判别量，如果$d_1-d_2>0$，y离y_i+1更近，否则就是离y_i近。为了简化d_1-d_2，令$e_i=\Delta x\cdot(d_1-d_2)$，则

$$e_i=\Delta x\cdot(d_1-d_2)=2\cdot\Delta y\cdot(x_i+1)-2\cdot\Delta x\cdot y_i+\Delta x\cdot(2b-1)$$

且在线段左端点(x_1,y_1)时有

$$\begin{aligned}e_1&=2\cdot\Delta y\cdot(x_1+1)-2\cdot\Delta x\cdot y_1+\Delta x\cdot(2b-1)\\&=2\cdot\Delta y\cdot x_1+2\cdot\Delta y-2\cdot\Delta x\cdot\left(\frac{\Delta y}{\Delta x}\cdot x_1+b\right)+\Delta x\cdot(2b-1)\\&=2\cdot\Delta y\cdot x_1+2\cdot\Delta y-2\cdot\Delta y\cdot x_1-2\cdot\Delta x\cdot b+\Delta x\cdot 2b-\Delta x\\&=2\cdot\Delta y-\Delta x\end{aligned}$$

两个e_i的差为

$$\begin{aligned}e_{i+1}-e_i&=2\cdot\Delta y\cdot(x_i+2)-2\cdot\Delta x\cdot y_{i+1}+\Delta x\cdot(2b-1)\\&\quad-2\cdot\Delta y\cdot(x_i+1)-2\cdot\Delta x\cdot y_i+\Delta x\cdot(2b-1)\\&=2\cdot\Delta y-2\cdot\Delta x\cdot(y_{i+1}-y_i)\end{aligned}$$

所以

$$e_{i+1}=e_i+2\cdot\Delta y-2\cdot\Delta x\cdot(y_{i+1}-y_i)$$

那么e_{i+1}取决于前一步对y_{i+1}和y_i的选择，有两种可能。由于e_1为已知，后面可以递推得到。根据前面得到的公式，可以将递推过程整理如下：

计算条件：x_1，y_1为已知，$e_1=2\Delta y-\Delta x$

递推公式为

$$x_{i+1}=x_i+1$$

若 $e_i \geqslant 0$，$y_{i+1}=y_i+1$，$e_{i+1}=e_i+2\Delta y-2\Delta x$

若 $e_i<0$，$y_{i+1}=y_i$，$e_{i+1}=e_i+2\Delta y$

这就是 Bresenham 算法循环公式，其中的要点是增加了参数 e_i，每次循环时，只需要计算 e_i，不需要计算 y。e_i 的几何意义，是根据当前已经得到的计算结果，对下一步 y 的选择进行判断。

例 4 仍用线段(0,0)，(5,2)，模拟 Bresenham 算法的计算过程(见图 5.11)。

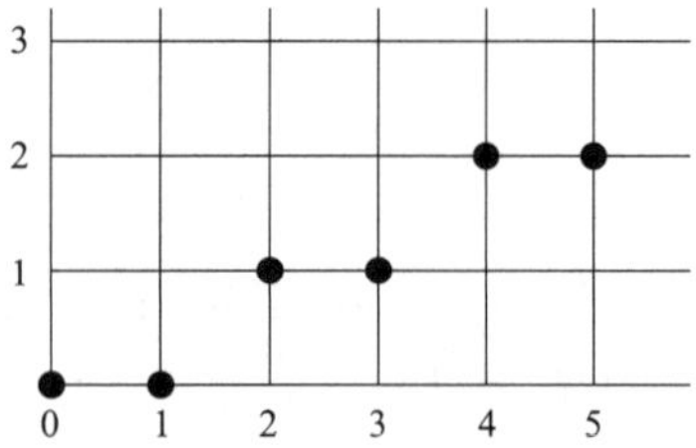

图 5.11 模拟 Bresenham 算法

首先将常数都计算出来

$$\Delta y=2, \Delta x=5$$

$$2\Delta y-2\Delta x=-6, 2\Delta y=4$$

$$e_1=2\Delta y-\Delta x=-1$$

初始值为 $x=0, y=0, e_1=-1$。接下来的计算结果如下

$$x=1, y=0, e=3$$

$$x=2, y=1, e=-3$$

$$x=3, y=1, e=1$$

$$x=4, y=2, e=-5$$

$$x=5, y=2$$

在推导 Bresenham 算法循环公式时，对线段的斜率等条件进行了限制。考虑斜率的条件，Bresenham 算法有 8 种情况，公式各有差别。下面给出两种情况的 Bresenham 公式。另外的情况读者可作为练习自己推导。

(1) $\Delta x>0, \Delta y<0, |\Delta y|<|\Delta x|$ 时

$$e_1=2|\Delta y|-|\Delta x|$$

$$x_{i+1}=x_i+1$$

if $e_i>0$ $\quad y_{i+1}=y_i-1$

$\qquad e_{i+1}=e_i+2|\Delta y|-2|\Delta x|$

else $\quad y_{i+1}=y_i$

$\qquad e_{i+1}=e_i+2|\Delta y|$

(2) $\Delta x<0, \Delta y<0, |\Delta y|>|\Delta x|$ 时

$$e_1=2|\Delta y|-|\Delta x|$$

$$y_{i+1}=y_i+1$$

if $e_i>0$ $\quad x_{i+1}=x_i-1$

$\qquad e_{i+1}=e_i+2|\Delta x|-2|\Delta y|$

else $\quad x_{i+1}=x_i$

$\qquad e_{i+1}=e_i+2|\Delta x|$

5.2.4 圆的光栅化：Bresenham 算法

圆具有 1/8 对称性，若 (x,y) 是圆周上一个点，则 $(-x,y)$，$(x,-y)$，$(-x,-y)$，(y,x)，$(-y,x)$，$(y,-x)$，$(-y,-x)$ 都在圆周上。根据这个性质，绘制圆时只需要计算圆周右上 1/8 弧这段，如图 5.12(a)所示。

设圆心处于坐标原点，圆的半径为 R，弧左侧一端坐标为 $(0,R)$，右侧一端坐标为 $(0.707R,0.707R)$。

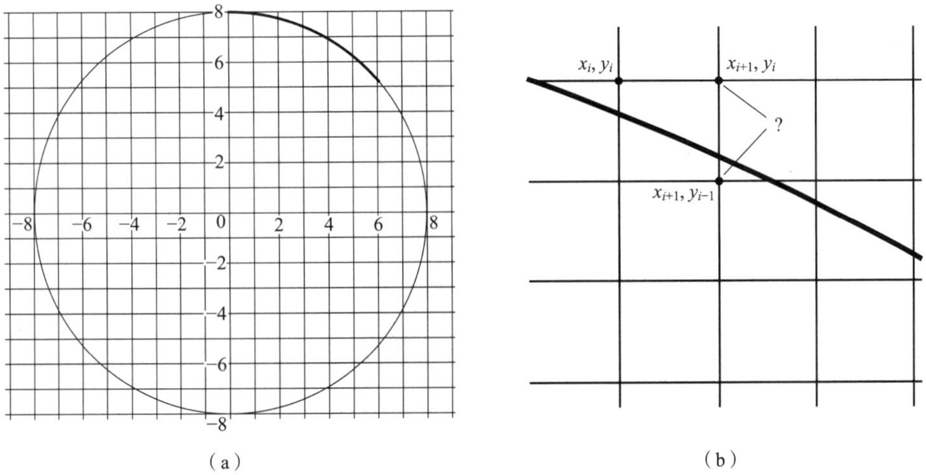

图 5.12　Bresenham 算法进行圆弧光栅化

绘制圆弧的 Bresenham 算法的基本思路与绘制线段时相似，弧线起点 $(0,R)$ 为已知，从这里出发向右逐列计算下一个光栅点。如图 5.12(b) 所示，若已求得 (x_i,y_i)，那么下一个光栅点根据圆弧斜率的特点，是 (x_{i+1},y_i) 和 (x_{i+1},y_{i-1}) 中的一个。为了进行选择，Bresenham 算法使用了一个判别量 e_i，根据 e_i 的情况进行选择。关于 e_i，在起点 $(0,R)$ 时可以计算出，其后按递推公式逐步进行计算。对圆弧情况，经过与线段类似的推导，Bresenham 算法的公式为

初值为 $x_1=0, y_1=R, e_1=3-2R$

循环 $i=1,\cdots,0.707R$

if　$e_i \geqslant 0$　　$y_{i+1}=y_i-1$

　　　　　　　$e_{i+1}=e_i+4(x_i-y_i)+10$

else　　　　　$y_{i+1}=y_i$

　　　　　　　$e_{i+1}=e_i+4x_i+6$

5.2.5　多边形的光栅化：扫描线填充算法

将一个多边形放在光栅显示器上时，因多边形是二维区域，不仅在边界上，在内部也会覆盖一定数量的光栅点。这里设定多边形是由一个点的序列来定义，这些点又依次组成多个线段，称为边。因此多边形是一个由多个边围成的区域。而且设定多边形是单连通的，没有孔洞，边界也没有重叠或交叉情况，但可以是凹多边形。有孔洞时，区域填充算法也适用，但此时边界环多于一个，要做更多的判断。

扫描线填充算法的基本思路是，用一条水平线与多边形求交点，得到的多个交点再组合成线段，这些线段上的点就是多边形内部点。由于得到的线段是水平线段，很容易计算线段占据的光栅点。如果用来计算的水平线足够多，这个方法就能得到多边形所覆盖的全部光栅点。

光栅设备上的水平线，也称为扫描线。

1. 准备工作

建立两个表，分别为 ET 表和 AEL 表。其中 ET 表(Edge Table)是静态表，初始数据存入后，在计算过程中不变。关于 ET 表说明如下：

①ET 表保存所有边的信息，每个边占一行。

②ET 表的数据项包括：线段下端点的 y 坐标，上端点的 y 坐标，下端点 x 坐标，线段斜率的倒数 $1/k$。

所谓上、下端点，是线段两个端点按其 y 坐标大小来区分的。由于区分了上下，斜率计算公式为

$$斜率倒数\ 1/k=(上端点\ x-下端点\ x)/(上端点\ y-下端点\ y)$$

③ET 表按线段下端点的 y 坐标进行排序，y 坐标最小的排在前，将先被使用。

关于 AEL 表(Active Edge List)说明如下：

①存储与当前计算的扫描线相关联的边，每个边占一行。

②数据项包括：上端点 y，与当前扫描线交点 x，斜率倒数 $1/k$。

2. 计算步骤

将全部边存储到 ET 表，清空 AEL 表。计算多边形整体的最小 y 坐标 $ymin$ 和最大 y 坐标 $ymax$。$ymin$ 和 $ymax$ 之间的扫描线就是多边形所关联的扫描线。

以下进行扫描线循环，$y=ymin\sim ymax$，每次循环加 1。

①对第 i 条扫描线。

②检查 AEL 表，清除 $ymax<$ y 的边。AEL 表存储着与扫描线相关的边，如果扫描线变动，有些边可能不再关联，需要清除。

③对 AEL 表中的边，计算 $x=x+1/k$。现在 AEL 表的边，一定是前条扫描线时就已经存在于表中的边，x 是与前条扫描线的交点，进入新扫描线后，交点需要进行更新。由于 y 增加值为 1，x 只需增加斜率的倒数。

④检查 ET 表，将下端点 $y=$ 扫描线 y 的边加到 AEL 表。ET 表原本没有与扫描线相关联的边，现在可能有了关联，而且与扫描线的交点一定是该边下端点的 x。所以就将该边下端点的 x 存储到 AEL 表中的 x 位置。两个表中，上端点 y 与斜率倒数 $1/k$ 相同。

⑤AEL 按 x 增加排序。此时，AEL 表中，所有的边都与扫描线的交点坐标。将交点按 x 从小到大排列，设排好序的交点为 $A_1,A_2,\cdots,A_n$。

⑥取出交点，进行合并。考察图 5.13 中出现的几种情况。扫描线 1 通过一个凸出部分的顶点，扫描线 2 通过一个凹陷部分的顶点，扫描线 3 通过一个水平边，与该边重合。

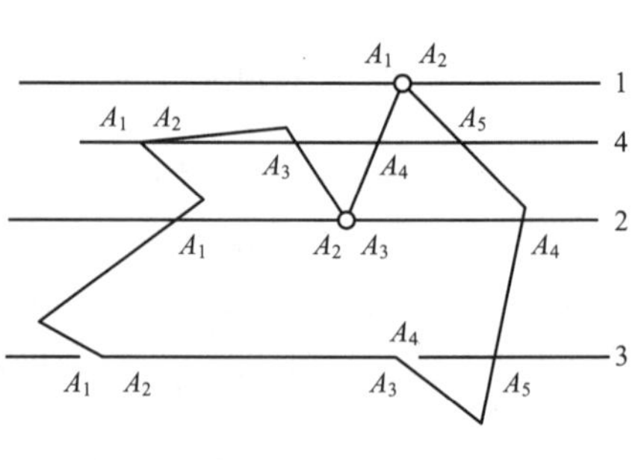

图 5.13　扫描线交点的几种情况

出现这些情况是因为多边形顶点为两个边共用，在计算扫描线与边的交点时，会被重复计算。所以要设计一个规则，将一些重合交点进行合并，但并不是全部合并。交点合并的规则为：

①如果重复点所属的两个边在扫描线的两侧，合并为一个。如图中扫描线 4 中的交点 A_1 和 A_2 要合并。

②如果重复点所属的两个边在扫描线的同侧，不合并。如图中扫描线 1 中的交点 A_1 和 A_2

不合并。扫描线 2 中的交点 A_2 和 A_3 也不合并。

将水平边看作是处于扫描线下侧的边。图中扫描线 3 中的交点 A_1 和 A_2 不合并。A_3 和 A_4 要进行合并。

以上合并规则保证了最终形成的交点数量必为偶数。

合并后的交点，按顺序组合为线段，A_1A_2，A_3A_4，…，$A_{n-1}A_n$，这些线段在多边形内。

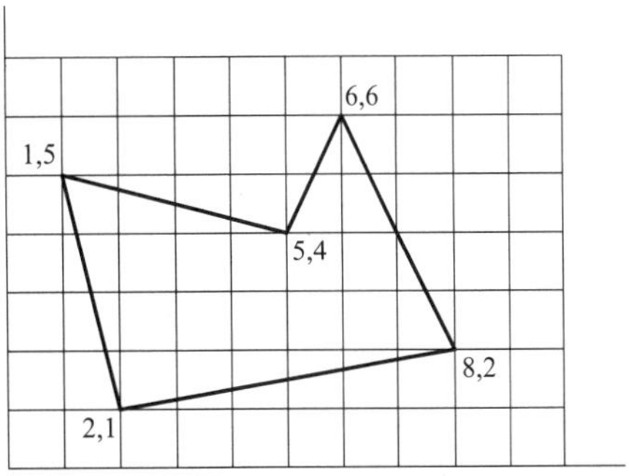

图 5.14 多边形填充示例

例 5 如图 5.14 所示的多边形，按扫描线算法进行计算。

建立 ET 表，将全部边存进去，并按下端点 y 排序，表中数据如下：

下端点 y_1	上端点 y_1	下端点 x_1	斜率 $1/k$
1	2	2	6
1	5	2	−1/4
2	6	8	−1/2
4	6	5	1/2
4	5	5	−4

建立 AEL 表，表形式如下，此时还没有数据：

上端点 y	交点 x	斜率 $1/k$

取扫描线 $y=1$，按步骤进行检查：

①检查 AEL 表，清除所有满足"上端点 $y<y$"的边，现在没有。

②对 AEL 表中的边，计算 $x=x+1/k$。现在没有。

③检查 ET 表，将下端点 $y=1$ 的边加到 AEL 表。此时在 ET 表中找到两个边。加入 AEL 后，AEL 表如下：

上端点 y	交点 x	斜率 $1/k$
2	2	6
5	2	−1/4

④AEL 按 x 增加排序并取出交点为(2,1)(2,1)。

⑤交点合并。因这两个交点所属两个边在扫描线同侧，不需要合并。

⑥组合为线段(2,1)(2,1)。所覆盖的光栅为(2,1)。

取扫描线 $y=2$，仍按上述步骤进行：

①检查 AEL 表，清除所有满足"上端点 $y<y$"的边，现在没有。

②更新交点，计算 $x=x+1/k$。

③检查 ET 表，将下端点 $y=2$ 的边加到 AEL 表。此时在 ET 表中找到一个边。加入 AEL 后，AEL 表如下：

上端点 y	交点 x	斜率 $1/k$
2	8	6
5	1.75	-1/4
6	8	-1/2

④AEL 按 x 增加排序并取出交点为(1.75,2)(8,2)(8,2)。

⑤交点合并。(8,2)(8,2)两个交点所属两个边在扫描线两侧,需要合并。交点成为(1.75,2)(8,2)。

⑥组合为线段(1.75,2)(8,2)。所覆盖的光栅为(2,2)(3,2)…(8,2)。

取扫描线 $y=3$:

①检查 AEL 表,清除所有满足"上端点 $y<y$"的边,表中的第一行被清除。

②更新交点,计算 $x=x+1/k$。

③检查 ET 表,将下端点 $y=3$ 的边加到 AEL 表。此时没有。AEL 表如下:

上端点 y	交点 x	斜率 $1/k$
5	1.5	-1/4
6	7.5	-1/2

④AEL 按 x 增加排序并取出交点为(1.5,3)(7.5,3)。

⑤没有需要合并的交点。

⑥组合为线段(1.5,3)(7.5,3)。所覆盖的光栅为(2,3)(3,3)…(7,3)。

取扫描线 $y=4$:

①检查 AEL 表,清除所有满足"上端点 $y<y$"的边,现在没有。

②更新交点,计算 $x=x+1/k$。

③检查 ET 表,将下端点 $y=4$ 的边加到 AEL 表。此时在 ET 表中找到两个边。加入 AEL 后,AEL 表如下:

上端点 y	交点 x	斜率 $1/k$
5	1.25	-1/4
6	7	-1/2
6	5	1/2
5	5	-4

④AEL 按 x 增加排序并取出交点为(1.25,4)(5,4)(5,4)(7,4)。

⑤交点合并。(5,4)(5,4)两个交点所属两个边在扫描线同侧,不需要合并。

⑥组合为线段(1.25,4)(5,4)(5,4)(7,4)。所覆盖的光栅为(1,4)(2,4)…(7,4)。

后续计算略,作为练习。

5.2.6 多边形的光栅化:种子填充算法

如图 5.15 所示,如果已知区域内的一个光栅点,将它称为种子,那么与它相邻的,上下左右四个方向的四个光栅点或者在区域内,或者在边界上。对那些不是边界点的相邻点,逐个取出，作为新种子，同样还可以找到它的四个相邻点。如此循环下去，就能够从最初的作为种子的点开始，逐渐扩散到整个区域。

种子区域填充算法要求具备以下前提：

①区域必须是连通的。即对区域内任意两个点，从其中一个点出发，可以走到另外一个点而不需要穿过边界。区域包括多边形，但不限于多边形，边界不要求一定是直线。

②需要已知区域边界上的光栅点。对多边形来说，区域边界就是线，可以先用 Bresenham 算法进行光栅化，进行区域填充时边界上的光栅点就已经是已知的。

③需要已知区域内的一个光栅点作为种子。在交互图形应用中，操作者往往用鼠标点选的方式选择一个形状，此时鼠标位置就可作为该区域内的点。

进行种子填充算法需要先定义一个数组和一个堆栈。数组 R 中存储已填充过的点，堆栈 S 存储预备作为种子使用的点，初始时为空。参考图 5.16，算法步骤为：

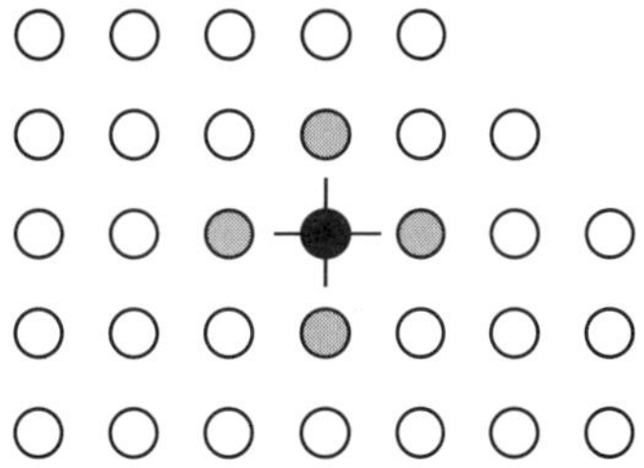

图 5.15 种子填充

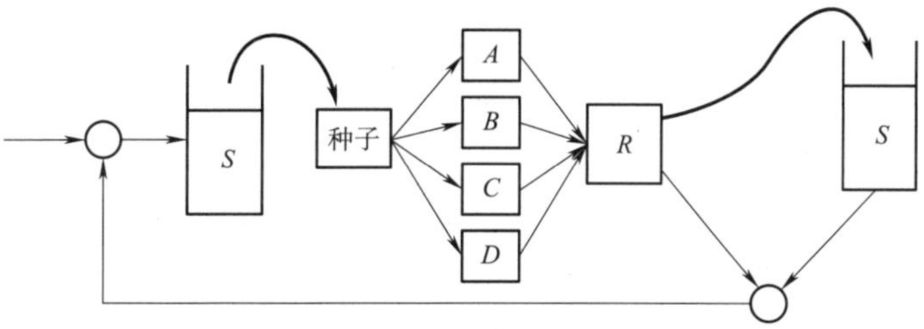

图 5.16 种子填充过程

①将边界点存储到数组 R，将最初的种子压入堆栈 S。

②从堆栈中弹出一个点，作为当前点 A。计算它上下左右方向相邻的四个点。

③对四个点逐个进行检查：搜索数组 R，确认它是否为已填充过的点。如果不是则压入堆栈。此时的情况，可能四个点都被压入堆栈，或一到三个点被压入堆栈，也可能因为该点相邻的点都已经被绘制过，没有任何点被压入堆栈。

④将点 A 存入数组 R。

⑤在图形设备上为点 A 进行着色，完成绘制。

⑥如果堆栈非空，回到②进行下一个种子点的计算和绘制。如果堆栈为空，填充过程结束。

5.3 图形消隐

在现实世界里，无论我们处在哪个位置上，永远只能看见物体表面的一部分。这是因为物体的三维特性使得物体表面各部分分散在不同的方向，相对于我们的位置，总存在正面和反面，我们看到的只能是正面。另外，不同的物体由于位置关系，还可能相互遮挡，即使是物体的正面，也不能完全看到。

计算机生成的图形世界也应该是这样，才会具有真实感。图形处理时，在确定视点后，将图形对象理论不应该看见的部分表面消去的算法，称为消隐算法。

图形消隐算法与物体模型有直接关系。一般使用的是网格模型时，物体由很多个多边形组成，整体上形成一个多面体。那么消隐就是对多边形进行计算，确认其前后遮挡关系，去除被遮挡的多边形或多边形的一部分。此类方法是基于几何计算的,称为物体空间算法。

另一类方法是在多边形光栅化之后,绘制时对同位置的像素进行比较,比较该像素与视点的距离,只绘制距离最近的像素,此类算法称为物体空间算法。本节将介绍三种典型的消隐算法。

5.3.1 凸多面体消隐

多面体可以分为凸的或非凸的(见图 5.17)。凸多面体任意两个相邻面的内夹角都小于180°。将凸多面体的任意一个面展开可成平面,多面体整体上位于该平面的同一侧,不会跨过这个平面。这就意味着,如果某一个面是可见的,那么这个面必然整体都可见,不会仅是部分可见。

在图 5.18 中,我们选择一个摄像机视点位置来观看一个凸多面体,观看方向具体地就是投射线方向。平行投影和透视投影,投射线方向有所不同,但对凸多面体可见面的判断没有影响。

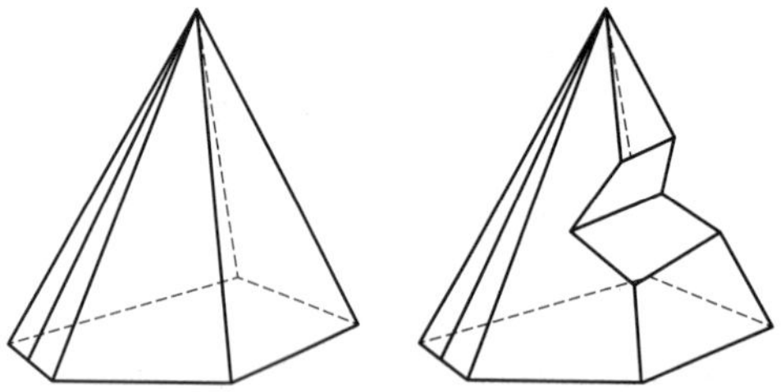

图 5.17 凸多面体和非凸多面体

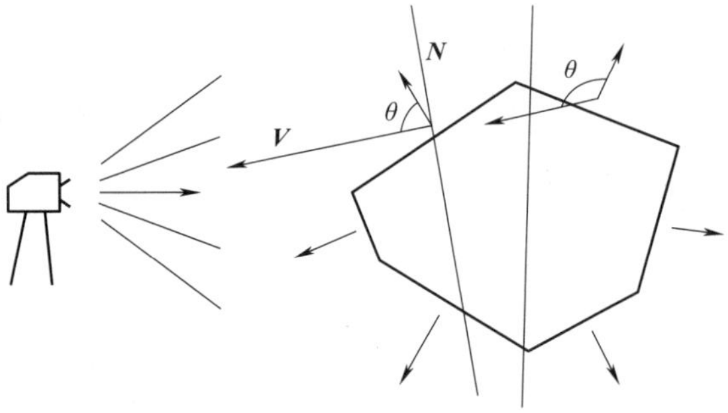

图 5.18 可见面的判断

设 $\boldsymbol{N}$ 为一个面多边形的法线,$\boldsymbol{V}$ 为面中心指向摄像机的向量,$\boldsymbol{N}$ 和 $\boldsymbol{V}$ 均为单位向量。$\boldsymbol{N}$、$\boldsymbol{V}$ 夹角由下式计算

$$\cos\theta = \boldsymbol{N} \cdot \boldsymbol{V}$$

如果 $\cos\theta > 0$,根据余弦的性质,有 $-\frac{\pi}{2} < \theta < \frac{\pi}{2}$,即此时面是“朝向”摄像机的,为朝前面即可见面。

如果 $\cos\theta \leqslant 0$,面“背向”摄像机,为朝后面,该面为不可见面。

对凸多面体上的各个面元,都可以根据 $\boldsymbol{N} \cdot \boldsymbol{V}$ 的符号来判断其可见性。

本算法也称为凸多面体的 Roberts 消隐算法。如果多面体是非凸的,其各个面会出现自遮挡的情况。即使某个面元方向可判断为朝向摄像机方向,也可能被其他面遮挡,因此算法只适用于单个凸多面体。但本算法有着重要的意义,可以很方便地判断出朝后面(即背面)。无论是凸的还是非凸的多面体,背向摄像机的面都是不可见的。

对任意多面体,可以先将朝后面去除,再计算朝前面的互相遮挡关系。这样消隐计算的范围就小了很多。

5.3.2 画家消隐算法

画家在绘画时,往往是采用由远到近的次序。先画较远的景物,再画较近的景物。这样较近的景物自然就遮住了较远的景物。画家通过这种顺序构造画面,自然地解决了可见性问题。本消隐算法基本思路是先按距离对所有面元进行排序,绘制输出时按先远后近的顺序进行绘制,模仿了画家的方法,因此称为画家消隐算法。

图形学中物体模型由面元组成,每个面元就是一个多边形,如三角形或四边形。现在不去区分物体,直接认为场景是由众多的多边形面所组成。绘制时只需要处理各个面的关系,面的遮挡关系得到正确实现,那么物体的遮挡关系自然就实现了。

为了便于理解,现假设场景处于摄像机坐标系中,坐标原点为摄像机位置,z 轴正向为摄像机中心投射线方向,那么场景中各点的远近顺序可以用点的 z 坐标来确定。

画家消隐算法按远近顺序绘制各个多边形,原则上没什么问题,但还有细节问题需要考虑。

一是排序问题。多边形是一个面,其上包含很多个点,按哪个点计算到摄像机视点($z=0$)的距离对顺序是有影响的,这里假设按多边形中心点进行计算。

二是两个或多个多边形可能会出现交叉情况,计算时还是要测试顺序相邻的多边形之间的交叉关系,判断交叉的具体情况,重新确认前后关系。必要时还要对多边形进行分割,重新排序。

无论以多边形上哪个点为基准进行排序,都会出现图 5.19 的情况。在图 5.19(a)中,按多边形上最远点(多边形内 z 最大)进行排序,顺序为 A,B,C。绘制结果显然是错误的。如果按多边形上最近点(多边形内 z 最小)进行排序,在图 5.19(b)显示的情况,顺序为 B,C,A。绘制结果也是错误的。

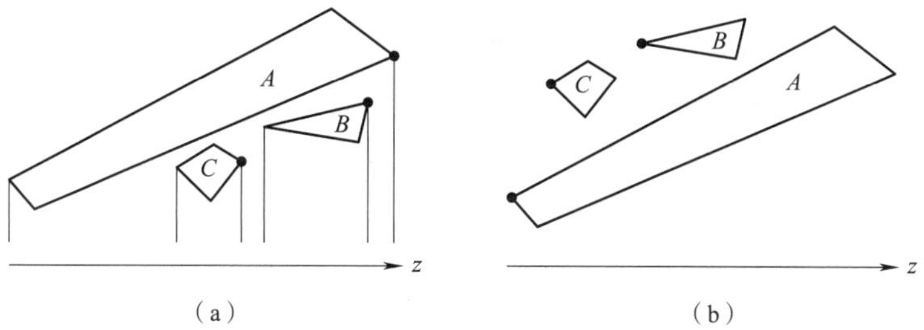

图 5.19 排序中的问题情况

出现这些情况的原因是,A,B,C 在 z 轴上的投影区间是重叠的。那么消隐时就不仅进行排序,还要对顺序相邻的多边形对 z 轴投影区间进行计算,出现投影区间重叠的情况要进一步判断前后关系。

以多边形面为基本单位,画家消隐算法步骤为:

①将场景中所有多边形存入一个线性表,记为 L。

②根据每个多边形的远近(z 坐标值大小)对它们进行预排序,较远的排在前,较近的排在后,排好顺序后的情况如图 5.20 所示。绘制顺序为从表中的第一个多边形开始,依次按顺序进行,绘制完一个,再绘制下一个。

③假设当前要绘制的多边形为 P_i,计算它在 z 轴上的投影区间,即$[P_{i,\min},P_{i,\max}]$。

对排在 P_i 后面的多边形 $P_{i+1},P_{i+2},\cdots$ 逐个进行投影区间检查,如果检查到第 k 个,满足

$$P_{i,\min}\geqslant P_{i+k,\max}$$

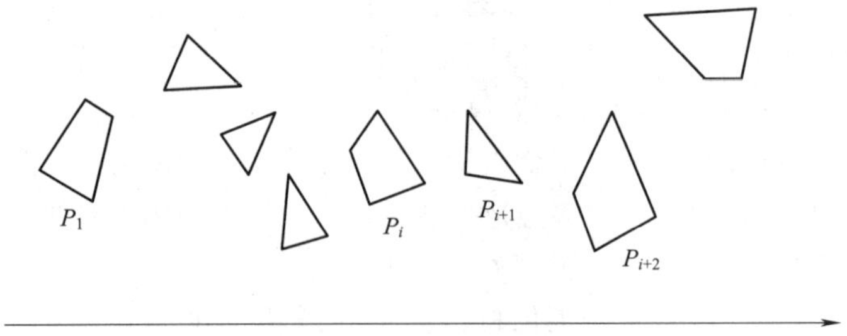

图 5.20　多边形顺序排列

则 P_{i+k}与 P_i在 z 轴上的投影区间不重叠,检查即结束,与 P_i有重叠的数量为 $k-1$ 个。

如果 $k-1=0$,说明排在 P_i后的多边形全不与 P_i发生投影区间重叠,就绘制多边形 P_i。

如果 $k-1\neq0$,有 $k-1$ 个与 P_i发生投影区间重叠,对这些多边形要逐个进行处理。

设 $Q=P_{i+j}(j=i+1+\cdots+i+k-1)$,$P=P_i$,对 PQ 之间的关系,进行下面的判断:

①P、Q 的包围盒在视平面上不重叠,如图 5.21(a)所示,则绘制 P。

②P、Q 在视平面上不重叠,如图 5.21(b)所示,则绘制 P。

③Q 完全在 P 的可见一侧,如图 5.21(c)所示。此时 P,Q 关系正确,P 在 Q 之后,则绘制 P。

④P 完全在 Q 的不可见一侧,如图 5.21(d)所示。则 P,Q 关系正确,P 在 Q 之后,绘制 P。

若①~④各项检查均不成立,则交换 P、Q 重新测试。

若交换后重新测试仍不能确认远近关系,说明 P、Q 交叉,如图 5.21(e)所示。此时需要求出 P 和 Q 交线,以交线分割 P 为 2 个多边形,重新排序及测试。

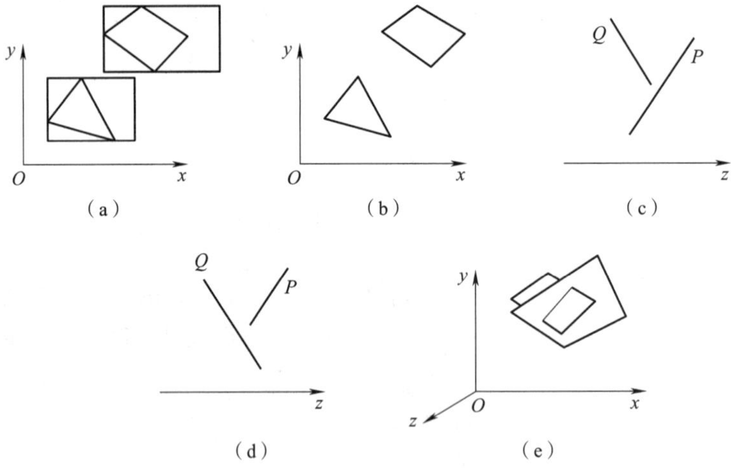

图 5.21　多边形位置关系的检查

以上就是画家消隐算法的计算过程。其中对 P、Q 两个面位置关系的判断是比较烦琐的,涉及空间多边形面的多种几何计算。特别是 PQ 交叉的情况,还需要进一步对多边形进行求交计算和分割。因而画家算法不适合于存在多边形面交叉,甚至是循环交叉的复杂情况。如果场景中的物体互相没有相交情况,也没有物体自相交的情况,那么第③步就不需要进行,画家算法简单易行。

5.3.3　Z 缓存算法

缓存就是内存中的一段存储空间。Z 缓存算法需要建立两个缓存区，颜色缓存和深度缓存，其大小都和屏幕（也可以是图像）大小相同。即屏幕上的每一个像素，在两个缓存中都有对应的存储单元，存储该像素的颜色和深度，如图 5.22 所示。

图 5.22　Z 缓存算法中的两个缓存

在摄像机坐标系，图形上各顶点有三维坐标 (x,y,z)。进行投影变换后，图形被映射到视平面上，坐标变为 (x',y')。此时仍记录它的 z 坐标，即投影后顶点坐标为 (x',y',z)。

在光栅化后，图形被转换为一组像素点，每个像素点拥有屏幕坐标，仍记为 (x,y)，此时仍记录它的 z 坐标，像素的 z 坐标可以由顶点 z 坐标插值计算得出。像素的 z 坐标称为像素的深度，而像素的颜色则由光照和纹理映射计算得出。

在内存中缓存以数组的形式定义，颜色缓存数组为 $I(x,y)$，深度缓存数组为 $D(x,y)$。

Z 缓存算法基本思想是，将投影平面每个像素所对应的所有面片的深度进行比较，然后取离视线最近面片的属性值作为该像素的属性值。若当前点比已经绘制的点远（z 值更小），则放弃不绘制；若近（z 值更大）则绘制并将深度值存入 Z 缓存。

Z 缓存算法步骤：

①初始时，深度缓存所有单元均置为最大 z 值，帧缓存各单元均置为背景色。

②对场景中所有的面元进行循环，不计该面元是来自哪个物体，也不计该面元在空间哪个位置。原则上，面元的次序是无关的，实际上还是要按物体一个一个地绘制。

③对一个面元中所有的像素进行循环。

取出一个像素点，其平面坐标为 (x,y)，深度值为 z，颜色值为 color。

若 $z > D(x,y)$，则 $D(x,y) = z$，$I(x,y) =$ color，否则不做处理。

由于用深度缓存记录了已经绘制过的像素的 z 坐标，所以在绘制新像素时，将新像素的 z 坐标与已绘制过的像素的 z 坐标进行比较，比已绘制的更近时，才绘制这个新像素，并将它的 z 坐标记录到深度缓存。

Z 缓存算法也称深度缓存算法，属于图像空间消隐算法。算法的最大优点在于步骤简单，它可以自然地处理隐藏面，画面可任意复杂。由于计算过程简单，且显卡已经支持足够的缓存，Z 缓存算法是能够用硬件实现的算法。

5.3.4　光线投射算法

从屏幕上每一个像素点出发，沿着视线（摄像机投射线）方向发射出一条光线。对场景中所有物体，计算与光线的交点（见图 5.23）。这就是光线投射算法。

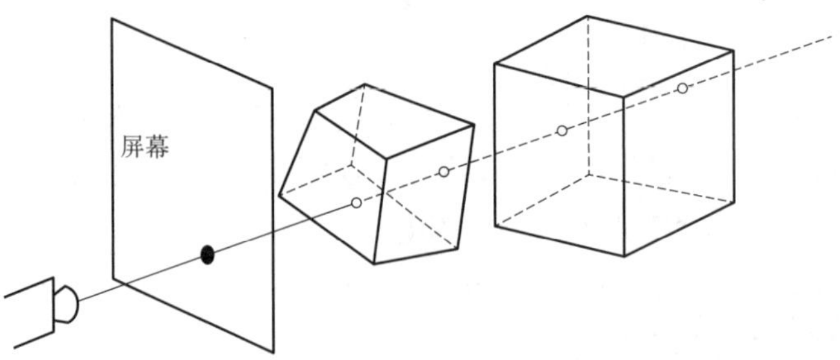

图 5.23　光线投射算法

求交点的方法，如果场景是以物体为单位组织的，可以按物体、面元的顺序。如果没有物体都是面元，则直接对面元进行求交点。进行流程如下：

```
for(每个物体)
{
    光线与物体包围盒是否有交点
    if 有交点
    for(每个面元)
    {
        检查像素点是否在面元包围盒内
        if(在面元包围盒内)
        {
        检查像素点是否在面元内
            if(在面元内)
            {
                计算交点 P
                存储到数组 T
            }
        }
    }
}
```

过程结束后，全部物体与光线的交点存储在数组 T 中，对 T 按距离顺序进行排序，最远的交点排在前面，相对较近的交点排在后面。

如果没有交点，则 T = null，该像素的颜色为背景色。

如果 T≠null，考虑到场景中存在透明的物体，那么应该按透明度规则进行混合运算。过程如下

```
像素颜色 = 背景色
for(每个交点 Ti)
{
    像素颜色 = Ti透明度 × Ti颜色 + (1 - Ti透明度) × 像素颜色
}
```

上述过程自然地达到了消隐的目的，如果距离摄像机视点最近的像素完全不透明，即透明度 = 1，那么最终结果就是这个点的颜色。如果事先已知场景中所有物体均为非透明体，那么就不需要保存所有交点，只需保存最近一个。第二个流程的透明度混合计算也就没必要进行。

光线投射算法与 Z 缓存算法很相似，可以说是次序上的不同，但光线投射算法有着较强的

实用性。在渲染中,实际上需要进行的图形计算始终以像素为最终目标,所有的计算都是为某个像素进行的。模型上有无数个点,最终与像素对应的那个点才是有计算意义的点。使用光线投射算法先得到需要计算的点,然后光照计算、纹理映射等工作都是对这个点进行,才是有秩序、有效率的计算流程。

习　题

1. 名词解释:光栅化;扫描线;区域编码;裁剪。

2. 对线段(2,4)(-9,13),按 DDA 算法进行光栅化模拟计算。

3. 对线段(2,4)(-9,13),按 Bresenham 算法进行光栅化模拟计算。

4. 对线段(1,1)(8,5),按 Bresenham 算法进行光栅化模拟计算。

6. 多边形顶点坐标 $v1-v8$ 如下:$v1=(2,4)$,$v2=(9,4)$,$v3=(9,7)$,$v4=(8,7)$,$v5=(8,9)$,$v6=(4,9)$,$v7=(4,7)$,$v8=(2,7)$。按扫描线填充算法进行计算。

7. 扫描线多边形算法中什么情况会产生奇数个交点?如何解决?

8. 线段 $L1=\{(-4,7),(-2,10)\}$,$L2=\{(-4,2),(-1,7)\}$,$L3=\{(-1,5),(3,8)\}$,$L4=\{(-2,3),(1,2)\}$,$L5=\{(1,-2),(3,3)\}$,对裁剪窗口$\{(-3,1),(2,6)\}$(2 个点为窗口的左下角和右上角),按区域编码算法进行裁剪。

9. 总结编码裁剪算法的原理及特点。

10. 说明多边形的逐边裁剪法的步骤和规则,并举例说明。

11. 下图所示多边形,按逐边裁剪法进行裁剪,写出裁剪步骤。

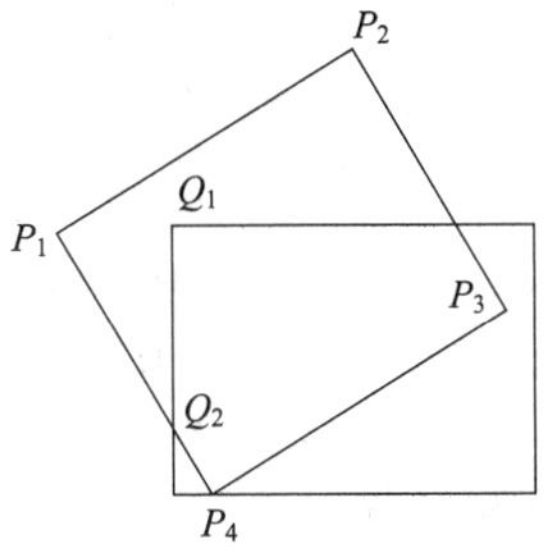

12. 消隐算法分为哪两大类?各自的特点和适用性如何?你所了解的几种算法,分别属于哪类?

13. 写出凸多面体消隐算法的具体步骤,为什么该算法只适合于凸多面体?

14. 顶点为 $A(0,0,1)$,$B(2,0,1)$,$C(1,2,2)$,$D(0,2,1)$所构成的四面体,若视线向着 z 轴的正向,确定能够显示的面。

15. 画家算法在消隐计算中如何处理交叉的多边形?

16. 叙述 Z-Buffer 消隐算法及其优缺点。

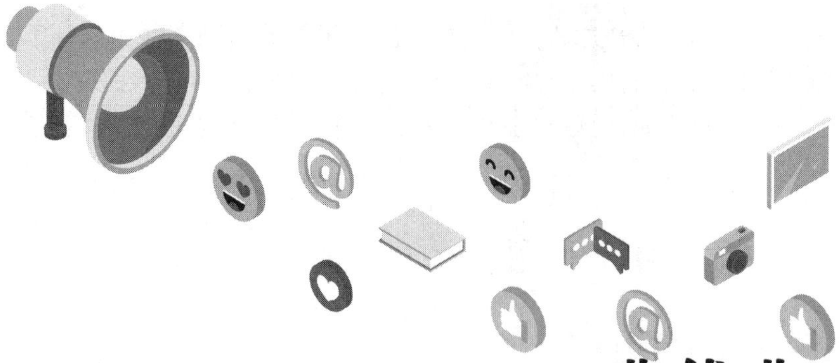

第6章 曲线曲面建模技术

图形学建模的目的是模拟客观物体的外形，而大多数物体的边界都是弯曲的形状，如前面叙述的网格模型，就是利用网格可以任意弯曲的柔软性质来模拟物体的曲面边界。现在的问题是，网格模型中的面元，如三角形面，其内部应该如何填充。如果将一个三角形面元看作是平面的，那么整个网格就形成一个多面体，是为多面体模型。从细节上看，局部轮廓为一个折线序列。从细节上看，用多面体来表示自然物体的形状并不是一种精确的表达，若进一步地将三角形平面改进为三角形曲面。相邻的三角面元连成连续曲面，物体的边界成为一个光滑曲线，则能够更接近于物体的真实形状。相邻的三角面元连成连续曲面，则局部轮廓就可以成为一个光滑曲线。

曲面建模技术的提出，来源于以下应用领域的需要：

(1)CAD 领域，由于设计要符合设计标准且与加工密切关联。

(2)在影视媒体领域，追求造型和光影效果的逼真性，需要更高质量的模型。

因此，如何较精确地表示如飞机、汽车、轮船等具有复杂外形产品的表面是图形学领域一开始就考虑的问题。曲线建模技术很早就已经开始研究并应用，1963 年美国波音飞机公司的佛格森最早引入参数三次曲线。直到 70 年代后期皮格尔和蒂勒建立了非均匀有理 B 样条(NURBS)方法，成为现代曲面建模的标准技术。

CAD 领域为适应各种不同规格的产品造型，应用曲线曲面模型比较多，如三次样条曲线、Hermite 曲线、佛格森曲线、孔斯曲面等。在数字媒体领域广为应用的是 Bezier 曲线曲面和 NURBS 曲线曲面，本章将介绍这两种。学习目标为：

- 掌握曲线曲面相关概念。
- 理解曲线曲面的构成方式。
- 理解曲线曲面方程。
- 了解曲线曲面的性质和特点。
- 了解创建一个曲线曲面所需条件，能运用适当的软件接口(API)实现曲面造型。

6.1 曲线曲面的数学方法

在数学上，用来表示曲线曲面的数学方程形式有多种，在计算机图形学中通常使用参数方程的形式。这是因为参数方程具有以下优点：

①概念清楚，容易解读。参数方程可解释为参数空间到三维空间的变换。

②使三维坐标分量不相关，计算时分量各自进行计算，简化了计算过程。

③易于用向量和矩阵表示，计算过程规范。

④参数曲线曲面不依赖于坐标系，在坐标变换中保存不变。

⑤不会出现斜率无穷大的情况从而导致计算困难。

⑥容易实现用控制点控制曲线形状，通过增加删除控制点编辑曲线曲面。

本章中只考虑连续曲线曲面，不考察各种不连续的情况。

6.1.1 参数方程

使用以下方程表示一条曲线

$$p=p(t)$$

分量形式为

$$\begin{cases} x=x(t) \\ y=y(t) \\ z=z(t) \end{cases}$$

或简单地表示为

$$p(x,y,z)=(x(t),y(t),z(t))$$

其中 t 称为参数，曲线只需要一个参数。

图 6.1 为参数曲线，一个处于三维空间中的曲线，是三维点的集合，是三维空间的一个子集。只考察连续曲线，可以将曲线的内部看作是一个一维空间，为三维空间的子空间。该一维空间也应该有一个坐标系，坐标轴当然要沿着曲线，设为 t 轴，称为曲线的参数坐标轴。从三维空间上看，这个参数坐标轴是弯曲的，但在曲线内部，坐标只是表达了点的位置及顺序，并不存在弯和直的概念。这样曲线上的点，就有了一个在 t 轴上的坐标，仍用 t 表示。

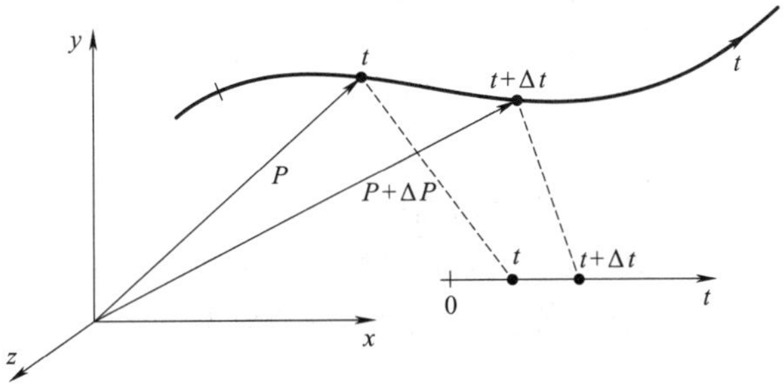

图 6.1 参数曲线

对一个点，既处于三维空间中，又属于曲线所属的一维子集，它就可以归属于两个坐标系统，坐标值分别为 (x,y,z) 和 t。曲线的参数方程表示了两个坐标值之间的转换关系，或者说，曲线的参数方程表示点 P 从一维空间到三维空间的映射。

两个坐标系不必也不需要采用一致的坐标单位。例如，二维圆的参数方程 $p=(r\cdot\cos\theta,r\cdot\sin\theta)$ 中，参数为 θ；而直线的参数方程 $p=p+d\cdot t$ 中，参数 t 的坐标单位与三维空间一致。

再看曲面的情况，使用以下方程表示一个曲面

$$P(x,y,z)=(x(u,v),y(u,v),z(u,v))$$

$$\begin{cases} x=x(u,v) \\ y=y(u,v) \\ z=z(u,v) \end{cases}$$

如图 6.2 所示，因为面是二维空间，有两个独立方向，因而有两个坐标轴，u 轴和 v 轴。与曲线的理解相同，我们仍可以将曲面方程看作是点的参数坐标到三维坐标的变换。

我们所关心的是曲线曲面在三维空间中所表现出的形状特征，这些只能从它们的三维坐标相关性质中得到，而参数坐标只是标定一个点的方式，并不具有形状信息。诸如切线、法线等于形状相关的性质都是三维空间中点集的性质。

①曲线在某点的导数就是该点切线的方向，如图 6.3 所示，计算方法为

$$P'(t)=(x'(t),y'(t),z'(t))$$

这是在三维空间中切向量的方向。需注意，这个切向量不是单位向量。曲线的切线是唯一的，指示了点沿曲线运动时的行进方向。

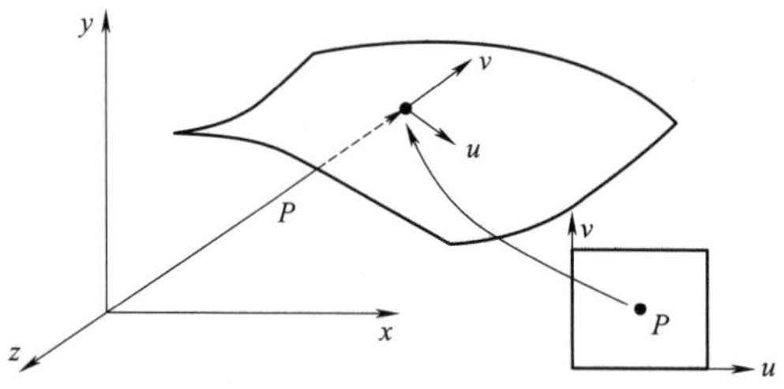

图 6.2　参数曲面

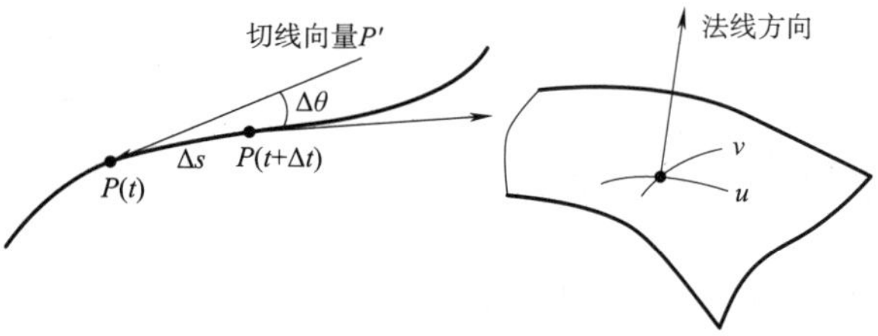

图 6.3　曲线的切线和曲面的法线

②对曲面来说，曲面的切线不是唯一的，表示曲面方向的参量是法线。如图 6.3 所示，曲面法线与曲面垂直，指向面外空间。在参数方程的形式下，曲面的法向量为

$$\boldsymbol{n}=\left(\begin{vmatrix} \frac{\partial y}{\partial u} & \frac{\partial z}{\partial u} \\ \frac{\partial y}{\partial v} & \frac{\partial z}{\partial v} \end{vmatrix},\begin{vmatrix} \frac{\partial z}{\partial u} & \frac{\partial x}{\partial u} \\ \frac{\partial z}{\partial v} & \frac{\partial x}{\partial v} \end{vmatrix},\begin{vmatrix} \frac{\partial x}{\partial u} & \frac{\partial y}{\partial u} \\ \frac{\partial x}{\partial v} & \frac{\partial y}{\partial v} \end{vmatrix}\right)$$

与曲线同样，曲面法线也不是单位向量。曲面法线指示了曲面的正面方向与反面方向。而与法线垂直的任何向量，都可以看作是曲面的切线。

③曲线的曲率表示曲线的弯曲程度，其定义同样表示在图 6.3 中，是单位长度上曲线切线的变化率。设点 $P(t)$ 和 $P(t+\Delta t)$ 之间相距为 Δs，则曲率 k 为

$$k=\lim_{\Delta s\to 0}\frac{\Delta\theta}{\Delta s}=\lim_{\Delta s\to 0}\left|\frac{P'(t+\Delta t)-P'(t)}{\Delta s}\right|=\lim_{\Delta s\to 0}\left|\frac{P'(t+\Delta t)-P'(t)}{\Delta t}\right|\cdot\frac{\Delta t}{\Delta s}=|P''|\cdot\frac{\mathrm{d}t}{\mathrm{d}s}$$

$$=\frac{|P'\times P''|}{|P'|^3}$$

以上略去了关于$\frac{\mathrm{d}t}{\mathrm{d}s}$的一些烦琐的推导。如果参数采用的是弧长坐标，则$\frac{\mathrm{d}t}{\mathrm{d}s}=1$。

6.1.2　插值和逼近

用数学形式表达一个弯曲的形状时，最理想的方法是写出该形状的数学方程，但这种方法

只有极少数情况下能做到。比如齿轮的形状可以用渐开线方程表示,而且是精确的表示,但不可能用数学方程来表示一个手机的形状。具有通用性的方法是,在物体上采集有限个离散点,这些点能够大体上表达出物体的形状。然后假设点和点之间的空白区,满足一个比较简单的方程,通过这个方程计算出来的中间点,将空白区填满,从而近似地表示出物体完整的形状。从数学上说,就是要求给定一组离散点的前提下,构造出一个连续曲线或曲面。具体方法分为插值和逼近两种,如图 6.4 所示。

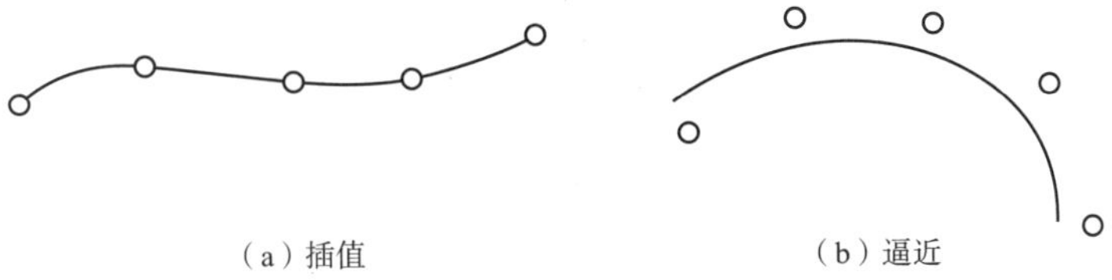

图 6.4　插值和逼近

插值法是对一组给定的已知点,这些点称为型值点,要求建立曲线或曲面数学模型,严格通过已知的每一个型值点。其数学模型称为插值曲线或插值曲面。

逼近法中所建立的曲线或曲面数学模型只是接近已知的点,而不要求一定通过。此时已知点称为控制点,因为它们虽然不在曲线上,但控制着曲线的形状。

插值和逼近统称为拟合,都是指设计中,基于已知的离散点生成的曲线或曲面,达到近似地表示物体形状的目的。可以认为,插值是逼近的一个特例。数字媒体中常用的 Bezier 和 NURBS 都是逼近曲面,但它们也可以转化为插值曲面。

一般地,用逼近方法时,是先假设出一个数学方程,作为未知曲面的方程,其中包含着若干待求的系数。在方程中代入已知的控制点,解出未知系数,即获得了其数学方程。以平面上简单的问题为例,给出 3 个型值点(x_1,y_1),(x_2,y_2),(x_3,y_3),假设变换满足抛物线方程

$$y = a \cdot x^2 + b \cdot x + c$$

将已知点代入后得到 3 个方程

$$y_1 = a \cdot x_1^2 + b \cdot x_1 + c$$

$$y_2 = a \cdot x_2^2 + b \cdot x_2 + c$$

$$y_3 = a \cdot x_3^2 + b \cdot x_3 + c$$

解出系数 a,b,c 即得到插值函数,即连接 3 个点的曲线段。有这个方程,就能够计算 3 个型值点间所有的中间点,填满了中间的空白。

例子中使用了多项式作为插值函数。多项式函数的优点是形式简单;计算简单,特别容易进行导数和积分运算;连续性好,用于插值或逼近函数十分合适。

6.1.3　曲线曲面的构造

下面建立一种标准的曲线逼近方法,基本思想是用一些简单多项式函数组合出所需要的曲线曲面。具体问题中所给出的控制点在组合过程中起到了调节系数的作用。

首先给定一组基函数

$$F_0(t),F_1(t),\cdots,F_n(t)$$

共 $n+1$ 个,这些函数都是标准化了的函数,与具体问题无关,是固定不变的。基函数的方程式

都使用多项式函数。

再给出 $n+1$ 个控制点，$P_0, P_1, \cdots, P_n$，那么就可以建立函数

$$P(t) = \sum_{i=0}^{n} P_i \cdot F_i(t)$$

或

$$x(t) = \sum_{i=0}^{n} x_i \cdot F_i(t)$$

$$y(t) = \sum_{i=0}^{n} y_i \cdot F_i(t)$$

$$z(t) = \sum_{i=0}^{n} z_i \cdot F_i(t)$$

这是一个参数形式的曲线方程。这种方法的实质是，以控制点 P_i 为权，将基函数组合在一起，使基函数叠加而形成曲线。曲线方程就是标准基函数的加权和。还应该注意到，x、y、z 三个分量的方程形式是相同的，基函数同样地用于每个分量。计算过程也是相同的，有着很好的对称性。

基函数 $F_i(t)$ 的定义不同，就产生了不同的曲线模型，如 Bezier 曲线等。这种模式的曲线曲面，称为自由曲线或曲面。其中，基函数的数量应该足够多，有多少个控制点，就需要多少个基函数。

例 1　设基函数定义为

$$F_0(t) = (1-t)^2$$
$$F_1(t) = 2t(1-t) \quad (0 \leqslant t \leqslant 1)$$
$$F_2(t) = t^2$$

给出 3 个控制点(0,0,0)，(1,1,0)，(2,0,0)，则构造曲线为

$$x(t) = 0 \cdot (1-t)^2 + 1 \cdot 2t(1-t) + 2 \cdot t^2 = 2t$$
$$y(t) = 0 \cdot (1-t)^2 + 1 \cdot 2t(1-t) + 0 \cdot t^2 = 2t(1-t)$$
$$z(t) = 0 \cdot (1-t)^2 + 0 \cdot 2t(1-t) + 0 \cdot t^2 = 0$$

曲线的具体形态如图 6.5(a)所示。由于基函数都是抛物线，所以组合出来的函数也是抛物线，且曲线没有通过中间的控制点，属于逼近曲线。

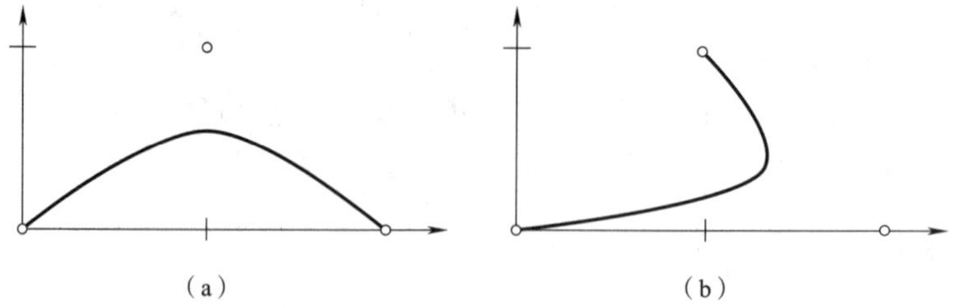

图 6.5　三个控制点构建的曲线

如果改变控制点的顺序，3 个控制点成为(0,0,0)，(2,0,0)，(1,1,0)，曲线方程就成为

$$x(t)=0\cdot(1-t)^2+2\cdot 2t(1-t)+1\cdot t^2=-3t^2+4t$$

$$y(t)=2\cdot(1-t)^2+0\cdot 2t(1-t)+1\cdot t^2=3t^2-4t+2$$

$$z(t)=0\cdot(1-t)^2+0\cdot 2t(1-t)+0\cdot t^2=0$$

曲线变成如图 6.5(b)所示的曲线。

这就是说，控制点的序列是有顺序的，不同的顺序使得控制点和基函数有不同的对应关系，从而产生不同的拟合曲线。控制点的序列并非指控制点在空间中的排列，而仅仅是一种人为规定的顺序，是逻辑上的顺序。

和曲线生成的方法相似，曲面也存在标准基函数，给出控制点后，曲面方程仍是以控制点为权的基函数加权和形式。由于曲面有两个参数(u,v)，基函数为二元函数，这时就可以写成

$$P(u,v)=\sum_{i=0}^{n}\sum_{j=0}^{m}P_{ij}\cdot F_{ij}(u,v)$$

其中基函数 $F_{ij}(u,v)$ 由一元基函数复合得到

$$F_{ij}(u,v)=F_i(u)\cdot F_j(v)$$

因此，曲面方程可以看作是曲线方程增加维数，从一维扩展到二维得到，这样构建的曲面称为张量积曲面。下面结合图 6.6 做进一步的说明。

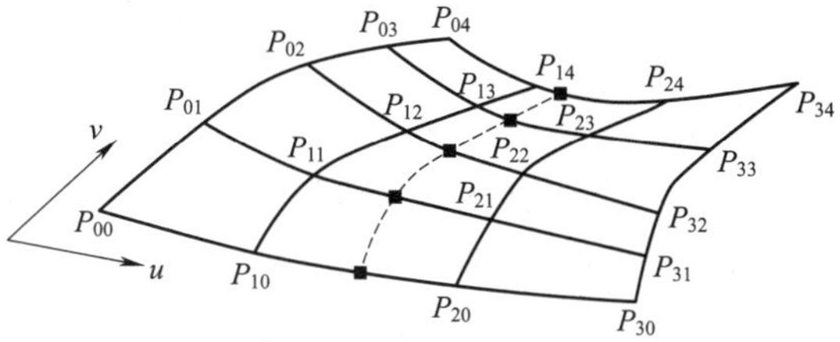

(a)

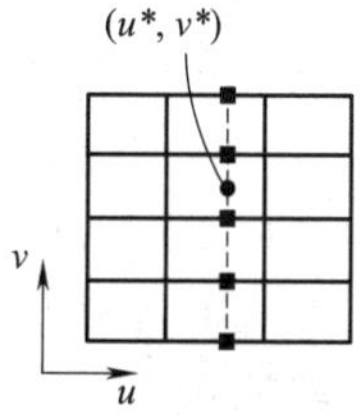

(b)

图 6.6 张量积曲面

控制点应在空间排列成方阵。沿 u 方向有 $n+1$ 个，沿 v 方向有 $m+1$ 个，共$(n+1)*(m+1)$个点。控制点表示为 P_{ij}，下标 i 表示沿 u 方向的序号，下标 j 表示沿 v 方向的序号。

和曲线时的说明相似，这里所说的顺序也是指逻辑上的顺序，表示它代入曲面方程时的顺序。控制点在空间中的位置可以是很混乱的，从而产生局部变化剧烈的形状，甚至是交叉的形状。

因为排列成方阵，取出沿 u 方向排列的控制点，有 $m+1$ 个序列，每个序列为

$$P_{0j},P_{1j},\cdots,P_{nj}\qquad(j=0,\cdots,m)$$

这组控制点可以生成沿 u 方向的曲线 $m+1$ 条，方程为

$$P_{ij}(u)=\sum_{i=0}^{n}P_{ij}\cdot F_i(u)\quad(j=0,\cdots,m)$$

其中 j 代表第 j 条曲线，每条曲线都具有相同的 v 值。

同样的方法产生沿 v 方向的曲线 $n+1$ 条，方程为

$$P_{ij}(v)=\sum_{j=0}^{m}P_{ij}\cdot F_j(v)\quad(i=0,\cdots,n)$$

其中下标 i 代表第 i 条曲线，每条曲线都具有相同的 u 值。

两个方向上都产生了曲线序列,放在一起构成一个网格。从 u,v 空间里看,网格线是水平或垂直排列的。

走向沿 u 方向的曲线共 $m+1$ 条,沿 v 方向排列。在它们上取 $u=u*$,得到沿 v 方向排列的 $m+1$ 个点,如图 6.6 中黑方块表示。计算公式

$$P_j(u*) = \sum_{i=0}^{n} P_{ij} \cdot F_i(u) \quad (j=0,\cdots,m)$$

由这 $m+1$ 个点再构建一个曲线,并从中计算 $v*$,有

$$P(u*,v*) = \sum_{j=0}^{m}\left(\sum_{i=0}^{n} P_{ij} \cdot F_i(u*)\right) \cdot F_j(v*)$$

也就是说,为了计算$(u*,v*)$,进行了两次曲线拟合。由于$(u*,v*)$为任意,将上式中去掉 $*$ 并写成矩阵形式

$$\begin{aligned}
P(u,v) &= \sum_{j=0}^{m}\left(\sum_{i=0}^{n} P_{ij} \cdot F_i(u)\right) \cdot F_j(v) \\
&= \begin{pmatrix} F_0(u) & F_1(u) & \cdots & F_n(u) \end{pmatrix}
\begin{pmatrix} P_{00} & P_{01} & \cdots & P_{0m} \\ P_{10} & P_{11} & \cdots & P_{1m} \\ \vdots & \vdots & & \vdots \\ P_{n0} & P_{m1} & \cdots & P_{nm} \end{pmatrix}
\begin{pmatrix} F_0(v) \\ F_1(v) \\ \vdots \\ F_m(u) \end{pmatrix}
\end{aligned}$$

这就是张量积形式的曲面方程。

简单地说,张量积曲面的基本思路是,让一个方向的曲线沿另一个方向移动,移动的轨道就是另一个方向上的曲线,移动中所扫过的空间就是曲面。

张量积曲面的优点:

①和曲线同构,仍然使用控制点和基函数复合成。

②基函数仍然是曲线的基函数。

③方程结构简单,因此计算简单。

④由于和曲线基函数相同,构造方法相同,因此曲线的性质大都可以推广到曲面上。

在本章后面,我们以讨论曲线为主,然后用张量积构建曲面。关于曲线的各种结论,都适用于曲面。

6.1.4 连续性的定义

曲线的连续性,不仅仅是指位置上连续,表示曲线接合在一起,还包括弯曲程度的连续,即曲线的光滑度。为了便于说明,这里设一个曲线上的点 P,有左右两个值,记为 $P-$ 和 $P+$。点 P 将曲线分为两段,$P-$ 和 $P+$ 分别表示两段曲线无限接近于 P 点的值。

表征曲线的连续性的概念有两个:参数连续性和几何连续性。理论上曲线每个点的连续性都可能不同,曲线的连续性指的是曲线上连续性最差的那个点的连续性,曲面的连续性也类似。

参数连续性用 C^k 表示,称为 K 阶参数连续,指的是 $P-$ 和 $P+$ 的 K 阶导数相同。参数连续性的图例如图 6.7 所示。

几何连续性用 G^k 表示,称为 K 阶几何连续,指的是 $P-$ 和 $P+$ 的 K 阶导数方向相同,但长度不同。几何连续性要比参数连续性宽松一些。

图 6.7　曲线的参数连续性

C^0 连续意味着 $P-=P+$，即曲线在该点是连接在一起的。

C^1 连续意味着 $(P-)'=(P+)'$，即曲线在该点左右导数相同，具有共同的切线。

C^2 连续意味着 $(P-)''=(P+)''$，即曲线在该点左右二阶导数相同，切线从左侧平滑地过渡到右侧，两侧具有相同的曲率。

表示连续性的 K 越大，表示曲线的光滑性越好。但高于二次连续时，其光滑性的提升人已经不容易察觉到。

多项式函数的连续性取决于多项式的次数。n 次多项式最高次数项为 t^n，这意味着最多只有 $n-1$ 次导数，n 次导数就成为常数。所以 n 次多项式是 C^{n-1} 连续的。

实际上，因为采用多项式曲线，在一个曲线的内部，连续性是容易确认的，如三次多项式曲线，在内部则是二次连续。需要讨论的是多段曲线连接时在连接点的连续性。如 2 个三次曲线拼接在一起，连接点处就可能存在各种情况，如图 6.7 所示的情况，都是两段曲线拼接时发生的。因此就在曲线逐段拼接时确认连接处的连续性，一般是事先对拼接点连续性提出要求，指定拼接处要达到何种连续性，在进行拼接。如果分段曲线是由控制点生成的，此时可能就需要适当移动控制点，使两端的曲线在拼接点导数相同，达到连续性要求。

几何连续性用 G^k 表示，称为 K 阶几何连续，指的是 $P-$ 和 $P+$ 的 K 阶导数方向相同，切向量的长度不要求一致。此时可以表示为：

G^0 连续与 C^0 相同，表示 $P-=P+$。

G^1 连续表示左右一阶导数成比例，$(P-)'=\lambda(P+)'$，其中 λ 为任意常数。

G^2 连续表示左右二阶导数成比例，$(P-)''=\lambda(P+)''$。

G^k 连续的情况与上述情况类似。

几何连续性要求比参数连续性要宽松，满足参数连续性条件，必然满足几何连续性条件。但反过来就不成立。

6.2　Bezier 曲线和曲面

Bezier 曲线以 Bernstein 多项式为基函数构建，是最早应用于汽车外形建模的数学模型，现今仍有着广泛的应用。在建模软件中常见的用手柄来调节关键帧曲线的功能，就是利用了 Bezier 曲线的特点。Bezier 曲线也是后来 B 样条曲线和 NURBS 曲线的基础。本节从 Bernstein 多项式开始，介绍 Bezier 曲线的定义及性质。

6.2.1　Bernstein 多项式

Bernstein 多项式是一组多项式，包含 n 次多项式，共 $n+1$ 个。一般性的数学公式如下

$$B_{i,n}(t)=C_n^i t^i(1-t)^{n-i} \qquad i=0\cdots n, t\in[0,1]$$

$$C_n^i=\frac{n!}{i!\ (n-i)!}$$

$$0!=0^0=1$$

$t\in[0,1]$表示了多项式的定义域是$[0,1]$。

在表 6.1 中列出了 $n=1,2,3$ 时多项式的具体公式和曲线图。$n=0$ 因没有实用意义而未列出,实际使用中最常见的情况是 $n=2,3$。

表 6.1　Bernstein 多项式

次数 n	多项式	图示
$n=H$	$B_{0,1}(t)=1-t$ $B_{1,1}(t)=t$	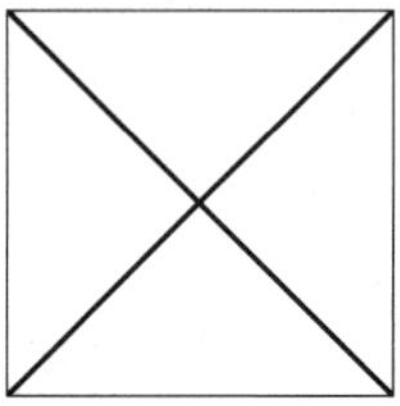
$n=2$	$B_{0,2}(t)=(1-t)^2$ $B_{1,2}(t)=2t(1-t)$ $B_{2,2}(t)=t^2$	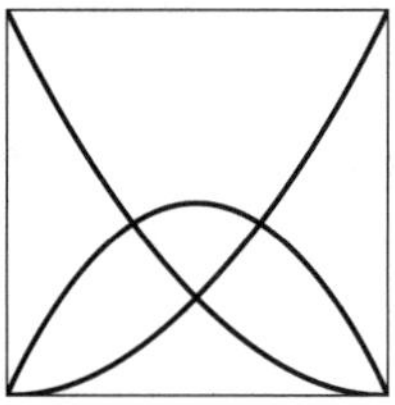
$n=3$	$B_{0,3}(t)=(1-t)^3$ $B_{1,3}(t)=3t(1-t)^2$ $B_{2,3}(t)=3t^2(1-t)$ $B_{3,3}(t)=t^3$	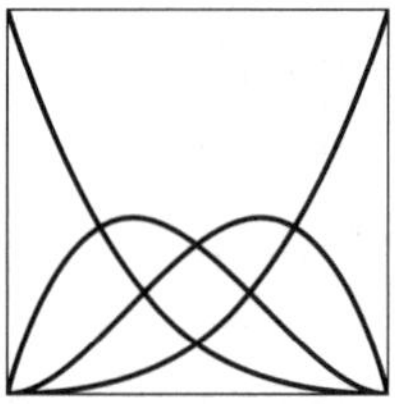

Bernstein 多项式来自二项式公式,下面说明它的性质,这些性质都可以对照表 6－1 中 $n=2$ 或 $n=3$ 的情况进行验证。

1. 权性

$$\sum_{i=0}^{n} B_{i,n}(t)=\sum_{i=0}^{n} C_n^i t^i\ (1-t)^{n-i}=(t+1-t)^n=1$$

其中利用了二项式公式,结果表明一组中的所有 Bernstein 多项式,其代数和为 1。例如,$n=2$ 时有

$$(1-t)^2+2t(1-t)+t^2=1$$

2. 非负性

考察 $B_{i,n}(t)=C_n^i t^i\ (1-t)^{n-i}$,由于 t 的定义域为$[0,1]$,那么上式中各项都非负,即有 $B_{i,n}(t)\geqslant 0$。

由于每个 $B_{i,n}(t)$非负,而它们的总和为 1。可以推论出 $0\leqslant B_{i,n}(t)\leqslant 1$。即 Bernstein 多项式的值域为$[0,1]$,如表 6－1 中所显示的,整条基函数曲线落在单位正方形内。

3. 端点性质

在基函数曲线的端点，函数值要么为 0，要么为 1。在 $t=0$ 时，第一个基函数值为 1，其他为 0。在 $t=1$ 时，最后一个基函数值为 1，其他为 0。即

$$B_{0,n}(0)=1$$

$$B_{j,n}(0)=0 \qquad j=1\cdots n$$

$$B_{n,n}(1)=1$$

$$B_{0,j}(1)=1 \qquad j=0\cdots n-1$$

4. 对称性

从表 6-1 的图例中可以看到，基函数具有某种对称性。具体地，将 t 换为 $1-t$，基函数从 $B_{i,n}(t)$ 变成 $B_{n-i,n}(t)$。从定义式中可以推出这个性质

$$B_{i,n}(t)=\frac{n!}{i!\ (n-i)!}t^{i}(1-t)^{n-i}$$

$$B_{n-i,n}(1-t)=\frac{n!}{i!\ (n-i)!}t^{i}(1-t)^{n-i}$$

所以

$$B_{i,n}(t)=B_{n-i,n}(1-t)$$

5. 递推性

一个基函数可以从 2 个低一阶的基函数计算得到，公式为

$$B_{i,n}(t)=(1-t)B_{i,n-1}(t)+tB_{i-1,n-1}(t)$$

对于超界的下标，对应的函数设为 0。这个关系可以用图 6.8 来表示，这个图也称为 Casteljau 三角形。图中只表示了截止到 $n=3$ 的递推关系，$n>3$ 时，按同样的规则进行。按上式，递推关系对所有的基函数都成立。

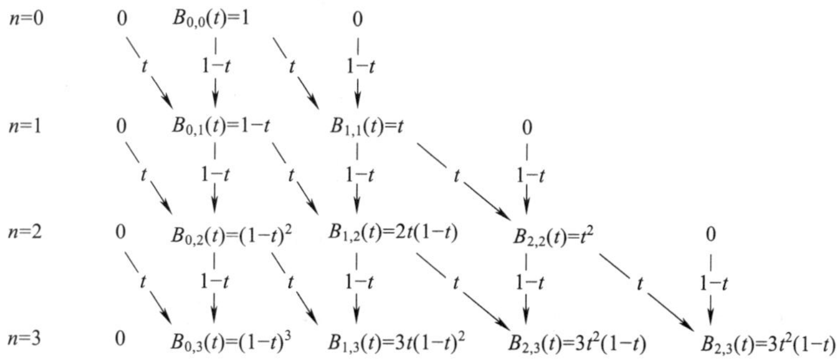

图 6.8 Bernstein 基函数的递推关系

递推性是个很重要的性质，是 Bezier 曲线曲面通用算法 Casteljau 算法的基础。

6. 导数

从定义式可以推导导数的计算关系

$$B'_{i,n}(t)=\left(\frac{n!}{i!\ (n-i)!}t^{i}(1-t)^{n-i}\right)'$$

$$=\frac{n!}{i!\ (n-i)!}\cdot i\cdot t^{i-1}\cdot(1-t)^{n-i}-\frac{n!}{i!\ (n-i)!}\cdot(n-i)\cdot t^{i}\cdot(1-t)^{n-i-1}$$

$$= n \cdot \frac{(n-1)!}{(i-1)!\ (n-1-(i-1))!} \cdot t^{i-1} \cdot (1-t)^{(n-1)-(i-1)} -$$

$$n \cdot \frac{(n-1)!}{i!\ (n-1-i)!} \cdot t^{i} \cdot (1-t)^{n-1-i}$$

$$= n \cdot B_{i-1,n-1}(t) - n \cdot B_{i,n-1}(t)$$

最终结果表明,导数也可以根据低阶的基函数计算,而不必为每个基函数推导其导数计算公式。

6.2.2 Bezier 曲线

给出 $n+1$ 个控制点 $P_0, P_1, \cdots, P_n$,构建 Bezier 参数曲线如下

$$P(t) = \sum_{i=0}^{n} P_i B_{i,n}(t) = (B_{0,n}(t) \quad B_{1,n}(t) \quad \cdots \quad B_{n,n}(t)) \begin{pmatrix} P_0 \\ P_1 \\ \vdots \\ P_n \end{pmatrix}$$

或写为

$$x(t) = \sum_{i=0}^{n} x_i B_{i,n}(t), \qquad y(t) = \sum_{i=0}^{n} y_i B_{i,n}(t), \qquad z(t) = \sum_{0}^{n} z_i B_{i,n}(t)$$

其中 $t \in [0,1]$,$B_{i,n}(t)$ 是 Bernstein 多项式。

图 6.9 中列出了 4 个控制点、6 个控制点、10 个控制点时产生的 Bezier 曲线。为了看得清楚,图中控制点按运用次序连成了折线。由于曲线是基于控制点生成的,移动其中某个控制点,曲线的形状会改变。

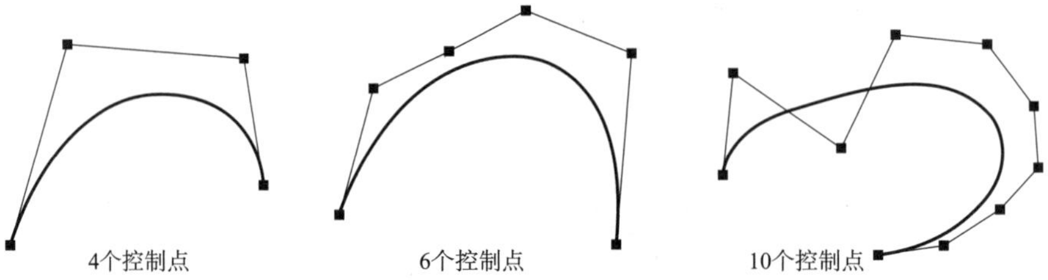

图 6.9 Bezier 曲线示意图

从图 6.9 中也可以看到,Bezier 曲线有着明显的特征。下面说明 Bezier 曲线的性质,这些性质与 Bernstein 多项式的性质相关。

1. 与控制点的关系

Bezier 曲线的起点与第一个控制点重合,曲线的终点与最后一个控制点重合,除此之外,曲线均不通过其他控制点。参考 Bernstein 多项式的端点性质,有

$$P(0) = \sum_{i=0}^{n} P_i B_{i,n}(0) = P_0$$

$$P(1) = \sum_{i=0}^{n} P_i B_{i,n}(1) = P_n$$

2. 曲线次数与控制点相关

控制点的个数决定了曲线的次数。$n+1$ 个控制点，需要有 $n+1$ 个基函数，根据 Bernstein 多项式的定义，基函数必然是 n 次多项式，曲线也就是 n 次曲线。而且在参数域，曲线的定义域为 $[0,1]$。

3. 凸包性

不计控制点次序，将控制点连接成一个最小凸多边形，称为控制多边形。Bezier 曲线全体落在控制多边形内。这是因为

$$\sum_{i=0}^{n} B_{i,n}(t)=1$$
$$0\leqslant B_{i,n}(t)\leqslant 1 \quad (t\in[0,1])$$

4. 几何不变性

几何不变性指图形的某些性质不随坐标系的改变而变化。Bezier 曲线被控制多边形所确定，曲线形状决定于控制多边形的形状。改变坐标系时，并不改变控制多边形的形状，Bezier 曲线也不会改变。

5. 端点导数

对 Bezier 曲线求导

$$P'(t)=\sum_{i=0}^{n} P_i B'_{i,n}(t)=\sum_{i=0}^{n} P_i\cdot n\cdot[B_{i-1,n-1}(t)-B_{i,n-1}(t)]$$

代入 $t=0$

$$\begin{aligned}P'(0)&=n\cdot P_0\cdot[B_{-1,n-1}(0)-B_{0,n-1}(0)]-n\cdot P_1\cdot[B_{0,n-1}(0)-B_{1,n-1}(0)]\\&\quad+n\cdot P_2\cdot[B_{1,n-1}(0)-B_{2,n-1}(0)]-n\cdot P_3\cdot[B_{2,n-1}(0)-B_{3,n-1}(0)]+\cdots\\&=n\cdot(P_1-P_0)\end{aligned}$$

上式推导中考虑到 $t=0$ 时 $B_{0,n}(t)=1$，其他均为 0。

同样可以得出

$$P'(1)=n\cdot(P_n-P_{n-1})$$

如果将控制点按顺序依次连成折线，端点导数表明 Bezier 曲线在第一个点处的切线与第一段折线重合。最后一个点处的切线，与最后一段折线重合，可以参考图 6.9。

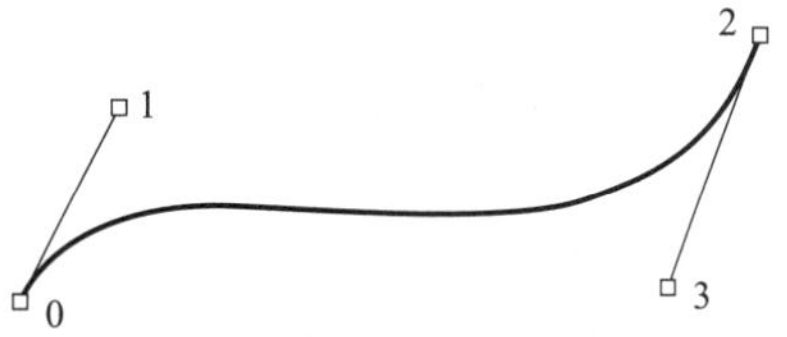

图 6.10　手柄操作调节曲线形状

作为一个应用例子，在一些动画软件中，常见使用手柄调节曲线形状的操作方法。这里使用的是三次 Bezier 曲线。参见图 6.10，曲线共 4 个控制点，鼠标操作控制的是两个中间点 1 和 3 的位置。点 1 和或 3 改变时，曲线形状即发生变化。

6.2.3　Casteljau 算法

对 Bezier 曲线，若先写出解析方程式，再计算曲线中各点的值，效率不高，而且只能根据具体问题来做，通用性差。利用 Bernstein 多项式的递推性，Casteljau 构建了适合于任意次数 Bezier 曲线的快速算法，而且不涉及 Bezier 曲线的解析格式，只需要从控制点出发进行计算。

参考图 6.11，这里以 4 个控制点（P_0,P_1,P_2,P_3）的三次 Bezier 曲线为例，说明 Casteljau 算

法的计算过程。

首先应注意到，因为 Bezier 曲线在参数轴上的全长为 1，参数 t 可以看作是曲线上的一个分割点，将曲线分割为长为 t 和 $1-t$ 的两段。

现在将 4 个控制点（P_0, P_1, P_2, P_3）依次连接，成为 3 段折线 P_0P_1、P_1P_2、P_2P_3。在其中每段内，计算出一个分割点，将该段线段分割为长为 t 和 $1-t$ 的两段，如图 6.11（a）所示。各段中得到的分割点分别为 P_{10}, P_{11}, P_{12}，其中

$$P_{10} = P_0 \cdot (1-t) + P_1 \cdot t$$

$$P_{11} = P_1 \cdot (1-t) + P_2 \cdot t$$

$$P_{12} = P_2 \cdot (1-t) + P_3 \cdot t$$

上述计算得到了三个点，它们可以连成 2 段折线，和前步骤相同，在每段内，计算出一个分割点，如图 6.11(b)所示，得到

$$P_{20} = P_{10} \cdot (1-t) + P_{11} \cdot t$$

$$P_{21} = P_{11} \cdot (1-t) + P_{21} \cdot t$$

新产生的分割点现在是 2 个，可以连成 1 段折线 $P_{20}P_{21}$。如图 6.11(c)所示，在 $P_{20}P_{21}$ 中计算分割点 P_{30}

$$P_{30} = P_{20} \cdot (1-t) + P_{21} \cdot t$$

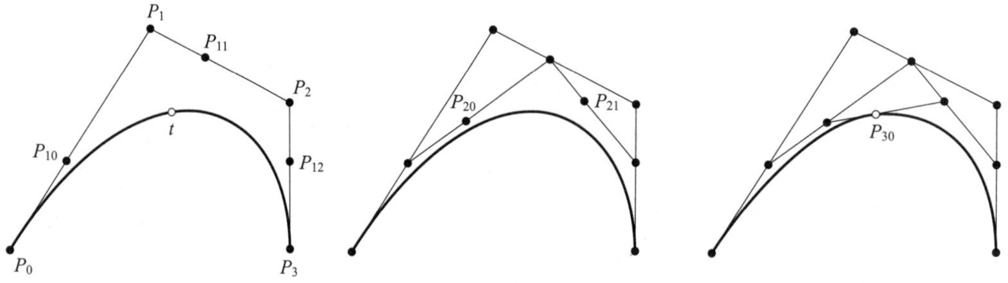

（a）　（b）　（c）

图 6.11　Casteljau 算法图示

到此，因为只有一个点，不能再连成线段，所以计算过程结束，这个最后的分割点 P_{30} 就是所求的曲线上参数为 t 点，即

$$P(t) = P_{30}$$

如果 Bezier 曲线的次数高于 3 次，这个过程还要重复地继续下去，直到只有一个分割点为止，最后这个点就是曲线上的点。

最初点的个数就是控制点的个数，计算过程每重复一次，产生新点就少一个，最终总会仅有一个点。

以下程序段实现 Casteljau 算法，计算 Bezier 曲线上参数点 t 对应的 $P(t)$。执行时需要准备的数据是控制点数组 q、控制点总数 n 和指定的位置参数 t。

```
//
//存储控制点的数组为 q[n,3],n 为控制点总数
//数组 q 第一个下标指示控制点序号,第二个下标指示该点的 x,y,z
//t 是要计算的曲线点的参数坐标
//计算完成后,结果存储在 q[0]
for(int k=1;k<n;k++)
```

```
for(int i=0;i<n-k;i++)
  for(int j=0;2;j++)
    q[i][j]=(float)(1.0-t)*q[i][j]+(float)t*q[i+1][j];
```

6.2.4 Bezier 曲面

设 $P_{ij}(i=0\cdots m, j=0\cdots n)$ 为 $(n+1)(m+1)$ 个空间点阵列（见图 6.12），则 $m\times n$ 次张量积形式的 Bezier 曲面定义为

$$P(u,v)=\sum_{i=0}^{m}\sum_{j=0}^{n}P_{ij}B_{i,m}(u)B_{j,n}(v)$$

其中，$B_{i,m}(u)B_{j,n}(v)$ 是 Bernstein 基函数。连接点列 P_{ij} 所形成的空间网格，称之为特征网格。因为是空间点阵所构建的，Bezier 曲面是有界的，可称为 Bezier 曲面片。若使点阵中的点，首行与末行重复，或首列与末列重复，可以产生闭合的 Bezier 曲面，此时看起来就是无界的。但实质上仍是有界的，仅是两个边界重叠了。

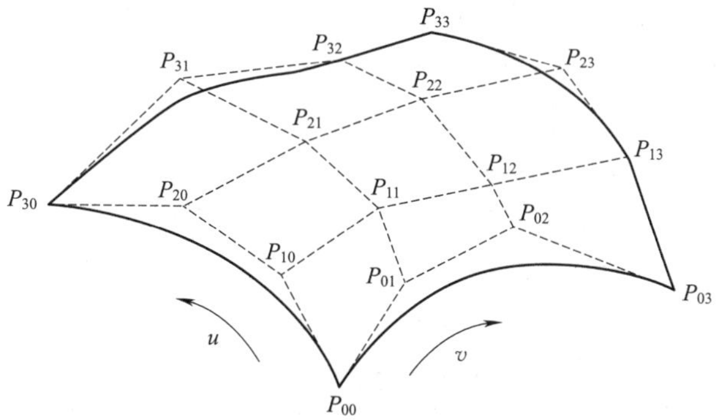

图 6.12　Bezier 曲面

Bezier 曲面方程也可以用矩阵形式表示

$$\boldsymbol{P}(u,v)=[\boldsymbol{B}_{0,m}(u)\quad \boldsymbol{B}_{1,m}(u)\quad \boldsymbol{B}_{i,m}(u)\quad \boldsymbol{B}_{m,m}(u)]\begin{bmatrix}P_{00} & P_{01} & \cdots & P_{0n}\\ P_{10} & P_{11} & \cdots & P_{1n}\\ \vdots & \vdots & & \vdots\\ P_{m0} & P_{m1} & \cdots & P_{mn}\end{bmatrix}\begin{bmatrix}B_{0,n}(u)\\ B_{1,n}(u)\\ \vdots\\ B_{n,n}(u)\end{bmatrix}$$

在一般实际应用中，m、n 不大于 4。如果 $n=m=2$，称为双线性 Bezier 曲面。如果 $n=m=3$，称为双二次 Bezier 曲面。如果 $n=m=4$，称为双三次 Bezier 曲面。

因为是张量积曲面，Bezier 曲面的性质与 Bezier 曲线相似。

（1）端点和边界性质

Bezier 曲面在四个角点上与首行首列、末行末列控制点重合，但不通过其他控制点。在边界上，与该边界控制点所形成的 Bezier 曲线重合。

（2）凸性

如果全部控制点围成一个凸多面体，则 Bezier 曲面处于该凸多面体内。

（3）几何不变性

Bezier 曲面的形状和位置与坐标的选择无关，仅和控制点的相对位置有关。

(4)端点导数

以角点 P_{00} 为例，P_{00}、P_{01}、P_{10} 构成一个三角形，此三角形是 Bezier 曲面在 P_{00} 点的切平面，具有相同的法线。其他的 3 个角点情况也是一样。

6.3 从 B 样条到 NURBS

Beizer 曲线的缺点是它的整体性，一个控制点影响到曲线全体，而且控制点数量与曲线直接相关。例如，有 10 个控制点，就只能生成 9 次 Beizer 曲线，若要生成 3 次曲线，只需要 4 个点，这就要分段生成。分段时，接合点的连续性、光顺性又成为问题。这些情况的根本原因都是来自作为基函数的 Bernstein 多项式。

B 样条曲线采用另外一种基函数，解决了 Beizer 曲线的问题。当控制点比较多的时候，B 样条曲线也是分段生成的，但段间连续性与段内连续性一致，连续性得到了很好的保证。

对 B 样条的基函数再进一步改进，增加一个称为权因子的参数，就成为 NURBS 曲线。因此 B 样条曲线是 NURBS 曲线的基础和特例。

在这部分，曲线的定义仍然和 Beizer 曲线的定义相同，采用基函数和控制点的加权和形式，问题的关键在于基函数的设计。学习中，重点就是理解这些基函数。

曲面仍采用张量积形式，将曲线方程扩展到曲面方程。所以本节的内容仍是以曲线为主，最后将结论推广到曲面上。

6.3.1 B 样条基函数

De Boor 和 Cox 给出了 B 样条基函数(Riesenfeld 多项式)的递推公式

$$N_{i,0}(u)=\begin{cases}1 & u_i \leqslant u < u_{i+1} \\ 0 & \text{其他}\end{cases}$$

$$N_{i,k}(u)=\frac{(u-u_i)N_{i,k-1}(u)}{u_{i+k}-u_i}+\frac{(u_{i+k+1}-u)N_{i+1,k-1}(u)}{u_{i+k+1}-u_{i+1}}$$

$$\frac{0}{0}=0$$

其中 $i,k \geqslant 0, i,k \geqslant 0$。$k$ 是多项式次数。u_i 是参数轴上点的序列，称为节点，其个数不限，取值范围不限，要求按从小到大排序。$[u_i, u_{i+1}]$ 构成一个节点区间。$N_{i,k}(u)$ 是 k 次多项式中的第 i 个，可以有任意多个。按递推公式，k 次多项式 $N_{i,k}(u)$ 由 $k-1$ 次多项式计算得出。

从公式中可以看到，每个多项式的定义域都是全体参数空间，但仅在少数节点区间非 0，其他地方都是 0。如 0 次多项式的非 0 区间只有一个节点区间。而 1 次多项式，因为计算涉及 2 个 0 次多项式，所以在 2 个节点区间非 0。类似的，k 次多项式在 $k+1$ 个节点区间非 0。

在图 6.13 中，显示了到 3 次的部分多项式曲线。图中同次数中第一个多项式用实线显示，其他的用虚线显示。

作为示例，设 $u_0=0, u_1=1, u_2=2, \cdots$，即节点选取整数坐标，写出部分多项式的具体公式。

$k=1$ 时，$N_{0,1}(u)$ 的非 0 区间为 $[0,2]$，函数为

$$N_{0,1}(u)=\begin{cases}u & 0 \leqslant u < 1 \\ 2-u & 1 \leqslant u < 2\end{cases}$$

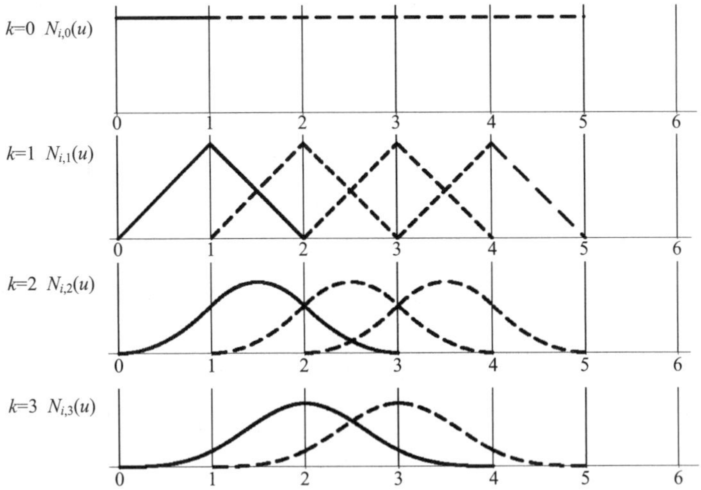

图 6.13　Riesenfeld 多项式曲线

$k=2$ 时，$N_{0,2}(u)$ 的非 0 区间为 $[0,3]$，函数为

$$N_{0,2}(u)=\begin{cases}\frac{1}{2}u^2 & 0\leqslant u<1\\ \frac{1}{2}[1+2(u-1)-2(u-1)^2] & 1\leqslant u<2\\ \frac{1}{2}[1-(u-2)]^2 & 2\leqslant u<3\end{cases}$$

$k=3$ 时，$N_{0,3}(u)$ 的非 0 区间为 $[0,4]$，函数为

$$N_{0,1}(u)=\begin{cases}\frac{1}{6}u^3 & 0\leqslant u<1\\ \frac{1}{6}[-3(u-1)^3+3(u-1)^2+3(u-1)+1] & 1\leqslant u<2\\ \frac{1}{6}[3(u-2)^3-6(u-2)^2+4] & 2\leqslant u<3\\ \frac{1}{6}[1-(u-3)]^3 & 3\leqslant u<4\end{cases}$$

以上只给出了 $i=0$ 时的公式，因为假设了节点等距，对 $i=1$ 以后的函数，只要将 $i=0$ 时的函数右移即可得到。

以上在等距节点区间的情况下，得出了 B 样条基函数 3 次以下的解析公式。从中可以归纳出在这种情况时 B 样条基函数的性质：

(1)局部性

仅当 $u\in(u_i,u_{i+k+1})$ 时，$N_{i,k}(u)>0$，基函数有着明显的局部性。如果不考虑值为 0 的部分，可以认为基函数的定义域为 $k+1$ 个节点区间。

(2)有界性

B 样条基函数的函数值非负且小于 1，即 $0\leqslant N_{0,1}(u)\leqslant 1$。

(3)权性

每个B样条基函数都是分段的,每个节点区间为一段。如果将一个基函数的几个段平移到一个区间,则它们的和为1。

(4)对称性

B样条基函数的对称性指一个基函数中各段具有对称性,从图6.13中能够看到这种对称性。

(5)连续性

一个k次基函数在整体上能达到$k-1$次连续。例如,$N_{0,3}(u)$有4段曲线,它们在接合点上能达到二阶导数连续。

上述性质会很大程度上影响B样条曲线的性质,认识这些性质是必要的。但由于B样条基函数是递推得到的,关于性质的证明在数学上十分复杂。这里仅通过特例验证性地说明这些性质。

6.3.2 B样条曲线

给出$n+1$个控制点$P_0,P_1,\cdots,P_n$,$n+k+2$个节点$u_0,u_1,\cdots,u_{n+k+1}$,B样条曲线定义为

$$P(t)=\sum_{i=0}^{n}P_iN_{i,n}(u)$$

其中需要$n+1$个基函数,都可以从基函数的递推公式中得到。

因为基函数仅在局部有定义,若选定一个节点区间,使$u\in[u_j,u_{j+1}]$,则上式还可以写成

$$P(t)=\sum_{i=j-k}^{j}P_iN_{i,n}(u)\quad(j\geqslant k)$$

其中参与求和项的个数为$j-(j-k)+1=k+1$个,这样就体现出了B样条曲线的局部性,即曲线中一个具体的点,仅和少量控制点相关。现在来看控制点、节点、基函数三者的构成关系。

仅考虑基函数的非0部分为有效部分,那么第i个基函数$N_{i,k}(u)$在参数轴u上的有效区间为$[u_i,u_{i+k+1}]$,即覆盖$k+1$个节点区间。而对第j个节点区间$[u_j,u_{j+1}]$而言,在该区间有效的基函数为$N_{j-k,k}(u),\cdots,N_{j,k}(u)$,共$k+1$个,对应的控制点为$P_{j-k},\cdots,P_j$。

节点区间总数为$n+k+1$个,B样条曲线逐个节点区间生成。但最开始的k个区间和最末的k个区间,因为基函数的数量不足$k+1$个,不能生成曲线。所以能生成曲线的区间为中间的$n+k-k-k=n-k$个,即曲线有$n-k+1$段。有效的节点区间从u_k开始到u_{n+1}为止。

现在以一个例子做具体的说明。设$k=2,n=4$,即控制点为5个,即$(P_0,\cdots,P_4)$,曲线为2次曲线。那么参数轴上的节点为$n+k+2=8$个,即$(u_0,u_1,u_2,u_3,u_4,u_5,u_6,u_7)$,形成节点区间$n+k+1=7$个。图6.14显示了此时的情况,在图中基函数被简化表示为折线。

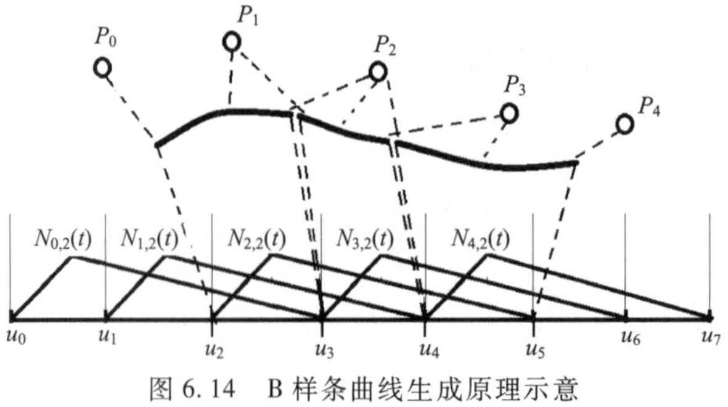

图6.14 B样条曲线生成原理示意

从图中可以看到，最前 $k=2$ 个和最后 $k=2$ 个区间，落在这些区间的基函数不足 3 个。因此能生成曲线的节点区间为 $n-k+1=3$ 个，分别为

$$u_2,u_3\text{ 段},P(t)=\sum_{i=j-k}^{j}P_iN_{i,n}(u)=P_0\cdot N_{0,2}(u)+P_1\cdot N_{1,2}(u)+P_2\cdot N_{2,2}(u)\quad(u\in[u_2,u_3])$$

$$u_3,u_4\text{ 段},P(t)=\sum_{i=j-k}^{j}P_iN_{i,n}(u)=P_1\cdot N_{1,2}(u)+P_2\cdot N_{2,2}(u)+P_3\cdot N_{3,2}(u)\quad(u\in[u_3,u_4])$$

$$u_4,u_5\text{ 段},P(t)=\sum_{i=j-k}^{j}P_iN_{i,n}(u)=P_2\cdot N_{2,2}(u)+P_3\cdot N_{3,2}(u)+P_4\cdot N_{4,2}(u)\quad(u\in[u_4,u_5])$$

图 6.14 中为了表示清楚，曲线段之间留了点间隙。实际上所生成的三段曲线整体上是光滑连续的。从图中还能看到，控制点被重复使用，最多被使用 $k+1$ 次，所以保证了生成曲线整体的连续性。

因为前后各有 k 个节点区间不能生成曲线，所以 B 样条曲线要比控制点连成的折线明显短一些。

B 样条曲线的性质如下：

(1)局部性

一个控制点最多能影响到 $k+1$ 段曲线，改动一个控制点位置时，只影响控制点附近的曲线部分，对曲线的影响是局部的。由于曲线是分段生成的，增加或删除控制点的操作也便于进行。

(2)整体性和连续性

B 样条曲线分段生成，但整体上包括段间接合点在内，k 次曲线能达到 $k-1$ 次连续。

(3)几何不变性

在控制点相对位置不变的情况下，坐标变换不会影响曲线的整体形状。

(4)变差缩减性

平面内任意直线与 $P(t)$ 的交点个数不多于该直线与其特征多边形的交点个数，反映了曲线比其特征多边形的波动小，更光顺。

(5)造型的灵活性

通过调节控制点和节点位置，能够灵活地调节曲线形状，也能产生特殊形状曲线。如尖点、直线等。举例如下：

2 个控制点重合时，曲线相切与控制多边形。这样做能使曲线最接近控制多边形。4 个控制点重合时，曲线在该处形成尖角。4 个顶点共线时产生含有直线段的曲线。

(6)凸性

B 样条曲线不通过任何控制点，整条曲线落在控制点形成的凸多边形内。

根据节点位置设置的不同，B 样条曲线分为几种类型：均匀 B 样条曲线；准均匀 B 样条曲线和非均匀 B 样条曲线，这些将在后面分别说明。

6.3.3　均匀 B 样条曲线

如果节点在参数轴上均匀分布，所有节点区间均相同，这种情况下的 B 样条曲线称为均匀 B 样条曲线。一般常取整数点作为节点，即 $u_0=0,u_1=1,\cdots,u_i=i,\cdots,u_n=n$。

均匀 B 样条曲线的优点是带来了数学形式上和计算上的方便。缺点是节点参数不可调

节，缺少了一种调节曲线的方法。

在节点均匀分布的情况下，同一次数中所有基函数形状完全相同，仅仅是位置不同。那么就可以将其中一个基函数映射到一个标准归一化空间中，为所有的节点区间所使用。

设参数空间为 t，且 $0 \leqslant t \leqslant 1$。下面给出二次和三次时的基函数。

二次基函数为

$$F_{0,2}(t)=\frac{1}{2}(1-t)^2$$

$$F_{1,2}(t)=\frac{1}{2}(1+2t-2t^2)$$

$$F_{2,2}(t)=\frac{1}{2}t^2$$

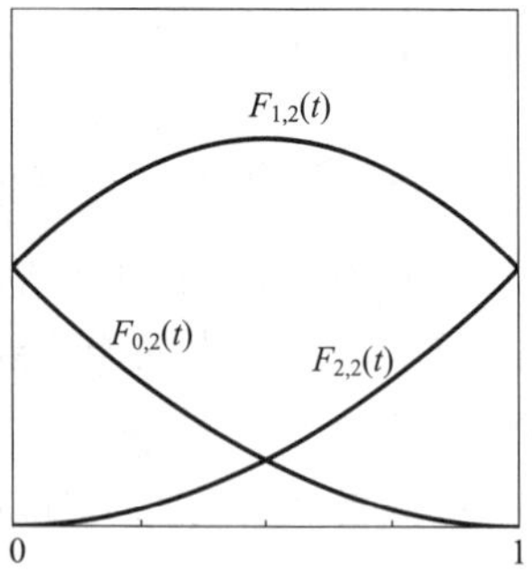

三次基函数为

$$F_{0,3}(t)=\frac{1}{6}(1-t)^3$$

$$F_{1,3}(t)=\frac{1}{6}(3t^3-6t^2+4)$$

$$F_{2,3}(t)=\frac{1}{6}(-3t^3+3t^2+3t+1)$$

$$F_{3,3}(t)=\frac{1}{6}t^3$$

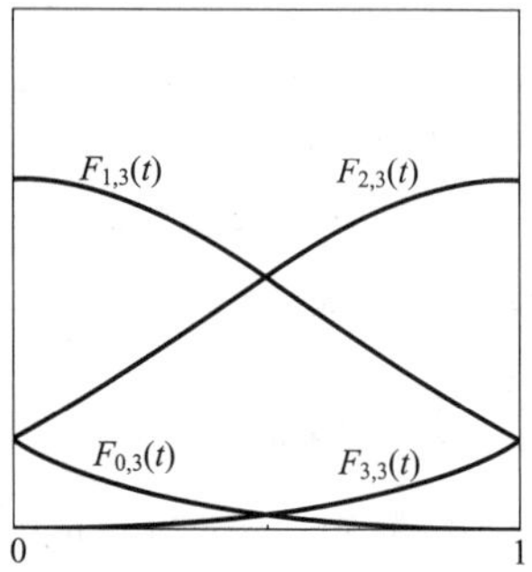

在计算 j 段（$u_j \leqslant u \leqslant u_{j+1}$）B 样条曲线时，先将参数 u 变换为 t

$$t=\frac{u-u_j}{u_{j+1}-u_j}$$

再将 t 代入标准化基函数中进行计算，得到基函数值，再与控制点组合。这样在整个过程中，基函数就统一了。

6.3.4 准均匀和非均匀 B 样条曲线

在节点均匀分布的情况下，若允许部分或全部节点重复若干次，则成为准均匀 B 样条曲线，节点重复的次数称为重复度。这也可以解释为，对一个节点进行多次重复编号。

均匀 B 样条曲线的目的是模拟 Bezier 曲线。

若两端节点具有重复度 $k+1$，那么和 Bezier 曲线情况相似，B 样条曲线通过首末两个控制点。

如三次曲线时，10 个控制点，15 个节点编号为

$$(0,1,2,4),3,4,\cdots,10,11,(12,13,14,15)$$

其中括号表示其内的点坐标相同。此时曲线通过控制点 0 和 10。这等于是删去了不能生成曲线的节点区间，而只将编号保留了下来。

若两端节点具有重复度 $k+1$，内部所有节点具有重复度 k，则生成分段 Bezier 曲线。此分段 Bezier 曲线至少能达到一阶导数连续，比单纯地拼接 Bezier 曲线要好。

节点区间长度可以任意，只需满足 $u_{i+1}-u_i>0$，此时称为非均匀 B 样条曲线。这是最宽松的一种情况，节点区间长度能够影响该区间所生成的曲线的弧长。加大节点区间长度，相应

地曲线弧长也会增加,减小节点区间长度,相应地曲线弧长也会减小。调节节点位置,也是调节曲线形状的一种方法。

给出节点区间初始长度的方法不是固定的。方法之一是人为指定,对控制点较多的情况,实际上难于操作。

作为一种计算方法,将控制点连成折线,各段折线段的长度作为节点区间初始长度。相当于将控制折线展平成直线,再进行一定比例的缩放投影到参数轴上。

因为节点数与控制点数量不同,相差 $k+1$ 个。为此将第一段折线段和最后一段折线段重复使用几次,凑足相差的 $k+1$ 个,让节点数与控制点数相同,如图 6.15 所示。

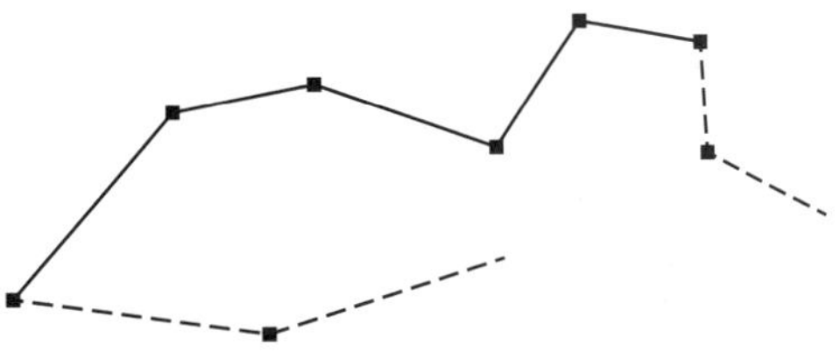

图 6.15 延伸控制折线

那么,第 i 个节点区间的长度就可以按下式计算

$$\text{第 } i \text{ 段折线段长个节点区间长} = \frac{\text{第 } i \text{ 段折线段长}}{\text{控制折线总长}}$$

均匀 B 样条曲线可以看作是非均匀 B 样条曲线的特例。对非均匀 B 样条曲线,从解析公式出发进行计算是较困难的。De Boor 和 Cox 建立了一种快速计算方法,与 Bezier 曲线的 Casteljau 算法相似,B 样条曲线的 De Boor - Cox 算法也是只对控制多边形进行计算,不涉及烦琐的基函数计算。具体的计算过程简述如下:

①在控制点的折线段上计算出一个分割点,这里的控制点不是全体控制点,只是影响所要计算的参数点的部分控制点。

②将得到的分割点连成新的折线,然后重复步骤①。

③只剩下一个分割点时,计算结束,该点就是曲线上的点。

6.3.5 NURBS 曲面

NURBS 曲面按下式定义

$$P_i(t) = \frac{\sum_{i=0}^{n}\sum_{j=0}^{n}\omega_{ij}P_{ij}N_{i,p}(u)N_{j,q}(v)}{\sum_{i=0}^{n}\sum_{j=0}^{n}\omega_{ij}N_{i,p}(u)N_{j,q}(v)}$$

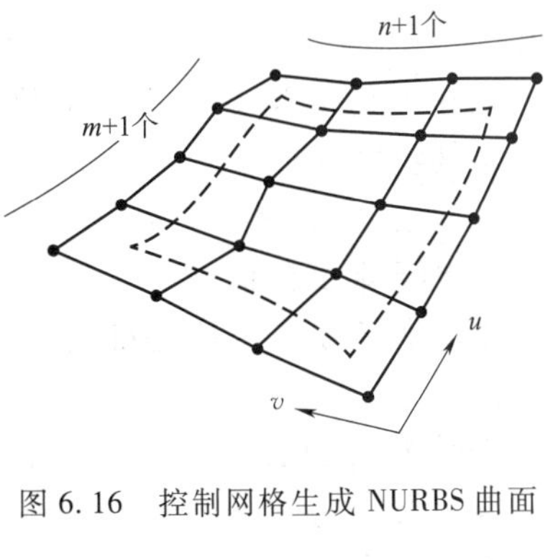

图 6.16 控制网格生成 NURBS 曲面

下面逐项说明其中的内容。

$N_{i,p}(u)$、$N_{j,q}(v)$ 仍是 B 样条的基函数,代表 p 次基函数中的第 i 个及 q 次基函数中的第 j 个,如图 6.16 所示。

$P_{ij}(i=0,\cdots,m;j=0,\cdots,n)$ 是一组控制点,依次在空间排列成方阵。其中沿 u 方向为 $m+1$ 行,沿 v 方向为$n+1$ 行。

p 是曲面在 u 方向上的次数,q 是曲面在 v 方向上的次数。曲面的次数可以在两个方向上不同,即 u、v 的幂不同。

u 方向定义了一个节点序列 $u_0,u_0,\cdots,u_{m+p+1}$,共 $m+p+2$ 个;v 方向定义了一个节点序列 $v_0,v_1,\cdots,v_{n+q+1}$,共 $n+q+2$ 个。节点序列的定义与 B 样条曲线相同。节点在参数轴上的分割

可以是均匀的、准均匀的或非均匀的。

增加了分母项,因为分式是有理数,因此称为有理的。综合起来,所以称为非均匀有理 B 样条(Non-Uniform Rational B-Splines)。

增加了参数 ω_{ij},它是控制点的附加参数,和控制点在一起,称为权因子,每个控制点拥有一个。权因子 ω 是一个很重要的参数,现在曲面形状的调节参数就有了两个:控制点和权因子 ω。两者的区别是,控制点可以沿各个方向移动;调节权因子只能使曲面上最接近控制点的点,沿着接近控制点或远离控制点的直线上移动。而且调节权因子的影响范围比调节控制点的影响范围小,使得调节操作更为局部。可以认为是一个微调参数,如图 6.17 所示。

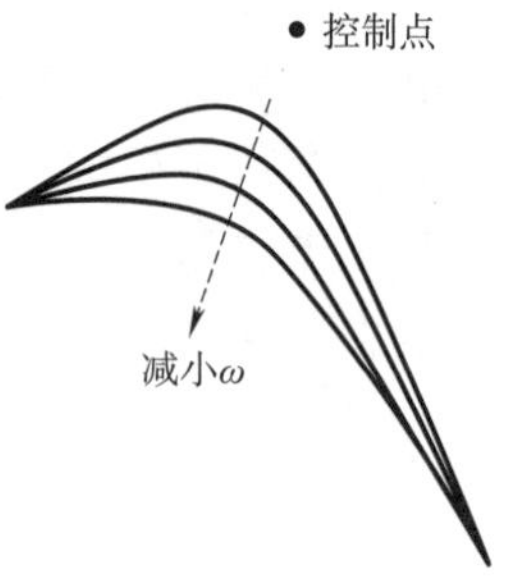

图 6.17　权因子的作用

使用上要求权因子 $\omega>0$。若 $\omega=0$,则该控制点无效。权因子可以任意加大,若 $\omega_i\to\infty$,则 $P(t)\to P_{ij}$。

既然权因子是和控制点在一起,又是一个数量值,还有一个表示方法是提供控制点数据时,直接将其乘到控制点上,此时称控制点为齐次坐标形式的控制点。

$$(x,y,z)\to(x\cdot\omega,y\cdot\omega,z\cdot\omega,\omega)$$

这样就看得清楚了,权因子 ω 的作用是对控制点向量的缩放。

根据基函数的权性性质,如果所有的 $\omega\equiv1$,定义式中的分母项就成为 1,方程退化为 B 样条曲面。当然,如果网格只有一行控制点,就退化为 B 样条曲线。

NURBS 曲面方程看起来计算很复杂,但实际计算时不需要按原始定义公式进行。与前面的 Casteljau 算法或 De Boor – Cox 算法思想一样,针对有理的曲线或曲面,可以使用有理 De Boor – Cox 算法。该算法在曲面情况时,对控制点网格做循环分割,直到最后分割点只剩一个时,就是曲面的点,计算中不涉及基函数或方程。因此学习或研究 NURBS 曲面方程,目的是了解其特点和性质,掌握其规律以便充分运用。

还有一种方法称为网格细分技术,也称细分曲面技术,是对三角形网格按一定的规则进行细分。此方法将一个三角形划分为几个三角形,在新三角形上再次划分,反复进行,将三角形细分为很多个小三角形,新增加的点恰好构成 NURBS 曲面,这也是当前流行的技术。

现在人们对 NURBS 曲面的研究已经相当全面,NURBS 已经成为标准的曲面建模技术。由于仍是使用 B 样条基函数,NURBS 曲面与 B 样条曲线具有相似的性质,如局部性、凸包性、几何不变性、高节导数连续性。

NURBS 曲面的优点:

①造型能力强,可以精确地表示二次曲面等标准形状,为计算机图形提供了统一的数学描述方法。

②增加了曲面形状的权因子,便于应用中实现相当复杂的曲线曲面形状。

③NURBS 方法是 B 样条方法在四维空间的直接推广,多数非有理 B 样条曲线曲面的性质及其相应的计算方法可直接推广到 NURBS 曲线曲面。

④在以多项式基函数的加权和方式构建的曲线或曲面技术中,NURBS 曲面是最普遍的形式,包含了 Bezier 曲线曲面、B 样条曲线曲面。

⑤有成熟的计算技术,计算稳定快速。

⑥应用广泛,如 OpenGL、DirectX、3ds Max、Maya 等软件中,都包含 NURBS 曲面构建和编辑功能。

习　题

1. 写出二次 Bezier 曲线方程，计算 $P(0)$，$P(1/2)$，$P(1)$，并证明 $P(1/2)$ 位于三角形中线的中点。

2. 推导三次 Bezier 曲线的参数方程，绘制出基函数的曲线。

3. Bezier 曲线与控制点是什么关系？

4. 证明 Bezier 曲线首末端的切线与该点控制多边形的边平行。

5. 给定 4 个点：$P_1(0,0,0)$，$P_2(1,1,1)$，$P_3(2,-1,-1)$，$P_4(3,0,0)$，求生成的 Bezier 曲线，绘制出草图。

6. 给定 4 点：$P_0(0,0,0)$，$P_1(1,1,1)$，$P_2(2,-1,-1)$，$P_3(3,0,0)$，用其作为特征多边形来构造二次 B 样条曲线，节点分割取 $ui=[0,1,2,3,4,5,6]$，写出以 u 为参数的曲线方程，绘制其函数曲线。

7. 写出均匀二次 B 样条曲线的基函数，绘制其函数曲线。

8. 给定 4 点：$P_1(0,0,0)$，$P_2(1,1,1)$，$P_3(2,-1,-1)$，$P_4(3,0,0)$，用其作为特征多边形来构造二次 B 样条曲线，节点分割取 $ui=[0,1,2,3,4,5,6]$，写出以 u 为参数的曲线方程，绘制其函数曲线。

9. 写出 NURBS 曲线方程，并说明各符号的含义或来历。

10. 曲面方程是如何构造的？

11. 列举 NURBS 的优点。

12. 为什么使用参数方程，且称为参数曲线（曲面）？

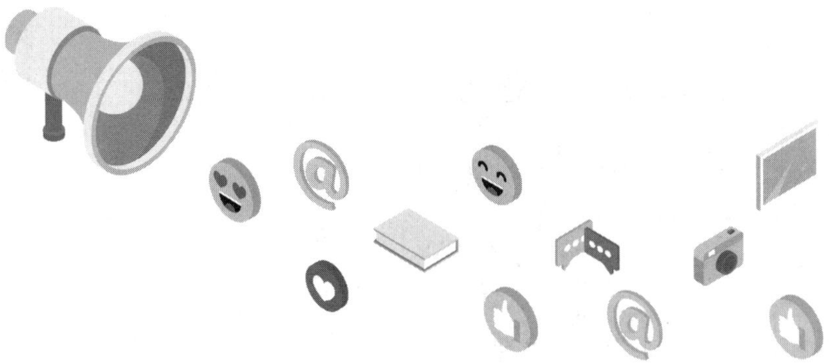

第 7 章 光照计算和纹理映射

让三维模型的表面具有颜色,图形世界就形象起来了,更接近于真实世界,这是图形学领域的重要研究方向之一。但真实世界中颜色的产生和变化机理极其复杂,难于用一个数学模型,或者说能用图形计算的数学模型来表达,因而需要寻求近似的数学模型。一方面模型要以物理学为依据,一定程度上符合物理规律,另一方面还要考虑计算复杂性,平衡两个方面,力图达到接近物理世界的效果,因此就产生了各种形式不同但各有特点的渲染算法。

1986 年,Kajiya 发表了一个称为渲染方程(The Rendering Equation)的理论模型,描述了在图形世界中光的传播行为,是现在各种渲染器的理论基础。

除了设法通过光学计算产生图形的颜色外,另一种方法是直接指定图形表面的颜色,比进行复杂的计算要容易得多。这类方法一般称为贴图,技术上称为纹理映射。因此图形颜色的产生大体上分为两类方法:光照计算和纹理映射。两类方法有着本质的区别,效果差别也非常大,实际上往往混合使用,而把它们的优点都体现出来。

本章介绍一些基本算法,涉及光照和纹理映射两方面。算法很基础但实际上被普遍运用,例如,Phong 光照模型和 Ground 平滑算法被用于 OpenGL、Unity3D,也是另外一些 3D 软件如 3ds Max 等的主要光学算法,而著名的渲染器 VRay 是以辐射度算法为基础。

7.1　光源和材质

颜色本质上是一种心理学现象,是人的知觉系统对光线的反应。因而产生颜色感知的前提是要有光线到达人眼。而光线一定是有来源的,只能从某个物理实体上产生,如太阳、灯具、火焰等。这就涉及三个概念,光源、光线和颜色,如图 7.1 所示。

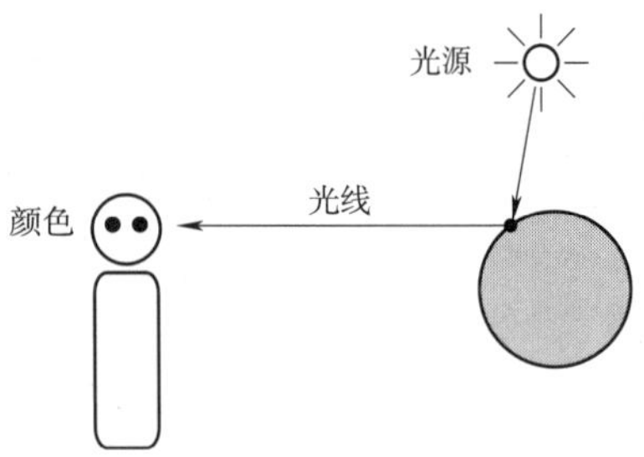

图 7.1　光源、光线和颜色

光源是能够产生光线,并将所产生的光线向空间发射出去的实体。光源具有位置、形状等几何属性,也具有光学属性。因而能从某位置上发出强弱不同的光线。图形学中将光源的几何特征抽象为几种，如图 7.2 所示。

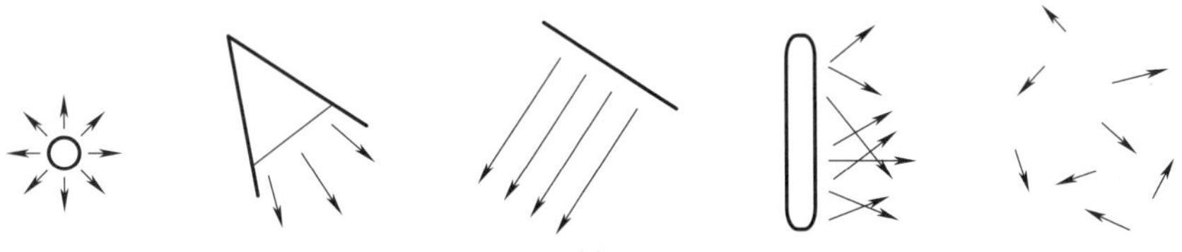

（a）点光源　（b）锥光源　（c）平行光源　（d）分布光源　（e）环境光

图 7.2　光源的抽象类型

1. 点光源

点光源是仅有位置属性的光源。实际光源都是有形状有体积的，但如果光源与被照射物体相比尺寸要小很多，光源的体积作用可以被忽略，就可以简化为点。

考虑到离光源较近与较远的物体，被照射的程度应该不同。对同一光源来说，离光源较近的物体应该更亮一些。这可以认为光线在传播过程中亮度会有衰减，用一个公式来计算光强衰减

$$f(d)=\frac{1}{a_0+a_1d+a_2d^2}$$

其中 d 是光线的长度，a_0，a_1，a_2 是距离衰减系数，它们并没有一个理论上的数值，在实际应用中可作为调节参数。光源和物体的距离稍远时，可以设 $a_0=1$，$a_1=0$，$a_2=1$，这就是常用的平方衰减。但距离过近时，平方衰减的效果就不太好了，会导致距离效应过于明显，距离不太远的物体，光照效果差别比较大。

2. 锥光源

限制点光源光线发射区间，就成为锥光源（见图 7.3）。锥光源本质上仍是点光源。除了具有位置属性，锥光源还需要描述锥形的参数。

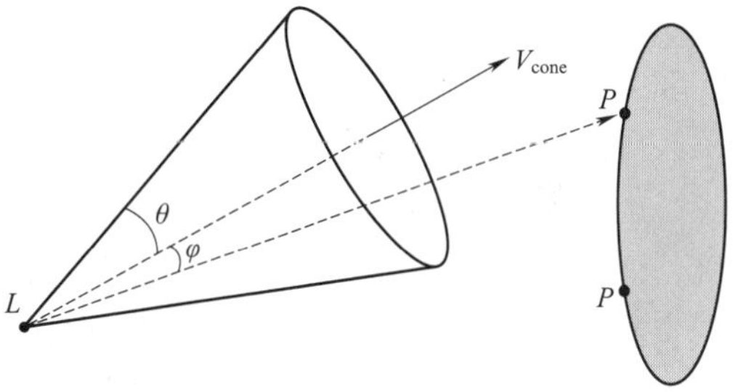

图 7.3　锥光源几何参数

L 表示点光源位置，V_{cone} 表示锥轴方向，均为空间向量。θ 表示圆锥口的半张角，即锥轴到锥面的角度。自然应该限制 $\theta<90^\circ$。

如果某物体表面一点为 P，那么下式

$$\frac{(P-L)\cdot V_{cone}}{|P-L|\cdot|V_{cone}|}\geqslant\cos\theta$$

成立时，P 点才会被光源照射到。

从锥光源的锥口所发出的光线，强度不完全相同。锥轴方向的光线最强，偏离锥轴，离锥轴越远则光线强度越弱。角强度衰减系数与光线偏离锥轴的角度 φ 有关

$$f=[\cos\varphi]^r$$

其中 r 是衰减指数，控制衰减的快慢程度。显然当 $\varphi=0$ 时，$f=1$ 没有衰减。

3. 平行光源

当一个光源实体离场景足够远，它投射到场景中的光线，互相之间方向的差别已经很小，可以被忽略。这种情况下，光源被抽象为平行光，此时没有位置属性，仅有方向属性。光源的

位置、距离都不存在,平行光源的光线是沿着一个方向均匀地投射到景物空间的。

太阳光是平行光源的一个例子,这是因为太阳足够的远。此外,如窗外投射到室内的光,因为此时不必计及光源的位置,只要看作是从窗外均匀地投进来的就可以,也是作为平行光源。

4. 分布光源

如果一个光源离被照射的物体足够近,光源的尺寸也较大,和物体的尺寸处于一个数量级,这时光源的尺寸就不能被忽略。如日光灯、台灯、霓虹灯等都是此类的例子。因为光源有尺寸,光线发出的位置是分散的,此时称为分布光源。

模拟分布光源,是将它看作点光源的集合。如果看作连续点光源的集合,计算时需要进行积分计算,并不划算。一般的做法是假设一个网格体,在网格点上放置点光源,如图 7.4 所示。考虑到分布光源可能只朝着某特定方向照射,也可以在网格上布置锥光源。无论怎么设计,实际计算时,网格点上的光源都是看作单独的光源来计算,因此布置方式可以很灵活。

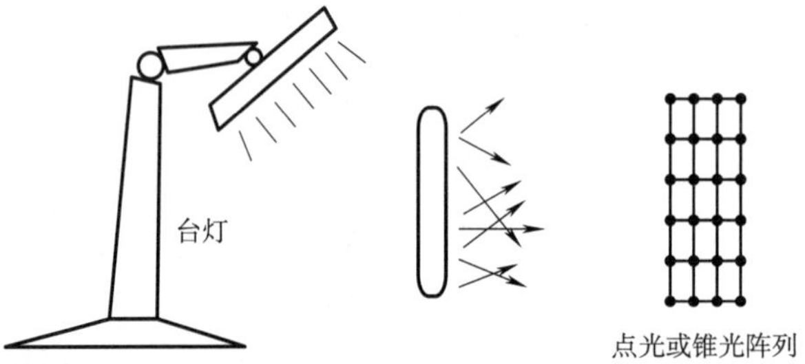

图 7.4 模拟分布式光源

5. 环境光

按照前面的思路,光源发射出光线,光线在空间做直线运动,最后落在物体表面上,产生光照效应。这是几何学的思想,符合图形学计算的特点。光源都有位置,平行光可以看作是在无穷远位置,所以才能产生光线。但实际上还有不能确定光源位置,因而不存在确定性光线的情况。

实际的物理世界不是真空,充满的空气分子或者水蒸气等其他粒子。部分光线会在这些粒子上产生反射,使得光线随机地、频繁地转折,分散到空间的各个方向。所以空间中还充满了方向不定的光线。如果不考虑这种情况,单纯地将光线看作是理想直线,那么没有光线到达的地方就会是纯黑。实际情况当然不是这样的。

为了补上这个缺陷,模拟分散在空间的混乱无序的光线,再设置一种光源类型称为环境光。环境光作为光源,是将空间每个点都看作是光源,光强相同。因为每个点都是光源,在各个方向上被照射的情况都一样,所以也就没有方向。环境光如空气一样,均匀地充满整个空间,在各个方向都产生均匀的照射。环境光没有几何属性,只有光能属性。

在 3ds Max 的实践中就能看到,如果不设置环境光,渲染效果将非常奇怪。这说明环境光起到了很大的作用,真实物理世界也确实是这样的。

颜色在计算机中一般用 24 位整数来表示,分为 R、G、B 3 个分量,也就是一个三维向量。数值上 R、G、B 都在[0,255]范围内,这是因为整数表示比较方便,便于理解。实际上标准的方法为[0,1]区间的小数,OpenGL 就是用 0 ~ 1 的小数来表示,但我们这里仍用 0 ~ 255。

RGB 仅仅是表示了一个颜色是如何混合出来的,R、G、B 三种原色各占了多大的比例。实际上光源不单单是有颜色,还有强弱程度的属性。如一个黄色的灯,可以是 20 W,也可以是 500 W,还可以更亮直到让人无法忍受,这种明亮程度的度量为功率。但这个指标在计算机软件里是无法表示的,它最终体现在显示器上。显示器可以调亮一些或者调暗一些,不同显示器的亮度也不一样,这才是物理上的亮度。

RGB 数值的大小也称为亮度,这是一个相对值,表示两种 RGB 颜色的对比,哪个更亮一些。相对更亮的颜色,在显示器输出时也会相对亮一些,但不表示绝对的、物理意义上的亮度。

RGB 数值的最大值是(255,255,255),因此是最亮的颜色。最小的数值是(0,0,0),是最暗的颜色。单独看一个分量也是一样,R 值也称为 R 的亮度,最亮的是 R = 255。如果 RGB 放在一起来计算亮度,有公式

$$I = 0.299R + 0.587G + 0.114B$$

用光照公式进行颜色计算时,计算结果会出现 R 或 G 或 B > 255 的情况。这是因为场景中可能包括很多个光源,每个光源都单独计算颜色,最终将分别计算的结果加在一起,成为总的光照效果。那么就很可能使计算结果超界,计算出一个大得不合理的颜色值来。此时对于超界的颜色值,强行记为 255。即 if R > 255 then R = 255,对 G 和 B 也是一样。出现这种情况也是因为颜色计算中没有包含能量的因素。

现在,我们就可以对几种光源的属性做出描述。每种光源的光学属性都是 RGB,它既表示光源的颜色,也表达光源的亮度。那么对各种光源的完整描述就是:

①点光源:位置向量 $\boldsymbol{L}$,距离衰减系数,颜色 RGB。

②平行光源:方向向量 $\boldsymbol{R}$,颜色 RGB。

③锥光源:位置向量 $\boldsymbol{L}$,锥口参数 V、θ,距离衰减系数,角衰减系数,颜色 RGB。

④环境光:颜色 RGB。

⑤分布光源:网格点位置 L_i,光源类型,颜色 RGB。

实际上,不考虑发光体,物体本身是没有颜色的,它只是一种材料,或一种材质。我们看到的物体颜色,是物体表面材料对外来光的反应。

材料对光的不同颜色成分的反应是不同的,有着很大的差别。如某种材料只反射红色光,不反射绿色光和蓝色光,那么当白光照射时这种材料看上去就是红色的。如果是蓝光照射,因为光线中不包含红色成分,没有红色可以反射,它又不反射蓝光,所以就没有反射光,看上去就是黑色的。同样是蓝色光源的情况下,如果场景中的物体表面材质,或多或少地都能反射蓝色光,那么场景看上去就是一片蓝色,所有物体都呈蓝色。

物理世界中的自然光,已经包含了所有的颜色成分,我们看到的物体的各种颜色,就是材料的光学性质的体现。在图形建模中实际使用的光源多数是白色光源,包含 RGB 三种成分,这样看上去就和日常场景相似了。

当光照射到物体表面时,或者说光线碰到物体表面时,所产生反应参见图 7.5。入射光线 L 将被分解为几个部分,具体的成分与物体的表面材料有关。描述某种材料光照反应的参数称为材质参数。

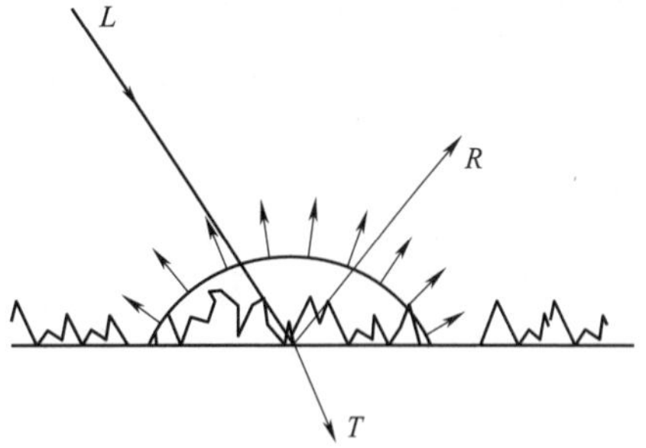

图 7.5 光照射到物体表面

(1)镜面反射光线

部分光线沿着照射点的镜面方向继续前进,如图

中的 R，称为镜面反射光线。描述反射量大小的参数称为镜面反射系数。因为光线的属性是颜色，而颜色又有 3 个分量，所以镜面反射系数也是 3 个，分别对应 R、G、B，都是 0 ~ 1 的小数。

(2)漫反射

从微观上看，没有绝对平直光滑的表面，都是凸凹不平的。光线落在这些小的凸凹上会反射到空间的各个方向，没有确定性，这种情况称为漫反射。漫反射系数也是 3 个，分别对应 R、G、B。

漫反射系数反映了物体表面的粗糙程度，对理想镜面物体漫反射系数为 0。存在漫反射时，认为漫反射的光线是均匀分散在没有被物体占据的半空间的各个方向的。

(3)折射

有些材料是半透明的，部分光线会从物体内部穿过去，这种情况就是透射。根据物理学原理，光在穿过不同介质边界时方向会产生变化，描述这个变化的参量为折射率。图 7.6 中列举了 3 种情况：图 7.6(a)是发生折射时的情况，其中入射角和折射角的正弦值之比称为折射率；图 7.6(b)是光线穿过物体后，经二次折射又回到了原来的方向，但产生了位置差；图 7.6(c)是不计折射率的情况，光线在穿过物体时，一直保持原有的行进方向。因而存在着三种表示折射的方法，在实际中都有运用。

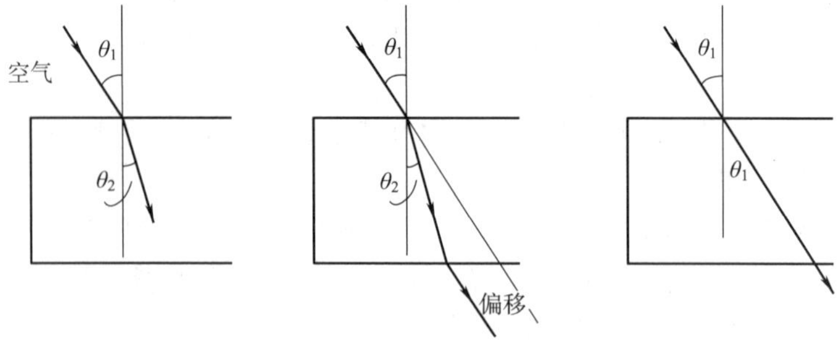

(a) 折射　　(b) 折射偏移　　(c) 不折射

图 7.6　光穿过透明材质

透射系数反映了多少比例的光线会穿过去。该系数也是 3 个，分别对应 R、G、B。

对不透明物体透射系数应该全为 0。若透射系数为 1，则光全部穿了过去，这就看不到该物体了，所以也没有透射系数为 1 的材质。

(4)被物体吸收

图形学不考虑这部分。照理说，以上几种成分的总和应该为 1，即等于投射光线的总量。但图形学不考虑能量因素，不受能量守恒制约。实际上总和常常是远大于 1，以实际效果为目标。

7.2　基本光照模型

点光、平行光和锥光共同的特点是有明显的光线，从计算上讲就是存在一个用来表示光线的向量，分布光源则是点光的重复使用。所以我们把光源归并为两类：点光和环境光。物体表

面对光的反应包括镜面反射、漫反射和折射。那么就可以组合成若干种情况,本节介绍的几种光照模型就是对不同组合的:

①环境光漫反射模型。

②点光源漫反射:Lambert 模型。

③点光源镜面反射:Phong 模型,Blinn - Phong 模型。

④点光源折射模型。

⑤全局光照:Whitted 光照模型。

7.2.1　环境光漫反射模型

环境光没有确定的光线,也就没有镜面反射和透射(见图 7.7)。环境光照射到物体表面后,被物体反射出来的光,仍然是分散到空间各个方向,是漫射光。

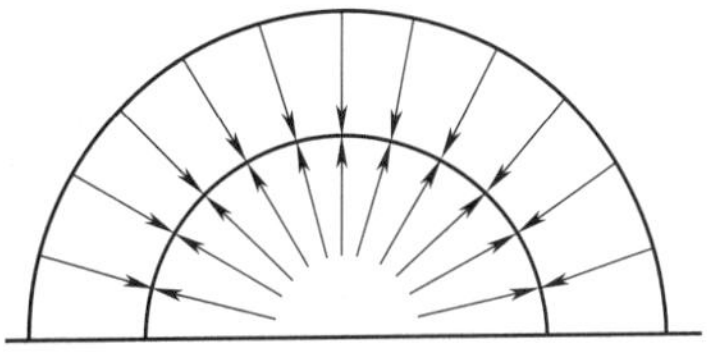

图 7.7　环境光漫反射

环境光漫反射计算模型为

$$I = I_a K_a$$

式中:I_a为环境的环境光强度;I 为景物表面上的一点由于受到环境光照明而反射出来的光能;K_a为环境光漫反射系数,是材质参数,该参数所反映的是入射光有多大程度被反射出来。因此 $K_a \in [0,1]$。

由于我们是从观察者位置上来进行计算,所以 I 所反映的是沿某个方向的反射光强度,而不是反射光的漫射光总量。即我们从任何可能的位置上看过去,看到的光线就是 I。

7.2.2　点光源漫反射模型

点光源漫反射的情况如图 7.8(a)所示,反射光线强度按下式计算

$$I = I_l K_d \cos\theta \qquad \left(0 \leqslant \theta < \frac{\pi}{2}\right)$$

此式称为 Lambert 模型。其中 I_l 是入射光强;K_d 是点光源漫反射系数,同样是描述材料性质的材质参数,取值范围为[0,1];θ 为入射光 L 与表面法向量 N 之间的夹角。

其中 $\cos\theta$ 的作用如图 7.8(b)所示,当光的入射方向偏离表面法线方向时,因为光的投射面积变小,表面所能接受的光,要比光线的强度 I_l 小。此时投影面积与表面局部面积的关系通过图 7.8(b)能计算出 $dA' = dA \cdot \cos\theta$。

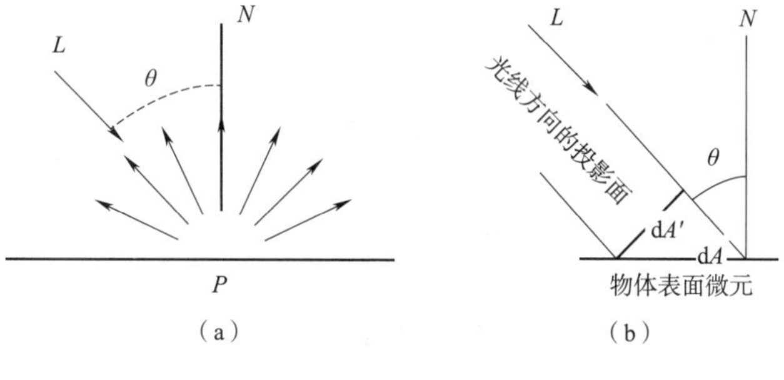

图 7.8　点光源漫反射

7.2.3 点光源镜面反射模型

在图 7.9 中将所有相关的向量都表示为以表面点 P 为起点的单位向量。其中，L 表示光线向量；N 表示表面法线；R 表示 L 的镜面反射方向，R 和 L 关于 N 对称，因此有

$$R = 2 \cdot N \cdot (N \cdot L) - L$$

E 表示从 P 点指向观察者（例如场景摄像机）的向量 H 是中间向量，$H = (L + E) / |L + E|$。

θ 是光线偏离表面法线的角度，$\cos\theta = L \cdot N$。

α 是观察者方向偏离镜面反射方向的角度，$\cos\alpha = R \cdot E$。

如果表面是一个理想的镜面反射表面，如镜子，反射光线集中在 R 方向。观察者只有在 R 方向上，才能看见反射光线。现实中多数镜面反射并不是严格的理想镜面材料，反射光线会有一定程度的分散，分布在如图 7.9 中所示的以反射方向 R 为中心圆锥形范围里。圆锥并不是对反射光线绝对的限制，所要表达的是反射光线集中在 R 的周围，随着偏离角的变大而衰减，偏离角达到一定程度就不能被察觉。

在这样的情况下，Phong 给出了光照计算模型

$$I = I_l K_s \cos^n \alpha$$

其中 I_l 是入射光强，K_s 是镜面反射系数，n 称为高光指数，反映了高光区的集中程度，就是上述圆锥张角的大小。K_s 和 n 都是材质参数，实际上代表了物体表面的平滑程度。K_s 和 n 都是材质参数。

K_s 反映了有多少比例的光以镜面反射的形式反射出来，取值范围为[0,1]。而 n 反映了所反射出来的光空间分布集中程度。

图 7.10 是 $y = (\cos\alpha)^n$ 在各种不同的 n 值下的函数曲线，显示了高光指数 n 的影响规律。从图中可以看到，$n < 5$ 时，高光区范围较大，高光不是十分明显；$n > 30$ 时，高光区范围已经比较小，此基础上再加大 n 值，高光区变化已经不大。因此 n 一般的取值范围为 5 ~ 30。

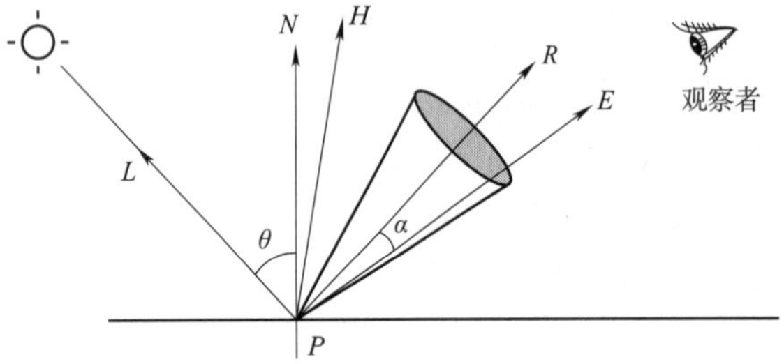

图 7.9 点光源镜面反射

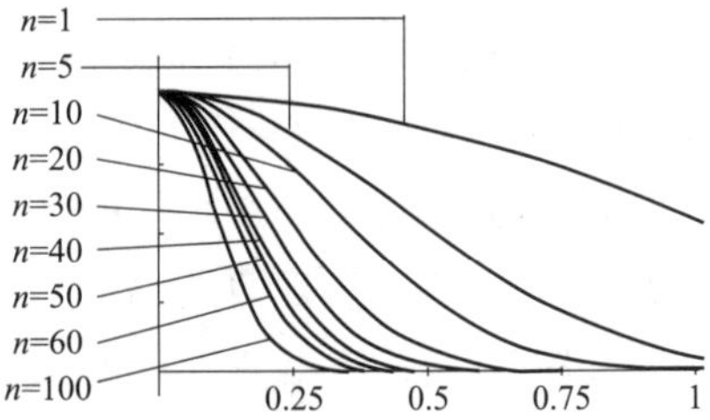

图 7.10 高光指数 n 的影响规律

$\cos\alpha$ 可以由向量点乘得到，因此 Phong 模型也可写成

$$I = I_l \cdot K_s \cdot (R \cdot E)^n$$

Blinn 对这个模型做了改动，用 $N \cdot H$ 代替式中的 $R \cdot E$，成为

$$I = I_l \cdot K_s \cdot (N \cdot H)^n$$

称为 Phong - Blinn 模型。这样改动的效果是在高光区内，亮度分布变得平缓了一些，高光点不像 Phong 模型那样尖锐、突出，图 7.11 显示了两种算法的区别。

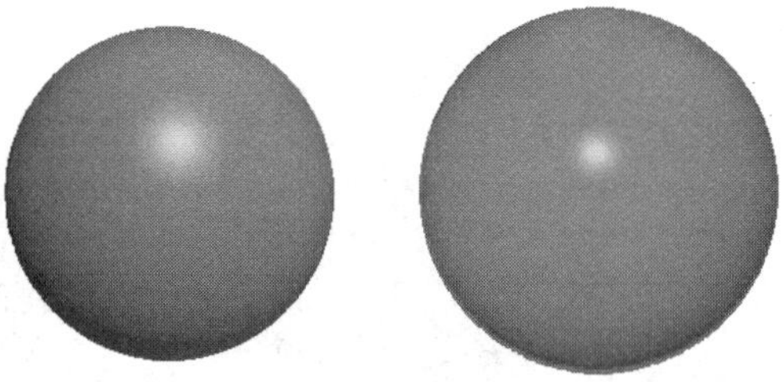

图 7.11 Phong – Blinn 模型和 Phong 模型对比

7.2.4 直接光照模型

现在，将前面提到的模型合并在一起，得到下式

$$I = I_a K_a + I_l K_d \cos\theta + I_l K_s \cos^n \alpha$$

包括了点光源、环境光，及所产生的漫反射、镜面反射，式中包含以下参数：

①光线向量、视线向量、表面法线向量；

②环境光、点光源；

③材质参数：K_a、K_d、K_s、n；

其中 $\cos\alpha$ 有两种计算方法：$\cos\alpha = R \cdot E$ 和 $\cos\alpha = N \cdot H$。

考虑到多光源的情况，再计入光线的衰减

$$I = I_a K_a + \sum_{i=1}^{n} \left(\frac{1}{a_0 + a_1 d + a_2 d_i^2} I_{li} K_d \cos\theta_i + \frac{1}{a_0 + a_1 d + a_2 d_i^2} I_{li} K_s \cos^n \alpha_i \right)$$

这个综合模型也称为 Phong 模型或 Blinn – Phong 模型，取决于 $\cos\alpha$ 的计算方法。模型的特点是只考虑直接光源，没有包括来自其他物体的反射光，即没有考虑物体间的相互影响。是个局部光照模型。

7.3 平滑处理算法

再仔细观察 Phong 模型，对一个物体来说，其各个局部的材质参数可以认为是相同的，所处的环境的光源也是相同的，主要区别就是法线。物体表面因为各处法线的差异，才能够绘制出明显的明暗变化。这就要求法线的变化也应该具有合理性，连续变化的法线，才能绘制出连续变化的颜色和明暗。

对曲面模型来说，其法线本身就是连续的，所以绘制出的图形颜色也是连续的。但每个面元都是平面的多面体模型就不是这样了。如图 7.12(a)所示，球体原始模型是一个多面体模型，按 phong 模型绘制效果如图 7.12(b)所示。

绘制效果如图 7.12(b)的原因就是，在一个面元内所有点法线相同，这样计算出来的颜色也相同。而各个面元法线不同，所以颜色就有了差异。

这就需要做进一步的处理，使颜色能够连续变化。图 7.12(c)是平滑处理后的绘制情况。既然问题来自法线，平滑处理的方法的建立也是从法线为出发点。基本思路是先对多边形面元的顶点进行计算，然后在面元内部进行线性插值，产生内部点的颜色。

（a）多面体模型　　（b）渲染绘制　　（c）平滑处理后

图 7.12　平滑处理前后对比

平滑处理的方法主要有两种，分别为 Gouraud 明暗处理和 Phong 明暗处理。

在说明算法时，我们可以假设多边形面元处于二维空间，是平面图形。原因之一是图形绘制流水线处理到了这一步时，已经完成了投影变换和视窗变换，图形已经被转到了二维空间；另一个原因是，面元内部点必须在面元平面内，不能是任意的三维空间点，即使在三维空间进行计算，也要先转到二维空间，比如在面元的参数坐标系里就进行计算。

7.3.1　Gouraud 明暗处理

Gouraud 是对颜色进行插值，计算步骤如下：

①计算每个网格顶点的法线，顶点法线通过计算所有共享该顶点的多边形的法线的平均值得到。具体的顶点法线平均算法已经在第 3 章说明。

②利用光照模型计算每一个顶点的颜色。这样网格中每个顶点都有了颜色值。

③面元内部各点的颜色值，通过对该面元顶点的颜色进行线性插值计算。

对三角形及四边形面元，插值方法都是一样的。如图 7.13 所示，下面只需说明三角形面的插值。

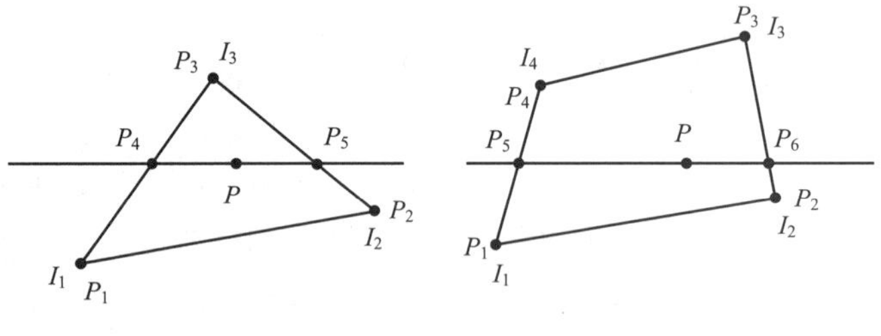

图 7.13　面元内线性插值方法

已知三角形 3 个顶点 P_1、P_2、P_3 及 3 个顶点的颜色 I_1、I_2、I_3，求内部一点 P 的颜色。做一条通过 P 的水平线，该线与三角形的边产生交点 P_4、P_5，通过直线插值可以计算 P_4、P_5 点的颜色 I_4、I_5

$$I_4 = I_1 + \frac{|P_4 - P_1|}{|P_3 - P_1|}(I_3 - I_1)$$

$$I_5 = I_2 + \frac{|P_5 - P_5|}{|P_3 - P_2|}(I_3 - I_2)$$

再对 I_4、I_5 进行插值，计算 P 点颜色 I

$$I = I_4 + \frac{|P - P_4|}{|P_5 - P_4|}(I_5 - I_4)$$

这就完成了插值计算。

7.3.2 Phong 明暗处理

Gouraud 是对颜色进行插值,计算步骤如下:

①计算每个网格顶点的平均法线。

②对面元的内部点,通过对顶点法线线性插值计算法线。插值方法仍采用图 7.12 所示的线性插值。

③利用光照模型计算内部点的颜色。

两种明暗处理都是用线性插值进行计算,这是两者相似的地方。Gouraud 算法对颜色进行插值,而 Phong 算法是对法线进行插值。

效果上,Phong 明暗处理算法的效果比较好,特别是镜面反射所产生的高光显得更加真实。

我们可以简单地分析两者的算法原理。按 Gouraud 算法,颜色在面元内是线性分布的,多个面元放在一起看,颜色变化呈折线变化。因而颜色的连续性不好,变化仍有些单调,同时也有可能在模型整体上产生一种被称为 Mach 带的条纹效应。

Phong 算法时,法线在面元内线性分布,颜色则是非线性分布。由于光照公式是非线性项,是余弦函数,所以颜色在面内的分布接近于余弦曲线,是非线性的。

计算量方面,Phong 明暗处理算法的计算量明显大于 Gouraud 算法,大约在 8 倍左右。即使采用加速算法,计算量也在 2 倍以上。在网格比较密、面元比较小时,因为采样区间很小时,余弦曲线接近于直线,实际绘制效果的区别不大。所以实际上多使用 Gouraud 算法。如 OpenGL 提供了两种着色模式:恒定着色 GL_FLAT,即不进行平滑;光滑着色 GL_SMOOTH,而 GL_SMOOTH 中则是使用了 Gouraud 明暗处理技术。

7.4 全局光照模型和光线跟踪算法原理

如果光源照射到物体 A 上,产生的反射光线再照射到物体 B 上,对物体 B,除了直接来自光源的光线,还有来自物体 A 的光线。物体 A 就可称为物体 B 的间接光源,其光线为二次光线。这里对经历多个物体,发生多次反射情况称为二次光线。因 Phong 模型只应用于一次光源,因此称为局部光照模型。

现在考虑有多个物体的场景,光线就变得复杂了,包括来自光源的光线;从物体上反射出来的反射光线;从物体内穿过来的折射光线。其反射和折射都有可能多次发生。全局光照模型就是在这种背景下建立的。

7.4.1 折射模型

对透明物体,光线会进入物体并从对面穿出去。图 7.14 示意了这种情况,其中图 7.14(a)显示了折射角和向量的系,$\boldsymbol{L}$ 是光线向量,$\boldsymbol{N}$ 是表面法线,$\boldsymbol{T}$ 是折射后的向量。η_r 表示该物体构成材料的折射率,如空气的折射率为 1.0,水的折射率为 1.33,玻璃的折射率为 1.64 等。θ_i 和 θ_r 则是光线入射角和折射角。

根据 Snell 定律

$$\frac{\sin\theta_r}{\sin\theta_i}=\frac{\eta_i}{\eta_r}$$

折射光线向量由下式计算

$$\boldsymbol{T}=\left(\frac{\eta_i}{\eta_r}\cos\theta_i-\cos\theta_r\right)\cdot\boldsymbol{N}-\frac{\eta_i}{\eta_r}\cdot\boldsymbol{L}$$

因为光线穿过物体时,方向发生了一些变化,所以从观察者的角度,透明物体后面的物体,看到的物体位置与实际位置比,有一个偏移,如图 7.14(b)所示。

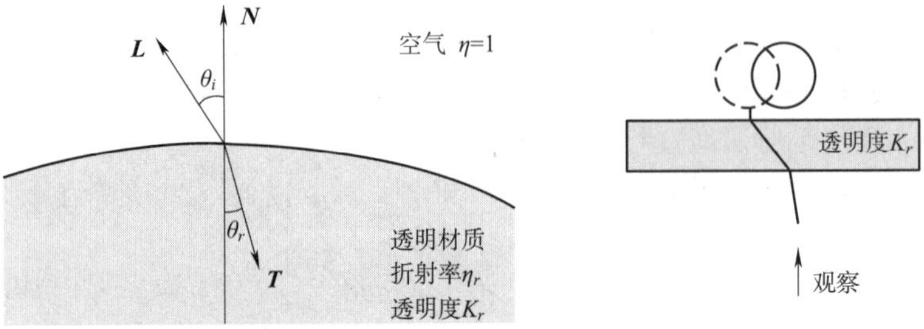

(a)折射角和向量关系　　(b)折射效果

图 7.14　简单折射情况示意

实际计算时,如果考虑折射产生的偏移,就要按上面的公式计算光线的方向变化。如果不考虑这个偏移,即假设所有物体的折射率均为 1.0,就成为简单折射模型。

光线落在透明物体表面时,会有一部分光线进入物体内部,反射部分就会损失一些(见图 7.15)。材料的透明度参数 K_r 表示这个损失比例,假设光线从空间方向(不是物体内部)落在物体表面后,不考虑透明时计算得出的反射光线强度为 I_0,则考虑到透明时反射光强为

$$I_1=I_0K_r$$

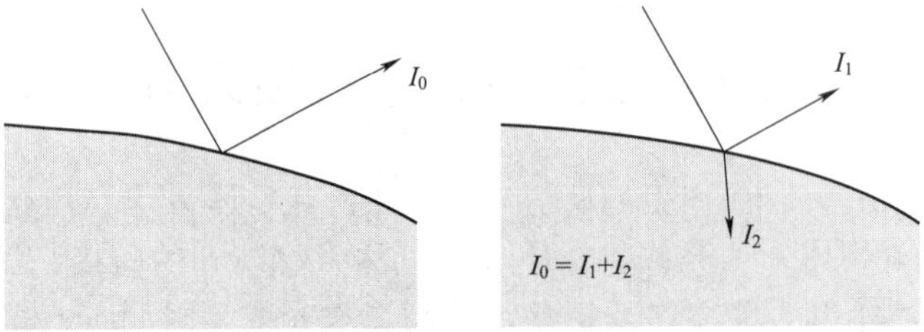

图 7.15　透明物体光线发生分解

而进入物体内部,最终从另一面穿出的光线强度为

$$I_2=I_0(1-K_r)$$

7.4.2　Whitted 光照模型

Whitted 光照模型在 Phong 模型的基础上增加了二次光源的理想镜面反射项和透射项。因此称为全局光照模型,计算公式为

$$I=I_{\text{local}}+I_{\text{es}}+I_{\text{er}}$$

其中 I_{local} 为局部项,是由直接光源产生的颜色,可由前面介绍的 Phong 光照模型计算得到。

I_{es}为二次光源的理想镜面反射分量：$I_{es}=K_s I_s$。

I_{er}为规则透射分量：$I_{er}=K_r I_r$。

Whitted 模型的特点是对二次光源只计算其理想镜面反射，不计算漫反射及非理想镜面反射成分。

7.4.3 光线跟踪算法原理

要计算一个点的颜色，基本的依据是光线，对光线的计算是光照颜色计算的前提，是关键步骤。考察一般的场景，其中包含了多个光源、多个物体，物体的材质又有透明的和非透明的，光的传播状况会比较复杂。

①物体会阻挡光线的前进，使光线在这里发生变化。

②光线被阻挡时，若是非透明物体，光线会转折到反射方向继续前进；若是透明物体，光线分解为 2 条，分别沿反射方向和折射方向继续前进。

③由于物体会阻挡光线，在某些物体上就会产生阴影。

若要计算物体上 P 点的颜色，就要搜索出从光源出发，最后经过点 P 到达观察者视点的所有光线。光线跟踪算法就是实现光线搜索的算法。

通过点 P 的光线当然会有很多，但只需要考虑传到观察者视点的这一个，其他的光线传到了别的方向，是看不到的。对某个光源来说，从光源出发经点过 P 到达观察者视点的光线可能是一条直线，意味着光源的光直接照射到了点 P，而且之间没有被其他物体遮挡。还有可能是经由其他物体反射、折射后形成的折线，这样的折线就不止一条，可能是多条。考虑到光源也可以有多个，光源到点 P 再到观察者视点的折线就会更多，每个折线都是多个线段组成。但不管怎么样，现在至少知道了它们的最后一段，就是点 P 到观察者视点这一段，这是不会有变化的。

知道了这最后一段，再加上已知发生反射、折射时方向变化规律，就可以从这最后一段反向推下去，直到最后找到光源，就完全获得了从光源出发到达视点的折线。

由于是从已知的最后一段线段开始，向着光源的方向搜索，所以光线跟踪是光线传播的逆过程。但光线的反射和折射是对称的，反向的反射、折射不会偏离正向的方向。另外，光线在物体内部，行进到内表面时，同样会发生反射、折射，光线将在内部反复地反射，产生很多物体内部光线，并从多个位置折射出去离开物体。这部分非常混乱，为了讲述的方便就不去理会了，但实际计算时还是要计算进来的。

现在以图 7.16 示例的场景来说明搜索过程。场景中包括 2 个光源，4 个物体，其中 3 个设为透明物体，B 设为非透明。图 7.16 中也标示了所涉及的名称个编号。

因为每条光线落到物体上，都可能分解为 2 个方向，也就是每段线段，都可能存在着 2 个后续线段。需要建立一个二叉树来记录所产生的线段，也在图 7.16 中表示出来。但现在能填上的只有第一段，即 1 号线段，它在二叉树中的位置是根节点。其他的要在后续搜索时逐步填进去。

点 P 和视点 V 的向量 VP 的方向可以用摄像机参数来计算。P 位置坐标减去摄像机位置坐标，就是向量 VP。这个向量随摄像机位置改变而改变，但是观察点变了，场景全部都会跟着改变，光线跟踪计算的结果也不一样。

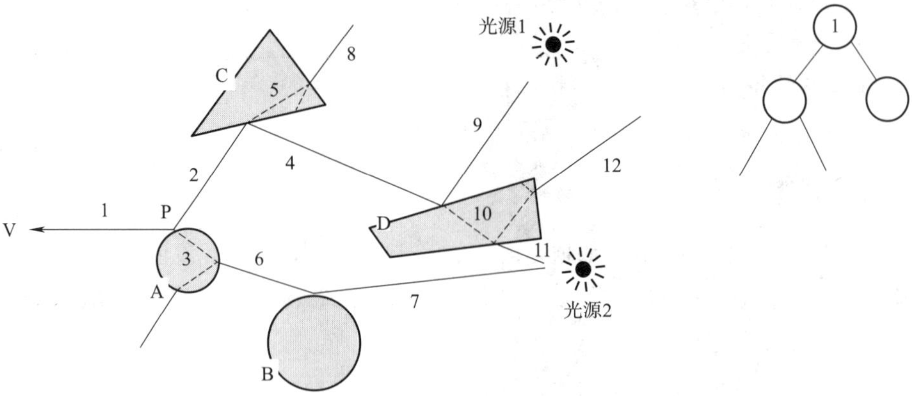

图 7.16　光线跟踪过程原理

现在取出第一条线段,即线段 1,做以下计算

①计算其反射方向,沿反射方向发出射线,搜索下一个物体表面。可能出现的结果是:

a. 遇到了一个物体表面,计算与该表面的交点,射线变成为线段,记录下线段。

b. 遇到了光源,记录下到光源的线段,这个方向搜索结束。

c. 没有搜索到任何物体或光源,这个方向搜索结束。

现在的例子中遇到了物体 B 的表面,计算与 B 表面的交点,产生线段 2。在二叉树中 1 的下面增加一个节点,记录下线段 2。

②如果是透明物体,计算其折射方向,沿折射方向发出射线,搜索下一个物体表面。搜索的规则与前面相同。

现在的例子中遇到了物体 A 的表面,计算其交点,产生线段 3。在二叉树中 1 的下面增加一个节点,记录下线段 3。

③从二叉树中取出一个未进行搜索的节点(光源除外),现在是线段 2。对这个节点重复前两步,得到线段 4 和线段 5,记录到二叉树。

因此,全部搜索过程就是步骤①和②的重复。产生的线段被加入到二叉树,再从二叉树中取出一个新线段来开始搜索。搜索终止条件为:二叉树为空;或二叉树的深度超过了预定的数值。具体图形软件都会设定一个限制,以防止无限搜索下去,常用的值为 10。事实上,每次反射光强都会有损失,次数过多意味着光线产生的转折次数过多,光线严重衰减已经没有意义。

将图 7.16 的例子继续下去直到完成,二叉树的填充也就完成。此时二叉树如图 7.17 所示。

④检查二叉树,如果 P 点直接连接的下层节点为光源,将这个光源节点去掉。本例子中没有这种情况。

⑤找出二叉树中从光源到根节点的所有路径,连接起来就是光线折线。

在本例中,有 3 条这样的路径,即有 3 条二次光线,它们是:

光源 1—9—4—2—1;

光源 2—11—10—4—2—1;

光源 2—7—6—3—1。

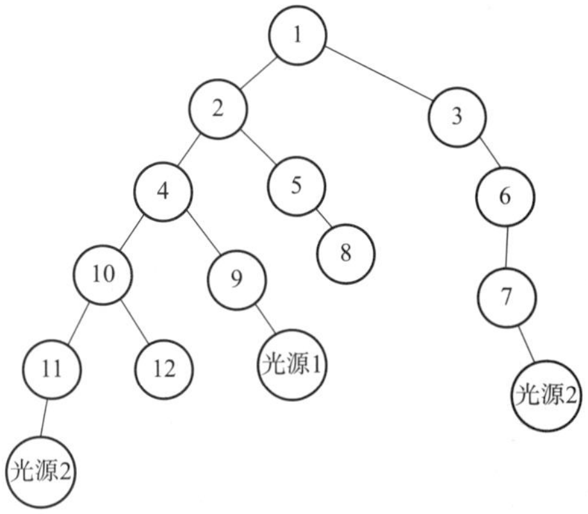

图 7.17　光线二叉树

至此光线跟踪计算结束,得到了所有由折线构成的二次光线。

再找出一次光线,定义从点 P 到光源的线段,测试线段是否与物体相交,如果没有相交物体,则该线段是一次光线,否则放弃。本例中的一次光线为:光源 1—1。点 P 与另一个光源中间有物体,不存在光线。

现在就可以按 Whitted 模型计算点 P 的颜色。对一次光线,按局部光照模型计算。对二次光线,按全局部光照模型计算,即只计算理想镜面反射光线和折射光线。这里选折线路径光源 2—7—6—3—1 为例:

根据光线线段 7,即光源强度,计算物体 B 的理想镜面反射光,形成光线 6。

根据光线线段 6,计算物体 A 的折射光强度,形成光线 3。

根据光线线段 4,计算物体 A 的折射光强度,形成光线 1。

逐个光线都进行相似的计算,点 P 的光强度即颜色,由 4 项相加而成,一项直接光源计算结果和三项二次光源计算结果。

光线跟踪的难点是求交计算。射线测试时要进行交点计算,最终得到的是线与某个面元的交点。但场景中往往存在大量的面元,逐个进行测试计算量非常大。实际上往往事先为每个物体都建立好了一个包围盒,测试步骤就可以分两步:

①包围盒测试,如果射线与物体包围盒有交点,再进行下一步,否则就放弃该物体。因为射线有交点的物体总是极少数,这样就可以将大部分物体排除。

②面元测试,对可能存在交点的物体,逐个面元进行求交计算,存储交点。

③对计算所得的交点进行排序,离射线起点最近的是有效交点。

这个步骤还可以进一步优化,如射线开始于物体内部时就可以只测试当前物体。对面元进行求交前,还可以通过面元法线测试其方向,结合射线方向判断是否需要进行求交测试。

光线跟踪算法实现了光线的全局搜索,根据光线跟踪算法进行全局光照计算的优点有:

①高光效果明显。高光即镜面反射项,直接光源计算所使用的 Phong 模型已经包括的镜面反射项,加上二次光线只计算镜面反射项,因此镜面反射项被加强,高光效果变得更为突出,整个画面显得比较艳丽。

②由于高光效果明显,所以容易在一个表面光滑的物体上产生另一个物体的影像。

③物体的明暗能够受到其他物体影响。光线跟踪结果包含了物体的相互遮挡关系,一个物体可以因为处于被遮挡位置而变暗或部分变暗。

④能产生关系合理的阴影。

⑤所绘制的场景有较好的层次感,明暗变化合理。

光线跟踪算法也有不足的地方:一是因为要进行面元求交计算,计算量较大。复杂场景下只能依赖于高速 GPU 运算实现实时计算。二是阴影边缘清晰,边界分明。这显然是由于没有计算漫反射的原因。现实中反射光的分散程度是比较严重的,但光线跟踪算法只跟踪镜面反射,不跟踪漫反射光线,所以就产生这样的效果。光线跟踪的阴影效果如图 7.18 所示。图中是 3 个方形物体在后面的一个板子上产生的阴影。这种效果也可以认为是光线跟踪算法的特点:超现实的艺术风格。

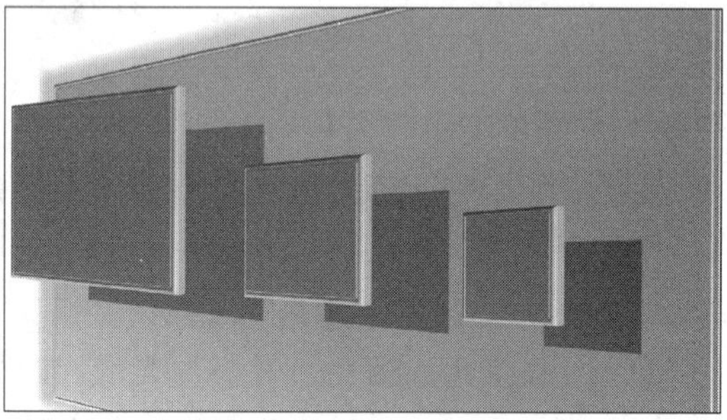

图 7.18　光线跟踪的阴影效果

7.5　基于光能传递的光照算法简介

作为全局光照算法,光线跟踪算法如上所述突出了镜面反射光。与之相反,辐射度算法突出漫反射光,如果按辐射度算法渲染图 7.18 的场景,则成为图 7.19 的样子,其阴影的边界模糊不清,真实感更好一些。

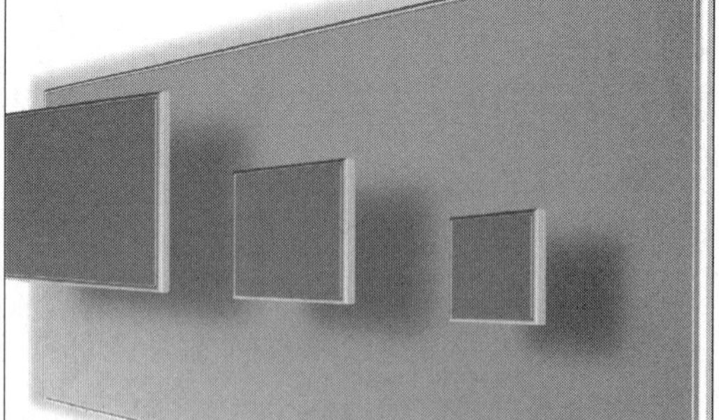

图 7.19　光线跟踪的阴影效果

假设一个房间,地板是红色的,墙壁是白色的。辐射度算法渲染结果会使墙壁稍稍呈现一些红色,这也是强调了漫反射的结果。

辐射度算法来自 Kajiya 的渲染方程,这类渲染器比较多,如著名的 VRay 就属于这类。本节先介绍算法的基本思想，再介绍渲染方程的建立。需说明的是，辐射度算法代表了一种原理，并不是最终的实现，实际产品化过程中可以有很多变化，有不同的实现方式。

7.5.1　算法基本思想

对辐射度算法来说，场景中所有的构成物都是物体，没有单独的光源。所谓光源就是能发光的物体，这和物理实际是相似的。

为了进行说明，这里构造了一个房间的例子，如图 7.20 所示，房间被绘制成二维形式，三维的情况原理也相同。因为是二维，图中面元表示成一个线段，用与面元并列的小格子的颜色表示该面元的颜色。房间最初的状态如图 7.20(a)所示，其中标记为 A 的面元是发光体，所以一开始它就有颜色，而其他面元还没有颜色。也就是，最初的时候，场景是黑的，只有光源是亮的。

现在开始做第一次计算。从 A 的位置上向外看，所有能看见的面元都将被它照亮，无论在哪个方向上。图 7.20(b)是完成计算后的情况，一些面元已经有了颜色，但还有一些面元没有颜色，因为它们不直接面对 A。被照亮的那些面元，考虑到相对位置的差别，照亮的程度并不相同，这一点图中并没有被显示出来。

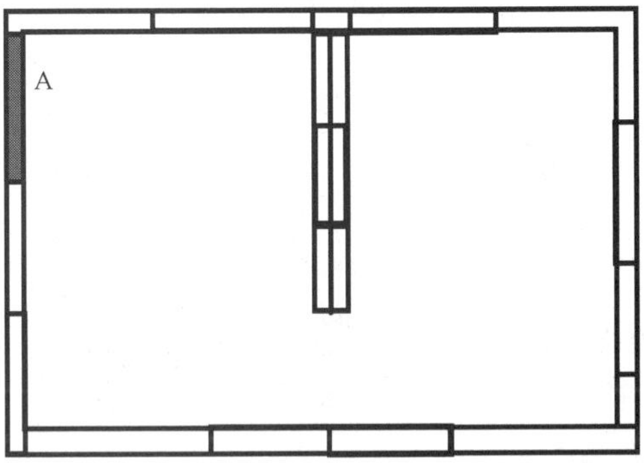

(a)

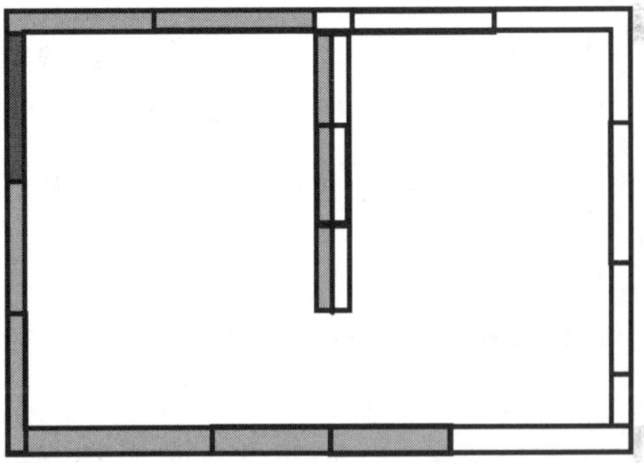

(b)

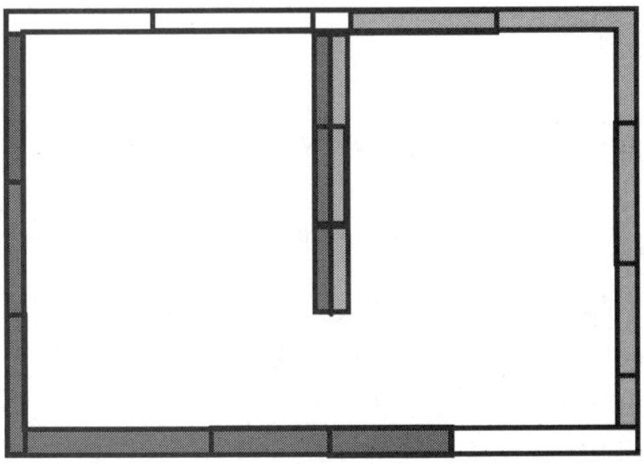

(c)

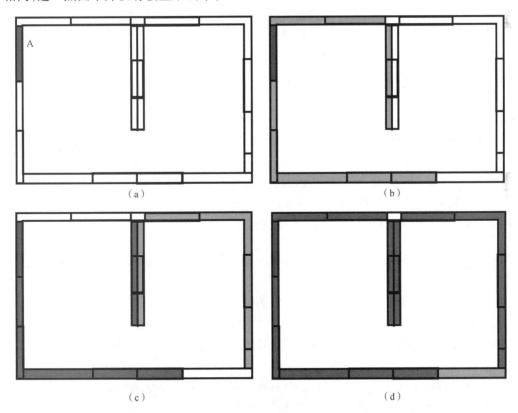

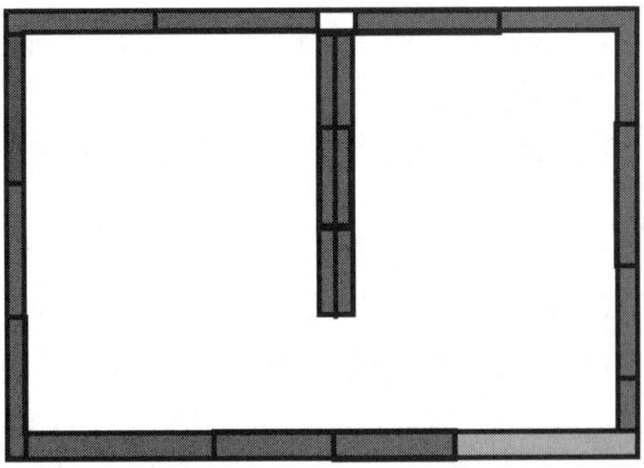

(d)

图 7.20　房间的渲染过程

第二次计算，此时有颜色的面元已经有多个，它们全都作为光源。因此场景中存在了比开始时更多的光源。每一个作为光源的面元，都去照亮它所能看见的所有其他面元，包括还没有颜色的和已经有颜色的。这样原来已有颜色的面元，因为被更多光源照射，颜色会有所增加，原来没有颜色的面元,因为被照射,也有了颜色,第二次照射后的情况如图 7.20(c)所示。

第三次计算,此时有颜色的面元变得更多,基本上所有的面元都有颜色了。还是和上一步一样,有颜色的面元全都作为光源,去照亮它所能看见的所有其他面元。这样被照射的面元,颜色成分又增加了一些。图 7.20(d)中,所有的面元都已经有了颜色,但照射过程还要继续下去。

按这样反复进行下去,每个面元都照射它所能看见的其他面元,因此每个面元的颜色都在增加。这是个迭代过程,随着迭代次数的增加,面元的颜色越来越加重。直到画面基本稳定,颜色变化不大为止。一般地,迭代到场景颜色分布稳定,大约要几十次甚至上百次,这和场景的复杂性相关。

以上就是辐射度算法的基本思想。这个过程中,每个面元照射其他面元时,并不考虑被照射的面元在哪个方向,所以本质上是漫反射。

7.5.2 辐射方程

光能是个物理学概念,认为光是称为光子的基本粒子组成的粒子流。单个光子携带的能量是一定的,因此粒子数量的多少反映了光能的大小。用光通量表示单位时间流过单位面积的光子数量,那么光通量就体现的光的强弱。光子数量恒定,遵守能量守恒定律。

图形学是基于几何光学的,但从这里借用了能量的概念,认为光在场景中的传递也应遵守能量守恒定律,以此为根据建立了全局辐射方程,通过求解辐射方程获得各面元的颜色。前面说过的每次迭代,就是一次对辐射方程的求解。

从物体表面上一个微小面积 dA 中发出的光线,分散到 dA 的正面半球空间中。从观察者的角度上所看到的,是其中一个光束,用立体角 $d\omega$ 表示这个光束(见图 7.21)。光束 $d\omega$ 的光亮强度 $I=(R,G,B)$,可以认为是表示所包含的光能的多少的度量,值越大,则颜色越亮,所包含的光能越多。

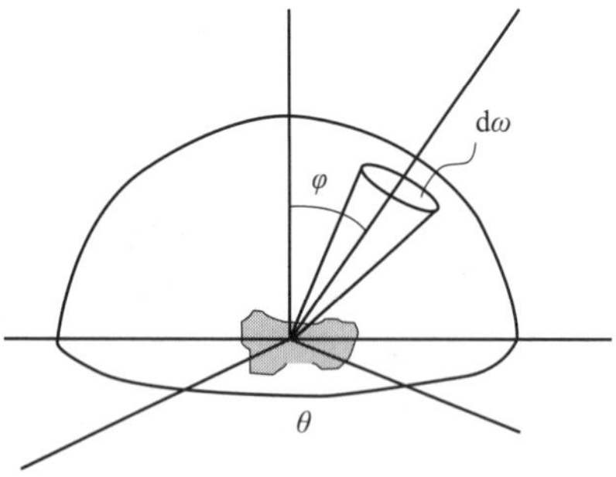

图 7.21　表面一点发出的光线

dA 所发出的光能的总和,称为辐射度,可以对 $d\omega$ 进行半球面积分求得

$$dB = I \cdot \int_0^{2\pi}\int_0^{\pi/2} \cos\varphi \cdot d\omega = I \cdot \int_0^{2\pi}\int_0^{\pi/2} \cos\varphi \cdot \sin\varphi \cdot d\varphi d\theta = \pi \cdot I$$

根据这个积分结果,辐射度和在某个方向上所看到的光强(颜色)有了简单直接的关系。下面对辐射度建立方程,求解结果可以很容易转为颜色值。可以认为,求解辐射方程就是求解颜色。

假设一个场景由封闭的面片所组成,而且面片足够小。可以认为网格模型中的面元就是一个面片。一个面元能够反射光能,如果它还是光源,那么还可以产生并发射光能。设场景中面元总数为 n,对第 i 个面元,令 B_i 为该面元单位面积上的辐射度,即所辐射出的光能,H_i 为它所接受到的所有来自其他面元的辐射能,E_i 为该面元单位面积上所产生的辐射能,则

$$H_i = \sum_j B_j \cdot F_{ji}$$

$$B_i = E_i + \rho_i \sum_j B_j \cdot F_{ji} \qquad i = 1,2,\cdots,n$$

式中 ρ_i 为漫反射系数，表示入射光能与反射光能的比例，是材料性质参数。F_{jk} 称为形状因子，是一个几何量，由 i，j 两面元的相对位置关系来计算。F_{jk} 只对相互能看到的面有意义，否则为 0，对自身也是 0。E_i 只对光源情况才有意义，如果不是光源，$E_i = 0$。

还可以将方程写成矩阵形式

$$\begin{pmatrix} 1 & -\rho_1 F_{12} & \cdots & -\rho_1 F_{1n} \\ -\rho_2 F_{21} & 1 & \cdots & -\rho_2 F_{2n} \\ \vdots & \vdots & & \vdots \\ -\rho_n F_{n1} & -\rho_n F_{n1} & \vdots & 1 \end{pmatrix} \begin{pmatrix} B_1 \\ B_2 \\ \vdots \\ B_n \end{pmatrix} = \begin{pmatrix} E_1 \\ E_2 \\ \vdots \\ E_n \end{pmatrix}$$

此方程称为辐射方程。方程组中有 n 个未知数，n 个方程，是一个线性方程组，可以求解出所有面元的辐射度。

形状因子 F_{jk} 只与形状有关，是几何参数，计算公式如下

$$F_{ji} = \frac{1}{A_j} \int_{A_j} \int_{A_i} \frac{\cos\varphi_j \cdot \cos\varphi_i}{\pi \cdot r^2} \mathrm{d}A_i \mathrm{d}A_j$$

其中，A_i 是面元 i 的面积；r 是面元 i、j 之间的连线长度；φ_i 是面元 i 的法线与 r 的夹角。

形状因子 F_{jk} 本质上是一个面元的辐射能对其他面元的分配规则，描述了面元 k 所发出的光能，面元 j 能够得到多少份额。因此需要满足

① $\sum_{k=1}^{n} F_{jk} = 1$，表示能量守恒。

② $A_j \cdot F_{jk} = A_k \cdot F_{kj}$，表示面元 i、j 之间的辐射是对等的。

③ $F_{kk} = 0$，表示面元不能接收自身的辐射。

辐射度算法的优点是模拟了真实世界光能传递方式，绘制结果具有更好的真实感。辐射度算法的困难在于：

①面元数量多时，辐射度方程组的规模很大，而且其系数矩阵几乎是满的、非对称的，需要很大的存储空间和求解时间。

②形状因子 F 是重积分，计算比较复杂。

实际应用时要进行适当的简化，设计优化算法才能实现。如其中形状因子，它所表示的是光能的分配规则，只要能满足其 3 个条件，可以用不同的设计来实现，而不必去做双重面积分，但即使这样，渲染过程也需要花费较长时间。总的来说，辐射度算法不适合用于实时渲染，在需要实时渲染的软件中还是以光线跟踪为主要算法。

7.6 纹理映射

现实中的物体表面常常呈现出复杂而细微的颜色变化或几何形状的变化，如木纹、布料上的花纹、商品包装、牌匾、树干表面等。光照技术可以使物体表面的颜色产生连续变化，但无法实现复杂的细节变化。这些现象的表示，超出了几何建模的能力，需要另有解决方法。

图 7.22　带有纹理的立方体

对此类问题，图形学的基本方法是纹理映射技术。首先将表面细节信息用一个数据集合来表示和存储，这个数据集称为纹理。再定义一种映射关系，使几何模型和纹理信息相对应，称为纹理映射。有了纹理和纹理映射，在图形渲染绘制时，将纹理信息绘制在几何模型对应的位置上，实现了复杂细节的呈现。使用纹理，可以在不增加几何模型复杂度，不显著增加计算量的前提下，大幅度地提高图形的真实感。作为纹理映射的例子，图 7.22 显示了一个带图案的立方体。

表示细节信息的纹理：一类是颜色纹理，用于表示物体表面细节颜色；一类是几何纹理，用于表示物体表面细小的几何变化，如带沟纹的表面。本节所说的纹理，指颜色纹理。

本节中介绍纹理映射的相关知识，包括纹理的表示和存储，纹理映射关系的数学形式。

7.6.1　纹理空间和纹理模式

纹理是一个数据集，一般定义在二维空间中，也有一维纹理和三维纹理，但最常用的是二维纹理。

定义一个二维坐标系 st，称为纹理空间，如图 7.23 所示。纹理信息仍然以点的形式存在，坐标 (u,v) 表示了纹理空间中的一个点。纹理空间中全体点的集合构成整个纹理。

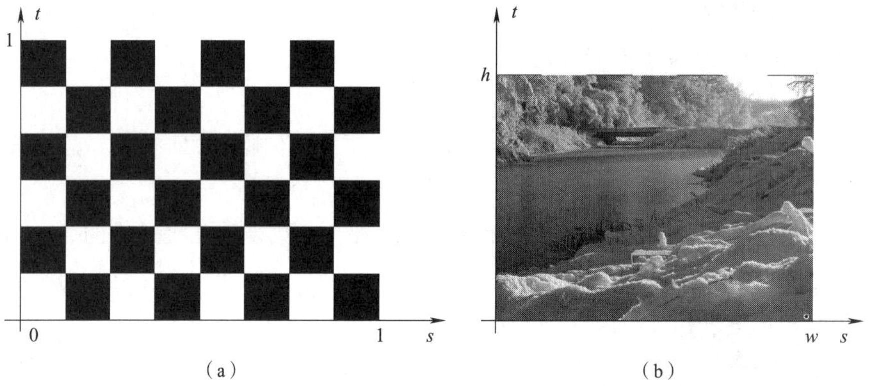

图 7.23　纹理坐标系

实际应用中，纹理都是有限大小的，因此纹理空间也是有边界的。在 st 空间中定义纹理区域的方法如下：

①将纹理定义在 $0 \leqq s \leqq 1, 0 \leqq t \leqq 1$ 的正方形区域，是标准化的纹理空间，如图 7.23(a)所示。

②如果纹理来自一个由像素点组成的图片，纹理信息是离散的，可以将它的定义域设为 $(0 \leqq s \leqq \mathrm{w}, 0 \leqq t \leqq \mathrm{h})$，如图 7.23(b)所示。这样做的优点是，像素点都是整数坐标，(s,t)与像素所在的行列数一致。当然也可以定义到 $(0 \leqq s \leqq 1, 0 \leqq t \leqq 1)$，由坐标 (s,t) 和像素所在的行列数还需要进行计算转换。

无论如何定义纹理空间,它都必须是正方形或长方形的。

对颜色纹理来说,纹理信息就是颜色值,如(R,G,B)。在纹理空间中表达纹理信息的方法称为纹理模式,主要有以下两种:

1. 数学函数形式

定义在纹理空间中的显式函数表示颜色在纹理空间中的分布。如图 7.23(a)中的

$$g(s,t)=\begin{cases}1 & s\times 8+t\times 6\ \text{整数部分为奇数}\\ 0 & s\times 8+t\times 6\ \text{整数部分为偶数}\end{cases}$$

函数可以是离散的或连续的。这种情况下,纹理中颜色分布有明显的规律性,能用函数来表示。

理论上,定义在纹理空间上的函数都可以作为纹理函数使用。

2. 矩阵形式

大多数情况下,纹理难于用函数来表示。最常见的纹理信息来源是图片,是由像素阵列组成的。像素成行成列地排列,成为矩阵形式,所以称为纹理矩阵。

矩阵形式的纹理原始信息是不连续的,而纹理空间是连续的。在纹理采样时就会出现,给出的纹理坐标不是一个整数值的情况。例如,纹理映射可能是这样进行:给出物体表面一个点,计算其对应的纹理空间点(s,t),以便从纹理空间点获取颜色信息,用于物体表面点绘制时使用的颜色。这样计算的纹理空间点多半不是整数点。

简单的处理方法是寻找点(s,t)最接近的整数点,取得该整数点的函数值,即

$$f(s,t)=f(\text{int}(s+0.5),\text{int}(t+0.5))$$

更为合理的方法是对(s,t)临近的整数点进行插值计算,如图 7.24 所示,此时(s,t)所在的矩形边长为 1,线性插值计算公式为

$$f(s,t)=\begin{pmatrix}1-(s-s_0) & s-s_0\end{pmatrix}\cdot\begin{pmatrix}f_{00} & f_{01}\\ f_{10} & f_{11}\end{pmatrix}\cdot\begin{pmatrix}1-(t-t_0)\\ t-t_0\end{pmatrix}$$

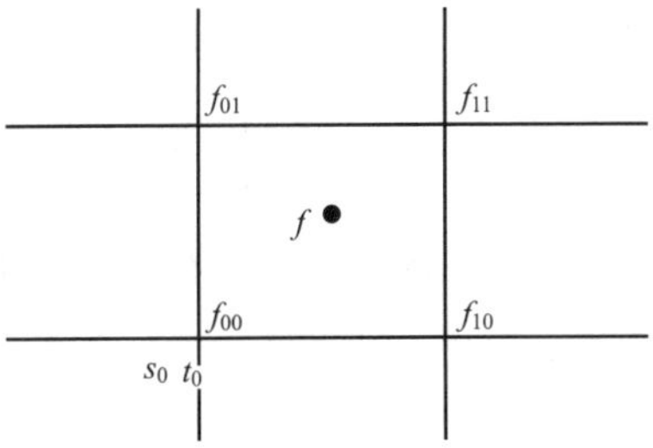

图 7.24 (s,t)处函数值$f(s,t)$的线性插值

按照这个插值公式,离散像素点构成的图片,现在就可以看作是颜色值是连续变化的。

7.6.2 纹理映射函数

将纹理模式映射到物体模型表面的过程,称为纹理映射。纹理映射表示了图形空间和纹理空间的变换,反映了图形空间与纹理空间中点与点之间的对应关系。

在开始进行纹理映射前,必须指定图形顶点的纹理坐标,否则就如图 7.25 所显示的,不能确定面元内应该使用纹理图片中的哪一部分。

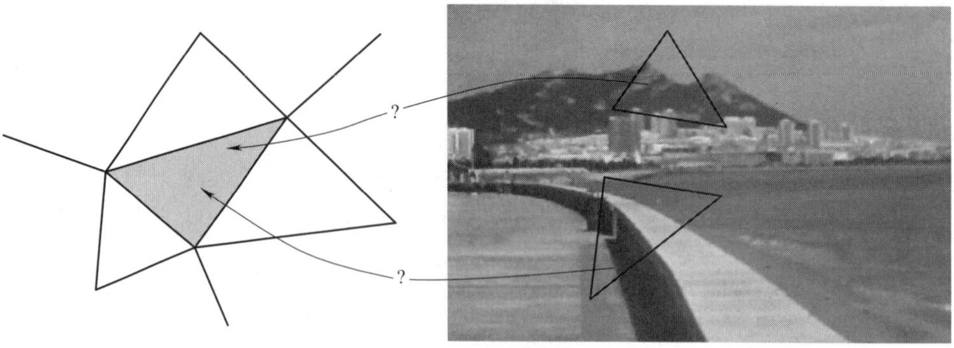

图 7.25　纹理和图形

指定了图形顶点的纹理坐标，顶点参数就变得更多，现在成为

$$点\ i:(x,y,z),(s,t)$$
$$点\ j:(x,y,z),(s,t)$$
$$\cdots\cdots$$

其中(x,y,z)是点的空间坐标，会随着坐标变换而改变。(s,t)是纹理坐标，不会在图形变换中发生改变，将保持到最后阶段，在渲染输出时或需要使用颜色时才被使用。

图 7.25 也能看到，即使指定了纹理坐标，图形的面元和纹理图片中对应的区域未必是相似形，不相似时图片被复制到图元上后，会发生变形，使得两个方向的比例不一致。几何学上将曲面分为可展平和不可展平两类，在大多数情况下，图形模型都是不可展平的。贴图都存在一定程度上的变形或扭曲。

在进行纹理映射时，设图形处在二维坐标系(u,v)中，那么用映射函数的形式表示纹理映射，可写成

①
$$s=f(u,v)$$
$$t=g(u,v)$$

或者

②
$$u=f(s,t)$$
$$v=g(s,t)$$

通常情况下，纹理映射函数都是线性函数。第①个公式称为图形空间扫描，是对图形空间中的点(u,v)，计算其在纹理空间中的对应点坐标(s,t)。第②个公式称为纹理空间扫描，是对纹理空间中的点(s,t)，计算其在纹理空间中的对应点坐标(u,v)。图 7.26 显示了这两种映射方式。

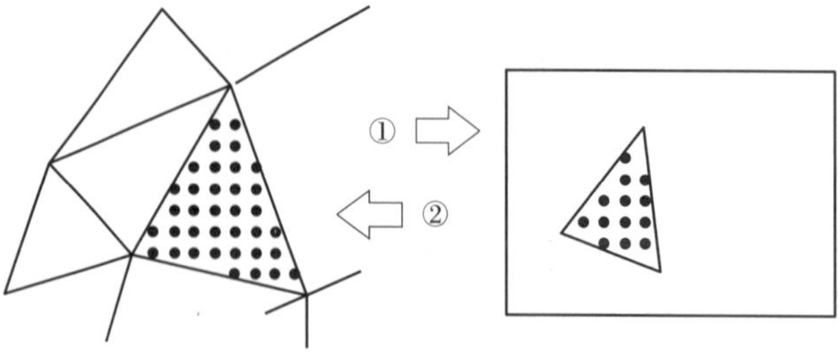

图 7.26　纹理映射进行方向

第②个公式所表示的映射计算存在着采样点不足的问题。图 7.27 中,纹理空间三角形中的像素数量比较少,如果从纹理空间取出像素,再映射到图形空间,可能出现填不满的问题。第①个公式所表示的映射则不会出现这个问题,由于是从图形空间取点,总能保证图形获取足够多的点。这时纹理空间里较少的像素点可以通过插值产生更多的像素点。

对三角形面元,设它的三个顶点的纹理坐标为已知,分别为(s_1,t_1),(s_2,t_2),(s_3,t_3)。如图 7.27 所示,三角形在全局二维坐标系(u,v)中,其三个顶点坐标为(u_1,v_1),(u_2,v_2),(u_3,v_3)。三角形内部还有一个参数坐标系,现在用(p,q)表示。给出三角形内某点的坐标(u,v)。先转换为(p,q)坐标,转换公式就是反解三角形的参数方程,在二维情况下求解比较容易,可以得到

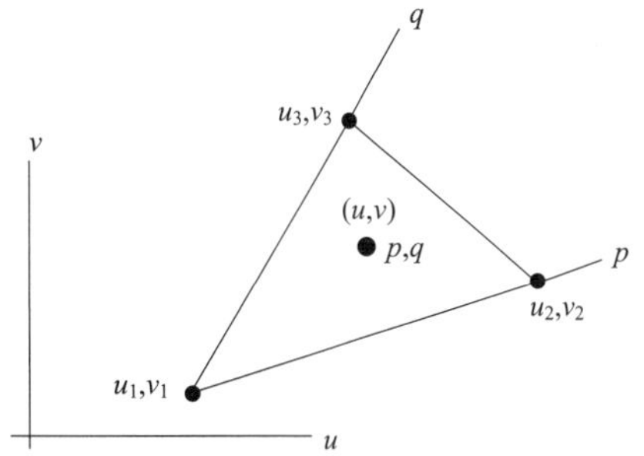

图 7.27　三角形坐标转换

$$p=\frac{(v-v_1)(u_3-u_1)-(v_3-v_1)(u-u_1)}{(v_2-v_1)(u_3-u_1)-(v_3-v_1)(u_2-u_1)}$$

$$q=\frac{(v_2-v_1)(u-u_1)-(v-v_1)(u_2-u_1)}{(v_2-v_1)(u_3-u_1)-(v_3-v_1)(u_2-u_1)}$$

则三角形内任一点(p,q),对应的纹理坐标为

$$s=(1-p-q)\cdot s_1+p\cdot s_2+q\cdot s_3$$

$$t=(1-p-q)\cdot t_1+p\cdot t_2+q\cdot t_3$$

这就是三角形面元的纹理映射公式。因为是线性插值公式,p 和 q 都是一次项,可以认为纹理是均匀地贴到三角形内的,但 u,v 两个方向缩放比例可能不同。

对四边形面元,需要分解为两个三角形来进行纹理映射。作为示例,下面列举几种标准数学曲面的纹理映射函数。在例子中,假设纹理空间的定义域为$(0\leqq s\leqq 1,0\leqq t\leqq 1)$。

例 1　球面的纹理映射函数。

球面参数方程为

$$x=r\sin\varphi\cos\theta$$

$$y=r\sin\varphi\sin\theta$$

$$z=r\cos\varphi$$

其中 r 是球的半径,θ、φ 是参数,$0\leqslant\theta\leqslant 2\pi$,$0\leqslant\varphi\leqslant\pi$。将 θ、φ 与纹理坐标对应就可以建立映射函数。

若要将纹理铺满全体球面,映射函数为

$$s=\theta/2\pi$$

$$t=\varphi/\pi$$

同样还可以写出不同贴法的映射函数。

例 2　圆柱面的纹理映射函数。

圆柱面参数方程为

$$x = r\cos\theta$$
$$y = hu$$
$$z = r\sin\theta$$

其中 h 是圆柱高度，r 是半径。参数 u 表示圆柱高度方向，定义域为 $0 \leqslant u \leqslant 1$。$\theta$ 表示圆周方向，定义域 $0 \leqslant \theta \leqslant 2\pi$。若要将纹理铺满圆柱侧面，映射函数为

$$s = \theta / 2\pi$$
$$t = u$$

例 3 圆环面的纹理映射函数。

圆环面参数方程为

$$x = (R + r\cos\theta)\cos\varphi$$
$$y = (R + r\cos\theta)\sin\varphi$$
$$z = r\sin\theta$$

其中 R、r 是圆环的大小半径，θ、φ 是参数，定义域 $0 \leqslant \theta, \varphi \leqslant 2\pi$。若要将纹理铺满圆环面，参见图 7.28，映射函数为

$$s = \theta / 2\pi$$
$$t = \varphi / 2\pi$$

图 7.28 圆环面纹理

7.6.3 生成纹理坐标

前面已经看到，进行纹理映射时，模型中的顶点需要包含纹理坐标。若人工方式指定纹理坐标，对较复杂的模型，操作上难于实现。对此问题合理的做法是，人为地指定少量顶点的纹理坐标，将纹理区域大体上确定下来，其他顶点能够在此基础上自动生成。下面分几种情况进行介绍。

1. 规范几何体

如立方体、球体、圆柱体、棱柱体等有解析形式数学方程的规范几何体，正向前面介绍过的几个例子那样，其纹理坐标可以计算得到。现以圆柱面为例说明纹理坐标计算过程。

本地坐标系以圆柱体底面中心为原点，圆柱长度方向为 y 轴（见图 7.29）。

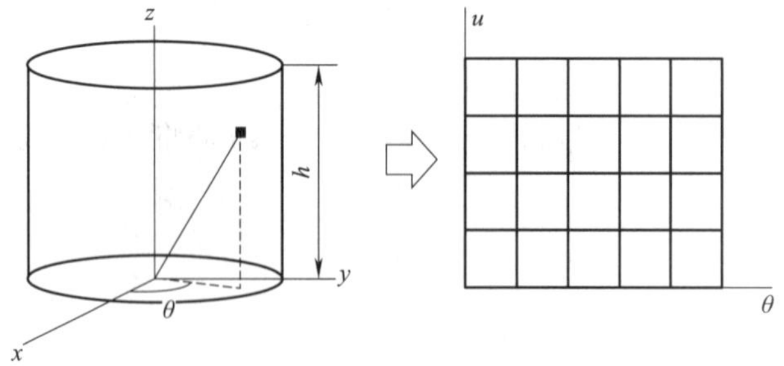

图 7.29 圆柱面坐标生成

在生成网格时，对参数坐标为 $[\theta, u]$ 的点，一方面可以由参数方程计算其空间坐标 (x, y, z)，另一方面可以按下式生成纹理坐标

$$s = a_1 + a_2 \cdot \theta/2\pi$$

$$t = b_1 + b_2 \cdot u$$

其中 a_1, a_2, b_1, b_2 为调节参数，通过调节这几个参数，并限制 θ 和 u 的范围，可以使部分纹理贴在部分柱面上。若 $a_1 = 0, a_2 = 1, b_1 = 0, b_2 = 1$，则与前面例子相同，纹理贴满整个柱面。

在以 3ds Max、Maya 为代表的建模软件中，创建物体的方式之一的选择标准几何体进行创建，软件会自动生成网格和纹理坐标。此后对物体进行编辑时，软件会根据编辑操作修改纹理坐标。所以选择材质时，可以只选择贴图图案，不对纹理坐标进行编辑也能实现贴图，但贴图位置是默认生成的。而其他方式创建的物体，如由线条产生的物体，则不带有纹理坐标，需要进行 UV 贴图操作。

2. 样条曲面

如 Bezier 曲面、NURBS 曲面等，它们原本就是参数曲面，由参数方程产生，其参数坐标 u, v 可以直接作为纹理坐标使用。样条曲面与圆柱面等规范几何体的情况是相似的，在创建曲面的同时，纹理坐标也就生成了。

以 OpenGL 为例，OpenGL 使用 glu 库中的函数 gluNurbsSurface( ) 来创建 NURBS 曲面，该函数的功能包括：生成顶点坐标；生成顶点法线；生成纹理坐标。执行函数后，这些数据都被保存在一个事前创建好的 NURBS 对象中。此后，可以通过另一个 glu 函数 gluNurbsCallback( ) 指定一个回调函数，在回调函数中读取这些数据。

3. 包围盒贴图

包围盒有三种：立方体、球体和圆柱体。根据物体的大致形状选择一个较合适的样式。如果物体过于复杂，可以将物体分为几个比较简单的部分，分别进行计算。此时的包围盒不必像碰撞检查所需要的精确的包围盒那样，例如，可以创建一个半径为 1 的球作为包围球，并不影响纹理坐标的计算。

现在的情况是，包围盒上每个点的纹理坐标都是已知的。前面例子中已经给出的球和圆柱的纹理坐标计算公式，立方体的情况则更简单。

如图 7.30 所示，计算方法的基本思想是，将物体投影到包围盒上，物体上的点 P 在围盒上的投影点为 P'，P'的纹理坐标就是点 P 纹理坐标，这样就达到了计算目的。如图 7.30 显示的，不同类型的包围盒，投影方向不一样。立方体包围盒的投影方向是沿坐标轴方向；球体包围盒的投影方向是沿球半径方向；圆柱体包围盒的投影方向是沿圆柱截面半径方向。

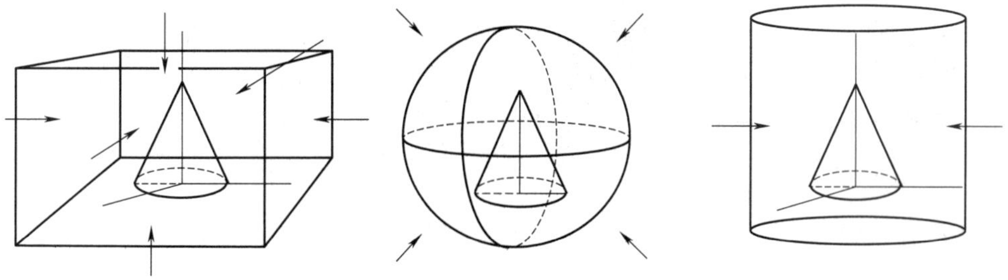

图 7.30 三种类型包围盒及投影方向

(1) 立方体包围盒

取物体上的一个面元，外表面法线为 n。分别计算 n 与坐标轴向量的点积，根据结果即可以判断该面元朝向立方体6个面的哪一个。确认了投影面之后,面元所有顶点,去掉一个相应的坐标分量后,就是在该投影面上投影点的坐标。

(2)球体包围盒

取物体上的一个点,计算该点向量与 y 轴的夹角,得到球面参数 φ。令该点向量的 y 分量为0,计算其与 x 轴的夹角,得到球面参数 θ。(φ,θ) 即是球面上点的参数坐标。

(3)圆柱体包围盒

参考图7.29的坐标系,物体上的一个点的 y 分量即是柱面参数 u。令 y 分量为0,计算其与 x 轴的夹角,得到参数 θ。(θ,u) 即是柱面上点的参数坐标。

4. UV 展开

包围盒方法仍然是一个比较粗略的方法,实质上是整体贴图,整个纹理贴到整个物体上,不能实现局部贴图。在此基础上,UV 展开贴图技术,能够让操作者进一步进行局部调整,细化了贴图过程。

UV 展开贴图技术,在获取纹理坐标的过程中,让操作者参加进来进行调节,因此得到的结果更符合实际需要。图7.31示意了一个球的UV展开过程,技术要点包括:

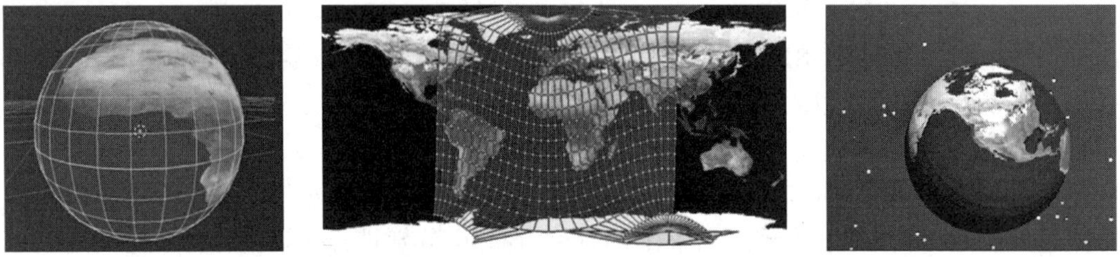

(a) (b) (c)

图7.31 UV 映射过程示意

①将物体表面分割为面片,这一步可以是自动的,也可以是手动的,目的是产生合理的分割,让每个面片上使用不同的贴图。

②将面片投影到一个平面上。此时面片以网格的形式显示,同时纹理空间也以网格的形式显示。两个网格时重叠的,说明已经有了初始的对应关系,即网格点已经有了纹理坐标,接下去就是进行修正。

③调整面片上的网格点,使对位更准确、更符合使用者的意图。

图7.31中将一个地图图片映射到球体上。图7.31(a)是球体的网格模型。图7.31(b)是网格做展平后的情况,此例子中因为球的形状简单,没有进行面片分割。展平的方式即是球面映射,球体包围盒方法。在中间图中,能够看到网格线后面的纹理图片,方便对位。图7.31(c)是纹理映射完成后的情况。在这个过程中,球体网格点获得了较准确的纹理坐标。

7.6.4 多重纹理技术

对模型中的一个表面点来说,只需要一个颜色值就够了,最终绘制时所使用的也就是一个颜色值。但如果有多个纹理,每个纹理提供一个颜色,就产生了多个颜色。那么多纹理情况下,就是纹理混合问题。混合计算多个颜色值进行计算,产生最终的一个颜色值。

运用多重纹理技术的优点是，图像颜色的混合计算能产生更出色的效果。如图 7.32 所示，一个风景图片与一个中央区域高亮的图片混合运算，加强了风景图片中央区的亮度。因为模型的材质应用于整个模型，这个局部效果通过调节模型的材质是不能做到的。混合运算不仅仅能加量，相乘计算也能够让局部颜色变得更暗，产生阴暗的效果。

图 7.32 颜色混合运算提升局部亮度

现在我们将光照计算的结果也看作是一个纹理，称为光照纹理。它和图片纹理的相比只是来源的不同，产生的结果并没有本质上的区别。设场景中存在着包括光照纹理在内的 N 个纹理，并都进行了渲染，映射到模型点上边。为了进行混合计算，我们将 N 个纹理排好次序，如图 7.33 所示，从 0 到 $N-1$ 排序。

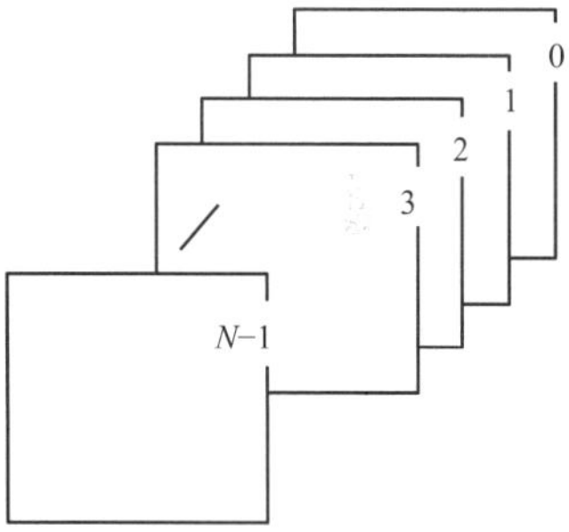

图 7.33 纹理序列

从序列中先取出纹理 0，再取出纹理 1 与纹理 0 进行混合运算，产生纹理 01。再按顺序取出纹理 2，与纹理纹理 01 进行混合运算，产生纹理 02。如此继续，接着产生纹理 03、纹理 04 等，直至所有纹理都参加了运算，最终只剩下一个纹理，就是被运用到模型绘制上的。

混合运算实现了两个颜色值的运算，产生一个新颜色值。从理论上说，运算规则是没有限制、随意设计的。但实际上，运算规则应该是可解释并能产生某种效果的。现在常用的运算有：

①Add 加法运算，即两个颜色值相加得到新的颜色值。加法运算能增强画面的亮度，如相同的两个画面相加，可以使画面亮度提升一倍。与黑背景的画面相加，可以使画面前景图像被叠加上来，黑背景被去除。

②Subtract 减法运算，与加法相反，减法运算使渲染出来的画面变暗。

③Multiply 乘法运算，两个颜色值相乘，得到一个更小的值，画面变暗。与减法不同的是，减是线性变化的，乘是非线性的效果更强。

④Interpolate 插值，这个运算需要提供一个比例值，使得两个颜色按比例相加。

⑤Alpha 透明度，如果纹理颜色中包含 Alpha，这个混合方式按 Alpha 进行混合。这种混合方式非常灵活，可以让两个纹理的像素的呈现程度产生各种变化。

图形软件和硬件都对多重纹理运算提供了支持，使多重纹理技术应用越来越多，对提升游戏等图形产品的质量起到了重要作用。

习　题

1. 解释术语,反射系数、漫反射系数、透射系数。

2. 写出 Phong 光照模型,说明其中各项参量的含义,以及 Phong 光照模型表达了什么环境?

3. 当点光源照射在表面上时,镜面反射光线不完全集中在一个方向上,是什么原因?

4. 当光源距表面比较远时,表面上的漫反射变化很小,为什么?(根据 Phong 光照模型)

5. 分析 Whitted 光照模型,为什么说它是全局光照模型?(直接光源和间接光源)

6. 如果表面的漫反射系数是 $kd = (0.8, 0.4, 0)$,光源是蓝色的,表面颜色是什么?光源是品红色的,表面颜色是什么?

7. 分析光线跟踪算法的目的和原理。对点光源和透明立方体,建立它的光线跟踪路径。

8. 什么是纹理映射函数?

9. 什么是明暗处理,Gouraud 明暗处理和 Phong 明暗处理算法的区别在什么地方?

10. 对于半径为 R、圆心为 (x_c, y_c, z_c) 的球体,试求球面上点 (x, y, z) 的外法线向量 $\boldsymbol{N}$?

11. 什么是纹理坐标?

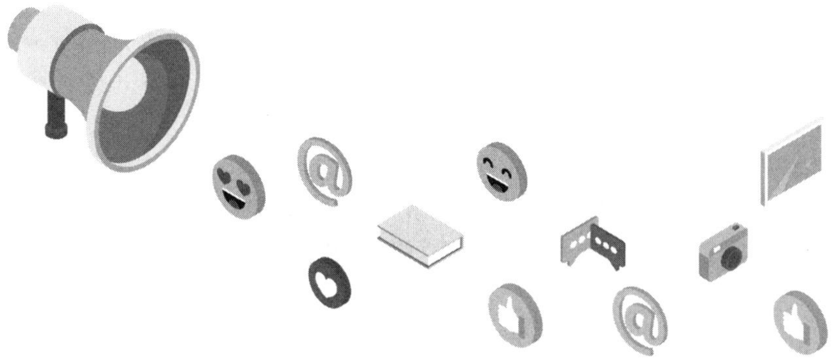

第8章 图像变换算法原理

数字艺术有着各种各样的形式，如电影、电视、广告、照片加工、艺术创作等。但从技术层面来说，都离不开图像变换、色彩变换等数字处理，从根本上说都是图像运算的结果。各种图像艺术创作及处理软件工具，如流行的 Photoshop、After Effect 等，本质上都是图像计算工具。数量繁多的各种滤镜，在图像艺术化过程中起到了非常重要、不可缺少的作用。将照片加工成为另一种艺术风格的图片，就是滤镜的功能。每种滤镜都实现了某种特定的图像变换算法，滤镜算法的研究和设计，是图像加工技术研究及开发人员所专注的领域。在数字艺术的发展中，图像技术也在不断地发展，新形式、新功能的滤镜算法也在不断地产生。对数字媒体技术领域的工作者，有关的图像计算知识是需要掌握的一类基础知识。

第 3 章已经介绍了数字图像的构成，知道图像是由排列成方阵的像素点组成的，每个像素点的基本属性为颜色值，因此图像的变换就是对像素颜色的计算。

考虑两种情况下处理图像，对其颜色进行计算。一种情况是图像进行整体移动，以某种方式改变了位置，此时也可以看作是像素颜色发生了迁移，像素仍在原来的位置上，但其属性值被赋予了另外一个像素，从而改变了颜色分布，此时称为图像的几何变换；另一种情况是像素自身的颜色发生了某种原因的变化，例如，被调节为偏红或者偏蓝的颜色。此时称为图像的颜色变换。

在本章中，将介绍图像的几何变换和颜色变换的基本方法。

8.1 图像处理基本方法

8.1.1 直方图分析

一个图像上往往包含着大量的像素，普通照片的像素数量会在百万级甚至千万级。每个像素拥有一个颜色值，其中包含 RGB 3 个分量。那么，这些像素颜色的总体分布情况如何，也是图像处理时关心的问题。

这里以常用的 RGB 颜色模型为基础，每个颜色分量的取值范围为 0 ~ 255，且取整数值。

那么对红分量 R 来说，总共就有 256 种取值。那么必然有一些像素其 R = 0，也必然有一些像素其 R = 1 等，对任何指定的值 M，都能统计出恰好 $R = M$ 的像素的数量。我们就可以给 R 的分布制作一个统计图，同样地，对 G、B 以及 RGB 也可以相似地处理。这样就有了颜色分布直方图。

图 8.1 中显示了 3 个统计直方图，从中可以看出颜色分布趋势。其中图 8.1(a) 显示高颜色值比较多，图像整体偏亮。图 8.1(b) 中，取值居中的像素比较多，即中间亮度的像素多。图 8.1(c) 中，大多数像素的颜色取值都比较低，全体像素的颜色值基本上都在低值区，图像整体偏暗。

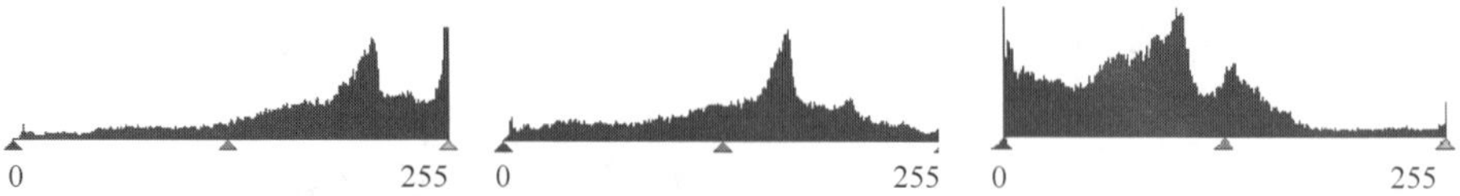

(a) (b) (c)

图 8.1　颜色直方图统计

颜色直方图是一个二维统计图，图中水平轴为颜色值，范围为 0 ~ 255，垂直轴为具有该颜色值的像素的数量。例如，在图 8.1(b) 中能看到，颜色值大约在 150 附近的像素数量明显多，可以推测，在图像中，该种颜色是主要颜色。颜色直方图是一个重要的参考图，更多地是反映颜色分布的相对关系，即某一范围里的颜色值出现频率的大小，其绝对数值并不重要。

颜色直方图描述的是不同颜色在整幅图像中所占的比例，而并不关心每种颜色所处的空间位置，即不反映该颜色出现在画面的什么地方。任何一幅图像都具有确定的像素及颜色，因而具有唯一的直方图。但反过来，从一个直方图并不能还原出一幅图像来。

颜色直方图可以单独对某一颜色分量进行绘制，也可以对总颜色值 RGB 进行绘制，此时 RGB 取值范围为 0 ~ 16 777 216。那么，对一幅图像来说，应该可以产生 R、G、B、RGB 4 个直方图。

颜色直方图最直接的用途就是观察图像的颜色分布，观察各种颜色值的出现频率，使我们对图像的颜色特征有基本的了解。除此之外，直方图还可以作为调色工具使用。

在图 8.1 中，还能看到直方图水平轴下方有 3 个小三角形，它们是图像工具软件(如 Photoshop 或 After Effect)设置的调节滑块。通过拖拽滑块可以调节图像的颜色分布，达到调色的目的。在调色软件中，这是很重要的一种调节方法。

下面参考图 8.2，说明直方图调色原理。

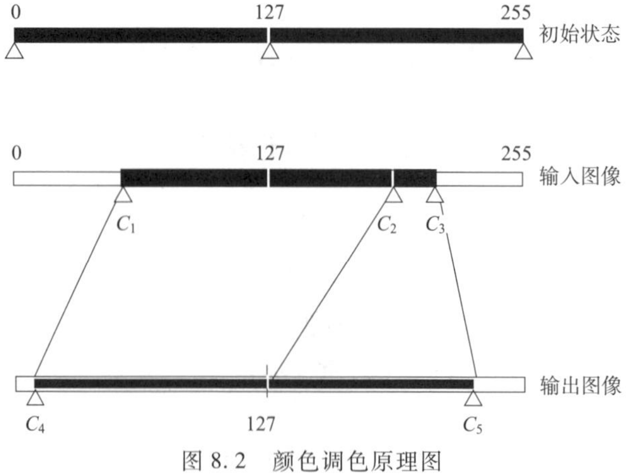

图 8.2　颜色调色原理图

直方图调色的目标是将输入图像的直方图,通过调节改变其颜色分布,形成输出图像的直方图。因此会涉及两个直方图。在调节前的初始状态下,输入直方图有三个滑块,位置分别是 0、127、255,这里用 C_1、C_2、C_3 来表示。输出直方图有两个滑块,位置分别是 0、255,这里用 C_4、C_5 来表示。

如果所有的滑块都被拖拽改变了位置,就形成了图 8.2 中下方所示的情况。输入图像的水平轴被分为四个区间,分别是 $[0,C_1]$,$[C_1,C_2]$,$[C_2,C_3]$,$[C_3,255]$。它们分别被映射到输出轴的四个区间 $[0,C_4]$,$[C_4,127]$,$[127,C_5]$,$[C_5,255]$,且全部映射都是线性变换。

设输入图像中颜色值为 C,对应的输出图像中颜色值为 C',按线性关系,计算公式为

$$C \in [0,C_1] \qquad C' = \frac{C \cdot C_4}{C_1}$$

$$C \in [C_1,C_2] \qquad C' = C_4 + \frac{(C - C_1) \cdot (127 - C_4)}{(C_2 - C_1)}$$

$$C \in [C_2,C_3] \qquad C' = 127 + \frac{(C - C_2) \cdot (C_5 - 127)}{(C_3 - C_2)}$$

$$C \in [C_3,255] \qquad C' = C_5 + \frac{(C - C_3) \cdot (255 - C_5)}{(255 - C_3)}$$

例:只向左移动滑块 C_3,其他滑块都不动,则计算只涉及两个区间,即

$$C \in [127,C_3] \qquad C' = 127 + \frac{(C - 127) \cdot (255 - 127)}{(C_3 - 127)} = 127 + 127 \cdot \frac{(C - 127)}{(C_3 - 127)}$$

$$C \in [C_3,255] \qquad C' = 255 + \frac{(C - C_3) \cdot (255 - 255)}{(255 - C_3)} = 255$$

结果是输入图像中超过 C_3 的颜色被置为 255,处于[127,C3]区间的颜色被放大,映射到[127,255]区间,提升了高颜色区的颜色值,亮度加大。

8.1.2 模板处理

考虑一个像素的颜色,可以参考其相邻像素的颜色来计算该像素的新的颜色。例如,盒子模糊算法,就是将一个像素的颜色与它周围八个像素颜色进行相加并平均计算得出。这类计算方法可以使用一个方阵来表示,例如,盒子模糊方阵表示形式为

$$\frac{1}{9} \cdot \begin{pmatrix} 1 & 1 & 1 \\ 1 & 1 & 1 \\ 1 & 1 & 1 \end{pmatrix}$$

其中右下被标记了小数点的数字代表当前像素,方阵中每项的位置,表示其相邻像素的位置,数值表示参加平均时该像素颜色的加入系数。方阵前的 1/9 表示颜色值相加后要乘上这个系数。对盒子模糊模板来说,即当前像素颜色与周边的八个像素颜色相加再除以 9。

高斯模糊模板表示为如下形式

$$\frac{1}{16} \cdot \begin{pmatrix} 1 & 2 & 1 \\ 2 & 4 & 2 \\ 1 & 2 & 1 \end{pmatrix}$$

表示当前像素颜色值乘 4,上下左右像素颜色值乘 2,斜侧方四个像素颜色值乘 1,相加后

除以 16。

前面系数是方阵内的系数总和的倒数，因此是平均计算，这可以使处理后图像总体亮度保持不变。

模板可以不是方阵形式，也可以不是 3×3，当前像素也不需要在方阵中心位置，模板中的系数也可以为负数。总之这仅仅是涉及邻近像素的颜色运算的一种表示方法，可以根据实际需要写成任意形式。如下例模板

$$\begin{pmatrix}1 & 0\\0 & 1\end{pmatrix}$$

表示当前像素颜色转换为当前像素颜色与其右下方像素颜色相加。模板 $\frac{1}{3}\cdot(1\quad 1\quad 1)$ 和 $\frac{1}{4}\cdot(1\quad 2\quad 1)$ 则表示与左右相邻的像素进行平均。

8.2 图像几何变换

图像是由像素点按行列整齐排列组成的点阵，自身成为一个二维空间。图像的尺寸为像素总行数和列数，用 w、h 表示图像的宽度和高度，表示像素共有 w 列、h 行。图像空间的坐标系一般是以左下角的像素为原点，坐标轴沿着像素排列的方向。像素点 P 的坐标 (x,y) 都是整数值，表示该像素点所在的行数及列数。例如，左下角的像素，其坐标为 $(0,0)$；而右上角的像素坐标为 $(w-1,h-1)$。

图像的几何变换是图像边界的几何位置、几何形状、几何尺寸等几何特征的改变。因而影响到图像内颜色分布发生了整体、一致的变化。特别强调的是，图像的几何变换是由图像边界的几何变化引起的，内部颜色分布为适应边界的改变而产生变化。

图像几何变换将原图像变为新图像，图像的尺寸可能会发生变化，也可能出现空白区。如果出现空白区，需要用预设的颜色进行填充，如黑色或白色。

与图形几何变换的区别在于图形空间是无限的，而图像空间是有限的。因此图像运动后产生新的图像。图像运动后，图像的尺寸会发生变化。

图像发生几何运动后，颜色并未发生变化，变化的是颜色的位置，直观的感觉是像素发生了运动。实际上像素并不会运动，是原图像中某个像素的颜色被复制到了新图像的某个像素上。用 $C(x,y)$ 表示 x,y 位置像素的颜色，则几何变换表示为

$$C(x',y')=C(x,y)$$

即新图像 (x',y') 位置的像素颜色等于原图像 (x,y) 的像素颜色。(x',y') 与 (x,y) 的关系，取决于图像的运动方式，不同运动方式会形成不同的变换公式。

实际上我们往往更关心的是，新图像中像素来自原图像的哪个像素，这样才能够在新图像中尽可能多地填充像素，这个关系表示为上述变换的反变换

$$C(x,y)=C(x',y')$$

下面即按不同的运动方式分别进行介绍。

8.2.1 平移变换

图像平移运动的情况如图 8.3 所示，其中运动前后两幅图像中，具有相同颜色的像素为

(x,y)和(x',y'),其关系为

$$x' = x + \Delta x \quad y' = y + \Delta y \qquad 或 \qquad x = x' - \Delta x \quad y = y' - \Delta y$$

Δx 及 Δy 为平移量。根据这个关系式,就可以计算新图像中各个像素的颜色。新图像中位置为(x',y')的像素,其颜色为原图像位置为(x,y)的像素的颜色。

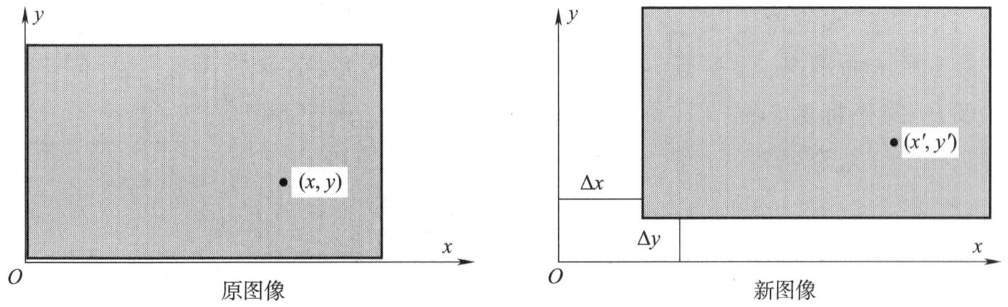

图 8.3 图像平移

8.2.2 缩放变换

一个矩形,即它的边界平行于坐标轴,缩放后仍为矩形。根据这个性质,图像缩放后边界仍保持为矩形。设缩放比例量为 S_x, S_y,以原点(0,0)为中心的缩放变换公式为

$$x' = S_x \cdot x \quad y' = S_y \cdot y \qquad 或 \qquad x = x'/S_x \quad y = y'/S_y$$

图 8.4 显示了缩放变换后的几种情况。图 8.4(a)为原图,图 8.4(b)和图 8.4(c)的情况,图像尺寸需要调整,像素位置不需要调整,新图像尺寸为(wS_x, hS_y)。图 8.4(d)的情况图像仍保持为原图像的尺寸,需要在放大后的图像图 8.4(c)中选择一个中心点(x_c, y_c),再让(x_c, y_c)落在原图像的中心,这是一个平移变换。此情况变换公式为

$$x' = w/2 - x_c + S_x \cdot x \quad y' = h/2 - y_c + S_y \cdot y \qquad 或 \qquad x = \frac{x' + x_c - w/2}{S_x} \quad y = \frac{y' + y_c - h/2}{S_y}$$

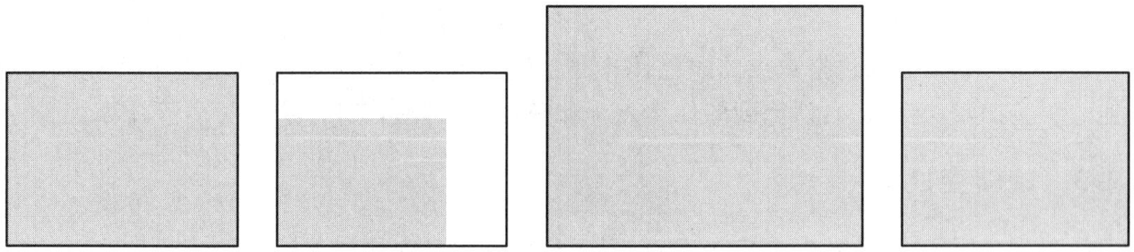

(a) 原图　(b) 缩小　(c) 放大且调整尺寸　(d) 放大但不调整尺寸

图 8.4 图像缩放变换

如果 $S_x > 1$ 或 $S_y > 1$,图像变化方式即为放大。此时新图像比原图像尺寸大,包含的像素

较多。此时从原图像出发,就不能得到新图像的全部像素。例如,若放大系数为3,则 $x=1$ 时 $x'=3$,$x=2$ 时 $x'=6$,新图像中的4、6列像素就不能得到。

此时应该从新图像出发,对新图像中的一个像素(x',y'),寻找原图像中对应的像素(x,y)。如 $x'=3$ 时,$x=1$;$x'=4$ 时,$x=1.333\ 3$;$x'=5$ 时,$x=1.666\ 6$;$x'=6$ 时,$x=2$。这种情况中,计算结果中出现了小数,即找到的是原图像中处于两个像素中间位置,在原图像中没有对应的像素。这就需要进行插值计算,根据周边邻近的整数点的像素颜色,计算中间非整数位置的颜色。

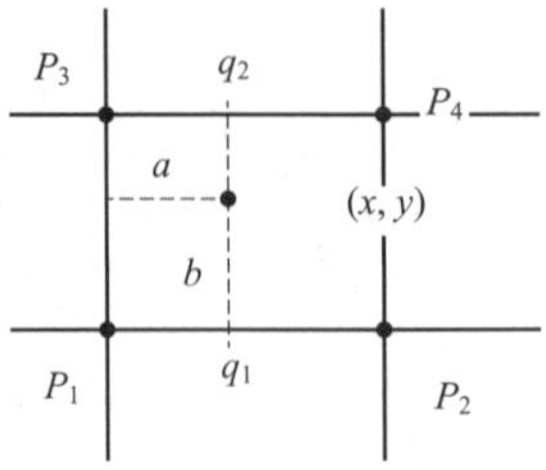

图8.5 四边形双线性插值

如图8.5所示的情况,非整数点(x,y)周边的整数点为 P_1,P_2,P_3,P_4,已知 P_1 的坐标为$(\text{int}(x),\text{int}(y))$,颜色为 C_1;P_2 的坐标为$(\text{int}(x)+1,\text{int}(y))$,颜色为 C_2;P_3 的坐标为$(\text{int}(x),\text{int}(y)+1)$,颜色为 C_3;P_4 的坐标为$(\text{int}(x)+1,\text{int}(y)+1)$,颜色为 C_4。显然 $P_1\sim P_4$ 构成的四边形边长为1。下面依次在两个方向上进行插值计算。

q_1,q_2 为过点(x,y)的垂线与四边形的交点。

a,b 是点(x,y)到左方整数线和下方整数线的距离,是坐标(x,y)的小数部分。即

$$a=x-\text{int}(\mathrm{x})$$

$$b=y-\text{int}(\mathrm{y})$$

分别在线段 P_1P_2 和 P_3P_4 上进行线性插值,计算 q_1,q_2 点的颜色 $C(q_1),C(q_2)$,根据比例关系有

$$C(q_1)-C_1=a\cdot(C_2-C_1)$$

$$C(q_2)-C_3=a\cdot(C_4-C_3)$$

得到 $C(q_1),C(q_2)$后,再对另一个方向进行插值,点(x,y)处于线段 q_1,q_2 中,有比例关系

$$C(x,y)-C(q_1)=b\cdot[C(q_2)-C(q_1)]$$

其中 $C(x,y)$为点(x,y)的颜色,带入 $C(q_1),C(q_2)$后

$$\begin{aligned}C(x,y)&=C(q_1)+b\cdot[C(q_2)-C(q_1)]\\&=C_1+a\cdot(C_2-C_1)+b\cdot[C_3+a\cdot(C_4-C_3)-C_1-a\cdot(C_2-C_1)]\\&=C_1+a\cdot(C_2-C_1)+b\cdot(C_3-C_1)+a\cdot b\cdot(C_4-C_3-C_2+C_1)\end{aligned}$$

此式还可以表示为矩阵形式

$$C(x,y)=(1-x\quad x)\begin{pmatrix}C_1 & C_2\\ C_3 & C_4\end{pmatrix}\begin{pmatrix}1-y\\ y\end{pmatrix}$$

这样就可以根据周边整数点的颜色计算非整数点颜色。不仅是缩放变换涉及插值计算,其他的变换如转动变换,当计算到的像素点为非整数时,都应该进行这样的插值计算。

8.2.3 旋转变换

如图8.6所示,图像发生了旋转运动,下面分别说明其中的相关问题。

(1)一个图像尺寸为 w,h,转动了 θ,若要保留所有的像素颜色,产生新图像的尺寸

根据转动公式

$$\begin{pmatrix}x'\\ y'\end{pmatrix}=\begin{pmatrix}\cos\theta & -\sin\theta\\ \sin\theta & \cos\theta\end{pmatrix}\begin{pmatrix}x\\ y\end{pmatrix}$$

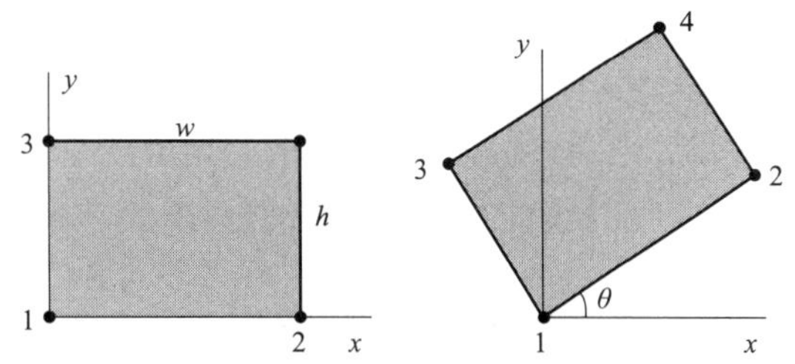

图 8.6 图像旋转

计算 4 个角点的新坐标，得到 1、2、3、4 点的转动后坐标为

$$(0,0)$$

$$(w\cdot\cos\theta, w\cdot\sin\theta)$$

$$(w\cdot\cos\theta - h\cdot\sin\theta, w\cdot\sin\theta + h\cdot\cos\theta)$$

$$(-h\cdot\sin\theta, h\cdot\cos\theta)$$

那么，转动后占据的图像宽度为

$$w' = \max(x) - \min(x)$$

$$h' = \max(y) - \min(y)$$

在不同的转动角度 θ 时，处于最大或最小位置的角点也会不同，所以只能根据计算情况进行比较计算。

(2)图像转动后，图像尺寸随之调整，以适合产生的新图像

这种情况中，转动后产生新图像，其尺寸仍然要能容下全部图像内容，新图像边界如图 8.7中的虚线所示。变换公式按以下步骤求得

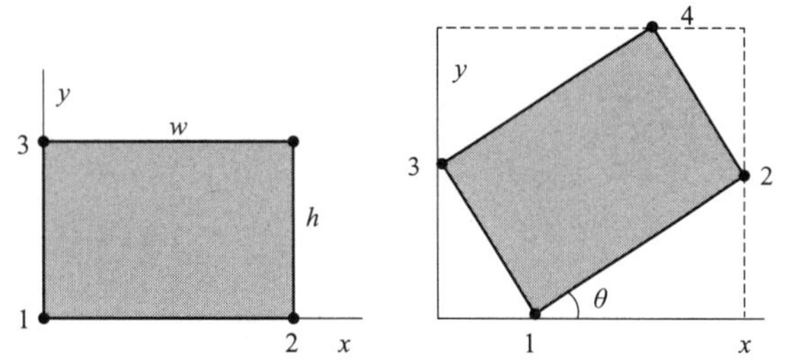

图 8.7 图像转动后新图像尺寸扩大

①使图像绕原点转动 θ，将前面的矩阵形式的公式展开，即得变换公式为

$$x' = x\cdot\cos\theta - y\cdot\sin\theta$$

$$y' = x\cdot\sin\theta + y\cdot\cos\theta$$

②计算 4 个角点转动后的坐标，求边界：$x\min$，$x\max$，$y\min$，$y\max$。

③平移 $x\min$，$y\min$ 到原点，此时新图像的边界已经算出，为已知常数。加平移项后变换公式为

$$x' = x\cdot\cos\theta - y\cdot\sin\theta - x\min$$

$$y' = x\cdot\sin\theta + y\cdot\cos\theta - y\min$$

同样可以得到反变换公式为

$$x=(x'+x\min)\cdot\cos\theta+(y'+y\min)\cdot\sin\theta$$
$$y=-(x'+x\min)\cdot\sin\theta+(y'+y\min)\cdot\cos\theta$$

这个变换不需要考虑转动中心,公式推导时预设转动中心为左下角,实际上转动中心不影响变换结果。需要注意的是,坐标计算可能会出界,说明新图像中的一些像素在原图像中没有对应的像素,应该设为预定的颜色。

(3)以图像中的一点(x_0,y_0)为中心的旋转,并设转动前后图像尺寸不变

如图8.8所示的情况,图像在原图像的空间内进行转动,原图像空间不变,图像尺寸不变,因此转动后超出图像边界的部分被裁掉,只保留原图像尺寸内的部分,此时转动中心的设置就会影响到转动结果了。

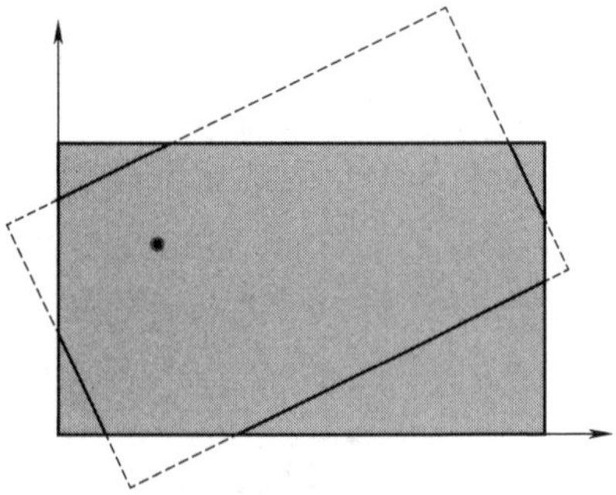

图8.8　图像转动后新图像尺寸不变

为了推出转动变换公式,将图像的运动分解为3步:

①平移使转动中心到原点,平移量为$(-x_0,-y_0)$。

②转动θ。

③平移使原点回到转动中心,平移量为(x_0,y_0)。

参考图形变换的组合变换规则,变换矩阵为

$$\begin{pmatrix}x'\\y'\\1\end{pmatrix}=\begin{pmatrix}1&0&x_0\\0&1&y_0\\0&0&1\end{pmatrix}\cdot\begin{pmatrix}\cos\theta&-\sin\theta&0\\\sin\theta&\cos\theta&0\\0&0&1\end{pmatrix}\cdot\begin{pmatrix}1&0&-x_0\\0&1&-y_0\\0&0&1\end{pmatrix}\cdot\begin{pmatrix}x\\y\\1\end{pmatrix}$$

写成代数公式为

$$x'=x_0+(x-x_0)\cos\theta-(y-y_0)\sin\theta$$
$$y'=y_0+(x-x_0)\sin\theta+(y-y_0)\cos\theta$$

反解上式,得到反变换公式为

$$x=x_0+(x'-x_0)\cos\theta+(y'-y_0)\sin\theta$$
$$y=y_0-(x'-x_0)\sin\theta+(y'-y_0)\cos\theta$$

8.2.4　镜像变换

镜像分水平镜像和垂直镜像两种,也可以称为水平翻转和垂直翻转。设原图像宽为w,高为h,变换后,图像的宽和高不变。

水平镜像的变换公式为

$$x'=w-x$$
$$y'=y$$

垂直镜像的变换公式为

$$x'=x$$
$$y'=h-y$$

中心镜像的变换公式为

$$x'=w-x$$
$$y'=h-y$$

带入 4 个角点坐标,很容易验证上述公式。镜像变换图例如图 8.9 所示。

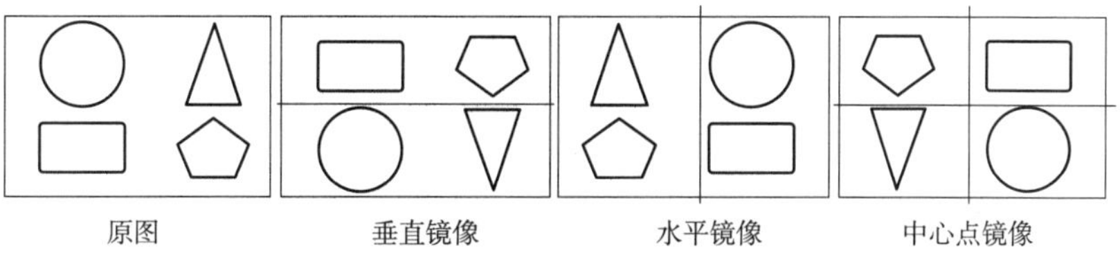

图 8.9　镜像变换

8.2.5　梯形变换

若图像的边界由矩形变形为梯形,则称为梯形变换,可以看作是某一个边界线发生收缩或拉伸产生的。图 8.10 示意了发生梯形变形的两种情况,即上边界发生了左右对称的收缩及拉伸时的情况。

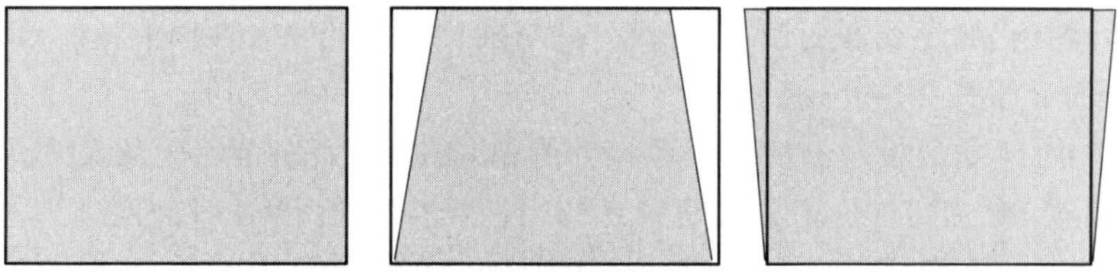

图 8.10　梯形变形示意

对图 8.10 中的情况,像素的 y 坐标不发生变化,x 坐标会因伸缩程度产生变化。图 8.11 的计算模型,用角 θ 表示上边界的伸缩,θ 为梯形腰线与垂线的夹角,以向着梯形内为正,以向着梯形外为负。

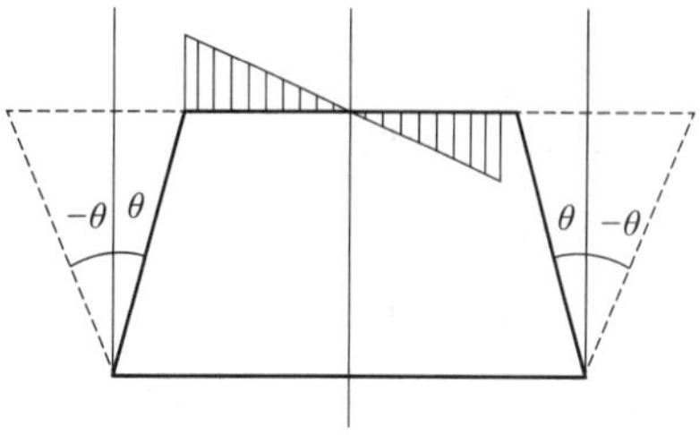

图 8.11　梯形变换计算

发生 θ 表示的梯形变形时,图像中线左侧的像素,都会产生向右的移动;中线右侧的像素则产生向左的移动。且移动距离是线性分布的,离中线越远则运动的程度越大,中线上的像素保持不动。那么对上边界里中线以左的像素,平移量为

$$\Delta x = \left(1 - \frac{x}{w/2}\right) \cdot h \cdot \tan\theta$$

上边界里中线以左的像素,平移量为

$$\Delta x = \left(\frac{x}{w/2} - 1\right) \cdot h \cdot \tan\theta$$

对任意行,将式中的 h 换为 y,变换公式为

$$x' = x + \Delta x = x + \left(1 - \frac{x}{w/2}\right) \cdot y \cdot \tan\theta$$

$$y' = y$$

8.2.6 四角自由变形

除了平移、旋转等基本运动的变换,在一些图像处理软件中还经常会用到四角变形变换,一个矩形图像被变换成一个任意的四边形,甚至是三角形(见图 8.12)。

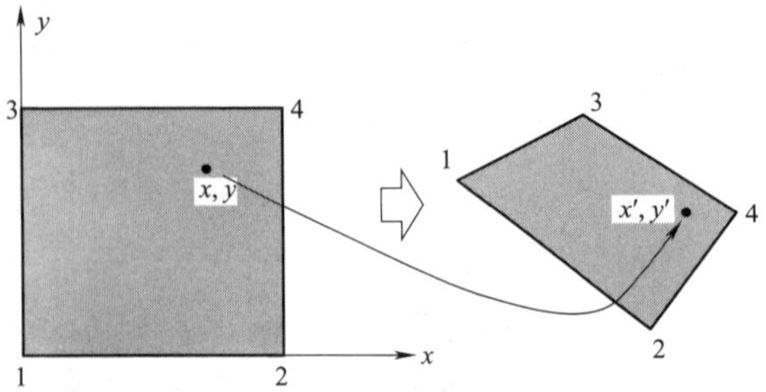

图 8.12 四角自由变形

四角变形变换仍属于线性变换,其变换公式与前面介绍的双线性插值相似,其实质仍然是线性插值。下面介绍其变换公式。

在图 8.12 中,不妨假设左侧的原图像尺寸为单位正方形,这是因为从尺寸为(w,h)的矩形,经过缩放变换,变换到单位正方形是容易的,右侧的四边形为任意的四边形。现在的问题是将单位正方形中的图像,填充到任意四边形,而且均匀填充。如左侧 1-2 边上的图像,均匀地填充到右侧的 1-2 边上。不仅在边线上,图像中任意线段上的图像都是这样被转换过去。

设左侧原图像四角点坐标为

$1:x_1,y_1=0,0$

$2:x_2,y_2=1,0$

$3:x_3,y_3=0,1$

$4:x_1,y_1=1,1$

右侧变换后图像四角点坐标为已知

$1:x_1',y_1'$

$2:x_2',y_2'$

$3:x_3',y_3'$

$4:x_4',y_4'$

为了实现这样的变换,给出变换公式为

$$x' = \sum_{i=1}^{4} N_i(x,y)\cdot x_i'$$

$$y' = \sum_{i=1}^{4} N_i(x,y)\cdot y_i'$$

其中

$$N_1(x,y)=(1-x)\cdot(1-y)$$

$$N_2(x,y)=x\cdot(1-y)$$

$$N_3(x,y)=(1-x)\cdot y$$
$$N_4(x,y)=x\cdot y$$

$N_i(x,y)$满足 $\sum_{i=1}^{4}N_i(x,y)=1$。

将四个角点代入后，可以验证公式是正确的，例如，代入左侧 1 号点(0,0)，得到右侧 1 号点$(x',y')=(x_1',y_1')$。

将左侧正方形的中心点$\left(\frac{1}{2},\frac{1}{2}\right)$代入，有

$$N_1\left(\frac{1}{2},\frac{1}{2}\right)=\frac{1}{4},N_2\left(\frac{1}{2},\frac{1}{2}\right)=\frac{1}{4},N_3\left(\frac{1}{2},\frac{1}{2}\right)=\frac{1}{4},N_4\left(\frac{1}{2},\frac{1}{2}\right)=\frac{1}{4}$$

$$x'=\sum_{i=1}^{4}N_i(x,y)\cdot x_i'=\frac{x_1'+x_2'+x_3'+x_4'}{4}$$

$$y'=\sum_{i=1}^{4}N_i(x,y)\cdot y_i'=\frac{y_1'+y_2'+y_3'+y_4'}{4}$$

正好是四边形的中心点。

四角自由变换公式包含了平移、缩放、旋转变换和镜像变换。学生可以自行验证，它们都是自由变换的特例。

8.2.7　图像几何变换总结

图像几何的特点是图像的颜色没有发生变化，但颜色位置发生了变化，而且这种变化保持了整体一致的规律。本节介绍了几种基本的几何变换，都属于线性变换。图像几何变换也可以是非线性变换，如扭曲、波纹、球面化、极坐标等。

图像的边界是一个矩形，如果矩形发生变化，矩形内的像素就会产生运动，以便和边界的变化相适应。从几何学上看，矩形能发生各种形式的几何变化，甚至四个边界还能够变化为曲线，如立体视觉中的鼓形变形或枕形变形。图像的几何变换和图形不同，因为图像的边界是形而不是点，所以不能像图形变换那样有基本变换和组合变换。图像变换没有通用的变换方法，每种变换的变换公式都是单独地建立。面对实际问题时，要根据问题本身的特点推导变换公式。

对图像进行变换时，是先建立新图像，再用原图像中的像素颜色来填充新图像。因为两个图像的像素数量很可能不相同，最好是从新图像出发，寻找原图像上对应的点，这样可以保证新图像上所有的像素都能被填充。

如果计算得到的像素点坐标为非整数坐标，简单地进行取整会使得新生成图像的颜色严重失真，应该对非整数坐标进行双线性插值计算保持颜色变化的连续性。

8.3　图像颜色变换

图像加工中常见的方式是对图像颜色进行转换，以达到某种艺术性的期望。简单的例子是给图像的颜色加入一定程度的红色，使图像色调偏红。此类算法着眼于像素颜色的计算，用某种预定的规则产生新的颜色。每个像素都有颜色属性，颜色用三个分量 RGB 来表示，图像

颜色变换就是对 RGB 的计算。在图像处理类工具软件中，此类算法常常以插件的方式提供，在应用领域也被称为滤镜，一个滤镜就是颜色变换算法的一个实现。

图像颜色变换的算法非常多，本节中介绍几个常见的基本变换算法，并以 C#语言程序代码方式说明具体的实现过程。

代码中用到的系统类包括 Bitmap 类、Color 类，先统一说明如下：

Bitmap 类	命名空间：System. Drawing		
	功能：存储一幅图像的像素信息		
	主要成员：	GetPixel(x,y)	获取图像中(x,y)像素的颜色，返回值为 Color 类型
		SetPixel(x,y,Color)	将颜色值写入(x,y)像素
Color 类	命名空间：System. Drawing		
	功能：存储颜色数据		
	主要成员：	R,G,B	存储颜色分量，各分量取值在 0 ~ 255 之间
		SetPixel(x,y,Color)	将颜色值写入(x,y)像素
		FromArgb(R,G,B)	生成及存储颜色数据

8.3.1 反相

反相计算就是将当前颜色值取反，使得白色变为黑色，黑色变为白色，其他颜色变为该颜色的补色。计算公式为

$$r' = 255 - r$$
$$g' = 255 - g$$
$$b' = 255 - b$$

其中 r、g、b 为原图像像素的颜色，r'、g'、b'为变换后新图像像素的颜色。

下面的代码中循环遍历 bitmap 对象的每个像素，用 GetPixel 方法获取 RGB 值，计算反相 RGB 值后再写回原图像。反相运算效果如图 8.13 所示。

```
Bitmap AdjustToReversal (Bitmap bitmap)
    {
        //定义变量保存反相 RGB 值
        int newRed;
        int newGreen;
        int newBlue;
        //遍历每个像素
        for (int y = 0;y < bitmap. Height;y ++ )
        {
            for(int x = 0;x < bitmap. Width;x ++ )
            {
                Color c = bitmap. GetPixel(x,y);
                //反相 RGB 值计算
                newRed = 255 - c. R;
                newGreen = 255 - c. G;
                newBlue = 255 - c. B;
                Color newColor =
```

```
            Color.FromArgb(newRed,newGreen,newBlue);
        bitmap.SetPixel(x,y,newColor);
      }
    }
    return bitmap;
}
```

图 8.13　颜色反相变换

8.3.2　老照片效果

存放时间较长的照片，表现为蓝色退化较严重，照片整体色调偏黄。为了将普通照片处理成老照片效果，使用以下公式对颜色进行计算

$$r' = 0.393 \cdot r + 0.769 \cdot g + 0.189 \cdot b$$
$$g' = 0.349 \cdot r + 0.686 \cdot g + 0.168 \cdot b$$
$$b' = 0.272 \cdot r + 0.534 \cdot g + 0.131 \cdot b$$

此公式的特点是新颜色中红、绿成分多，蓝色成分少，因此产生发黄效果。代码示例如下：

```
Bitmap AdjustToOldPictures(Bitmap bitmap)
  {   //定义变量存储原 RGB 值
      int red,green,blue;
      //定义变量存储处理后的 RGB 值
      int newRed,newGreen,newBlue;
      for (int y=0;y<bitmap.Height;y++)
      {
         for (int x=0;x<bitmap.Width;x++)
         {
            Color c=bitmap.GetPixel(x,y);
            red=c.R;
            green=c.G;
            blue=c.B;
            //计算 RGB 值使照片发黄
            newRed=(int)(0.393* red + 0.769* green + 0.189* blue);
```

```
                newGreen = (int)(0.349* red + 0.686* green + 0.168* blue);
                newBlue = (int)(0.272* red + 0.534* green + 0.131* blue);
                //溢出数值处理
                newRed = (newRed > 255 ? 255:newRed);
                newGreen = (newGreen > 255 ? 255:newGreen);
                newBlue = (newBlue > 255 ? 255:newBlue);
                Color newColor =
                Color.FromArgb(newRed,newGreen,newBlue);
                bitmap.SetPixel(x,y,newColor);
            }
        }
    return bitmap;
}
```

处理效果如图 8.14 所示，结果是照片色调偏黄色。

图 8.14　老照片效果变换

8.3.3　色调分离

一般说来，颜色分离的值可以认为是连续地分布在[0,255]区间内。色调分离算法在[0,255]区间内定义了若干个颜色值，称为色阶，如图 8.15 中右图所示。色阶的数量一般不会太多，远小于 255，如 5 个、8 个或 10 个。

定义了色阶后，若原图像中的颜色值为 RGB，处于两个色阶之间的颜色，被统一到色阶上。例如，图 8.13 中，原图像中颜色值处于 a 和 b 之间的颜色，一律被转换为颜色值 a。表示为计算公式为

当　$a \leqslant R < b$　时，　$R = a$

当　$a \leqslant G < b$　时，　$G = a$

当　$a \leqslant B < b$　时，　$B = a$

色调分离变换的效果是，由于接近的颜色被统一为单一的颜色，减少了颜色的数量，画面的颜色趋于单调，画面上分布颜色更有层次感。这是一种艺术化的处理手法，处理后的画面接近于卡通风格。由于连续的颜色分布被转化为跳跃式的颜色分布，因此称为色调分离。

下面是色调分离算法的实现代码，所产生的效果示例如图 8.16 所示。

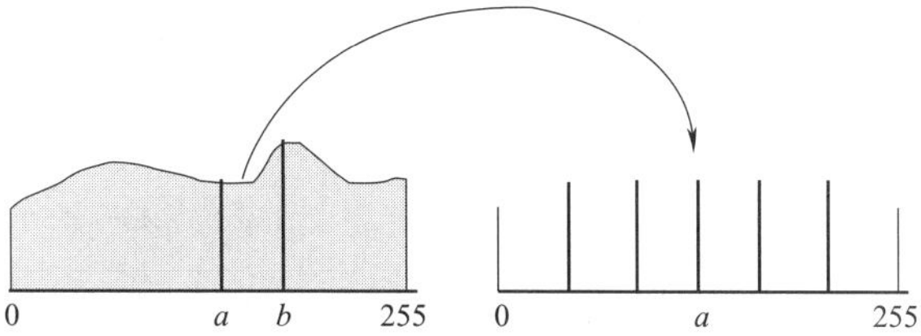

图 8.15　色调分离算法原理

代码中的变量 colorOrder 为色阶的数量，step 为两个色阶值之间的区间长度。

```
Bitmap AdjustToColorSeparation(Bitmap bitmap,int colorOrder)
{
    //colorOrder:色阶数
    //修改后的 RGB 值
    int newRed;
    int newGreen;
    int newBlue;
    //对应的 rgb 色阶等级
    int rClass;
    int gClass;
    int bClass;
    //计算色阶
    int step = 255/(colorOrder - 1);
    //将色阶值存入 List
    List<int> newColors = new List<int>();
    for (int index = 0;index < colorOrder;index ++)
    {
        newColors.Add(index* step);
    }
    newColors.Add(255);
    //遍历每个像素点
    for (int y = 0;y < bitmap.Height;y ++)
    {
        for (int x = 0;x < bitmap.Width;x ++)
        {
            Color c = bitmap.GetPixel(x,y);
            //向下取整，计算色阶等级
            rClass = (c.R - (c.R% step)) / step;
            gClass = (c.G - (c.G% step)) / step;
            bClass = (c.B - (c.B% step)) / step;
            //获得对应的 RGB 值
            newRed = newColors[rClass];
            newGreen = newColors[gClass];
            newBlue = newColors[bClass];
            Color newC = Color.FromArgb(newRed,newGreen,newBlue);
```

```
            bitmap.SetPixel(x,y,newC);
        }
    }
    return bitmap;
    }
```

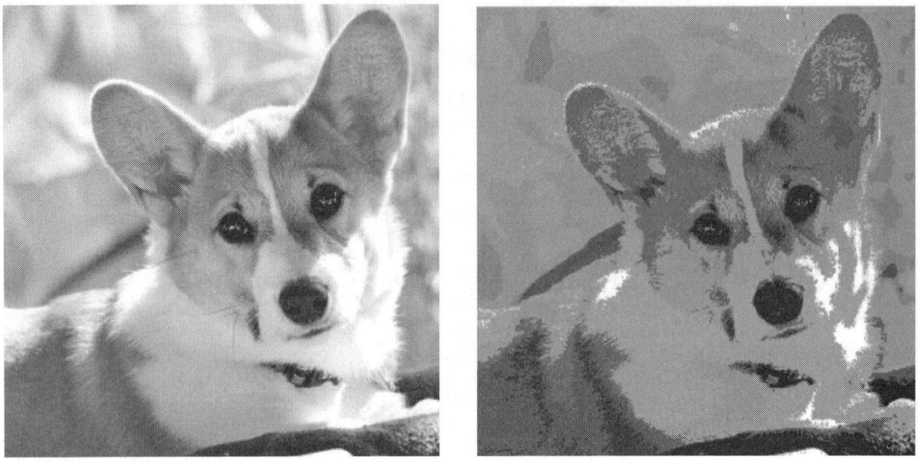

图 8.16　色调分离效果示例

8.3.4　马赛克

作为一种特效形式,马赛克是影视中常见的特效。马赛克特效算法的基本思路是,将图像分割为一个个的小方格,在一个方格内计算其中各像素的平均颜色值,然后将这个平均颜色赋予方格内所有的像素。这样图像就成为一个个小方块的样子。

如图 8.17 所示,设小方格尺寸 Msize 为像素单位,行方向的第 i 个,列方向第 j 个格子的对角点像素坐标为 $(i \cdot \text{Msize}, j \cdot \text{Msize})$, $((i+1) \cdot \text{Msize}-1, (j+1) \cdot \text{Msize}-1)$,格子内像素数量为 $\text{Msize} \cdot \text{Msize}$。

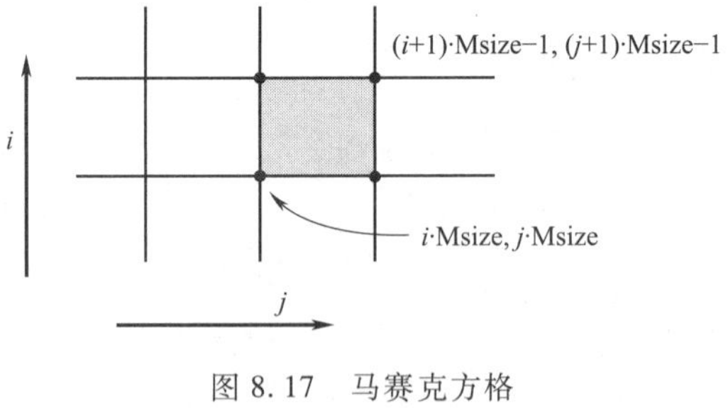

图 8.17　马赛克方格

设第 m 行 n 列像素颜色为 $C(m,n)$,则 i,j 格子中像素颜色平均为

$$C = \sum_{m=0}^{\text{Msize}} \sum_{n=0}^{\text{Msize}} C(m + i \cdot \text{Msize}, n + j \cdot \text{Msize})$$

接着将平均颜色赋值给格子内各个像素

对于　$m \in [i \cdot \text{Msize}, (i+1) \cdot \text{Msize} - 1], n \in [j \cdot \text{Msize}, (j+1) \cdot \text{Msize} - 1]$

$$C(m,n) = C$$

马赛克特效实现代码如下，示例效果如图 8.18 所示。

```
Bitmap AdjustTobMosaic(Bitmap bitmap,int effectWidth)
{
    // effectWidth:马赛克计算范围
    for (int y0 = 0;y0 < bitmap.Height;y0 += effectWidth)
    {
        for (int x0 = 0;x0 < bitmap.Width;x0 += effectWidth)
        {
            int red = 0,green = 0,blue = 0;
            //混合的像素数量
            int blurPixelCount = 0;
            //遍历每个马赛克，计算区域内的 RGB 均值
            for (int x = x0;(x < x0 + effectWidth && x < bitmap.Width);x++)
            {
                for (int y = y0;(y < y0 + effectWidth && y < bitmap.Height);y++)
                {
                    Color c = bitmap.GetPixel(x,y);
                    red += c.R;
                    green += c.G;
                    blue += c.B;
                    blurPixelCount++;
                }
            }
            red /= blurPixelCount;
            green /= blurPixelCount;
            blue /= blurPixelCount;
            //所有范围内都设定此值
            for (int x = x0;(x < x0 + effectWidth && x < bitmap.Width);x++)
            {
                for (int y = y0;(y < y0 + effectWidth && y < bitmap.Height);y++)
                {
                    Color newC = Color.FromArgb(red,green,blue);
                    bitmap.SetPixel(x,y,newC);
                }
            }
        }
    }
    return bitmap;
}
```

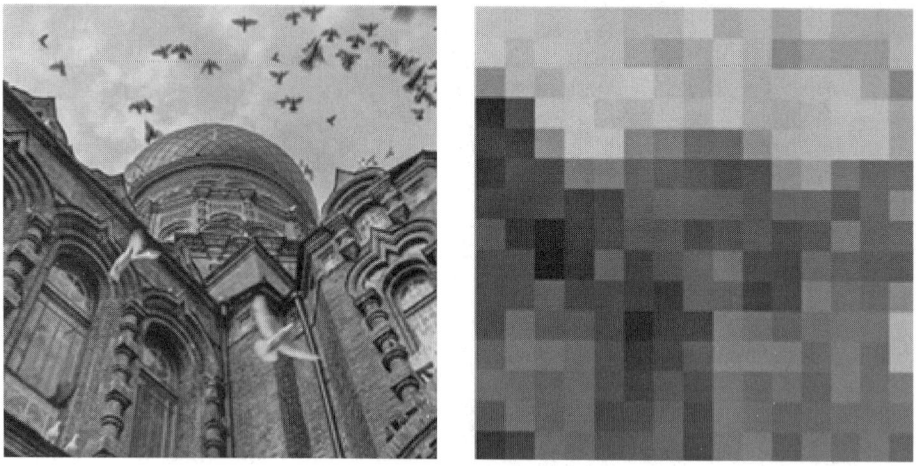

图 8.18　马赛克效果

8.3.5　锐化

图像锐化算法的作用是补偿图像的轮廓,增强图像的边缘及灰度跳变的部分,使图像变得清晰。简单地讲,锐化就是将图像中呈现为线条的地方,提升其颜色值,让这里变得更亮更清晰,图像整体风格变得锐利。

图像锐化算法使用拉普拉斯模板:

$$\begin{pmatrix} -1 & -1 & -1 \\ -1 & 9 & -1 \\ -1 & -1 & -1 \end{pmatrix}$$

此模板意味着中心像素颜色值乘 9,再减掉周围像素的颜色。如果周边像素的颜色与之相差不大,该像素颜色变化也不会大。如果周边像素的颜色与之相差较大,该像素颜色变化也会较大。

以下是使用拉普拉斯模板实现锐化处理的程序代码,程序效果示例如图 8.19 所示。

```
Bitmap Sharpen(Bitmap bitmap)
{
    int height = bitmap.Height;
    int width = bitmap.Width;
    //实例化一个新的 bitmap 存储处理后的图像
    Bitmap newBitmap = new Bitmap(width,height);
    Color c;
    //拉普拉斯模板
    int[] Laplacian = { -1, -1, -1, -1,9, -1, -1, -1, -1};
    //遍历像素,考虑边界
    for (int x = 1;x < width -1;x ++)
        for (int y = 1;y < height -1;y ++)
        {
            //定义变量存储新的 RGB 值
            int newRed = 0,newGreen = 0,newBlue = 0;
```

```
            int Index = 0;
            //用拉普拉斯模板实现 3*3 像素块锐化
            for (int col = -1;col < =1;col ++)
                for (int row = -1;row  < =1;row ++)
                {
                    c = bitmap.GetPixel(x + row,y + col);
                    newRed + = c.R* Laplacian[Index];
                    newGreen + = c.G* Laplacian[Index];
                    newBlue + = c.B* Laplacian[Index];
                    Index ++;
                }
            //处理颜色值溢出
            newRed = newRed > 255 ? 255:newRed;
            newRed = newRed < 0 ? 0:newRed;
            newGreen = newGreen > 255 ? 255:newGreen;
            newGreen = newGreen < 0 ? 0:newGreen;
            newBlue = newBlue > 255 ? 255:newBlue;
            newBlue = newBlue < 0 ? 0:newBlue;
            newBitmap.SetPixel(x1,y - 1,Color.FromArgb(newRed,newGreen,newBlue));
        }
        return newBitmap;
    }
```

图 8.19　锐化效果

8.3.6　浮雕

算法将图像变换为以灰色为主，但在边缘处，即原图像中呈现为线条的地方保留彩色效果，看上去接近于浮雕。

算法预先设定一个深度值 Depth，将当前像素颜色和其相邻 Depth 的像素颜色做差求值，之后再加上 128。一般来说，如果 Depth 给出的值不大，相邻 Depth 像素之间的差别不是特别大，差别大的一般都是在边缘。所以算法能很好地保留住边缘，而且处理过后边缘处的亮度会比周围像素高。而差别不大的像素的差值接近于 0，加上 128 后就约等于 128。即一个灰度平

均值的表现，最终图像就形成了浮雕效果。具体计算公式可以表示为

$$C'(i,j) = |C(i,j) - C(i + \mathrm{Depth}, j + \mathrm{Depth})| + 128$$

以下是实现浮雕处理的程序代码，程序效果示例如图 8.20 所示。

```
Bitmap AdjustToRelievo(Bitmap bitmap,int depth)
{
    //定义变量存储新 RGB 值
    int newRed;
    int newGreen;
    int newBlue;
    int height = bitmap.Height;
    int width = bitmap.Width;
    //实例化一个新的 bitmap 存放处理后的像素
    Bitmap newBitmap = new Bitmap(Width,Height);
    Color pixel1,pixel2;
    //遍历像素，要考虑到浮雕深度
    for (int x = 0;x < width - depth;x ++ )
    {
        for (int y = 0;y < height - depth;y ++ )
        {
            pixel1 = bitmap.GetPixel(x,y);
            pixel2 = bitmap.GetPixel(x + depth,y + depth);
            //浮雕 RGB 换算方法
            newRed = Math.Abs(pixel1.R - pixel2.R + 128);
            newGreen = Math.Abs(pixel1.G - pixel2.G + 128);
            newBlue = Math.Abs(pixel1.B - pixel2.B + 128);
            //溢出值处理
            newRed = (newRed > 255 ? 255:newRed);
            newGreen = (newGreen > 255 ? 255:newGreen);
            newBlue = (newBlue > 255 ? 255:newBlue);
            Color c = Color.FromArgb(newRed,newGreen,newBlue);
            newBitmap.SetPixel(x,y,c);
        }
    }
    return newBitmap;
}
```

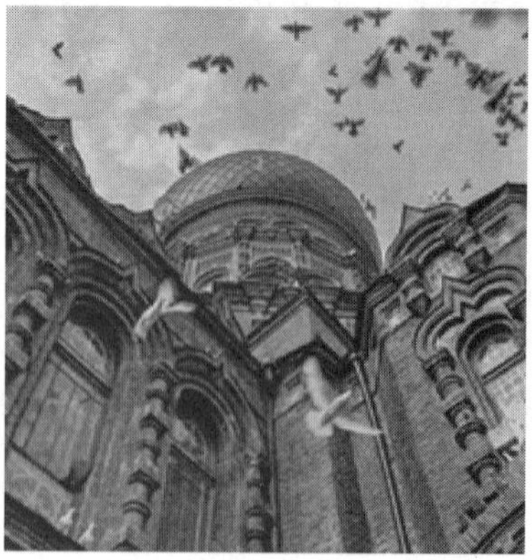

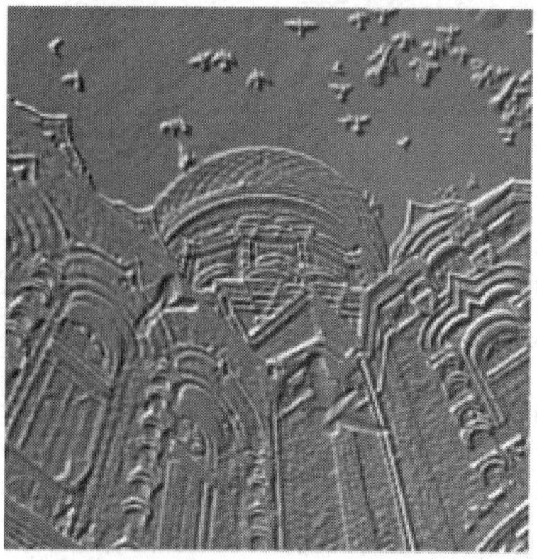

图 8.20　浮雕效果

8.3.7　正片叠底

对一个图像进行正片叠底运算，需要另外一个参考图像。正片叠底算法实质上将当前图像的像素颜色，与参考图像同位置的像素颜色进行相乘，产生新的颜色。

假若颜色值为[0,1]之间的小数，一个颜色值乘上一个小数，只能会更小，亮度会降低。因此，参考图像同位置的像素颜色值越小，则当前像素的颜色值就会变得越小。算法所产生的效果相当于在当前图像中，透出了参考图像的影子。

具体计算公式为

$$C'(i,j)=\frac{C(i,j)\cdot C_0(i,j)}{255}$$

其中 $C_0(i,j)$ 为参考图像的颜色值，除以 255 是为了将其值变为小数。

以下为正片叠底算法的程序代码，程序效果示例如图 8.21 所示。

```
Bitmap Mix_Multiply(Bitmap bm1,Bitmap bm2)
{
    //定义变量存储新的 RGB 值
    int newRed;
    int newGreen;
    int newBlue;
    //实例化一个新的 bitmap 存储处理后的图像
  Bitmap bm = bm1;
    for (int x = 0;x < bm1.Width;x ++)
    {
        for (int y = 0;y < bm1.Height;y ++)
        {
            Color c1 = bm1.GetPixel(x,y);
            Color c2 = bm2.GetPixel(x,y);
            //计算 RGB 值
            newRed = c1.R* c2.R / 255;
            newGreen = c1.G* c2.G / 255;
            newBlue = c1.B* c2.B / 255;
            Color newColor = Color.FromArgb(newRed,newGreen,newBlue);
            bm.SetPixel(x,y,newColor);
        }
    }
    return bm;
}
```

图 8.21　正片叠底效果示例

8.3.8 颜色加深

对一个图像进行颜色加深运算,同样需要另外一个参考图像。颜色加深计算公式为

$$C'(i,j) = 255 - 255 \cdot \frac{255 - C(i,j)}{C_0(i,j)}$$

其中 $C_0(i,j)$ 为参考图像的颜色值,除以 255 是为了将其值变为小数。

算法的效果为,如果参考图像的颜色值较大或较小,则呈现出的较多,原图像保留的较少。反之参考图像的颜色值处于中间值,则原图像颜色保留较多,看着更清晰。

以下为颜色加深算法的程序代码,程序效果示例如图 8.22 所示。

```
Bitmap Mix_ColorBurn(Bitmap bm1,Bitmap bm2)
{
    //定义变量存储新的 RGB 值
    int newRed;
    int newGreen;
    int newBlue;
    //实例化一个新的 bitmap 存储处理后的图像
    Bitmap bm = bm1;
    for (int x = 0;x < bm1.Width;x ++)
    {
        for (int y = 0;y < bm1.Height;y ++)
        {
            Color c1 = bm1.GetPixel(x,y);
            c2 = bm2.GetPixel(x,y);
            //计算 RGB 值
            newRed = 255 - ((255 - c2.R )* 255/(c1.R + 1));
            newGreen = 255 - ((255 - c2.G )* 255/(c1.G + 1)) ;
            newBlue = 255 - ((255 - c2.B)* 255/(c1.B + 1));
            newRed = (newRed < 0 ? 0:newRed);
            newGreen = (newGreen < 0 ? 0:newGreen);
            newBlue = (newBlue < 0 ? 0:newBlue);
            Color newColor =
            Color.FromArgb(newRed,newGreen,newBlue);
            bm.SetPixel(x,y,newColor);
        }
    }
    return bm;
}
```

图 8.22 颜色加深效果示例

8.3.9 直方图均衡化

如果一幅图像颜色值分布不均匀，就呈现为亮度差异较大，图像上亮色和暗色区别分明。如图 8.23 所示，其中图 8.23(a)为原图像的直方图，其中能够看出低亮度的像素较多，高亮度的像素次之，中间亮度的像素最少。进行直方图均衡化处理后，像素值分布如图 8.23(b)所示，亮度分布就比较均匀了，图像看上去颜色分布平缓，比较柔和。

图 8.23　直方图均衡化

直方图均衡化算法步骤为：

①遍历整个图像，计算拥有各颜色值的像素总和，得到一个分布函数。设 N 为图像总像素数量，n_i 为颜色值为 $i(0 \leqslant i \leqslant 255)$ 的像素的数量，则统计值为

$$p(i) = \frac{n_i}{N}$$

②对 $p(i)$ 进行累加，得到均衡化后的 $p(i)$，即

$$p(i) = \sum_{j=0}^{i} p(j)$$

此时 $p(i)$ 的含义是，拥有颜色值 i 以及小于 i 的全部像素在图像中的占比。

③用 $i \cdot p(i)$ 来替换颜色值 i，使图像的颜色产生变化。这种变化的结果是让颜色分布更为均衡。

以下为直方图均衡化算法的程序代码，程序效果示例如图 8.24 所示。

```
voidEqualization(Bitmap bitmap0 )
{
    Bitmap bitmap1;
    Bitmap1 = bitmap0. Clone() as Bitmap;
    int width = bitmap0. Width;
    int height = bitmap0. Height;
    int n = width* height;
    int[] g = new int[256];
    double[] gk = new double[256];
    for (int i = 0;i < width; ++i)
        for (int j = 0;j < height; ++j)
        {
            Color pixel = bitmap0. GetPixel(i,j);
            g[pixel. R] + =1;
        }
    for (int i = 0;i < 256;i ++)
        gk[i] = (g[i]* 1.0)/n;
    for (int i =1;i < 256;i ++)
```

```
        gk[i] = gk[i] + gk[i - 1];
    for (int i = 0; i < width; ++i)
        for (int j = 0; j < height; ++j)
        {
            Color pixel = bitmap0.GetPixel(i,j);
            int apixel = pixel.R;
            int bpixel = 0;
            if (apixel == 0)
                bpixel = 0;
            else
                apixel = gk[pixel.R]* 255;
                pixel = Color.FromArgb(bpixel,bpixel,bpixel);
                bitmap1.SetPixel(i,j,pixel);
        }
    }
}
```

图 8.24　直方图均衡化效果示例

8.3.10　高斯模糊算法

高斯模糊是一种以正态分布函数为模板的模糊算法，是常见的模糊特效。二维高斯分布函数为

$$f(x,y) = \frac{1}{2\pi r^2} e^{\frac{x2 + y2}{2r2}}$$

式中 r 为方差，均值设为 0，一维情况下函数曲线如图 8.25 所示，因为函数中 x 和 y 为对称，二维情况函数图与一维相似。

这个函数的特点是中心 $x = 0, y = 0$ 点取最大值，随着 x 和增加或减少，函数值逐渐下降。

模糊计算时，取像素 p 进行颜色计算，要点如下：

①像素 p 向行、列方向各选 r 行 r 列像素，成为 $2r+1$ 行 $2r+1$ 列的子图（见图 8.26）。将 r 称为模糊半径。

②对子图中的像素进行加权平均，作为像素 p 的新颜色

$$C(p) = \sum_{i=0}^{2r} \sum_{j=0}^{2r} C(i,j) \cdot f(i,j)$$

这个平均计算中，离 p 越远的像素，贡献就越小，这也是高斯模糊的特点。

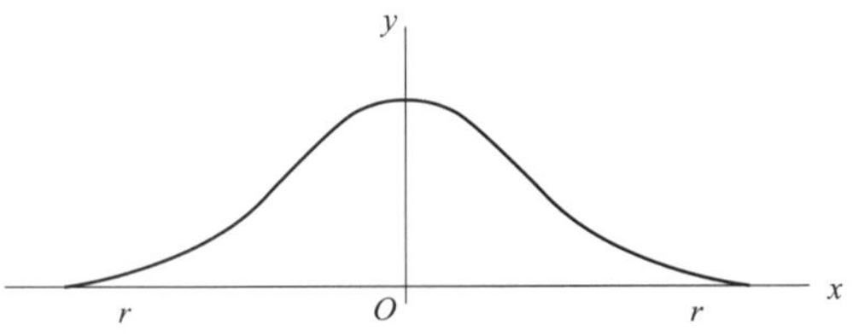

图 8.25 一维正态分布函数

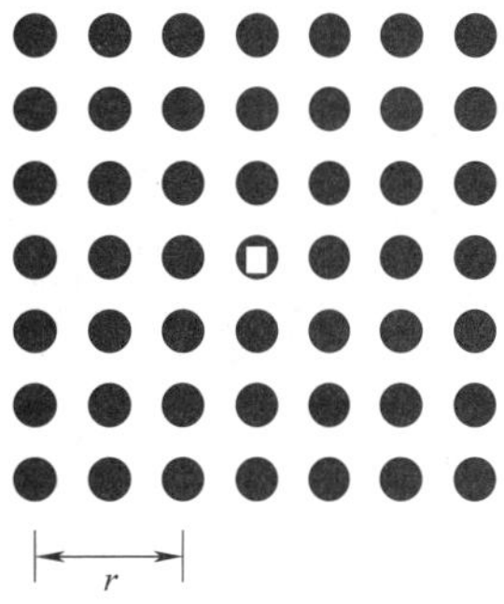

图 8.26 当前像素及周围像素

下面是实现高斯模糊的程序代码。

```
void GaussBlur(Bitmap srcBmp,Bitmap gaussBmp,int r)
{
    int w,h;
    int i,j,k,m,n;  //循环变量
    double R,G,B;
    Color srcColor = new Color();
    w = srcBmp.Width;
    h = srcBmp.Height;
    double[,] GaussTemplate = new double[2* r +1,2* r +1];

    //生成 Gauss 模板
    double sum = 0;
    for (i = 0;i < 2* r +1;i ++)
        for (j = 0;j < 2* r +1;j ++)
        {
            GaussTemplate[i,j] = Math.Exp((- (i - r)* (i - r) - (j - r)* (j - r))/
            (2.0* r* r))/(2.0* Math.PI* r* r);
            sum + = GaussTemplate[i,j];
        }
    for (i = 0;i < 2* r +1;i ++)
        for (j = 0;j < 2* r +1;j ++)
            GaussTemplate[i,j] / = sum;

    //开始 Gauss 模糊
    for (i = r;i < w - r;i ++)
        for (j = r;j < h - r;j ++)
        {
            R = G = B = 0;
            for (m = 0;m < 2* r +1;m ++)
                for (n = 0;n < 2* r +1;n ++)
                {
                    srcColor = srcBmp.GetPixel(i - r + m,j - r + n);
                    R + = srcColor.R* GaussTemplate[m,n];
```

```
                    G + =srcColor.G* GaussTemplate[m,n];
                    B + =srcColor.B* GaussTemplate[m,n];
                }
            gaussBmp.SetPixel(i,j,Color.FromArgb((int)R,(int)G,(int)B));
        }
    }
```

对代码说明如下：

①函数头定义了三个参数：Bitmap srcBmp，源图像；Bitmap gaussBmp，输出图像；int r，模糊半径。

②生成 Gauss 模板程序段，在 $2r+1$ 行 $2r+1$ 列范围里的正态分布函数值，且使模板中的函数值总和为 1，为的是不改变图像的总体亮度。它们与子图中的像素对应。

③开始 Gauss 模糊程序段，在子图范围里逐个取出原图像中的像素，按高斯模板进行平均后，存入结果图像。

程序运行结果如图 8.27 所示。

图 8.27　高斯模糊效果

8.3.11　素描效果算法

产生素描效果的计算步骤为：

①准备一个源图像，设为 A。

②将图像 A 灰度化，即三个颜色分量均转换为(R + G + B)/3，成为图像 B。

③将图像 B 反转颜色，即三个颜色分量均转换为(1 - R，1 - G，1 - B)，成为图像 C。

④将图像 C 进行高斯模糊，成为图像 D。

⑤混合图像 B 和图像 D，混合模式为颜色减淡，计算公式为

$$E = B + \frac{B \cdot D}{255 - D}$$

式中 E 为混和结果，混合计算时需要注意，颜色不能超出 255，若超出则置为 255。

下面是实现素描效果的程序代码，程序运行效果如图 8.28 所示。

```
void sketch(Bitmap srcBmp,Bitmap sketchBmp,int r)
{
    int w,h;
```

```
    int i,j;  //循环变量
    int R,G,B;
    int p;
    Color srcColor = new Color();
    w = srcBmp.Width;
    h = srcBmp.Height;
    Bitmap grayBmp = new Bitmap(srcBmp);//灰度图
    for (i = 0;i < w ;i ++)
        for (j = r;j < h;j ++)
        {
            srcColor = srcBmp.GetPixel(i,j);
            p = (int)((srcColor.R + srcColor.G + srcColor.B)/3);
            grayBmp.SetPixel(i,j,Color.FromArgb(p,p,p));
        }
    Bitmap IgrayBmp = new Bitmap(grayBmp);//翻转灰度图
    for (i = 0;i < w ;i ++)
        for (j = r;j < h ;j ++)
        {
          srcColor = IgrayBmp.GetPixel(i,j);
            IgrayBmp.SetPixel(i,j,Color.FromArgb(255 - srcColor.R,
                                    255 - srcColor.G,255 - srcColor.B));
        }
    Bitmap gaussBmp = new Bitmap(w,h);
    GaussBlur(IgrayBmp,gaussBmp,r);//进行高斯模糊
    int R1,G1,B1,R2,G2,B2;
    for (i = 0;i < w;i ++)//混合:颜色减淡模式
        for (j = 0;j < h;j ++)
        {
            srcColor = grayBmp.GetPixel(i,j);
            R1 = srcColor.R;
            G1 = srcColor.G;
            B1 = srcColor.B;
            srcColor = gaussBmp.GetPixel(i,j);
            R2 = srcColor.R;
            G2 = srcColor.G;
            B2 = srcColor.B;
            R = Math.Min(R2 = = 255 ? 255:(int)(R1 + R1* R2/(255 - R2)),255);
            G = Math.Min(G2 = = 255 ? 255:(int)(G1 + G1* G2/(255 - G2)),255);
            B = Math.Min(B2 = = 255 ? 255:(int)(B1 + B1* B2/(255 - B2)),255);
            sketchBmp.SetPixel(i,j,Color.FromArgb(R,G,B));
        }
}
```

图 8.28　素描算法效果

习　　题

1. 在直方图中,如果将输入轴的中间块左移,会产生什么效果?

2. 在直方图中,如果将输出轴左侧滑块右移,会产生什么效果?

3. 分析变换模板的作用是什么。

4. 设计一个模板,实现将当前像素颜色变换为上下左右相邻像素的平均颜色。

5. 为什么几何变换中都是关于像素坐标的计算?

6. 有一个图片,尺寸为 800×600,绕其左下角转动 30°,给出形成的新图片与原图片的映射关系。

7. 图片尺寸为 640×480,放大 2 倍并水平翻转,给出形成的新图片与原图片的映射关系。

8. 一个图像被放大 2 倍,同时旋转了 45°,写出其变换公式。

9. 写出梯形变换的反变换公式。

10. 一个图像以其左下－右上角连线为中心进行镜像,写出其变换公式。

12. 运用图像四角变形公式,将对角坐标为(0,0)－(500,400)的图像,变换为对角坐标为(0,0)－(600,500)的图像。

13. 写出图像由四角变形公式推出图像转动公式。

14. 编程实现一个图像变换,让 RGB 分量轮换。

15. 编程实现绘制一个图像的直方图。

16. 编程实现一个图像变换,算法为:将原图像进行分块,然后让图像块在新图像范围内进行随机安置。

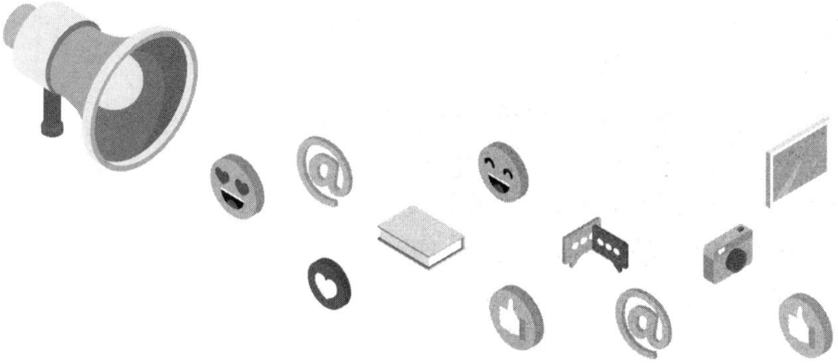

第9章 动画模型

网格模型尽管可以用于物体形状的表示，但如果物体是运动的，仅有网格模型还是不够的，还需要考虑如何控制网格变形等进一步的问题，即动画模型问题。本章介绍几种常见的模型，包括骨骼模型、布料模型。

9.1 骨骼动画模型

在动画制作中，或者是在交互动画程序中，若要让一个物体产生某种所需要的变形，逐个网格顶点进行调整是不现实的，即使可以这样做，其精度也难于满足要求。例如，一个行走中的人或动物，用在每个关键帧上调整网格顶点的方法实现行走动画难度很大。论其原因，主要是构成人物或动物的网格顶点非常多。

解决这个问题的思路是，另外定义少量点，令每个点与网格中一个区域内的顶点关联，通过调整少量点来分片地带动众多网格顶点，就是一种有效可行的方法。图 9.1 所示的用 4 个点来控制一个圆柱体的变形，其中作为控制点的 4 个点连接而成的结构称为骨骼系统。用骨骼运动来带动网格模型运动的技术称为骨骼动画模型。

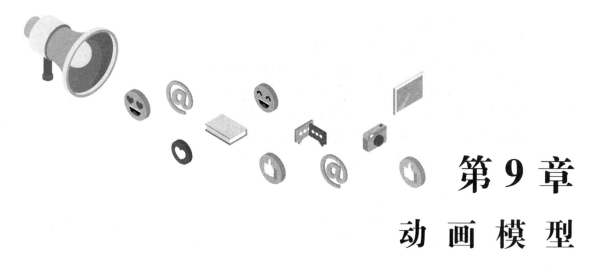

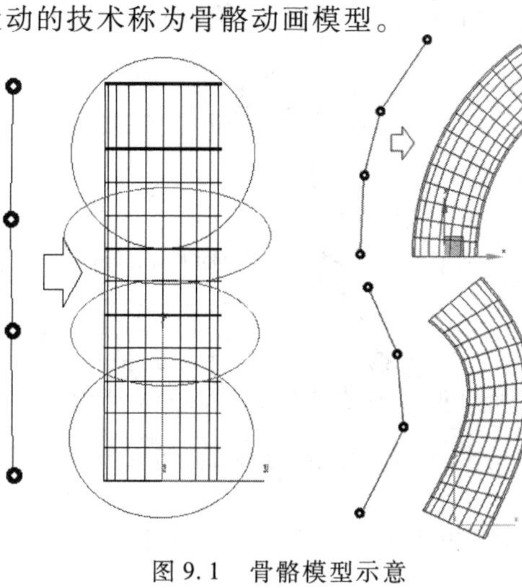

图 9.1　骨骼模型示意

骨骼模型具有下面的优点:

①大大减少了模型形状调节的工作量。

②使模型的变形更具有逻辑性,整体上能满足某种规律性。如人抬起手臂的动作是一个整体性动作,从肩到手要产生连贯的运动。用少量几个点来控制更容易实现变形的协调性。

③更容易实现程序。在交互程序中,只需要维护少量骨骼点的变换矩阵就可以操控模型的变形和运动,而不需要去计算每个模型顶点,后者实际上也无法在程序中实现。

本节围绕着骨骼动画技术,介绍以下内容:骨骼模型及其数据结构、骨骼变换矩阵、反向动力学算法、骨骼蒙皮动画。

微软 DirectX 在骨骼动画方面提供了全面的支持,而且计算多是通过 GPU 来实现,是最主要的骨骼动画工具。在本节中尽量使用 DirectX 中使用的术语和符号。

9.1.1 骨骼模型及其数据结构

图 9.2 所示是微软 Kinect 设备所定义的骨骼系统模型。从中看到,骨骼系统是一个由若干点构成的层次结构。

骨骼系统由骨块组成,图中处于中心位置,名为 HIP CENTER 的为根骨块(root)。根骨块只有一个,其他骨块均处于根骨块的下层或者下下层。

骨块(Bone)是系统中的一个节点,意味着人或动物的一个骨头。但骨骼系统未必仅用于人或动物,骨块实际上就是图 9.2 中的一个黑圆点表示的节点。也有资料用 Skeleton 或者 Join 来表示。

DirectX 中用 Frame(框架)这个词来代表骨块,更强调了数学方面的意义。因为在计算中,一个骨块代表了一个本地坐标系统。

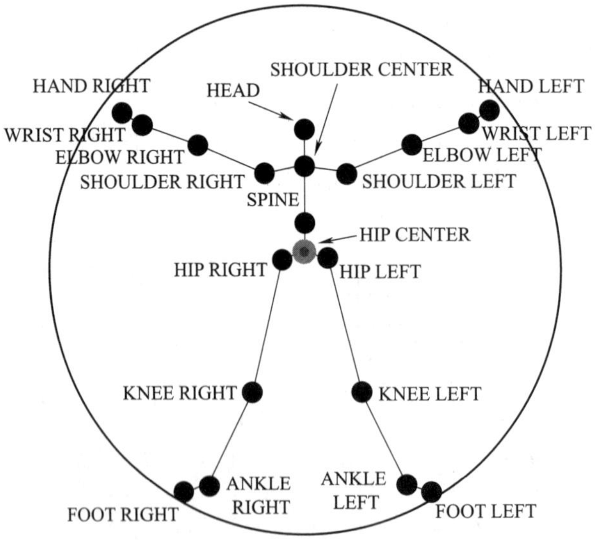

图 9.2 Kinect 骨骼模型(From Kinect Manual)

父骨块(Parent)和子骨块(Child),表示相连的两个骨块之间的关系。除了根骨块,每个骨块都有一个父骨块;每个骨块都可能有一个或多个子骨块。若一个骨块没有子骨块,那么这个骨块处于骨骼系统的末端,称为末端器。这个末端器往往有着特别的意义,如人物的手和脚就是末端器,也是反向动力学计算的出发点。

兄弟骨块(Sibling),表示有着一个父骨块的几个骨块之间的关系。

各个骨块的相对位置确定下来后,骨骼系统就有了一个确定的姿态。骨块相对位置发生变化,骨骼姿态也就产生了变化。一般假设骨块的长度,即父子骨块间的距离在运动中是不变的,初始姿态确定后,后续骨块运动只表现为绕自身轴的旋转运动,没有平移和缩放。骨块转动情况如图 9.3 所示,图中骨块 3 和骨块 5 发生了转动而导致骨骼姿态的改变。

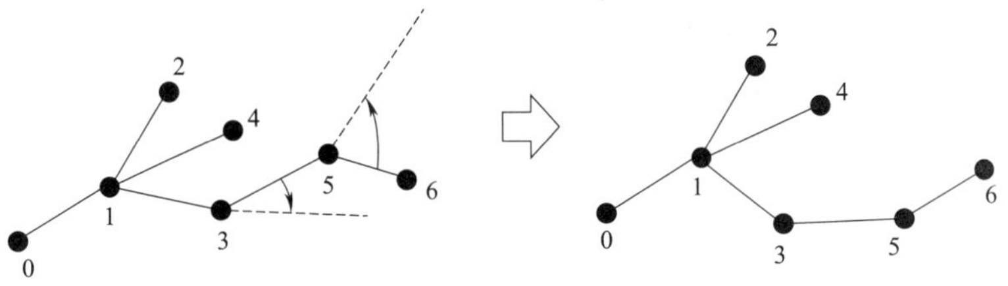

图 9.3 骨骼姿态变化

我们不应该将骨块理解成一个有尺寸的实体,实际上骨块仅仅是一个点。两个点之间的连线仅为表示两个骨块的层次关系,它们中间有距离,但没有任何实际内容。因为计算中不需要中间的实体信息。子骨块和它的父骨块的关系,仅表现为位置的相对关系。如父骨块发生运动时,子骨块必然要跟随父骨块进行运动,以保持它们间相对位置不变。

最合适的理解方法是将每个骨块理解为一个坐标系,这也是 DirectX 称骨块为 Frame 的原因。

用数据结构来表示一个骨骼系统,方法是很多的,不同的表示方法有不同的特点,适合不同的应用。DirectX 的表示方法为

```
typedef struct _D3DXFRAME
{
  LPSTR Name;                                   //名称
  D3DXMATRIX TransformationMatrix;              //本地变换矩阵
  LPD3DXMESHCONTAINER pMeshContainer;           //蒙皮网格模型
  struct _D3DXFRAME * pFrameSibling;            //第一个兄弟骨块
  struct _D3DXFRAME * pFrameFirstChild;         //第一个子骨块
} D3DXFRAME, * LPD3DXFRAME;
```

其中 D3DXMATRIX 是 4 ×4 矩阵数据类型。

这个结构体存储了一个骨块的信息,其中 pMeshContainer 是指向该骨骼系统所要控制的网格模型数据结构指针; * pFrameSibling 和 * pFrameFirstChild 则指向另外两个骨块,这两个指针使骨骼链能够连接下去,构成完成的骨骼系统;TransformationMatrix 存储本地变换矩阵。

尽管各种关于骨骼的信息都能从结构体 D3DXFRAME 中计算出来,但将一些重要信息也保存在结构体中,能为后来的计算带来方便。为此可以对结构体 D3DXFRAME 进行扩展,如:

```
struct FrameEx:public D3DXFRAME
{
  D3DXMATRIX CombinedTransform;                    //混合变换矩阵
  D3DXMATRIX OffsetTransform;                      //偏移变换矩阵
  ExFRAME * pFrameParent;                          //父骨块
};
```

关于几个变换矩阵的产生和计算在下节中进行说明。

因为骨骼系统是一个树型结构,对每个骨块来说,与它相邻的骨块有三种:父骨块,子骨块和兄弟骨块。上述结构体中记录了第一个兄弟骨块和第一个子骨块的指针,按这个线索进行搜索,就能够搜索到全体骨块。没有记录父骨块,因为理论上是能搜索到的,但反向动力学计算需要父骨块,在结构体中增加一个成员,记录父骨块指针,使用中更为方便。

结构 D3DXFRAME 的优点是使得变换矩阵的相关计算十分方便。

9.1.2 骨骼变换矩阵

一个骨骼系统必然要有一个初始姿态,在随后的动画进行中,还会有多个瞬时姿态。无论哪种姿态,都是由变换矩阵来表示的。

每个骨块都有一个本地坐标系,坐标系以骨块为中心,坐标系的当前位置即骨块的位置,坐标系的当前朝向即骨块的朝向。每个骨块的坐标系都定义在它的父骨块坐标系中。根骨块以世界坐标系为父坐标系。那么每个骨块的坐标就有两个,一是它在父坐标系中的坐标,称为本地坐标;二是它在世界坐标系中的坐标。

设初始时,包括根骨块在内,所有的骨块都在世界坐标系的原点,坐标轴方向与世界坐标系的坐标轴重叠。所有骨块无论是本地坐标还是世界坐标全为0。

将根骨块相对世界坐标系进行旋转,转到一个方向。再相对世界坐标系进行平移,移动到世界中的一个位置上。接着对根骨块的每个子骨块做同样的事情,将子骨块相对根骨块坐标系进行旋转,转到一个方向。再相对根骨块坐标系进行平移,移动到根骨块中的一个位置上。反复进行这个移动,直到所有的骨块都被移动。原本重叠在一起的骨块,展开成为骨骼系统的初始姿态。

设 i、j 为父子关系骨块,i 为父骨块,j 为子骨块,其移动关系如图 9.4 所示。

①骨块 j 相对于骨块 i 转动,其转动矩阵为 $\boldsymbol{R}$。

②骨块 j 相对于骨块 i 平移,其平移矩阵为 $\boldsymbol{T}$。

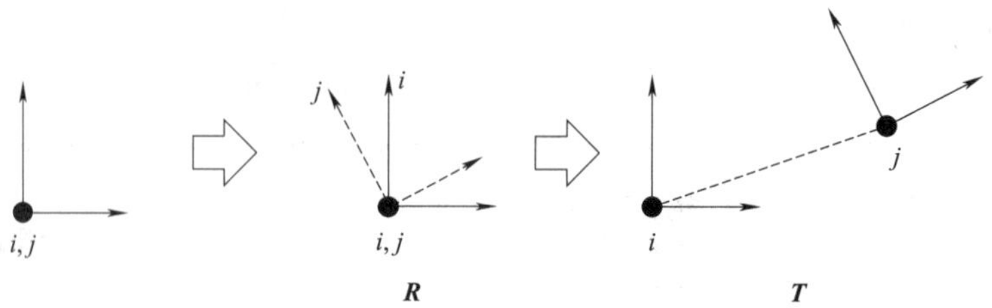

图 9.4　子骨块的相对运动

记 $\boldsymbol{L}_j$ 为骨块 $\boldsymbol{j}$ 的本地变换矩阵,则

$$L_j = T \cdot R$$

将矩阵 L_j 存储到骨块 j 的结构体中，即

```
TransformationMatrix = Lj;
```

由于

$$T \cdot R = \begin{pmatrix} 1 & 0 & 0 & x \\ 0 & 1 & 0 & y \\ 0 & 0 & 1 & z \\ 0 & 0 & 0 & 1 \end{pmatrix} \cdot \begin{pmatrix} r_{11} & r_{12} & r_{13} & 0 \\ r_{21} & r_{22} & r_{23} & 0 \\ r_{31} & r_{32} & r_{33} & 0 \\ 0 & 0 & 0 & 1 \end{pmatrix} = \begin{pmatrix} r_{11} & r_{12} & r_{13} & x \\ r_{21} & r_{22} & r_{23} & y \\ r_{31} & r_{32} & r_{33} & z \\ 0 & 0 & 0 & 1 \end{pmatrix}$$

可见 L_j 的 3×3 部分即转动矩阵，第 4 列为平移分量，L_j 很容易分解为 T 和 R。

因此，骨骼系统初始姿态形成后，每个骨块都有了一个本地变换矩阵 L，它是由转动 R 和平移 T 组合而成。

从骨块 j 向它的上一层反复寻找父骨块，直到找到根骨块，形成一个从根骨块到骨块 j 的骨块链。若这个链从根骨块开始，本地变换矩阵依次为

$$L_0, L_1, \ldots, L_j$$

那么，将这链上的变换矩阵依次相乘

$$M_j = L_0 \cdot L_1 \cdot \ldots \cdot L_j$$

M_j 为骨块 j 的混合变换矩阵，它表示了骨块 j 从世界坐标系原地，移动到当前位置所需要的变换矩阵，即骨块 j 在世界坐标系中的坐标。将 M_j 存储到结构体中

```
CombinedTransform = Mj;
```

由于骨骼系统是树型结构，M_j 的计算可以通过递归方式遍历树的所有节点进行。DirectX 给出的代码为

```
void CombineTransforms(FrameEx*  frame,D3DXMATRIX& P)
{
    D3DXMATRIX& L = frame - > TransformationMatrix;
    D3DXMATRIX& C = frame - > combinedTransform;
    C = L* P;
    FrameEx*  sibling = (FrameEx* )frame - > pFrameSibling;
    FrameEx*  firstChild = (FrameEx* )frame - > pFrameFirstChild;
    if( sibling ) //如果本骨块存在兄弟骨块，那么计算兄弟骨块的组合变换矩阵
        CombineTransforms(sibling,P);
    if( firstChild ) //如果本骨块存在子骨块，那么计算子骨块的组合变换矩阵
        CombineTransforms(firstChild ,C);
}
```

用根骨块的参数进行调用这个函数，假设根骨块的变换矩阵为单位矩阵，调用形式如下

```
CombineTransforms( rootBone,identity );// identity 为 4 × 4 单位矩阵
```

M_j 表示了骨块 j 从世界中心的位置，移动到当前位置的变换矩阵。反过来，骨块 j 从当前位置再回到世界的位置上，变换矩阵为 $(M_j)^{-1}$。此矩阵称为偏移变换矩阵，同样存储到结构体中

```
Ij = (Mj)^-1;
OffsetTransform = Ij;
```

式中 I 的含义是 Inverse。至此,得到了骨块的 3 个变换矩阵,分别是本地变换矩阵 TransformationMatrix,混合变换矩阵 CombinedTransform,偏移变换矩阵 OffsetTransform。

由 3 个骨块构成的二维骨骼系统,姿态如图 9.5 所示。形成的步骤为

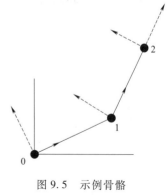

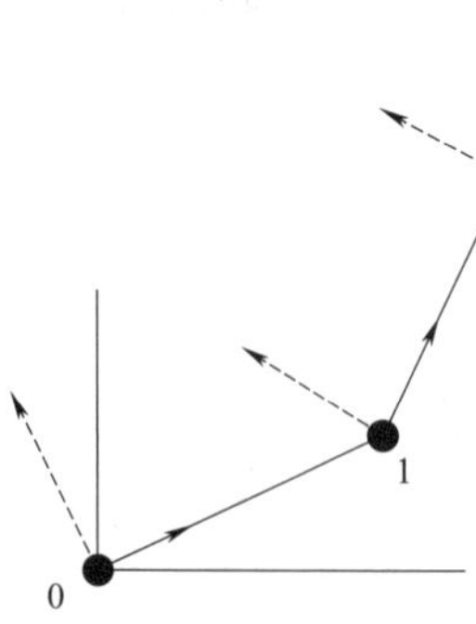

图 9.5　示例骨骼

①骨块初始位置为世界坐标系原点。

②骨块 0 转动 30°,没有移动,本地变换矩阵为

$$\boldsymbol{L}_0 = \begin{pmatrix} \sqrt{3}/2 & -1/2 & 0 \\ 1/2 & \sqrt{3}/2 & 0 \\ 0 & 0 & 1 \end{pmatrix}$$

③骨块 1 相对于骨块 0 转动 30°,沿 x 轴移动 1,本地变换矩阵为

$$\boldsymbol{L}_1 = \begin{pmatrix} 1 & 0 & 1 \\ 0 & 1 & 0 \\ 0 & 0 & 1 \end{pmatrix} \cdot \begin{pmatrix} \sqrt{3}/2 & -1/2 & 0 \\ 1/2 & \sqrt{3}/2 & 0 \\ 0 & 0 & 1 \end{pmatrix} = \begin{pmatrix} \sqrt{3}/2 & -1/2 & 1 \\ 1/2 & \sqrt{3}/2 & 0 \\ 0 & 0 & 1 \end{pmatrix}$$

④骨块 2 相对于骨块 1 沿 x 轴移动 1,本地变换矩阵为

$$\boldsymbol{L}_2 = \begin{pmatrix} 1 & 0 & 1 \\ 0 & 1 & 0 \\ 0 & 0 & 1 \end{pmatrix}$$

那么计算骨块 2 的混合变换矩阵,为

$$\boldsymbol{M}_2 = \boldsymbol{L}_0 \cdot \boldsymbol{L}_1 \cdot \boldsymbol{L}_2 = \begin{pmatrix} \sqrt{3}/2 & -1/2 & 0 \\ 1/2 & \sqrt{3}/2 & 0 \\ 0 & 0 & 1 \end{pmatrix} \cdot \begin{pmatrix} \sqrt{3}/2 & -1/2 & 1 \\ 1/2 & \sqrt{3}/2 & 0 \\ 0 & 0 & 1 \end{pmatrix} \cdot \begin{pmatrix} 1 & 0 & 1 \\ 0 & 1 & 0 \\ 0 & 0 & 1 \end{pmatrix}$$

$$= \begin{pmatrix} 1/2 & -\sqrt{3}/2 & 1/2 + \sqrt{3}/2 \\ \sqrt{3}/2 & 1/2 & 1/2 + \sqrt{3}/2 \\ 0 & 0 & 1 \end{pmatrix}$$

$\boldsymbol{M}_2$指示了骨块 2 的世界位置,以骨块 2 初始世界位置(0,0)代入计算,有

$$\begin{pmatrix} 1/2 & -\sqrt{3}/2 & 1/2 + \sqrt{3}/2 \\ \sqrt{3}/2 & 1/2 & 1/2 + \sqrt{3}/2 \\ 0 & 0 & 1 \end{pmatrix} \cdot \begin{pmatrix} 0 \\ 0 \\ 1 \end{pmatrix} = \begin{pmatrix} 1/2 + \sqrt{3}/2 \\ 1/2 + \sqrt{3}/2 \\ 1 \end{pmatrix}$$

即骨块 2 的世界坐标为$(1/2 + \sqrt{3}/2, 1/2 + \sqrt{3}/2)$。

不仅仅是骨块 2 本身,骨块 2 空间内任意点,都可以按同样方法转换到世界坐标系。

9.1.3　后续骨骼变换

在初始姿态之后,骨骼的姿态是不断变化的,以满足动画的需要,这些都是骨骼的后续运动。和初始姿态形成过程不同,后续运动中不需要考虑缩放和平移,骨骼不能伸缩,只能进行

旋转运动。骨骼系统从一个姿态变化到另一个姿态是通过骨块性对于其父骨块的转动来实现的。

假设骨块 j 在 t 时刻的本地变换矩阵为 $\boldsymbol{M}_j(t)$，在 $t+\Delta t$ 期间发生了转动，表示为矩阵形式为 $\boldsymbol{R}_{\Delta t}$。那么骨块 j 在 $t+\Delta t$ 时刻的本地变换矩阵为

$$\boldsymbol{M}_j(t) \ = \boldsymbol{T}\cdot\boldsymbol{R}$$

$$\boldsymbol{M}_j(t+\Delta t) \ = \boldsymbol{T}\cdot\boldsymbol{R}_{\Delta t}\cdot\boldsymbol{R}$$

第一式将 t 时刻的变换矩阵分为平移和转动量部分。第二式则意味着，将骨块 j 送回到它的父骨块原点，先进行 t 时刻的转动，在进行 $t+\Delta t$ 时刻的转动，连续转动两次后，再进行平移。这是因为变换矩阵的相乘次序不能交换。

对发生转动的骨块，按转动角度重新计算其本地变换矩阵后，再更新所有骨块的混合变换矩阵。这样，骨骼系统实现了一个新的姿态。这个过程中，偏移变换矩阵是不需要更新的。

9.1.4　反向动力学算法(IK)

通过逐个骨块进行转动，进而达到所需要的骨骼系统姿态是不容易实现的。实际做法一般是指定一个末端骨块的位置，计算各个骨块的转角，使产生的新姿态符合末端骨块的位置要求。实现这种计算的方法称为反向动力学算法，其中应用最为普遍的是 1989 年由 Welman 提出的循环坐标下降法(CCD 算法)。

CCD 算法是一个启发式的迭代搜索算法，通过每一次只改变一个骨块的参数来逐步减少位置误差和姿态误差。每个迭代过程包括一个从关节链结构的顶端到根骨块的遍历过程。算法的基本流程为

①从要移动的末端的父骨块开始，计算父骨块到末端骨块的连线，与父骨块到目标点连线形成的夹角，按这个夹角转动父骨块。

②如果旋转后的末端父骨块未达到目标，则再对父骨块的上层骨块即父骨块的父骨块重复步骤①；

③如此反复，如果到达根骨块仍未使末端骨块达到目标，则结束一次迭代，回到①，进入下一次迭代。

下面以一个例子说明 CCD 算法原理。

图 9.6 示例了一个骨骼结构，包括 0～6 共 7 个骨块。现在的目标是使骨块 6 到达方块位置，即目标位置。

从图中看到，能影响骨块 6 位置的骨块有 0、1、3、5。它们发生任何转动，都会改变骨块 6 的位置。那么问题就是它们分别转动多少能恰好使骨块 6 落在目标点上。

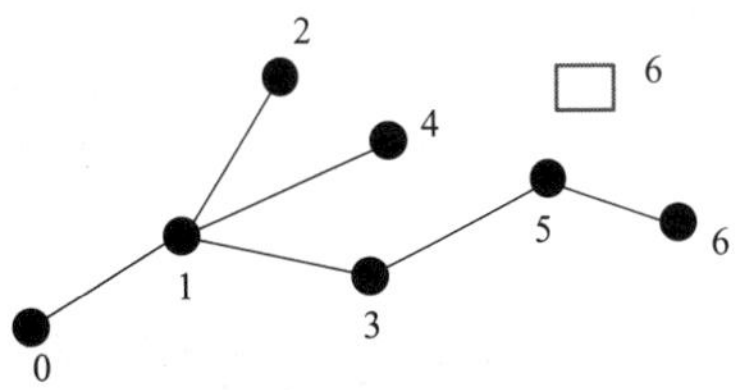

图 9.6　使骨块 6 到达方块位置

假设 $\boldsymbol{L}_i=\boldsymbol{T}_i\cdot\boldsymbol{R}_i$ 表示骨块 i 的本地变换矩阵，$\boldsymbol{M}_i$ 表示骨块 i 的混合变换矩阵，$\boldsymbol{P}_i$ 为骨块 i 的世界空间位置，此时用 $\boldsymbol{P}$ 表示骨块 6 的目标点，E_6 表示骨块 6 当前位置与目标点的误差。

①使骨块 5 转动一个角度，让 5－6 连线能通过目标点，如图 9.7(a)所示。所需要的转角为

$$\cos\theta=\frac{(P-P_5)\cdot(P_6-P_5)}{|P-P_5|\cdot|P_6-P_5|}$$

转动轴 a 可以通过向量积计算

$$a = \frac{(P - P_5) \times (P_6 - P_5)}{|(P - P_5) \times (P_6 - P_5)|}$$

根据 a 和 θ 可以得出四元数表示的转动,再转换为转动矩阵 $\Delta\boldsymbol{R}$。更新骨块 5 的本地变换矩阵和混合变换矩阵,即

$$\boldsymbol{L}_5 = \boldsymbol{T}_5 \cdot \Delta\boldsymbol{R} \cdot \boldsymbol{R}_5$$

重新计算混合变换矩阵

$$\boldsymbol{M}_5 = \boldsymbol{L}_0 \cdot \boldsymbol{L}_1 \cdot \boldsymbol{L}_3 \cdot \boldsymbol{L}_5$$
$$\boldsymbol{M}_6 = \boldsymbol{L}_0 \cdot \boldsymbol{L}_1 \cdot \boldsymbol{L}_3 \cdot \boldsymbol{L}_5 \cdot \boldsymbol{L}_6$$

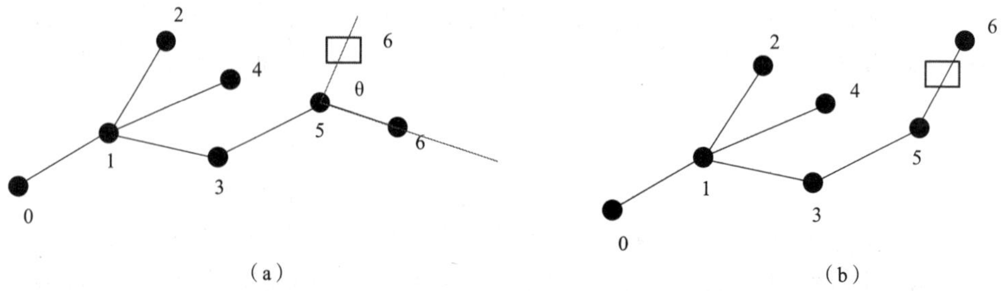

图 9.7　骨块 5 转动使 56 通过目标点

计算骨块 6 的位置

$$P_6 = \boldsymbol{M}_6 \cdot P_0$$

计算误差

$$E_6 = |P_6 - P|$$

②如果 $E_6 < E$,则计算结束,否则取骨块 3 替换骨块 5 进行步骤①的计算。如果对骨块 3 的计算仍不能满足误差要求,再依次取骨块 1、骨块 0 进行同样的计算。

③对骨块 0 的计算仍不能满足误差要求,则再从骨块 5 开始,进入下一次迭代重新进行计算。

这样迭代下去,可能会在过程中达到目标,得到结果并结束计算。也可能在规定迭代次数内不能达到目标,此时可认为目标点不合理,不能得到合理的结果。

CCD 算法可以对骨块转动做出限制,如人的关节多数不能自由转动,可能的转角限制在一定的范围里。在 CCD 算法过程中,计算出的转角如果超过限制,则只能按限制的范围进行转动。

9.1.5　骨骼蒙皮动画

计算骨块的位置,确定骨骼的姿态,最终目的是为了让骨块的运动影响网格的顶点,从而形成网格运动。在说明骨骼蒙皮动画前,先对偏移变换矩阵 $\boldsymbol{I}_j = (\boldsymbol{M}_j)^{-1}$ 做进一步说明。

在骨骼系统初始姿态下,$\boldsymbol{M}_j$ 是从骨块 j 的本地坐标系转换到世界坐标系的变换矩阵,而 $\boldsymbol{I}_j$ 是 $\boldsymbol{M}_j$ 的逆矩阵,从世界坐标系转换到骨块 j 本地坐标系的变换矩阵。以后在动画进行中 $\boldsymbol{M}_j$ 会随着骨骼变化而改变,每当骨骼变化时,要重新计算,而 $\boldsymbol{I}_j$ 不变,总是对应着骨骼的初始姿态。

在图 9.8(a)中,世界坐标系为 xyz,骨块 1 的本地坐标系为 $x^1y^1z^1$。对空间内任意点 P,参

照两个坐标系，就有两个坐标 $P(x,y,z)$ 和 $P^1(x^1y^1z^1)$。相互转换关系为

$$P = \boldsymbol{M}_1 \cdot P^1$$

$$P^1 = \boldsymbol{I}_1 \cdot P$$

若骨骼姿态发生了变化，成为图 9.8(b)的姿态。假设点 P 在这个运动中，本地坐标 P^1 不变，即跟随骨块 1 进行了移动，到了图 9.8(b)的位置，那么新位置的世界坐标就是

$$P' = \boldsymbol{M}_1 \cdot P^1$$

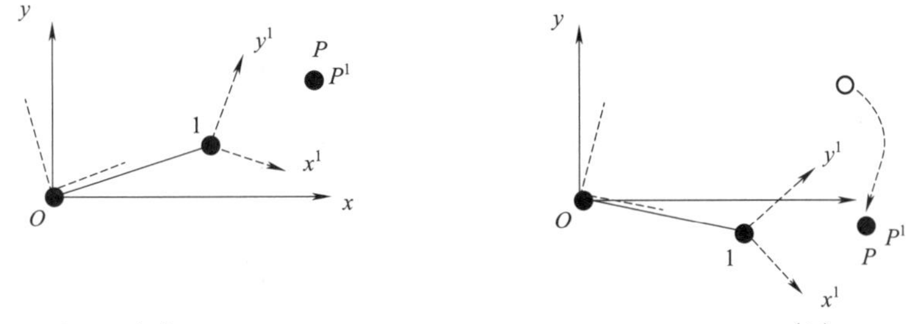

图 9.8 点 P 随着本地坐标系移动

在这个过程中，因为点 P 随着骨块 1 运动，位置发生了变化。其世界坐标转换公式为

$$P' = \boldsymbol{M}_1 \cdot \boldsymbol{I}_1 \cdot P$$

这个转换包含两个步骤：一是将世界空间的点 P 转换到初始姿态时骨块 1 的本地坐标系；二是在骨块 1 移动后，将点 P 从骨块 1 的本地坐标系转换到世界坐标系。这个过程实现了点 P 跟随骨块 1 移动。

将这个方法运用到网格模型的顶点上，就能够实现使网格随着骨骼运动而变化。

将网格模型和骨骼系统关联在一起，此时网格称为蒙皮网格，它仅仅是骨骼外层的皮肤，呈现外在的形象，其形状变化由骨骼来控制。实现这种关联，需要进行以下步骤：

1. 位置对齐

按照某种初始姿态制作网格模型，如图 9.9 所示的人物模型，是一个展开的姿态，并将网格模型放在世界坐标系原点。

将骨骼放到网格模型中，调整骨骼大体上与网格模型的姿态接近。图 9.9 看上去就是骨骼处于网格的内部，网格模型包围着骨骼。

这一步骤的意义在于坐标系的对齐。原本网格模型有自己的本地坐标系，骨骼模型也有自己的坐标系。将它们都放到世界坐标系原点，所有的本地坐标系都与世界坐标系重合，统一了坐标系。

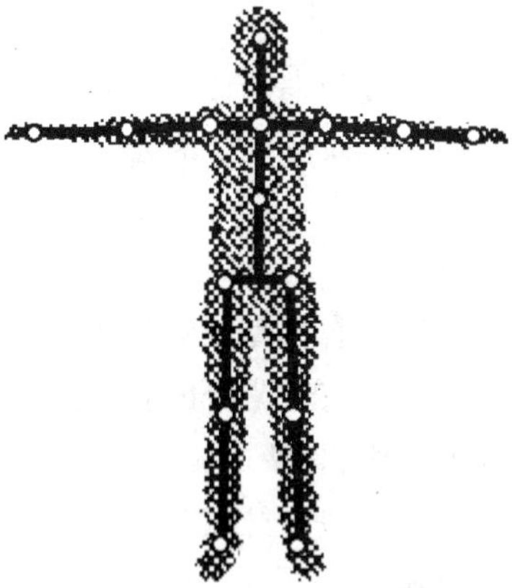

图 9.9 初始位置对齐

位置对齐完成后，即成为骨骼系统是初始姿态，各个骨块的变换矩阵，包括本地变换矩阵、混合变换矩阵和偏移变换矩阵都被生成和保存。其中偏移变换矩阵将不再改变。

2. 分配权重，绑定骨骼

骨块对网格的影响应该是局部的，一个骨块只能影响它附近范围内的网格顶点。如左手

臂位置上的骨块，它的影响范围最多是左肩到左手掌范围，不应该对右手臂甚至是小腿。

从网格模型顶点的角度看，一个顶点只应该受距离较近的少数几个骨块影响。实际应用系统限制为，一个顶点最多能被4个骨块所影响。也就是影响一个顶点的骨块数量为1～4个。其中每个骨块的影响程度也不相同，表示骨块对顶点影响程度的参数称为权重。

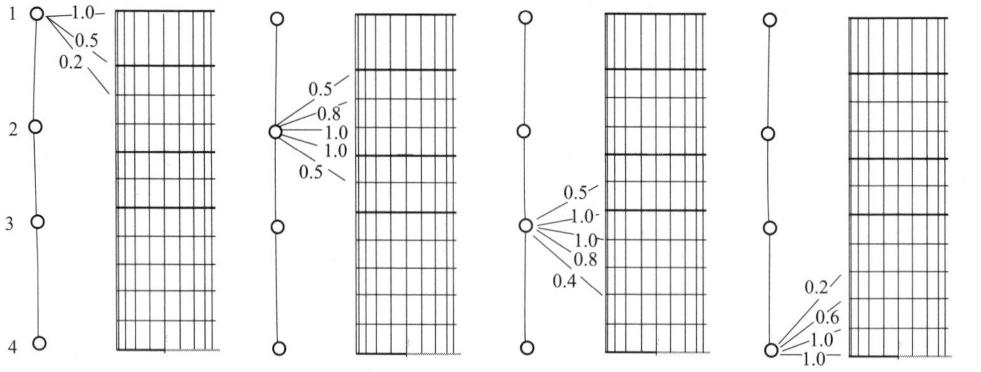

图 9.10　权重分配示例

设顶点 j 受 $k(1\leqslant k\leqslant 4)$ 个骨块影响，其权重表示为 w_{jk}，成为顶点的一个参数，而且要满足

$$\sum w_{jk} = 1$$

即该顶点所有影响权重之和为1。如果不是这样，网格就会产生分离现象。

图9.10示例了一个权重分配的情况，为所有网格模型顶点都分配的权重。图中每行顶点分配了相同的权重值，例如上数第2行顶点，受骨块1的影响为0.5，受骨块2的影响也为0.5，权重总和为1。在3ds Max等软件实际操作中，是使用鼠标在网格模型上框选一个范围，然后为范围内的顶点设置一个权重值。

完成了以上两个内容，就完成了骨骼绑定。以后就可以根据骨骼的姿态计算运动发生后顶点的坐标。

假设骨骼形成了新的姿态，其各个骨块的混合变换矩阵计算已完成。相应地，模型顶点 P_i 的新坐标计算按下式

$$P'_i = \sum_{k=1}^{4} w_{ik} \cdot \boldsymbol{M}_k \cdot \boldsymbol{I}_k \cdot P_i$$

对所有模型顶点都进行计算后，模型产生新的形态。

使用权重来分配骨块对模型顶点的影响，称为顶点混合技术（Vertex Blending）。它使得在网格中，骨块的影响能够保持连贯性，而使模型网格的变形连续平顺，不会在某处产生断裂或是不合理的凸凹等其他情况的异常现象。图9.11显示了不使用和使用顶点混合技术情况的对照。

9.1.6　Unity3d 中的骨骼蒙皮动画

这里先对骨骼蒙皮系统做一下总结。一个骨骼蒙皮系统包含两个主要部分：骨骼系统和蒙皮网格。其中骨骼系统的关键数据是骨块的连接关系及三个变换矩阵；蒙皮的关键数据一是网格，二是权重数据。本小节通过Unity3d了解这些是如何实现的。

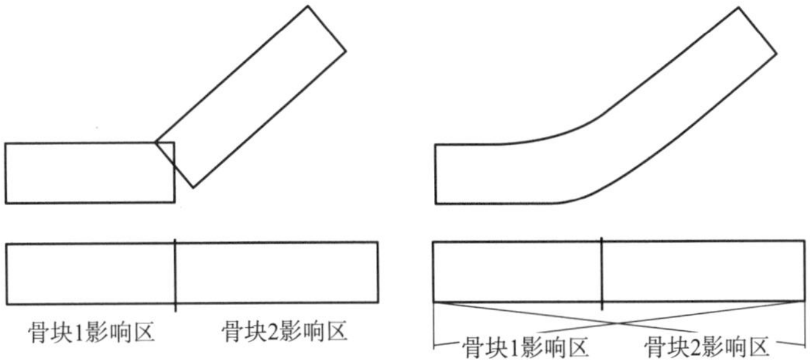

图 9.11 顶点混合技术效果

Unity3d 的基本单元是物体,物体包含多个组件。一个物体具有怎样的功能和性质,取决于它所包含的组件。例如,一个可见的有形物体如人、建筑等,至少包含网格组件、变换组件和渲染组件。网格组件存储顶点和三角形数据,变换组件存储变换矩阵,渲染组件则负责显示绘制。

在 Unity3d 中重新建立骨骼蒙皮模型,尽管能做到,但很不划算。可行方法是通过通用建模软件建立好骨骼蒙皮,导入到 Unity3d 中。Unity3d 支持以下软件产生的骨骼蒙皮模型:Maya、Cinema4D、3D Studio Max、Blender、Cheetah 3D、XSI、任何其他支持 FBX 格式的建模工具。

骨骼蒙皮模型导入到 Unity3d 后,Unity3d 会创建相关的物体,在物体组件中存储已有的数据,成为 Unity3d 中的骨骼蒙皮模型。

1. 创建一组空物体表示骨骼系统

空物体是只有变换组件(Transform)的物体,即只有位置而没有外形。骨骼系统的每个骨块用一个空物体来表示,用层次关系表示骨块的连接关系,在变换组件 Transform 中存储骨块的本地变换矩阵。根据骨块的层次关系,其混合变换矩阵是可以计算的。

在图 9.12 中显示了 Unity3d 物体及层次,其中物体 Bip01 及其下层物体,均为表示骨块的空物体,本例共 61 个骨块,要看到所有的骨块,可以将层次树完全展开。

Unity3d 的空物体可以自由移动,但作为骨块时,要避免对其进行平移和缩放,只进行转动操作,转动矩阵会存储在它的 Transform 组件中。当然,根据 Unity3d 的层次关系规则,子物体的转动都是相对于它的父物体的,符合骨骼系统的要求。

2. 创建一物体表示实体模型

图 9.12 中名为 Tyrannosaurus 的物体,是对象实体,它包括网格组件。显然,这个物体来自导入的蒙皮。即使没有骨骼,Tyrannosaurus 也能够正常显示,只是不能变形,不能对姿态进行控制。

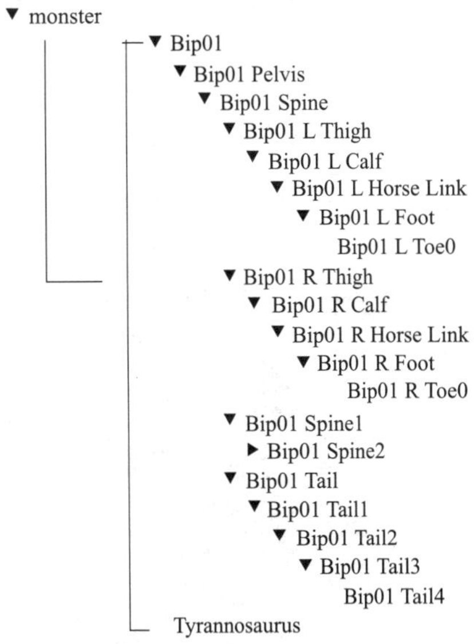

图 9.12 Unity 骨骼蒙皮模型

在没有骨骼时,一个普通的 Unity3d 物体至少包含 3 个组件:Transform 变换矩阵、Mesh 网格顶点和三角面、Mesh Renderer 网格渲染器、在骨骼蒙皮模型时,模型组件变为:Transform 变换矩阵,SkinnedMeshRenderer 蒙皮网格渲染器,其中 SkinnedMeshRenderer 组件包含了原本 Mesh、Mesh Renderer 的功能。而且更进一步,还包含了骨骼信息,具体的与骨骼相关的成员如下:

①bones:一个数组,长度即骨块数量,存储各个骨块的混合变换矩阵。这个矩阵是 Unity 根据作为骨块的那些空物体自动计算的。

②quality:整数 1 ~ 4,只是影响顶点的最大骨块数量,这个值来自导入的模型,不需要设置。

③sharedMesh:Mesh 类型网格对象。

④sharedMesh:是网格对象,数据类型为 Mesh,它的成员如下:

- vertices:顶点坐标数组。
- triangles:三角形面元数组。
- bindposes:绑定骨骼,一个变换矩阵数组,存储各骨块偏移变换矩阵。
- boneWeights:顶点权重数组,长度等于顶点坐标数组长度。这个数组的数据随着模型导入而填充好,但允许进行修改。

从上面的数据结构看,SkinnedMeshRenderer 组件及所包含的 Mesh 组件,存储了骨骼的混合变换矩阵、偏移变换矩阵和顶点权重。至此,尽管数据存储比较分散,但骨骼模型所需要的数据,都有了存储方法和存储位置。此后需要进行修改的数据仅是骨块物体的转动矩阵,其他的计算都是 Unity3d 来完成,最终渲染绘制的图形总是与骨块转动操作相一致。

3. 骨骼系统和网格物体放在一个空物体的下一层

从图 9.12 中可见,顶层的物体名为 Monster,这是一个空物体。Monster 的下层作为子物体的是根骨块 Bip01 和网格物体 Tyrannosaurus。这样 Bip01 和 Tyrannosaurus 就处于同一个空间中,这个空间就是 Monster 的本地坐标系。若要移动物体,要对 Monster 进行移动操作,使 Bip01 和 Tyrannosaurus 移动中保持为一体不分离。

作为这个例子的应用,编程的基本要点为,在帧循环事件 Update( )中:

①修改顶层空物体 Monster 的位置和方向,在世界空间移动或转动 Monster。

②选择适当的骨块进行转动,以使模型改变姿态,呈现出相应的动作。例如

```
(GameObject.Find("Bip01 R Foot")).transform.Ratate(0,5,0);
```

此语句生成一个转动变换矩阵,使骨块 Bip01 R Foot 关于 y 轴转动 5°角。图 9.13 显示了通过转动骨块空物体产生的几个不同的姿态。

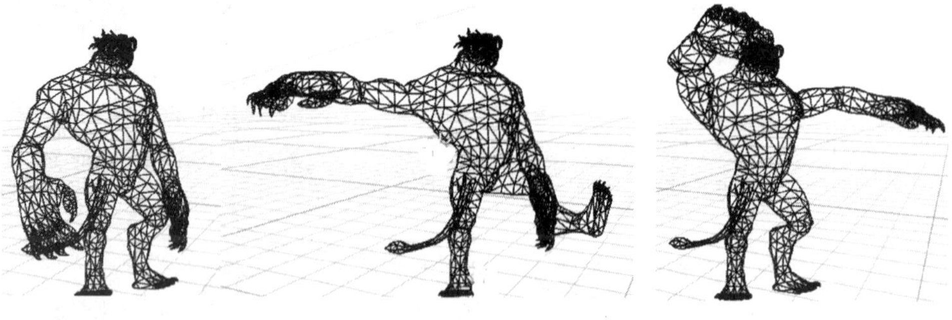

图 9.13　骨骼模型姿态调整示例

对来自其他建模软件的骨骼蒙皮模型,Unity3d 做了以下工作:在导入模型时,创建所需要的物体和物体内的组件。对骨骼部分,创建和骨块数量相同的空物体。而且使这些空物体的父子关系与原骨骼系统一致,空物体的名称与骨块一致,空物体的变换矩阵与骨块初始位置一致。

对蒙皮模型,创建网格物体,并将蒙皮模型数据存储到网格物体组件中,包括顶点、三角形、顶点权重、偏移变换矩阵,以及材质纹理等数据。

SkinnedMeshRenderer 还是一个渲染器。在渲染时,计算骨骼的混合矩阵,计算顶点的当前坐标,进行显示绘制。

对开发者来说,Unity3d 在骨骼蒙皮动画方面的功能是比较完善的。在应用编程中,如果不打算修改顶点数据,如权重分配等,那么只要控制骨骼的转动矩阵就可以了。

9.2 布料动画模型

不变形的物体称为刚体,对刚体只需要通过变换矩阵的计算控制它的位置和方向。但对可变形的非刚体,还要对其动态实时变形进行计算。布料就是一类变形体,布料动画是对布或者相似材料制成物体的模拟技术。这类物体在我们生活中很常见,如服装、窗帘、旗子等,特征是厚度很薄、柔软、容易变形,甚至能产生复杂的变形。

布料模拟技术的研究开始于 20 世纪 80 年代,1986 年 Weil 提出了基于几何的布料模拟方法;1987 年 Terzopoulos 提出了基于物理的布料模拟技术;1995 年 Provot 提出了经典的质点弹簧模型,后来的研究大体上以此为基础。布料运动是一种复杂的运动,形态多变,难以使用一种简单的模型模拟所有的情况,目前仍是计算机动画领域的一个重要的研究方向。

本节介绍基本的质点弹簧模型,其思想是用质点构成的网格模拟布料的几何拓扑,质点间用弹簧连接,用物理规则建立弹簧的平衡方程,从而求解出质点的瞬时位置,使网格产生变形。

和刚体的网格模型相似,布料的网格模型如图 9.14 所示,仍是由三角形或四边形组成。布料网格仍然具有顶点、面元等几何参数,材质、纹理等渲染参数,可以实现渲染绘制。但其中的顶点和边除了构成图形面元外,还有第二个用途。

图 9.14 质点弹簧模型

顶点同时作为质点使用,具有质量,能够承受来自内部或外部的作用力。面元的边作为弹簧使用,对质点产生约束力,让质点的运动符合基本的物理规则。

因为布料的特点,其网格模型与刚体的网格还是有一些不同。一是因为布料变形可以很剧烈、很复杂,有时会发生严重的弯曲,网格应该更细致,面元应该更小;二是布料网格一般是有边界非闭合的,多使用近似于矩形的边界,而刚体的网格往往是封闭无边界的。

尽管是从物理规则出发进行运动模拟,但为了便于计算,模型也会对物理计算进行简化,不需要也不必要像工程计算那样追求精确度。如各个质点的质量假设为一致的质量,弹簧模型不考虑剪切及弯曲变形等。

为了进行变形计算,布料模型需要包含以下参数:

(1)质点参数

$\boldsymbol{P}(t)(\boldsymbol{P}_0(t),\boldsymbol{P}_1(t),...,\boldsymbol{P}_i(t),...)$:质点在 t 时刻坐标向量。

$\boldsymbol{v}(t)(\boldsymbol{v}_0(t),\boldsymbol{v}_1(t),...,\boldsymbol{v}_i(t),...)$:质点 t 时刻速度向量。

$\boldsymbol{a}(t)(\boldsymbol{a}_0(t),\boldsymbol{a}_1(t),...,\boldsymbol{a}_i(t),...)$:质点 t 时刻加速度向量。

(2)弹簧参数

弹簧可以对网格面元进行遍历,记录下所有的边,再排除重复边而得到。即几何模型中的每个边被看作一个弹簧,各个弹簧可以表示为顶点对的形式 $S_i(n_k,n_j)$,其中 n_j表示顶点。

(3)网格参数

m:质点质量。

ks:弹簧的弹性系数。

d:弹簧的阻尼系数。

(4)环境参数

W:风力向量。

g:重力常数。

以上假设了质量和弹簧系数是一致的,适合于比较均匀的网格。如果网格很不均匀,面元面积差别很大,可以将这几个参数作为质点和弹簧参数,分别按下面方法进行计算。

计算每个面元的面积,将面积分配给质点作为质点质量系数。计算每个边的长度 L,以 L 为系数计算每个边作为弹簧时的弹性系数,即

$$ks = ks \cdot 1/L$$

动画过程是一个累进过程,每个时刻的状态都是在前一个状态下计算的。假设在 $t=0$ 时刻网格处于初始状态,所有的弹簧都为自由态,没有变形和拉力。一般情况下,要根据 t 时刻网格状态,计算 $t+\Delta t$ 时的网格状态。以下分别进行各项计算。

9.2.1 风力计算

风作用于物体上时,会对物体表面产生压力,用单位面积上垂直于表面的作用力来表示压力的大小。那么,一个表面实际所承受的力与表面面积和方向有关,需要根据给出的风力计算作用在一个面元的力的大小,并分解到质点上,如图 9.15 所示。

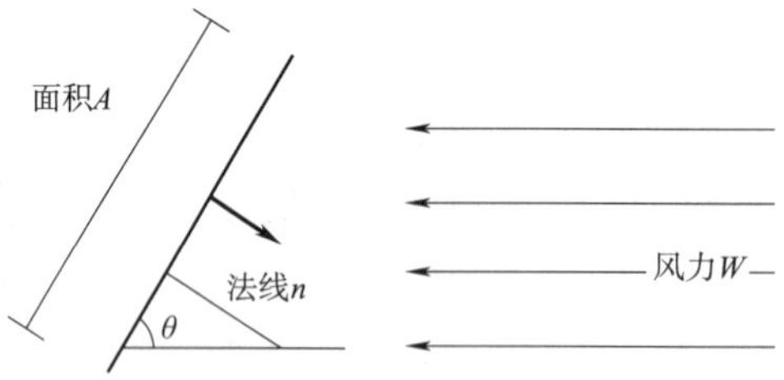

图 9.15　风力与面元

三角形面元的面积和法线都可以由它的三个顶点向量来计算,设三个顶点为 P_1、P_2、P_3,则

$$A = \frac{1}{2}\left|(P_3 - P_1) \times (P_2 - P_1)\right|$$

$$n = \frac{(P_3 - P_1) \times (P_2 - P_1)}{|(P_3 - P_1) \times (P_2 - P_1)|}$$

那么,实际作用在面元上的风力,与风向和面元的夹角即面元的面积相关,为

$$W_s = W \cdot A \cdot \cos\theta = \frac{|W \cdot n|}{|W| \cdot |n|} \cdot W \cdot A$$

这是作用在面元上的合力,平均分配到三个顶点,即质点上

$$W_i = \frac{1}{3}\frac{|W \cdot n|}{|W| \cdot |n|} \cdot W \cdot A$$

其中 $i=1,2,3$ 表示三角形的三个质点。对四边形面元,可以按两个三角形进行计算。对每个质点来说,其作用力是所连接的面元分别计算的作用力的总和。

9.2.2 重力计算

重力直接作用于质点上,作用力为

$$G_i = m \cdot g \cdot n_g$$

其中 i 表示质点,G_i 和 n_g 为向量,G_i 为作用于质点上的力,n_g 为表示重力方向的单位向量。多数情况下世界坐标系 y 轴表示向上方向,则重力方向为(0, -1,0)。

9.2.3 弹簧力计算

设一个质点与 k 个弹簧连接(见图 9.16),在一个弹簧上质点所受的拉力与弹簧的变形有关。对弹簧 $i-j$ 根据弹簧的弹性系数有

$$L_j = |P_i(t) - P_j(t)| - |P_i(0) - P_j(0)|$$

$$F_j = ks \cdot L_j \cdot \frac{P_i(t) - P_j(t)}{|P_i(t) - P_j(t)|}$$

其中 L_j 是弹簧相对于初始时刻 $t=0$ 时的伸长量。

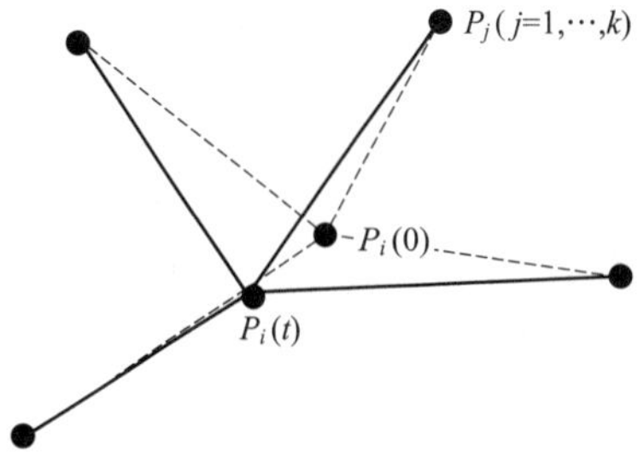

图 9.16 弹簧力计算

质点 P_i 在 t 时刻所受总弹簧力为

$$F_i = \sum_{j=1}^{k} F_j$$

9.2.4 加速度、速度、位移计算

在 t 时刻,根据牛顿定律质点 i 力平衡方程为

$$m \cdot a_i(t) = W_i + G_i + F_i$$

速度是关于加速度的积分,为了简单,采用欧拉向前数值积分

$$\Delta v_i(t) = a_i(t) \cdot \Delta t$$

$$\Delta P_i(t) = \Delta v_i(t) \cdot \Delta t$$

此时可以将弹簧的阻尼系数 d 用在速度向量上,让速度有一定的衰减。阻尼系数可看作是对空气阻力、布料内摩擦的反映。如果没有这些阻力及摩擦,布料一旦受到扰动就将一直运动下去不会停止。加上阻尼系数后,速度和位移计算公式变为

$$\Delta v_i(t) = d \cdot a_i(t) \cdot \Delta t$$

$$\Delta P_i(t) = \Delta v_i(t) \cdot \Delta t$$

那么在 $t+\Delta t$ 时刻

$$v_i(t+\Delta t) = v_i(t) + \Delta v_i(t)$$

$$P_i(t+\Delta t) = P_i(t) + \Delta P_i(t)$$

至此我们已经计算出各个质点在 $t+\Delta t$ 时的坐标,完成了计算。Δt 的选择对计算影响很大,应该选择较小的值。在实时动画计算时,每帧时间大约 10 ~ 50 ms,用作 Δt 已经足够,即上述模拟每帧进行一次。

9.2.5 约束和碰撞检测

布料物体的运动不会是完全自由的,如窗帘要固定在窗帘杆上,飘摆运动时还会受到墙壁的阻挡,而穿在人体上的服装,情况则更为复杂。

约束是指为布料质点的运动指定一种规律,不需要进行力学计算。最简单的情况是设定质点位移恒为 0,即不动。被设定为固定点的质点不再进行位移、速度等运动参数的计算,它将一直保持 $t=0$ 时的坐标。

例如,窗帘可以指定最上方一排质点为固定点,旗子可以指定左侧或右侧一排质点为固定点。其他情况也是类似地进行设置。

碰撞检测方面的计算要复杂得多,因为布料是一种非常柔软的物体,可以频繁反复地与其他物体产生碰撞,还有可能产生自碰撞。如果不进行碰撞检测,根据检测情况修正布料运动,布料就可能会穿过或者进入其他物体,出现这种现象显然是不合理的。

碰撞检测在计算出质点在 $t+\Delta t$ 的位置时进行,假设 t 时刻质点的位置 $P(t)$ 是合理的位置,在计算出下一时刻质点位置 $P(t+\Delta t)$ 时,是否还是合理就需要作出判断。如果经检测可以判断为该质点已经穿过物体表面,进入物体内部,那么就要对 $P(t+\Delta t)$ 进行修正,将它从被侵入物体中推离出去,让它落在碰撞物体表面上或者物体外部。

在一般情况下,碰撞即碰撞后的处理可以按下面的步骤进行:

①以 $P(t)$ 到 $P(t+\Delta t)$ 方向作一射线,对场景中所有物体表面三角形面元进行求交计算,射线与三角形面的交点计算可以按第 3 章给出的方法进行。

②如果没有交点,即交点数为 0,那么 $P(t+\Delta t)$ 就是合理位置。如果有一个以上交点,在射线方向距离 $P(t)$ 最近的交点 D 就是可能的碰撞点。

③进行碰撞测试,若 $|P(t)-D| \geq |P(t+\Delta t)-D|$,则 $P(t+\Delta t)$ 仍在物体外,没有发生碰撞。

若 $|P(t)-D| < |P(t+\Delta t)-D|$,则 $P(t+\Delta t)$ 已经越过被检测物体物体表面,发生碰撞,此时对位置进行修正,令

$$P(t+\Delta t) = D$$

$$\Delta v(t) = (D - P(t))/\Delta t$$

即完成碰撞后处理,位移和速度都得到修正。

实际上,布料物体的质点和场景中各物体的面元数量很大时,上述计算将需要大量的时间,并不容易在实时系统中实现。为了减少计算量,加快计算速度,往往用包围盒替代那些潜在的被碰撞物体,仅对包围盒进行碰撞检测计算。尽管这样会损失精确性,但能大大缩短计算

进行的时间。下面对球体包围盒和平面包围盒情况说明碰撞检测计算方法。

(1)球体包围盒

设球体中心为 C,半径为 r。计算 $P(t+\Delta t)$到球心的矩阵

$$L = |P(t+\Delta t) - C|$$

若 $L \geq r$,则无碰撞,检测结束。

若 $L < r$,则 $P(t+\Delta t)$已经落在球体内部,如图 9.17 所示。图中 A 点为球面上点,且与 $P(t+\Delta t)$处在同一条半径线上,此时应将 $P(t+\Delta t)$移到球面 A 点位置。

从 A 到 $P(t+\Delta t)$的向量为

$$AP_{t+\Delta t}\frac{C - P(t+\Delta t)}{|P(t+\Delta t) - C|} \cdot (r - L)$$

其中分式项为从 $P(t+\Delta t)$到 C 方向的单位向量,$(r - L)$则为向量长度。

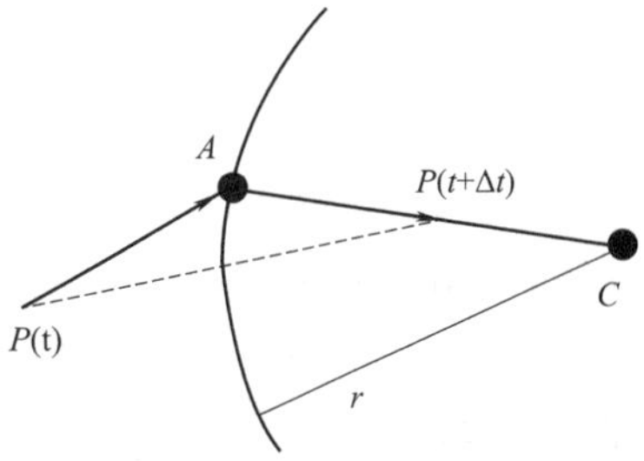

图 9.17　球体包围盒碰撞检测

因此可计算质点新位置

$$P'(t+\Delta t) = P(t+\Delta t) - AP_{t+\Delta t}$$

用时要更新速度向量

$$\Delta v(t) = \frac{(P'(t+\Delta t) - P(t))}{\Delta t}$$

从图 9.17 中看到,A 点并不是完全合理的位置,但是计算最简便的位置。考虑到包围球的半径要远比质点间距大,A 点的选择上存在一些误差,对布料运动的实际影响微小。

(2)平面检测

墙壁或六面体包围盒的情况,都可看作是质点对平面的碰撞。

如图 9.18 所示,在已知平面上一点和平面法线时,平面方程可写为

$$n_x \cdot x + n_y \cdot y + n_z \cdot z + D = 0$$

其中 $n = (n_x, n_y, n_z)$为单位化的平面法线。

将质点新位置 $P(t+\Delta t)$代入平面方程,有

$$d = n \cdot P(t+\Delta t) + D$$

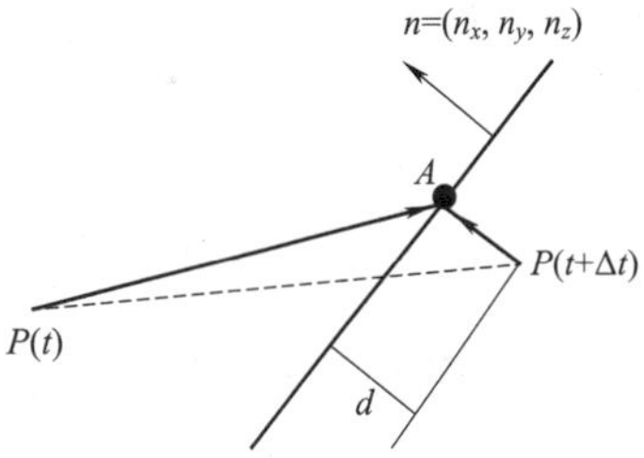

图 9.18　平面碰撞检测

此时 d 为点 $P(t+\Delta t)$到平面的有向距离,符号与法线方向相关。设 t 时刻质点 $P(t)$在平面法线正向一侧,即在平面外侧,那么

若 $d \geq 0$,则 $P(t+\Delta t)$和 $P(t)$在平面同一侧,没有碰撞发生,检测结束。

若 $d < 0$,则 $P(t+\Delta t)$已经越过平面,即发生碰撞,且与平面的距离为$|d|$。从 $P(t+\Delta t)$到图 9.18 中 A 点的向量为$|d|n$。现将 $P(t+\Delta t)$修正到 A 点

$$P'(t+\Delta t) = P(t+\Delta t) - |d| \cdot n$$

同时也与球形包围盒时一样修正速度向量。

以上介绍了两种包围盒情况时的碰撞检测和处理方法,其他情形如圆柱包围盒、胶囊包围盒、椭球包围盒处理方法都相似。基本思想是,根据包围盒表面方程来计算质点侵入的距离,再将质点修正到表面最近一点上。

下面作为一个实例,介绍 Unity3d 中的布料模型。

①创建 Unity3d 的布料物体的基本方法是,创建一个空物体,在其中加入 Cloth 组件。虽然初始物体可以不是空物体,但初始物体本身的网格不被使用,任何网格物体都是没有意义的。Cloth 组件将重新定义布料物体的网格。

②加入 Cloth 组件后,布料物体自动包含 Skinned Mesh Renderer 和 Cloth 组件。

③在 Skinned Mesh Renderer 组件的 Mesh 参数中选择网格。可以选择的网格包括:

- 五种默认网格:球体、立方体、圆柱体、胶囊体、平面。
- 存储资源面板(Asset)中的任意网格。因此布料的形状可以是任何复杂的形状,如 3ds Max 导入的网格物体都可以转化为布料物体。

④在 Cloth 组件面板中定义布料参数(见图 9.19)。

- Stertching Stiffness:布料的拉伸弹性系数。
- Bending Stiffness:布料的弯曲弹性系数。
- Damping:该布料的阻尼系数。
- Friction:布料的摩擦力。

⑤在 Cloth 组件面板中定义环境参数。

- Use Gravity:是否使用重力。
- External Acceleration:外部加速度,对布料施加一个常量力,可以模拟风力。
- Random Acceleration:随机加速度,对布料施加一个随机大小的力。

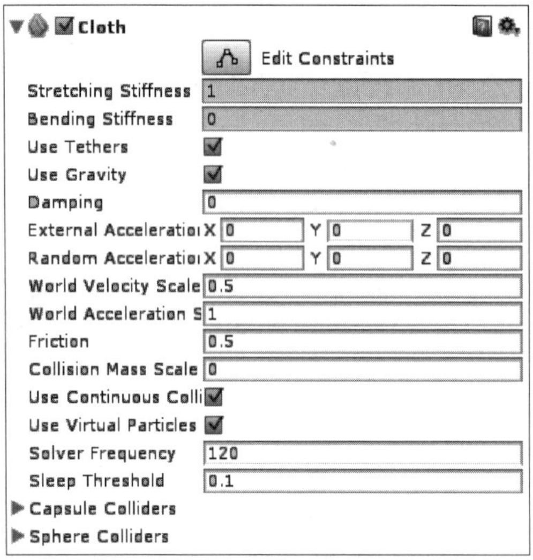

图 9.19 Cloth 面板

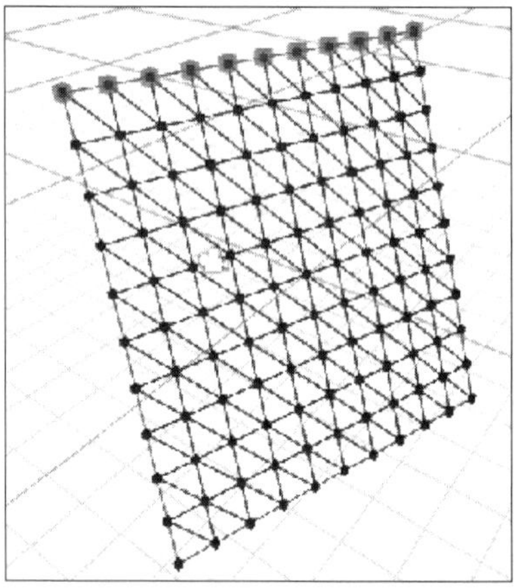

图 9.20 定义约束

⑥定义约束。在 Cloth 组件面板中选择 Edit Constraints 进入约束定义面板(见图 9.20)。约束的定义方式是选中质点,如图 9.20 最上排深色的点。选择后设置它们的 Max Distance 参数,即最大可移动距离,设置为 0 为固定点。

此外,在约束定义面板还可以定义自碰撞设置。

⑦定义碰撞体。Cloth 组件面板中参数 Capsule Colliders 和 Sphere Colliders 用于定义碰撞对象。场景中其他物体可以作为布料物体,但只能是球形和胶囊形物体。Cloth 可以选择多个物体,并将它们组合在一起构成碰撞对象,如多个球和多个胶囊。

以任意物体碰撞对象,碰撞检测计算是十分复杂的,但物体形状过于简单又不能满足实际需要。Unity3d 提供了一种途径,开发者可以用球和胶囊来构建一个较复杂的形状,来代替形状复杂的物体。

因为定义了风力和重力,Cloth 物体能够持续地进行运动,模拟布料的行为。

以上对布料动画的基本技术进行了介绍,目前阶段布料模拟算法较多,实用软件也较多,如 3DMax、Unity3d、Google SketchUp 等都包含布料动画插件,甚至 NVIDIA 也发布了布料插件。以后布料模拟技术将越来越成熟,更具有实用性。

9.3 粒子动画

在影视动漫游戏作品中,粒子已经是不可缺少的特效形式。粒子特效可以模拟烟火、流水、爆炸、雨雪、破碎等自然现象。除此之外,还能够产生绚丽的画面效果,用来作为画面的包装,在影视广告中是很常见的。

一个粒子系统由众多粒子组成。这些粒子往往很小,拥有位置、大小、生命、色彩、形状等属性,在运动中这些属性不断地产生变化,因而在整体上产生无穷无尽的形态,形成复杂的画面。

在粒子系统中,每个粒子都自由而又有序地运动,呈现了群体性、统一性、随机性的特征。下面以二维粒子为背景,说明粒子系统算法。

9.3.1 粒子运动方程

一个粒子质量为 m,t 时刻位置为 $P(t)$,速度 $v(t)$,加速度 $a(t)$,受到的外力为 $F(t)$,均为二维列向量。按运动定律,在 Δt 时间后,有

$$a(t) = F(t)/m$$

$$v(t+\Delta t) = v(t) + a(t) \cdot \Delta t$$

$$P(t+\Delta t) = P(t) + v(t) \cdot \Delta t$$

这是以差分代替积分的结果。在最初时刻($t=0$),会为粒子指定一个初始速度和位置,即发射速度和发射位置,此后粒子就可以按上面的方程计算运动路线。

为了不使所有的粒子都这样整齐划一地运动,需要为每个粒子的速度加上一个随机干扰,设随机量用 2×2 矩阵表示为

$$\xi = \begin{pmatrix} \xi_x & 0 \\ 0 & \xi_y \end{pmatrix}$$

其中 ξ_x,ξ_y 为两个随机数,分别作用于速度向量的分量,那么速度 $v(t+\Delta t)$ 的计算公式为

$$v(t+\Delta t) = v(t) + \xi \cdot a(t) \cdot \Delta t$$

这样,粒子速度的大小和方向都发生随机变化,粒子运动有了分散性。ξ 值的大小也控制着分散程度,一般可以让 ξ 在 1 附近,如 0.8 ~ 1.2 之间。

如果让随机量 ξ 只影响粒子运动方向,不改变速度大小,可以按下式

$$\xi = \begin{pmatrix} \cos\theta & -\sin\theta \\ \sin\theta & \cos\theta \end{pmatrix}$$

其中 θ 为随机数,取值区间在 0 附近,如$[-10°,10°]$。

9.3.2 粒子空间和粒子发射器

因为设定为二维粒子,粒子空间定义与屏幕空间相似,为二维区域的有界空间。如图 9.21 所示,坐标轴为 x,y,边界定义为[0,0],[w,h]。这样,粒子空间很容易用视窗变换映射到屏幕上。

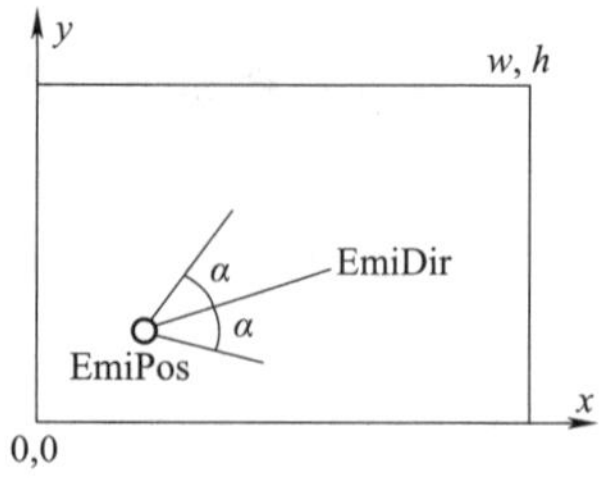

图 9.21　粒子空间和发射器

粒子发射器是产生粒子的地点,粒子从这里出现并开始运动。将发射器定义为点发射器,发射器参数包括:

EmiPos:发射器位置向量。

EmiDir:发射器方向向量。

EmiAlpha:发射器方向的分散角 α。

EmiVec:发射速度。

EmiNum:每秒生成粒子数量。实际运行时,粒子将每帧或者每隔几帧生成一次,这个值会分配到帧内。

EmiNumVar:粒子数量的随机波动范围。

EmiMess:粒子质量。

EmiSize:粒子尺寸。

EmiLife:以秒计粒子寿命。每个粒子都有生存期,从生成时间开始,运行时间超过寿命值后将被清除释放。

gravity:重力加速度,这里假设粒子只受重力作用。

以上关于粒子空间和发射器参数表明粒子生成规则为:

①每隔一定时间,发射器生成一组粒子,数量与 EmiNum + EmiNumVar 相关,所生成粒子的初始位置为 EmiPos,初始速度大小为 EmiVec,初始速度方向为以 EmiDir 为中心,EmiAlpha 范围内的随机方向。

②在其后的每个时间点检查粒子,达到以下条件时,释放粒子:

- 粒子坐标超过粒子空间范围。
- 粒子存活时间超过 ParLife 值设定的时间。

9.3.3 粒子管理

粒子系统中包含大量的粒子,它们按统一的规则独自运行,而且每个时间粒子的数量都会发生变化,新粒子不断出现,旧粒子不断被释放,需要有合适的数据结构对粒子进行管理。为了表述上的方便,以下仿照 C ++ 语言形式进行说明。

粒子数据结构:

```
Particle
{
    Pos_X,Pos_Y;            //位置向量
    Vec_X,Vec_Y;            //位置向量
    Mess;                   //粒子质量
    Life                    //粒子寿命
    Size                    //粒子尺寸
```

```
    StartTime          //生成时间
    * Texture           //粒子纹理,指向一个图片数据结构
    * next             //下一个粒子,为空时链表结束
}
```

用一个单向链表管理粒子集合,在上述数据结构中,已经包含了一个指针 next,用来构造链表。此外还需要两个指针 * first 和 * last,记录链表开始元素和结束元素。在链表为空时,这两个指针的值均为 null。

每经过 Δt 时间,增加新粒子,增加数量为

n = EmiNum * Random(0,EmiNumVar)

Random( )表示一个随机数,参数为随机范围。

向链表中增加一个粒子算法为:

```
p=new Particle;
p.next=null;
if first=null
    first=p;
    last=first;
else
    last.next=p;
    last=p;
```

同样每经过 Δt 时间,需要对链表进行遍历,检查每个粒子状态参数,从链表中删除那些满足释放条件的粒子。删除时需要考虑的因素包括:

①链表是否为空。

②要删除的元素是否为开始元素。

③要删除的元素是否为结束元素。

④执行删除后链表是否为空。

以下是删除粒子算法:

```
curr_q=first;  //链表当前元素
prev_q=null;  //前一个元素
while (curr_q≠null)
{
    if (q超出边界或达到生命期)
    {
        if ( curr_q=first )
            first=curr_q.next;
        else
            prev_q,next=curr_q.next;
        q=curr_q;
        curr_q=q.next;
        free q;
    }
    else
        if ( curr_q≠ first )
            prev_q=curr_q;
        curr_q=curr_q.next;
}
```

9.3.4 粒子纹理

在屏幕上，粒子表现为一个图片，该图片称为粒子纹理。图片大小为粒子尺寸 Size，位置为粒子坐标 Pos(Pos_X,Pos_Y)，方向与速度方向 Vec(Vec_X,Vec_Y)一致。如图 9.22 所示，有一个定义在 uv 坐标系中，尺寸为 a 的正方形图片，绘制时需要将它映射到粒子空间中，与粒子位置和方向一致。

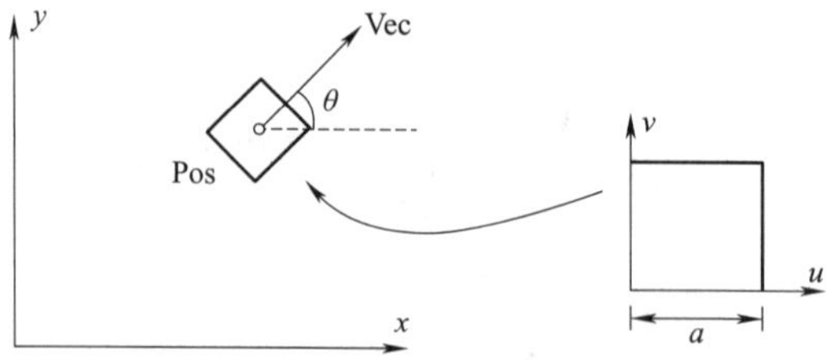

图 9.22　粒子纹理映射

为了从图片空间映射到粒子空间，需要对图片进行以下变换：

①平移，使图片中心落在 uv 坐标系原点，移动距离为$[-a/2,-a/2]$。

②缩放，使图片尺寸与粒子尺寸一致，缩放系数为 $S=\text{Size}/a$。

③转动，使图片转到速度方向，转角 θ 为速度方向与 x 轴夹角为

$$\cos\theta=\frac{\text{Vec\_}X}{\sqrt{\text{Vec\_}X^2+\text{Vec\_}Y^2}}$$

$$\sin\theta=\frac{\text{Vec\_}Y}{\sqrt{\text{Vec\_}X^2+\text{Vec\_}Y^2}}$$

④平移，将图片从坐标系原点移动到粒子位置，移动距离为$[\text{Pos_}X,\text{Pos_}Y]$。

上述变换写成矩阵形式，变换公式为

$$\begin{pmatrix}x\\y\\1\end{pmatrix}=\begin{pmatrix}1&0&\text{Pos\_}X\\0&1&\text{Pos\_}Y\\0&0&1\end{pmatrix}\cdot\begin{pmatrix}S&0&0\\0&S&0\\0&0&1\end{pmatrix}\cdot\begin{pmatrix}\cos\theta&-\sin\theta&0\\\sin\theta&\cos\theta&0\\0&0&1\end{pmatrix}\cdot\begin{pmatrix}1&0&-\dfrac{a}{2}\\0&1&-\dfrac{a}{2}\\0&0&1\end{pmatrix}\cdot\begin{pmatrix}u\\v\\1\end{pmatrix}$$

从中解出

$$u=\frac{1}{S}\cdot(x-\text{Pos\_}X)\cos\theta+(y-\text{Pos\_}Y)\sin\theta+\frac{a}{2}$$

$$v=-(x-\text{Pos\_}X)\sin\theta+\frac{1}{S}\cdot(y-\text{Pos\_}Y)\cos\theta+\frac{a}{2}$$

发生转动后，图片尺寸变为 $a\cdot(\cos\theta+\sin\theta)$，即对满足

$$\text{Pos\_}X-a\cdot(\cos\theta+\sin\theta)/2\leqslant x\leqslant\text{Pos\_}X+a\cdot(\cos\theta+\sin\theta)/2$$

$$\text{Pos\_}Y-a\cdot(\cos\theta+\sin\theta)/2\leqslant y\leqslant\text{Pos\_}Y+a\cdot(\cos\theta+\sin\theta)/2$$

的点(x,y)，可计算对应的图片内点(u,v)，且满足 $0\leqslant u\leqslant a$，$0\leqslant v\leqslant a$。绘制时，以图片空间(u,v)点的颜色作为点(x,y)的颜色。

9.4 水面模拟

水的运动及形态是十分复杂的,因此水的模拟算法也非常多,大体上可分为几何模拟方法和物理模拟方法。几何模拟方法着眼于水的形状的模拟,用点、曲线等基本几何元素及分布函数来描述水的形状。几何模拟方法还可以分为有网格的和无网格的,有网格的方法用运动方程计算网格顶点位置,通过顶点变换使网格变形模拟水的运动。无网格的方法如粒子方法,通过粒子群的运动来模拟水的运动。

本节介绍一种基于三角函数的水面模拟算法,适用于比较平静的、没有浪花但有水波的水面情况,如海面、湖面、池塘等。算法是有网格的,用运动方程来描述水面运动。建立和求解运动的目的在于:

①计算网格点的坐标,让网格产生曲面变形,描述水面波动,如图 9.23 所示。

②计算网格内各点的法线,包括网格顶点和网格面元内各点。法线将被用在光照渲染,使水面产生与光照环境适应的颜色明暗变化。

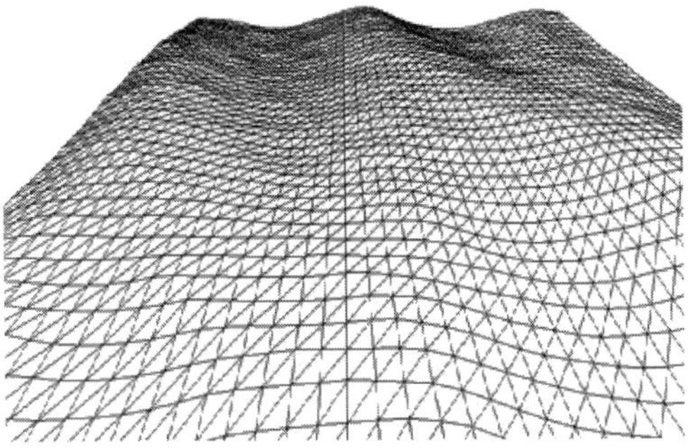

图 9.23 水面网格模型

9.4.1 正弦波

水面的形状,大体上与正弦函数相似,呈现出某种周期性的变化。但仅用一个正弦函数过于单调,可以采用多个正弦函数的叠加,产生稍复杂的形状。根据傅里叶级数性质,足够多的正弦函数可以接近于任意函数。对水面模拟来说,五个以内一般就足够了,如图 9.24 所示,少数几何正弦函数的组合就能产生的多种形状。

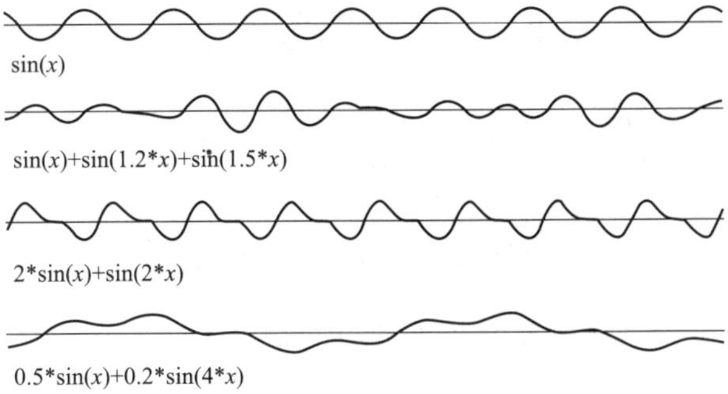

图 9.24 正弦函数叠加示例

设三维坐标系水面方向为 x,y 轴，垂直向上为 z 轴。考虑到要模拟出合适的波长、运动速度等因素，第 i 个正弦波按下式给出

$$W_i(x,y,t)=A_i\cdot\sin[D_i\cdot(x,y)\cdot\omega_i+\varphi_i\cdot t]$$

其中，t 为时间；$W_i(x,y,t)$ 为平面上 (x,y) 点的 z 坐标；A_i 为波幅；ω_i 为频率，与波长 L_i 有关，$\omega_i=2\pi/L_i$；坐标 φ_i 为相位，与波长 L_i 及波速 S_i 有关，$\varphi_i=2\pi\cdot S_i/L_i$；$D_i$ 是向量，与波的传播方向有关。$D_i\cdot(x,y)$ 表示向量点乘。

如果波长设为 2π，波速设为 0，二维缩减到一维情况，则上式退化为基本正弦函数。

考虑多个上面形式的正弦波叠加，则水面波动方程为

$$H(x,y,t)=\sum(A_i\cdot\sin[D_i\cdot(x,y)\cdot\omega_i+\varphi_i\cdot t])$$

这个方程只计算了 z 坐标，没有改变 x,y 坐标，可以理解为水面上的质点只在 z 方向做上下摆动，原本为平面的水面变成了曲面。水平面一点 (x,y) 的空间坐标为

$$P(x,y,t)=(x,y,H(x,y,t))$$

曲面的次法向量 $\boldsymbol{B}$ 和切向量 $\boldsymbol{T}$ 分别通过对 x 和 y 轴求偏导数而得到，即

$$\boldsymbol{B}(x,y)=\frac{\partial}{\partial x}P(x,y,t)=(1,0,\frac{\partial}{\partial x}H(x,y,t))$$

$$\boldsymbol{T}(x,y)=\frac{\partial}{\partial y}P(x,y,t)=(0,1,\frac{\partial}{\partial y}H(x,y,t))$$

法线由次法向量 $\boldsymbol{B}$ 和切向量 $\boldsymbol{T}$ 的向量积得到

$$N(x,y)=\boldsymbol{B}(x,y)\times\boldsymbol{T}(x,y)$$

代入上面的 $\boldsymbol{B}$ 和 $\boldsymbol{T}$，有

$$N(x,y)=(-\frac{\partial}{\partial x}H(x,y,t),-\frac{\partial}{\partial y}H(x,y,t),1)$$

因为 $H(x,y,t)$ 是正弦函数形式，求偏导数是比较容易的。

正弦函数的特点是变化比较均匀，模拟水波时，波峰宽度和波谷宽度相当。实际水面一般波谷比较宽，波峰相对较窄。为此可以对函数 $W(x,y,t)$ 进行改进，令

$$W_i(x,y,t)=2A_i\cdot\left(\frac{\sin[D_i\cdot(x,y)\cdot\omega_i+\varphi_i\cdot t]+1}{2}\right)^k$$

可以使波峰变窄，对比如图 9.25 所示。

此式的偏导数为

$$\frac{\partial}{\partial x}W_i(x,y,t)=k\cdot D_ix\cdot\omega_i\cdot A_i\cdot\left(\frac{\sin[D_i\cdot(x,y)\cdot\omega_i+\varphi_i\cdot t]+1}{2}\right)^{k-1}\cdot\cos[D_i\cdot(x,y)\cdot\omega_i+\varphi_i\cdot t]$$

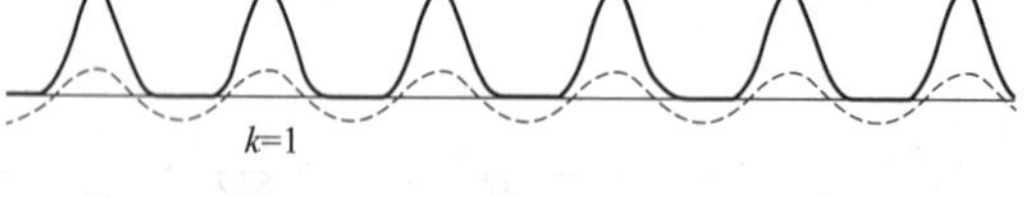

图 9.25　$k=1$ 和 $k=3$ 对比

至此，已经得到了水面高度函数和法线，达到了最初的目标。下面说明几种与具体波形及方向相关的设置。

1. 方向波

如果将 D_i 设为一个常向量，即 $D_i=(D_x,D_y)$，则波为直线型，传播方向与 D_i 同向。叠加后的波形为几个方向直线波的叠加，而且会出现波干涉现象，如图 9.26(a)所示。

例如，$D_i=(1,0)$，那 $D_i=(1,0)\cdot(x,y)=x$，正弦函数将只与 x 有关，在 y 方向为常量。波峰走向为 y 方向，波传播方向为 x 方向。

2. 环形波

如一个小石块落到水中，水波将呈现为环形并向外扩散，如图 9.26(b)所示。设环形中心为 C_i，方向向量 D_i 定义为

$$D_i(x,y)=\frac{(x,y)-C_i}{|(x,y)-C_i|}$$

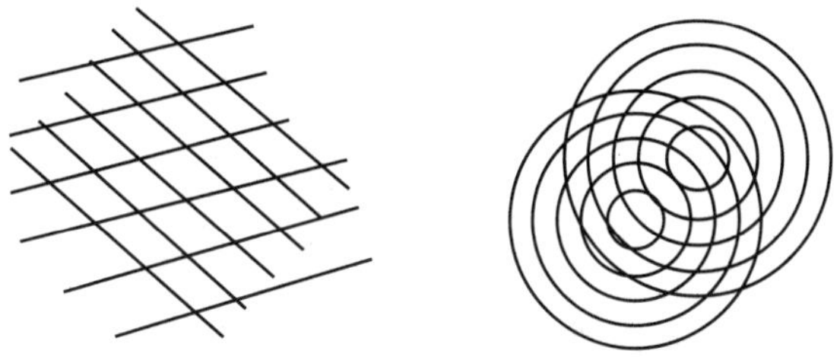

(a) (b)

图 9.26 方向波和环形波

9.4.2 Gerstner 波

正弦波的特点是波峰比较圆滑，不够尖锐，Gerstner 波可以产生尖锐的波峰。Gerstner 波最早用于海面建模，1986 年开始应用于计算机图形学，并取得了较好的模拟效果。Gerstner 波产生的效果如图 9.27 所示，能看到波峰的尖锐特征。

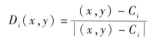

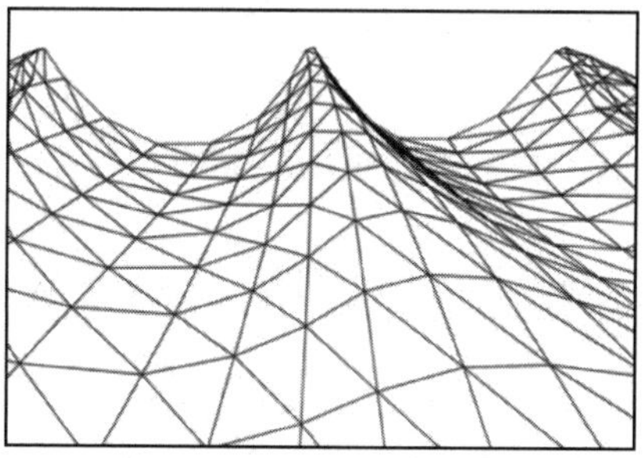

图 9.27 Gerstner 波示例

基本的 Gerstner 波形函数，在二维情况下为

$$x=x_0-r\cdot\sin(k\cdot x_0-\omega\cdot t)$$

$$y=y_0-r\cdot\cos(k\cdot x_0-\omega\cdot t)$$

式中 x_0,y_0 为静止时水面上一点，k 为波数，ω 为频率，r 为波幅。

因为此式可转化为

$$(x-x_0)^2+(y-y_0)^2=r^2$$

所以水面质点并不是前述正弦波那样，只做垂直方向的运动，而是以(x_0, y_0)为中心的圆周运动，如图 9.28(a)所示。

kx_0项在正弦函数中的作用为产生相位差，对相邻质点来说，由于kx_0项的不同，运动不是同步的，这使得相邻质点之间的距离会产生紧密或疏远。而距离的变化规律又服从正弦函数规律，所以形成波峰变尖的形状特征，如图 9.28(b)所示。

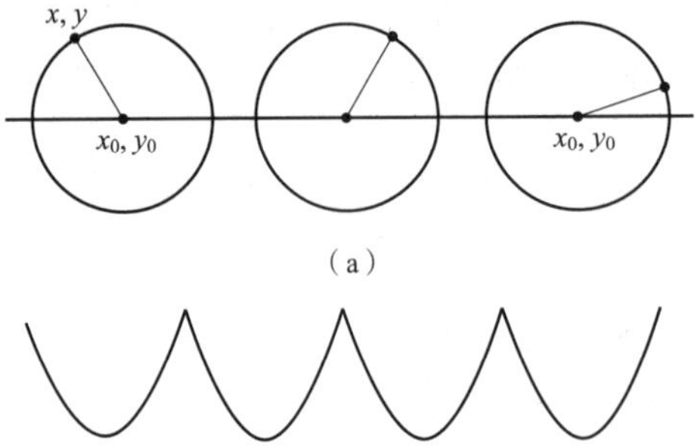

图 9.28　Gerstner 波质点运动

回到三维情况，将前述正弦波改进为 Gerstner 波，方程为

$$P(x,y,t) = \begin{cases} x + \sum Q_i \cdot A_i \cdot D_{i,x} \cdot \cos(D_i \cdot (x,y) \cdot \omega_i + \varphi_i \cdot t) \\ y + \sum Q_i \cdot A_i \cdot D_{i,y} \cdot \cos(D_i \cdot (x,y) \cdot \omega_i + \varphi_i \cdot t) \\ A_i \cdot \sin(D_i \cdot (x,y) \cdot \omega_i + \varphi_i \cdot t) \end{cases}$$

式中$D_{i,x}$和$D_{i,y}$是D_i的分量且$|D_i| = 1$。

式中z方向分量与正弦波时相同没有变，仍使用原来的式子。x, y分量按 Gerstner 波的形式，增加了一个余弦项。Q_i为控制波尖锐程度的参数，如果$Q_i = 0$，方程退化为正弦波方程。如果$Q_i = 1/(\omega_i A_i)$，形成图 9.28(b)那样的尖峰。Q_i不能大于这个值。

上式中，如果只计一个波函数，并对各分量计算平方和，可写为

$$(x - x_0)^2 + (y - y_0)^2 + (Q_i \cdot z)^2 = (Q_i \cdot A_i)^2$$

是一个椭球方程，与 Gerstner 波方程相符，而Q_i控制着的椭球高度，如果$Q_i = 1$，则成为一个球形。

对方程求导数，仍然是先求副法线B和切线T，再求法线N

$$B(x,y) = \frac{\partial}{\partial x} P(x,y,t) = \begin{cases} 1 - \sum Q_i \cdot (D_{i,x}{}^2) \cdot WA \cdot S \\ - \sum Q_i \cdot D_{i,x} \cdot D_{i,y} \cdot WA \cdot S \\ \sum Q_i \cdot D_{i,x} \cdot WA \cdot C \end{cases}$$

$$T(x,y) = \frac{\partial}{\partial y} P(x,y,t) = \begin{cases} - \sum Q_i \cdot D_{i,x} \cdot D_{i,y} \cdot WA \cdot S \\ 1 - \sum Q_i \cdot D_{i,y}{}^2 \cdot WA \cdot S \\ \sum Q_i \cdot D_{i,y} \cdot WA \cdot C \end{cases}$$

$$N(x,y) = B(x,y) \times T(x,y) = \begin{cases} -\sum D_{i,x} \cdot WA \cdot C \\ -\sum D_{i,y} \cdot WA \cdot C \\ 1 - \sum Q_i \cdot WA \cdot S \end{cases}$$

其中

$$WA = \omega_i \cdot A_i$$
$$S = \sin(\omega_i \cdot (D_i \cdot P) + \varphi_i \cdot t)$$
$$C = \cos(\omega_i \cdot (D_i \cdot P) + \varphi_i \cdot t)$$

从最后一个式子中可以看到,如果 $Q_i \cdot (\omega_i A_i) > 1$,法线的 z 分量为负值,局部会形成环。这就是为什么要限制 Q_i的原因。

在应用中,波长、波幅和波速要根据实际情况选择,如比较平缓的水面,波长可能会比较大,波幅比较小。而风较大时,波长就会比较小。给出波长后,其他参数都可以根据波长来计算,频率和波速有关,可以按下式计算

$$\omega = \sqrt{g \cdot \frac{2\pi}{L}}$$

其中 g 为重力加速度。

以上介绍了基于正弦波的水面模拟算法,适合于平缓无浪的水面,能在实践中取得较好的效果。对有浪花的情况,波函数的算法并不合适,因为要处理水质点脱离水面的情况,基于粒子的算法更合适,如近年来流行的基于流体物理方程的 SPH 算法。

9.5 动画插值技术

如果图形系统的某个参数被设置为随时间变化,即形成动画。作为动画的参数可以是系统内的任何参数,如位置参数、方向参数、某个物体材质中的透明度参数等。为了描述该参数的变换,方法之一是给出该参数的时间变化控制方程或变化曲线,如粒子动画中粒子位置参数就是通过动力学方程来描述的,水面质点运动也是同样用方程式来描述。但多数情况下无法给出运动方程,那么另一种常用的方法就是指定关键帧的方法。

在图形系统中,帧与时间的概念是等同的,是指一个确定的时间点,也就是渲染绘制时的时间。帧与帧的时间往往相隔很短,一般在几毫秒到几十毫秒之间。

对于动画参数,设计者既不能给出运动方程或变化曲线,又不能给出每帧上的数值,通常的做法是在少量一些时间点上给出参数的数值,这些指定了参数值的时间点称为关键帧。而关键帧之间的参数值,则通过插值方法来计算得出。采用这种方法来描述参数时间变化规律而形成的动画,称为关键帧动画。

关键帧动画的本质是为动画参数假设了一个时间变化曲线,称为插值曲线。只要这条假设的曲线能在给定的关键帧上的取值与给定的值相符,就认为这条曲线能正确地表述参数的变化。

在图 9.29 中,一个三角形被设定 t_1时刻在位置 A,t_2时刻在位置 B,t_1和 t_2即关键帧。在时间 t_1和 t_2之间,三角形的位置由插值曲线来计算。这样就指定了三角形起点和终点的位置,在起点和终点之间,三角形是怎么运动过去的,则出自某种假设。图中包含了两条曲线Ⅰ和Ⅱ,

每条曲线代表了一种插值方法。三角形的中间位置,或者说三角形在 t_1 和 t_2 间的运动路径,取决于采用哪种插值方法。动画设计者会在多种插值法中进行选择,使用符合自己设想的插值方法。

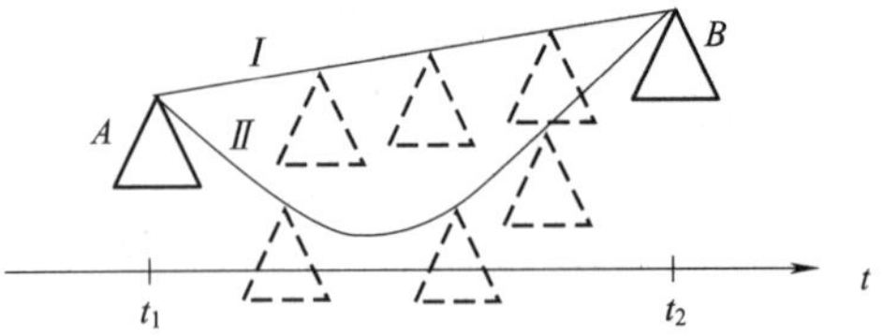

图 9.29　关键帧和插值曲线

插值中需要考虑的另一个问题是速度问题。尽管插值曲线可以保证在 t_1 和 t_2 时间点上,三角形的位置是符合要求的,过程中三角形位置也符合要求,但三角形以什么速度走过这条插值曲线,仍有多种选择。中间的速度可以是匀速,也可以是变速的。如车的运动应该是开始时逐渐加速,接近终点时逐渐减速,动画看上去才比较合理。

另外,图形系统中包含有多种类型的参数,最常见的是标量、向量,此外还有矩阵等其他类型,在选择插值曲线时,参数的数据类型也是需要考虑的。

9.5.1　基本插值方法

在第 6 章曲线曲面技术中已经介绍了插值曲线的概念和几种样条曲线。关键帧动画插值和造型插值本质上是相同的,但因问题不同、对象不同,采用的插值方法会有所不同。例如,复杂的 NURBS 曲线一般不会用于关键帧插值。这里介绍关键帧动画常用的插值方法,并假设插值量 y 为标量值,插值是对时间 t 的插值。

1. 阶跃型

阶跃型公式为

$$y=\begin{cases} y_1 & t_1 \leqslant t < t_2 \\ y_2 & t_2 \leqslant t \end{cases}$$

如图 9.30 所示,y 的变化是跳跃性的。这种类型的插值可以用于突然变化位置,例如,鬼怪从一个地点突然消失,接着出现在另一个地点。

其他如枚举型的数据、集合型数据,或者 true/false 型数据等,时间变化曲线只能是阶跃型曲线。

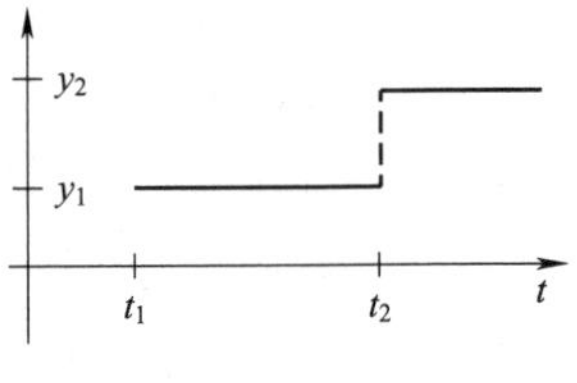

图 9.30　阶跃型插值

2. 线性插值

这是最常见的插值方式,插值公式为

$$y=\frac{y_2-y_1}{t_2-t_1}\cdot t+\frac{y_1\cdot t_2-y_2\cdot t_1}{t_2-t_1}$$

线性插值曲线如图 9.31 所示,因为 y 的导数为常数,线性插值表示参数 y 均匀地、均速地从 y_1 变化到 y_2。

如果 y 表示位置参数,y 的导数就是实际移动速度。如果有多个关键帧,那么线性插值曲线为折线,变化速度在各个关键帧之间将不一致,不是一个常数,这是需要注意的地方。

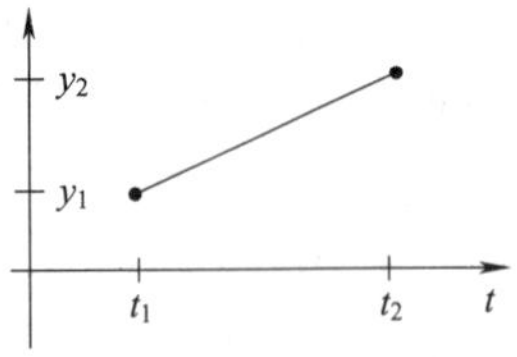

图 9.31　线性插值

3. 三次 Hermite 插值

在动画制作软件中经常看到，软件的关键帧曲线编辑器能够设置和调节关键帧，特别是能通过手柄操作改变曲线的形状。这里手柄所调节的实质上是曲线在关键帧处的切线，随着切线的变化，曲线形状如弯曲程度等就发生了变化。这个能包含切线参数的插值方法就是 Hermite 插值曲线。

只考虑两个关键帧之间的插值，即只有一段 Hermite 曲线的情况。使用参数坐标 u 时，Hermite 插值公式为

$$y(u) = \sum_{i=0}^{3} h_i \cdot H_i(u)$$

其中，$0 \leqslant u \leqslant 1$；$h_i$ 为端点参数，分别是端点参数值和导数，$h_0 = y(0)$，$h_1 = y(1)$，$h_2 = y'(0)$，$h_3 = y'(1)$；H_i 为 Hermite 基函数，定义为

$$H_0(u) = 2u^3 - 3u^2 + 1$$

$$H_1(u) = -2u^3 + 3u^2$$

$$H_2(u) = u^3 - 2u^2 + u$$

$$H_3(u) = u^3 - u^2$$

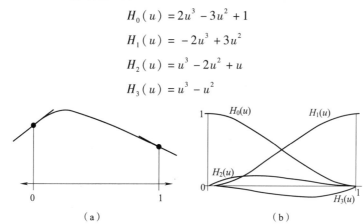

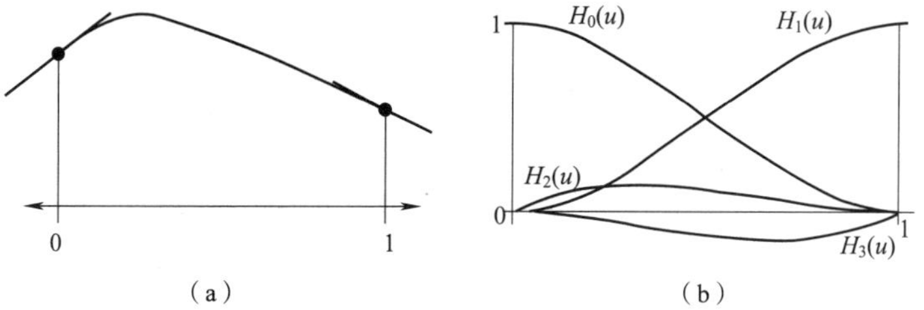

图 9.32 Hermite 插值曲线和基函数

Hermite 插值曲线的构成中包含了端点导数，曲线的形状可以通过端点导数来调节（见图 9.32）。

如果有多个关键帧，则可以生成多段 Hermite 曲线，每段的情况都彼此相似，即每段都需要提供四个参数。设关键帧为 $t_0, \cdots, t_n$ 共 $n+1$ 个，那么就可以形成 n 段曲线。需要关键帧参数值 $n+1$ 个，每段内左右两个端点的导数共 $2n$ 个。如果只为中间关键帧提供一个导数，相邻的两段共享这个导数，则总共需要提供导数 $n+1$ 个。此时曲线是导数连续的，即 C^1 连续。

在实际运用时，提供关键帧处的参数值容易实现，提供关键帧处的导数就比较困难了，因为导数不容易事先进行估计。Kochanek 给出了用三个参数设置关键帧处的导数的方法，这三个参数分别称为张量参数 a，偏移量参数 b，连续参数 c。

如图 9.33 所示，将 y_i 处的切向量分成入切向量 DS_i 和出切向量 DD_i，$y_i - y_{i-1}$ 称为源弦，$y_{i+1} - y_i$ 称为目标弦。入切向量 DS_i 和出切向量 DD_i 可以表示为源弦和目标弦的加权和。

张量参数 a 控制曲线在关键帧处的尖锐程度，引入张量参数时 DS_i 和 DD_i，定义如下

$$DS_i = DD_i = \frac{(1-a)}{2}((y_{i+1} - y_i) + (y_i - y_{i-1}))$$

如图 9.34(a) 所示，张量参数 a 控制切线的长度。$a=0$ 时，切线为源弦和目标弦的平均。$a=1$ 时，切线为 0，曲线变得尖锐。$a=-1$ 时，切线为源弦和目标弦的和。a 越小切线越长。

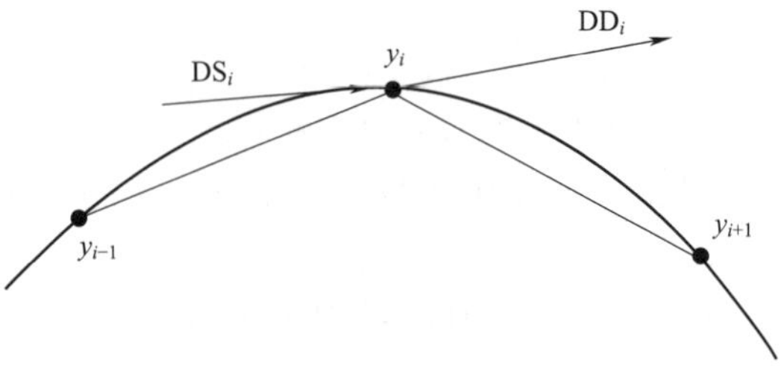

图 9.33　源弦和目标弦

偏移量参数 b 控制曲线在关键帧处切线的方向，引入偏移量参数时 DS_i 和 DD_i，定义如下

$$DS_i = DD_i = \frac{(1-b)}{2}(y_{i+1}-y_i) + \frac{(1+b)}{2}(y_i - y_{i-1})$$

如图 9.34(b)所示，偏移量参数 b 控制切线的方向。$b=0$ 时，切线方向为源弦和目标弦的平均。$b=1$ 时，切线为源弦。$b=-1$ 时，切线为目标弦。因此 b 越大，切线的方向越接近源弦，b 越小切线的方向越接近目标弦，

连续性参数 c 控制曲线在关键帧处左右切线的方向，DS_i 和 DD_i，定义如下

$$DS_i = \frac{(1-c)}{2}(y_i - y_{i-1}) + \frac{(1+c)}{2}(y_{i+1}-y_i)$$

$$DD_i = \frac{(1+c)}{2}(y_i - y_{i-1}) + \frac{(1-c)}{2}(y_{i+1}-y_i)$$

连续性参数的影响如图 9.34(c)所示，当 $c=0$ 时，DS_i 和 DD_i 相同，都是源弦和目标弦的平均值，此时曲线是导数连续的。随着 $|c|$ 变大，DS_i 和 DD_i 的差别越来越大，当 $c=-1$ 时，入切向量等于源弦，出切向量等于目标弦，样条在该处形成一个角点。当 $c=1$ 时，入切向量等于目标弦，出切向量等于源弦。

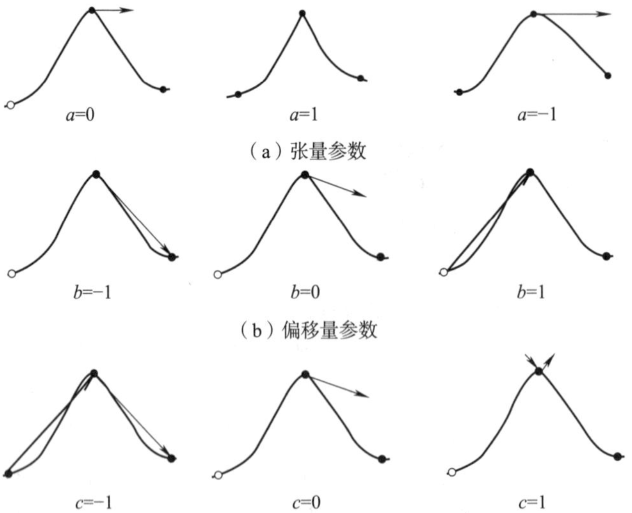

（a）张量参数

（b）偏移量参数

（c）连续性参数

图 9.34　张量参数偏移参数和连续性参数

Kochanek 将张量、偏移量和连续性三个控制参数合在一起，得到样条曲线在关键帧 i 处的入切向量和出切向量的一般公式

$$DS_i = \frac{(1-a)(1-c)(1+b)}{2}(y_i - y_{i-1}) + \frac{(1-a)(1+c)(1-b)}{2}(y_{i+1} - y_i)$$

$$DD_i = \frac{(1-a)(1+c)(1+b)}{2}(y_i - y_{i-1}) + \frac{(1-a)(1-c)(1-b)}{2}(y_{i+1} - y_i)$$

有了这三个参数,就可以统一给出多段 Hermite 插值曲线的切线。曲线的形状,分段连接处的连续性都可以很好地得到控制。

Hermite 插值避免了多段线性插值所产生的导数不连续问题。需要说明的是,在关键帧动画中,切线的连续使得运动变化是连续的,但不连续有时又是生成真实动画效果所需要的,如反弹效果等。

9.5.2　向量球面插值及四元数旋转

图形系统中,物体的位置和朝向一般用向量来表示,位置或朝向的变化则用变换矩阵来表示。当位置或朝向发生随时间变化时,就需要对向量或矩阵进行插值。

表示位置的向量,在插值时只要对其分量分别进行插值。如位置向量的线性插值为

$$t = t_1\text{时}, P(t_1) = (x(t_1), y(t_1), z(t_1))$$

$$t = t_2\text{时}, P(t_2) = (x(t_2), y(t_2), z(t_2))$$

对 $t_1 < t < t_2$,按线性插值公式,有

$$P(t) = \frac{P(t_2) - P(t_1)}{t_2 - t_1} \cdot t + \frac{P(t_1) \cdot t_2 - P(t_2) \cdot t_1}{t_2 - t_1}$$

$$x(t) = \frac{x(t_2) - x(t_1)}{t_2 - t_1} \cdot t + \frac{x(t_1) \cdot t_2 - x(t_2) \cdot t_1}{t_2 - t_1}$$

$$y(t) = \frac{y(t_2) - y(t_1)}{t_2 - t_1} \cdot t + \frac{y(t_1) \cdot t_2 - y(t_2) \cdot t_1}{t_2 - t_1}$$

$$z(t) = \frac{z(t_2) - z(t_1)}{t_2 - t_1} \cdot t + \frac{z(t_1) \cdot t_2 - z(t_2) \cdot t_1}{t_2 - t_1}$$

位置向量的插值如图 9.35(a)所示,特点为:位置变化连续、均匀,但在关键帧之间,位置的转动不是均匀的。位置路径为直线,因而在移动过程中向量长度是变化的。

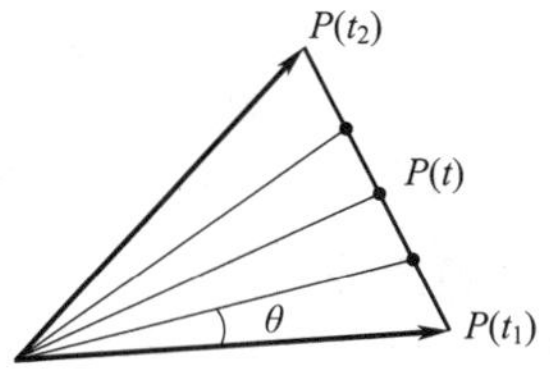

(a) 位置向量

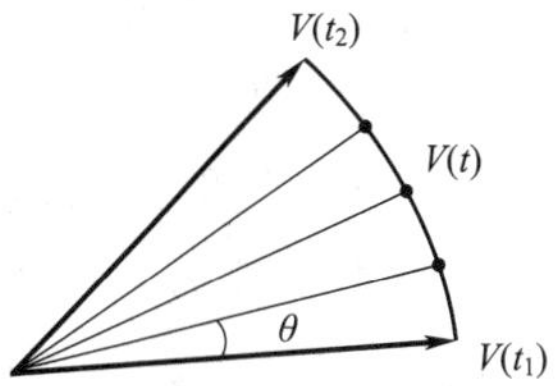

(b) 方向向量

图 9.35　向量插值

简单地对向量分量进行线性插值,对表示方向的向量就不合适了。如图 9.35(b)所示,对方向向量的插值,应要求在运动中向量长度不变,方向的变化是均匀的,即图 9.35 (b)中 θ 的变化应该是均速的。

向量球面插值是对向量的转角进行线性插值,让向量的端点沿着球面运动,如图 9.36(a)

所示。球面插值使得向量在转动过程中长度不变,而且以均匀角速度进行转动。

设 $t=0$ 时,向量位置为 v_0,$t=1$ 时,向量位置为 v_1,v_0 和 v_1 的夹角为 ω,且都是单位向量。那么在中间时刻 t,向量 v 为

$$v_t = k_0 \cdot v_0 + k_1 \cdot v_2$$

需要求出 k_0 和 k_1。

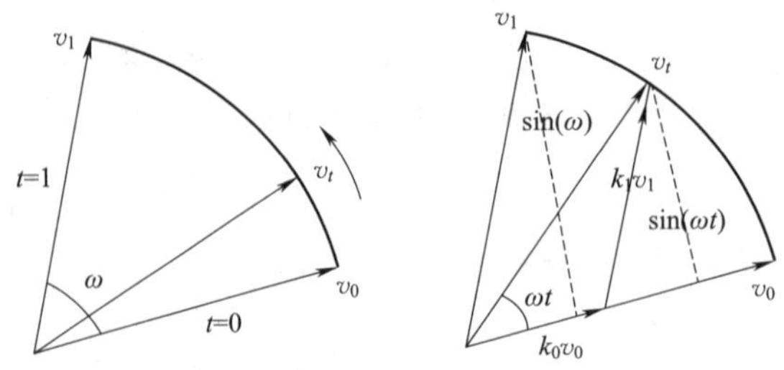

(a) (b)

图 9.36 球面插值

在图 9.36(b)中,注意虚线左侧的两个三角形为相似三角形,可写出比例关系

$$\frac{\sin(\omega t)}{k_1 |v_1|} = \frac{\sin\omega}{1}$$

解出

$$k_1 = \frac{\sin(\omega t)}{\sin\omega}$$

同样方法,在另一个方向上做虚线,可以解出

$$k_0 = \frac{\sin(\omega(1-t))}{\sin\omega}$$

所以有

$$v_t = \frac{\sin(\omega(1-t))}{\sin\omega} \cdot v_0 + \frac{\sin(\omega t)}{\sin\omega} \cdot v_1$$

这就是向量的球面插值公式。

如果 v 不是单位向量,对 v 的长度进行线性插值。公式中 t 的取值范围为[0,1],可以用 $t_1 + (1-t) \cdot (t_2 - t_1)$ 替换,取值范围成为$[t_1, t_2]$。

变换矩阵的插值出现在这样的情况,在时刻 t_1,物体具有一种姿态,用变换矩阵 $\boldsymbol{T}_1$ 表示,同样在 t_1 时刻变换矩阵为 $\boldsymbol{T}_2$。那么从 t_1 运动到 t_2,变换矩阵也同样具有中间状态。

变换矩阵不能直接进行插值,需要先做矩阵分解,将其分解为平移、缩放、转动矩阵。在 9.1 节中介绍了变换矩阵的 TR 分解,类似地可以进行 TSR(平移、缩放、转动)分解。分解后,对平移变换矩阵和缩放变换矩阵,只需要进行线性插值。对转动矩阵则要进行球面插值。

先将转动矩阵转换为四元数,一个转动矩阵是 3×3 矩阵

$$\boldsymbol{R} = \begin{bmatrix} m_{11} & m_{12} & m_{13} \\ m_{21} & m_{22} & m_{23} \\ m_{31} & m_{32} & m_{33} \end{bmatrix}$$

R 中已经包含了转动轴和转角信息,转换成四元数 $q = w + x \cdot i + y \cdot j + z \cdot k$,其中各项为

$$w = \frac{\sqrt{1 + m_{11} + m_{22} + m_{33}}}{2}$$

$$x = \frac{m_{23} - m_{32}}{4w}, y = \frac{m_{31} - m_{13}}{4w}, z = \frac{m_{12} - m_{21}}{4w}$$

向量球面插值公式可直接用于四元数插值。设 $t = 0$ 时,转动四元数为 q_0;$t = 1$ 时,转动四元数为 q_1。四元数为 q_0和 q_1间的夹角可由四元数点乘计算

$$\cos\omega = \frac{q_0 \cdot q_1}{|q_0| \cdot |q_0|} = w_0 \cdot w_1 + x_0 \cdot x_1 + y_0 \cdot y_1 + z_0 \cdot z_1$$

则对中间的 t,四元数为

$$q_t = \frac{\sin(\omega(1 - t))}{\sin\omega} \cdot q_0 + \frac{\sin(\omega t)}{\sin\omega} \cdot q_1$$

求出中间插值四元数,再转换为转动矩阵,乘上平移、缩放矩阵组成插值矩阵。

9.5.3 插值中的速度控制——缓动技术

前面已经看到,线性插值的中间过程是匀速的。曲线插值的情况,如果其参数坐标采用弧长参数,中间过程也是匀速的。这种匀速运动在某些动画设计中可能是设计者所期望的、合理的,但也可能不是。物体的实际运动中,如果是静止状态开始,到静止状态结束,一般应该是在开始时有段加速阶段,速度从 0 开始增加到一个常数值,接近结束时,有一个减速阶段,速度从常数值逐渐减到 0。这就需要对速度进行修正,使物体运动过程符合某种自然规律。一般用一个调速函数进行速度控制,称为易入/易出函数,或称缓动函数。

比较简单的缓动函数是正弦函数,如图 9.37(a)所示,使用 $-\pi/2$ 到 $\pi/2$ 区间的正弦函数并将其移到[0,1]区间,函数形式为

$$e(t) = \frac{\sin\left(t\pi - \frac{\pi}{2}\right) + 1}{2}$$

满足 $e(0) = 0, e(1) = 1, e'(0) = 0, e'(1) = 0$。

函数 $e(t)$表明输入值 t 在区间[0,1]均匀地变化,输出数据也在[0,1]范围内,其过程为缓慢启动、加速、减速。两个端点导数为 0,表示在开始和结束阶段,呈现平滑的加速和减速状态。由于正弦函数的导数为余弦函数,所以速度和加速度始终在变化之中,期间没有恒定的状态。

将缓动函数 $e(t)$乘到线性插值函数中,即使线性插值过程为平缓加速到平缓减速过程。对参数值 y,若插值区间为$[t_1, t_2]$,端点值 $y(t_1) = y_1, y(t_2) = y_2$,线性插值公式为

$$y(t) = y_1 + \frac{t - t_1}{t_2 - t_1} \cdot (y_2 - y_1)$$

引入缓动函数后

$$y(t) = y_1 + e\left(\frac{t - t_1}{t_2 - t_1}\right) \cdot \frac{t - t_1}{t_2 - t_1} \cdot (y_2 - y_1)$$

正弦缓动函数需要进行三角函数计算，可以用图 9.37(b)所示的多项式函数代替，从曲线图中可以看到，这两个函数的差别非常小，后者的计算量更小，表达式也比较简单。

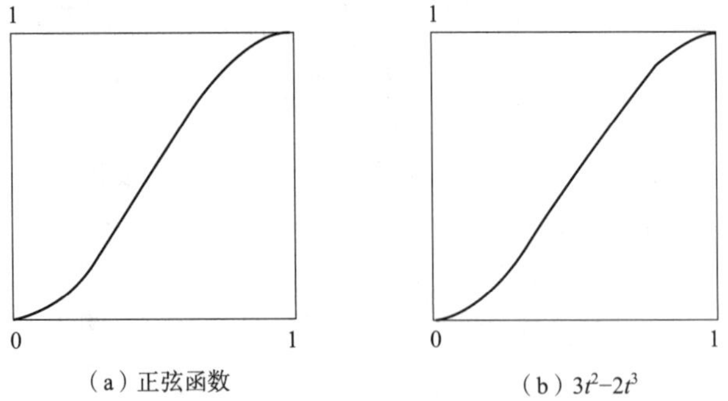

图 9.37　简单的缓动函数

下面再构造一种匀加速－匀减速的缓动函数。如图 9.38 所示的速度曲线那样，在时间曲线[0,1]中加入两个中间点 k_1 和 k_2，且 $0<k_1<k_2<1$。在$[0,k_1]$部分，运动为匀加速状态，加速到速度 v_0，以常量速度 v_0 运动到时间 k_2 后进入匀减速状态，直到结束。

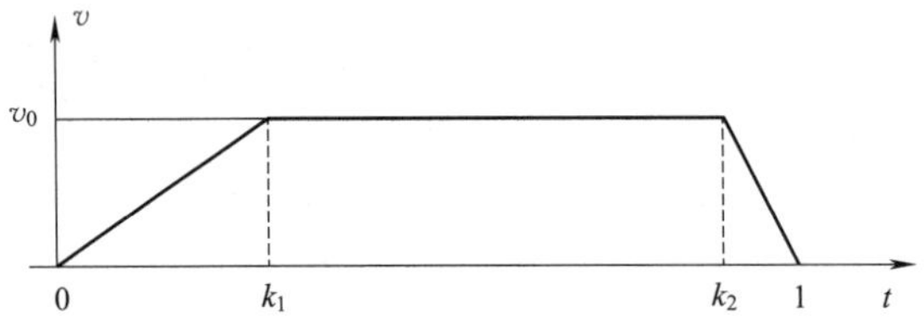

图 9.38　匀加速匀减速缓动函数

在这个过程中，速度 v_0 已经不能简单地用距离除以全部时间来计算，速度 v_0 将是待求项。

在第一段，距离时间函数为

$$e(t)=v_0\cdot\frac{t^2}{2\cdot k_1}\qquad 0\leqslant t<k_1$$

$$e(0)=0$$

$$e(k_1)=v_0\cdot\frac{k_1}{2}$$

其导数

$$e'(t)=v_0\cdot\frac{t}{k_1},e''(t)=\frac{v_0}{k_1}$$

符合二阶导数为常数，即匀加速运动。

在第二段，加速度为 0，速度为常数 v_0，距离时间函数为

$$e(t)=v_0\cdot\frac{k_1}{2}+v_0\cdot(t-k_1)\qquad k_1\leqslant t<k_2$$

$$e(k_1)=v_0\cdot\frac{k_1}{2}$$

$$e(k_2)=v_0\cdot\frac{k_1}{2}+v_0\cdot(k_2-k_1)$$

在第三段,加速度为 $v_0/(1-k_2)$,距离时间函数为

$$e(t)=v_0\cdot\frac{k_1}{2}+v_0\cdot(t-k_1)+v_0\cdot\left(1-\frac{t-k_2}{2(1-k_2)}\right)\cdot(t-k_2)\qquad k_2\leqslant t\leqslant 1$$

$$e(k_2)=v_0\cdot\frac{k_1}{2}+v_0\cdot(k_2-k_1)$$

$$e(1)=v_0\cdot\frac{k_1}{2}+v_0\cdot(k_2-k_1)+v_0\cdot\frac{1-k_2}{2}$$

为了使得运动最终达到终点,即 $e(1)=1$,可求解出

$$v_0=\frac{2}{1+k_2-k_1}$$

缓动函数可以按动画设计的需要设计为各种形式,如物体的自由下落,单摆运动等。如在 Uniyu3d 中可以使用一个名为 DOTween 的动画插件,包含了多种缓动函数。下面做简单介绍。

DOTween 可以作为插件加入到一个 Unity 工程中,并通过 transform 对象直接调用。包括的缓动函数有:

Linear:无缓动。

Quadratic:二次方缓动函数 t^2。

Cubic:三次方缓动函数 t^3。

Quartic:四次方缓动函数 t^4。

Quintic:五次方缓动函数 t^5。

Sinusoidal:正弦曲线缓动函数 $\sin(t)$。

Exponential:指数缓动函数 2^t。

Circular:圆形缓动函数 $\mathrm{sqrt}(1-t^2)$。

Back:超限缓动函数。

Bounce:指数衰减反弹缓动函数。

DOTween 的各种缓动函数曲线参见图 9.39,其中每种类型的曲线都分 In、Out、InOut 三种,即用于开始阶段、结束阶段,以及开始和结束阶段都使用。

9.5.4 Unity3d 中的插值

在 Unity3d 中,插值函数出现在多个类中,包括:

Mathf 类,包含对标量进行插值的函数。其中 Lerp( )对普通标量进行线性插值;LerpAngle( )对角度进行插值。

Vector3 类,包含对三维向量进行插值的函数,其中 Lerp( )对向量进行线性插值;Slerp( )对向量进行球面插值。

Quaternion 类,包含对四元数进行插值的函数,其中 Lerp( )对四元数进行线性插值;Slerp( )对四元数进行球面插值。

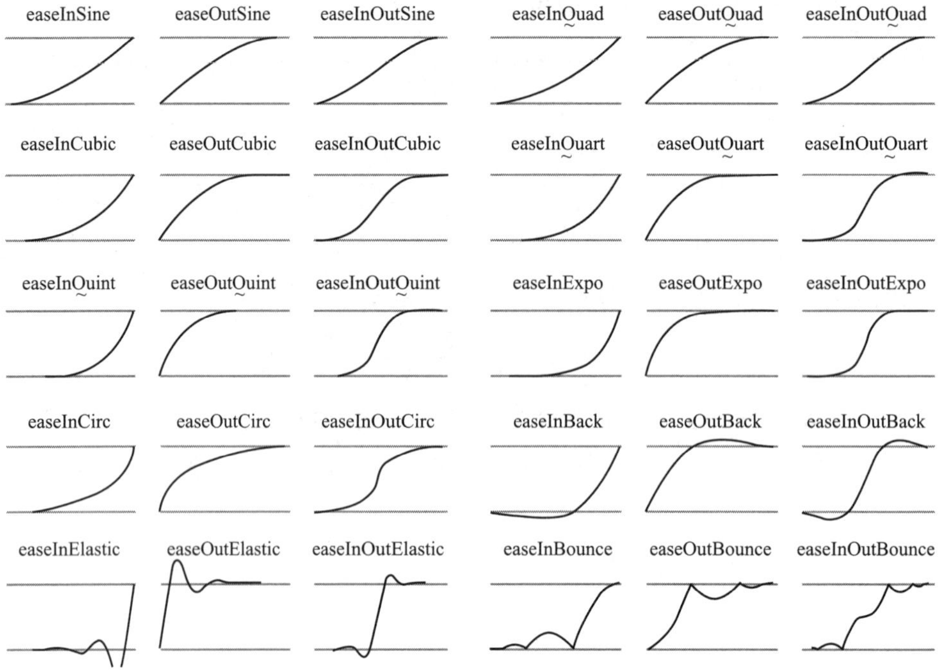

图 9.39　DOTween 缓动函数曲线

习　　题

1. 使用骨骼模型的优点是什么？

2. 如图 9.40 所示的骨骼模型，设计一个数据结构表示这个模型。并说明哪个是根节点，设为根节点的理由是什么。

3. 每个骨块包括几个变换矩阵？分别是什么矩阵？

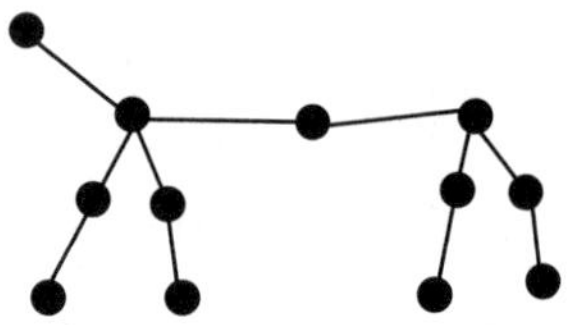

图 9.40　骨骼模型

4. 偏移变换矩阵的作用是什么？

5. 叙述反向动力学算法原理。

6. 说明骨骼权重设置的基本原则。

7. Unity3d 中，网格模型中与骨骼动画相关的参数有哪些？分别对其作用进行说明。

8. 布料模型中，顶点的平衡方程是如何建立的？

9. 风力如何作用于布料模型？

10. 粒子发射器如何进行定义？需要哪些参数？

11. 粒子运动方程是什么？

12. 用 C++ 或 C# 语言编写一个窗口程序，实现简单的粒子动画效果。粒子图案可以采用简单的圆来代表。

13. 分析水面波形函数 $W_i(x,y,t)=A_i\cdot\sin[D_i\cdot(x,y)\cdot\omega_i+\varphi_i\cdot t]$，说明其中各项的含义，特别说明 D 的意义。

14. 什么是 Gerstner 波？

15. 三次 Hermite 插值的特点是什么？

16. 给出二维空间中两个点(1,0)、(2,1)，推导线性插值函数。

17. 给出二维空间中两个点(1,0)、(2,1)，推导三次 Hermite 插值。

18. 给出二维空间中两个点(1,0)、(2,1)，推导三次 Bezier 插值函数。

19. 设 $t=0$ 时，向量位置为 v_0，$t=1$ 时，向量位置为 v_1，v_0 和 v_1 的夹角为 ω，且都是单位向量，推导其球面插值公式：$v_t = k_0 \cdot v_0 + k_1 \cdot v_2$，给出 k_0 和 k_1 的表达式。

20. 试从 t^3 出发推导三次方缓动函数。

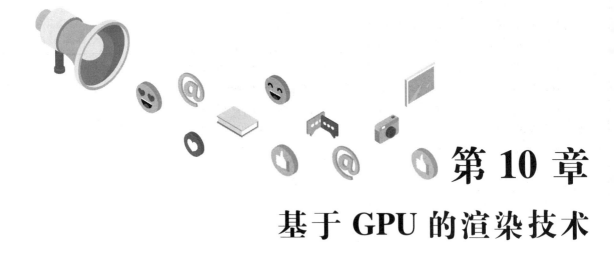

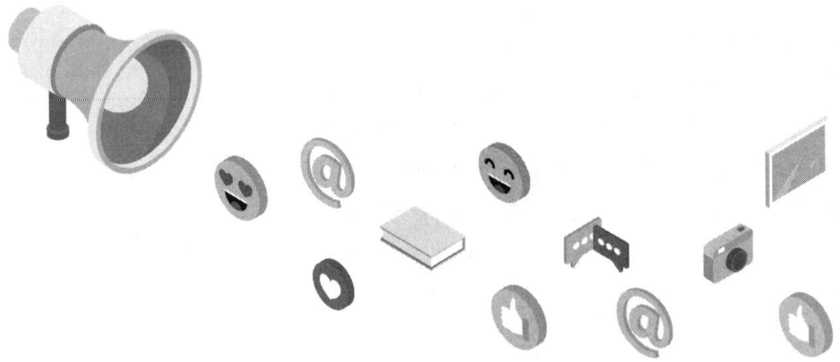

第 10 章 基于 GPU 的渲染技术

前面已经了解到，图形的计算最终归结为点、线、面的计算，图像的计算最终归结为关于像素的计算。但考虑到图形图像空间包含大量的基本元素，每个元素的计算要逐个地进行，还要顾及这些元素之间的关系和计算顺序，如何有效地组织这些计算就是一个比较大的问题。如同在一个工厂里，生产一个产品过程中，包含了多项具体工作，因而需要有一个统一的管理机制，组织协调各个生产环节和工序，合理调配资源，使各项工作有序地进行，达到一致的生产目标。图形计算也是相似情况，从基本的模型开始，一直到最终被绘制在显示设备上，这中间过程包含着很多计算环节。图形计算的组织现在已经规范化，称为渲染流水线(图形计算流水线)。

和工厂不同的是，每个工厂或者每个产品都可以有自己的组织管理方式，图形计算的组织方式是标准化的、统一的、通行的。正因为有着标准的渲染流水线，所以图形设备才能做到通用。如现代显卡设计制造都是符合标准的渲染流程的，因而能够适合所有的图形计算。

另外一个问题是计算效率问题，随着图形应用的普及，图形也变得越来越复杂，因此导致需要进行的计算也越来越复杂。为了提升计算速度，图形卡 GPU 快速发展起来，GPU 技术通过大量的运算单元以并行流水线方式进行图形运算，已经成为主流的运算方式。本章中将介绍与 GPU 相关的知识，通过学习本章内容，了解渲染流水线的组成、GPU 技术概况，以及它们在 Unity3d 中的实现方法，能够理解 Shader 的构成机制，掌握初步的 Shader 编写技术。

10.1 渲染流水线

10.1.1 渲染流水线基本过程

图形计算的全过程，称为渲染过程。它从基本图元、材质等原始数据的输入开始，一直到光栅化、着色计算完成，包含所有必要的图形运算。流水线意味着图形计算是按一定的工序分阶段、分步骤、多任务并行方式进行的。

在一个工厂里，往往按流水线的方式进行产品生产。图形计算也采用相似的组织方法，如图 10.1 所示的抽象模型，设有计算多个任务，执行一个任务需要 m 个运算步骤，同时有 m 个运算器,每个运算器负责一个运算步骤。那么就可以按图中的方式组织运算,例如,运算器 3 执行任务 2 的第 3 步,同时运算器 3 执行任务 3 的第 2 步。而到了下一个时间,运算器 4 执行任务 2 的第 4 步,同时运算器 3 执行任务 3 的第 3 步。即每个运算器都在工作,每个任务都在执行,这就是并行流水线计算。

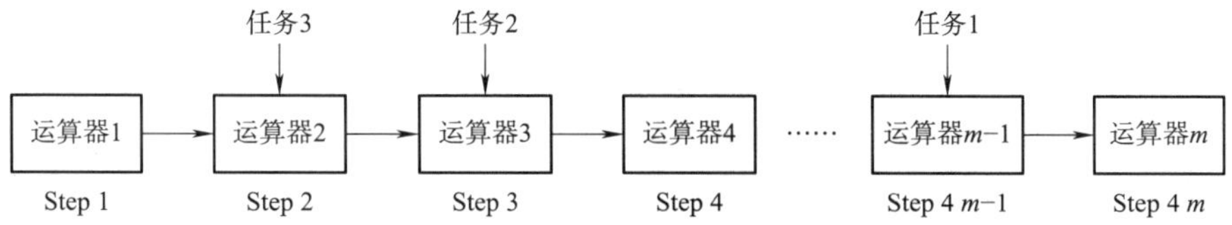

图 10.1　并行流水线计算模式

图形渲染过程被分解为若干步,基本的分解如图 10.2 所示,分为 3 个阶段 13 个步骤,图形计算按照这个顺序以流水线的方式进行。在当前,渲染流水线已经在显卡中实现,因此不完全由开发者来控制。图中表示为灰色框的部分为可编程控制部分,可以通过 GPU 技术来实现。实际上,可编程部分即顶点着色器和片元着色器两部分。其他为固定部分,完全由渲染器(显卡)内部进行操作,开发者不能进行重编程。

三个阶段的划分为:应用阶段、几何阶段、光栅化阶段。

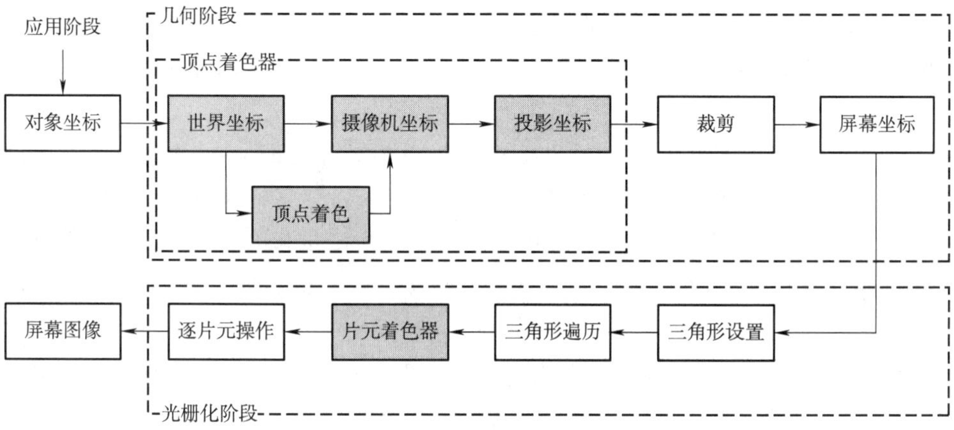

图 10.2　图形渲染流水线

10.1.2　应用阶段

应用阶段的任务是为其后的图形绘制过程准备数据。在初始时,需要准备好图形世界的原始数据,在程序运行期间,还要根据运行中间时刻图形所需要的变化做出更新。具体包括以下几种情况:

①图形模型的原始数据,包括网格顶点、面元、初始位置朝向等变换参数、材质参数、纹理及坐标、光源设置、摄像机位置等。

②运行中由于用户交互带来的图形参数的变化,例如,角色的移动,射击等动作产生的对物体的操纵等。

③运行中由于动画设置带来的图形参数变化,物体的位置,以及其他参数都可能被设置为

动画。从而随时间发生改变。

应用阶段大体上可以归结为：

模型参数，包括组成模型网格的顶点和三角形。

运动参数，包括由变换矩阵来表示的移动、转动、缩放等用于计算网格顶点实时位置的参数。这些参数在运行中都是可能随时发生变化的。

环境参数，包括灯光、摄像机的参数，它们的参数也可以在运行中发生变化。

纹理参数，将被填充到三角形面上的颜色信息，它们一般情况下是图片，以及与三角形顶点相应的纹理坐标。

应用阶段的数据在 CPU 中进行准备，这是开发者所能操作的地方。数据准备好后就会传送到 GPU 里，存储在显卡的缓存中。现在显卡缓存都比较大，通常都在 2G 以上，可以存储相当多的数据。数据量最大的部分是纹理数据，它们将占据显存中的大部分。

几何阶段和光栅化阶段完全在 GPU 中进行，这两阶段是不可控制的。尽管我们可以通过 Shader 编程改变 GPU 中的渲染算法，但 Shader 程序仍然可以看作是 GPU 的一部分，不能改变应用阶段准备好的原始数据。

10.1.3 几何阶段

几何阶段的顶点着色器，具体工作是进行顶点坐标计算和顶点颜色计算（见图 10.3）。此时模型网格、变换矩阵、灯光、摄像机参数已经由 CPU 传入并准备好，就可以逐顶点进行计算了。每个顶点都会调用顶点着色器一次，因此都会计算到。

在这里，每个顶点都是按齐次坐标形式来存储，变换矩阵也都是 4×4 矩阵。在应用阶段，会存储多个变换矩阵，如连续的移动，每次移动都会有一个变换矩阵，还有摄像机变换矩阵，视口变换矩阵，这些矩阵都被传入到 GPU。在这里按给出的顺序相乘，得到阶段变换矩阵以及最终总的变换矩阵。使用这些变换矩阵就可以得到顶点的世界坐标、视口坐标以及屏幕坐标。

顶点着色器的另一个任务是计算光照颜色。注意到图 10.3 右上方还有一个光源，这个光源会照亮每个顶点，使顶点产生颜色。这个也是在逐顶点计算中同时进行。颜色计算按照简单光照模型进行，需要用到物体表面的材质参数，包括镜面反射系数、漫反射系数等。由于是逐顶点进行计算，光照计算时不考虑物体间的遮挡关系和二次光源等因素。

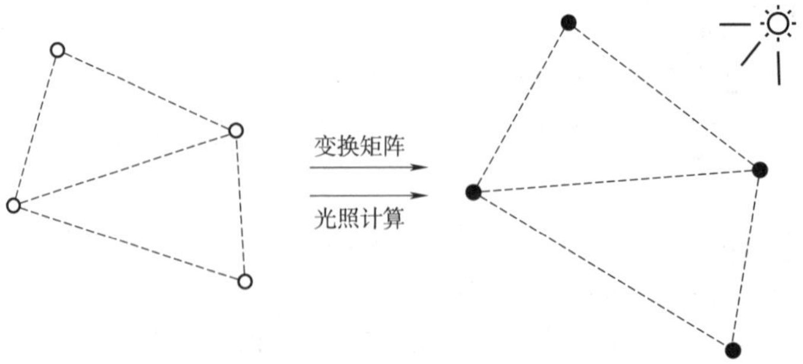

图 10.3　顶点着色器示意图

下面的代码演示了一个顶点着色器的实现，这是 Unity 环境中的一个 Shader 代码段，有些参数的定义与 Unity 环境相关，这里不做深入的解释。重点是在这个顶点着色器中能够看到，所实现的功能就是计算顶点世界坐标和根据环境、材料参数按兰伯特计算顶点颜色。在顶点着色器中，也可以实现比演示代码更复杂的计算，但所产生的输出都是相似的，计算结果总是关于顶点坐标、法线和颜色，这也就是顶点着色器的任务。

```
VertexShader(float4 vertex,float3 normal)                    //输入参数、顶点坐标和法线
{
        float4 vertexOutputPos;                               //输出坐标
        float4 vertexOutputColor;                             //输出颜色
        //模型空间的法线转到世界空间
        float3 normalDirection = normalize ( mul (float4 (normal,0.0), _World2Object).
xyz);
        float3 lightDirection;                                //灯光方向
        float atten =1.0;                                     //光源衰减系数
        lightDirection = normalize(_WorldSpaceLightPos0.xyz);//灯光方向
        float3 diffuseReflection =              /* 计算兰伯特漫反射* /
             atten * _LightColor0.xyz * max (0.0, dot (normalDirection, lightDirec-
tion));
        float3 lightFinal = diffuseReflection + UNITY_LIGHTMODEL_AMBIENT.xyz;
                                                              //加环境光项
        vertexOutputColor = float4(lightFinal* _Color.rgb,1.0);//输出颜色
        vertexOutputPos = mul(UNITY_MATRIX_MVP,vertex);       //输出坐标
        return ;
}
```

几何阶段中的裁剪，是去除不在摄像机视野范围的物体。与顶点着色不同的是，裁剪计算需要三角形的数据。裁剪计算后，有一部分三角形，即正越过裁剪体边界的三角形将被裁掉一部分。

视口变换矩阵来自摄像机的定义，在经过视口变换后，模型已经由世界空间转入一个称为规范化设备坐标系（见图 10.4）内。规范化设备坐标系是将裁剪体变换为单位立方体所形成的，从世界坐标系到规范化设备坐标系的变换已经包含在视口变换矩阵中，它的实质，就是将摄像机参数中所定义的裁剪体，压缩到单位立方体。因此到了这里，模型已经转入这个规范化设备坐标系里。裁剪就是在这个规范化设备坐标系内进行。因此裁剪计算就是区分出一个三角形所处的三种情况：完全在裁剪体内的，完全在裁剪体外的和部分在裁剪体内的。对于最后这种，要进行裁剪计算。

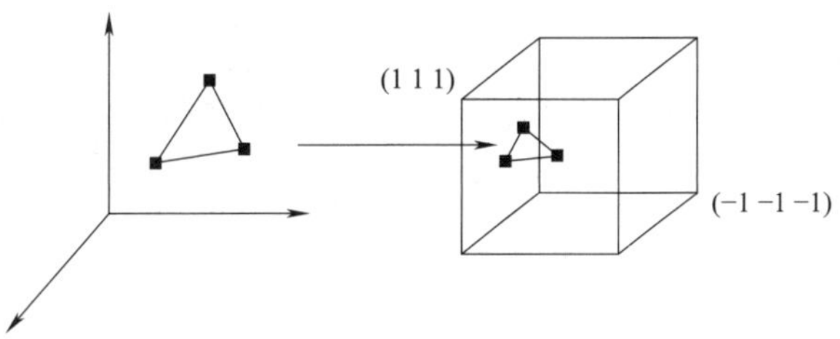

图 10.4　规范化设备坐标系

裁剪计算会生成新的顶点及新的三角形，也同时生成新顶点的坐标、法线、颜色等参数。这些都可以通过原三角形插值计算得到。

和顶点着色器不同，这一步是不可编程的，无法通过编程来控制裁剪的过程，而是硬件上的固定操作。

几何阶段的下一个步骤是屏幕映射，将模型顶点坐标从规范化设备坐标系转到屏幕坐标系。此时已经是裁剪后的模型，全部三角形都处于单位立方体内。

规范化设备坐标（相当于视口坐标系）仍是三维坐标系，但我们可以不必考虑其 z 坐标，z 的意义是反映顶点与观察者的距离，只在最后进行消隐或者像素混合时，需要比较远和近时才用到。

在屏幕上，存在着一个窗口坐标系，其坐标单位为像素。窗口坐标系应该是二维的，但我们仍将其看作是三维空间，z 分量用来保存模型的 z 坐标，如图 10.5 所示。

在应用阶段为了输出图像，都会定义一个窗口范围。有了这个数据，GPU 就已经能够生成视口到窗口的变换矩阵，即视窗变换矩阵。屏幕映射就是使用这个变换矩阵，将顶点转换到屏幕坐标系，此时顶点坐标就是屏幕坐标了。显然，由于经过了裁剪，不会有超出窗口边界的顶点存在，所有顶点及三角形都在窗口内。

需要注意的是，窗口坐标系是整数坐标系，顶点变换后的坐标需要进行取整运算，统一成为整数坐标。

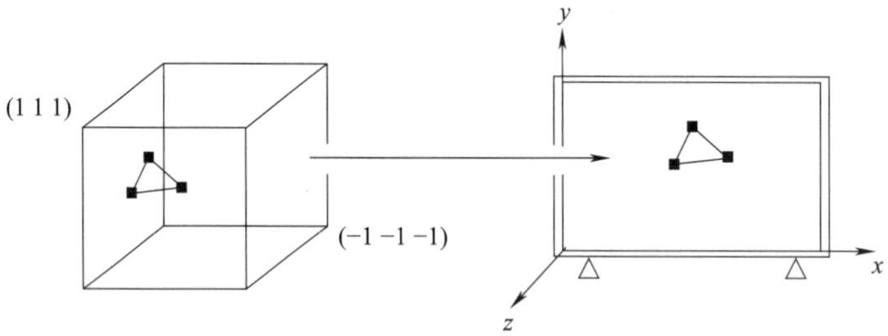

图 10.5　屏幕坐标

经过几何阶段，得到的结果主要是以下几方面：

①顶点的屏幕坐标及法线。

②顶点的颜色。

③去除了屏幕外的顶点和三角形。

10.1.4　光栅化阶段

光栅化阶段的三角形设置，这个阶段会将三角形的三条边转换为像素点。上一个阶段输出的都是三角网格的顶点，即三角每条边的两个端点。为了能够计算边界像素的坐标信息，就需要得到三角形边界的表示方式。这样一个计算三角表示数据的过程就叫作三角形设置。具体地说，就是以三角形为单元，确认三角形的三个边，以及每个边的两个端点，为下一步三角形光栅化作准备。

光栅化阶段的三角形遍历，计算出被三角形所覆盖的像素。这时经过前面的屏幕映射，三角形顶点坐标已经是屏幕坐标，三角形光栅化可以直接进行，得到的是三角形内部以屏幕坐标表示的像素点。这阶段每个三角形都需要经过计算,生成与三角形面位置重叠的一组像素,称为一个片元。在后续阶段,片元将是基本操作单位,三角形已经不存在。代替三角形的就是这个片元,所有的计算都是对片元中的像素进行的。

从一个三角形到片元实际上经历了两个步骤,如图 10.6 所示,先是对三角形的三条边进行光栅化将线段转化为像素点,再对填充三角形内部的像素点。

在计算出每个新的像素点的同时,也将原本属于三角形顶点的数据,用插值方法计算该像素点的数据,如坐标、法线、颜色、纹理坐标等。

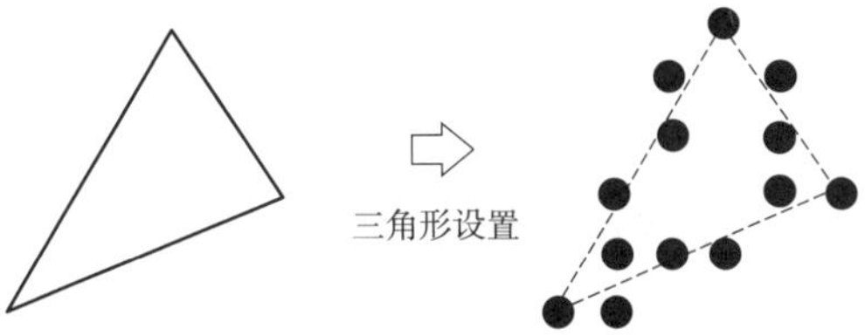

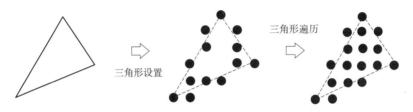

图 10.6　三角形光栅化

光栅化阶段的片元着色器,也称为像素着色器,是最为重要的一个步骤,在这里将计算片元中每个像素的颜色。前面所提到的顶点颜色,以及光栅化后插值计算出的像素颜色,都是来自光照计算的颜色,在这里可以计算更多的颜色,比如纹理采样就是其中之一。片元着色器是可编程的,因此多种颜色计算方法都可以在这里实现。

纹理一般来说是一幅图片,三角形顶点的纹理坐标,是在应用阶段就指定好的,这意味着该顶点对应了图片中的一个像素点。三角形光栅化后成为片元,片元内的每个像素点也都有了一个纹理坐标,也就是有了对应的图片中的一个像素点。纹理采样就是为片元内的像素点获取图片中对应像素的颜色,作为该像素的颜色。这样一个片元内的像素就可能有多个颜色,前面说到的光照计算得到的颜色和来自纹理的颜色,而且纹理还可能有多个,称为多重纹理,纹理采样获得的颜色也不止一个。像素点上诸多的颜色将被加在一起,成为该像素的最终颜色。当然也可以通过片元着色器编程,建立合适的叠加规则。

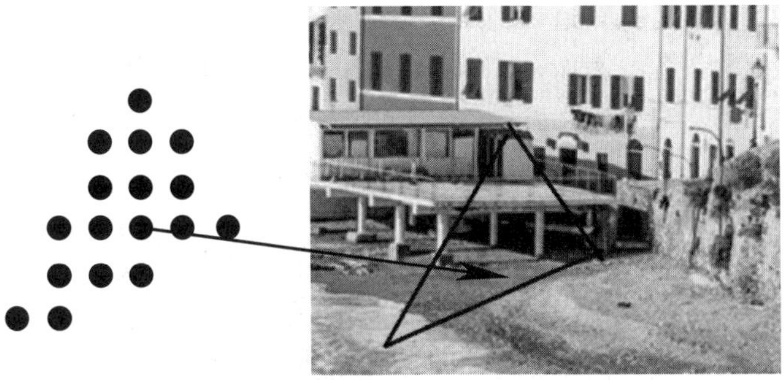

图 10.7　纹理采样

光栅化阶段的逐片元操作,任务是将把多个片元的颜色混合起来。在 DirectX 中,这一阶段被称为输出合并阶段。

这里涉及颜色混合计算,因此有必要回顾颜色模型。完整的颜色模型包含四个分量 RGBA,其中 RGB 是我们熟知的,A(Alpha)则代表透明度,也可以表示为 a。在光照计算中使用的材质参数中,以及纹理定义中都包含了 a,如果没有指明 a 值,默认为 $a=1$,被看作是不透明表面。就是说,在片元内像素颜色数据中,已经包含了透明度参数。

有了透明度,就可以进行混合计算。如图 10.8 所示,考虑到空间存在着很多个三角形,相互位置会发生重叠。从屏幕上一个像素点看过去,视线很可能会遇到多个三角形中的像素。也可能一个三角形也碰不到,这时看到的就应该是预置的背景色。遇到多个三角形时就需要将多个像素点的颜色混合起来,计算出最终颜色,绘制在屏幕上。

这里使用的计算方法接近于 z 缓存算法,先为屏幕区准备好两个缓存:一个是 z 缓存;一个是颜色缓存。然后执行逐片元操作,其过程是一个双重循环:

①循环每个片元。

②混合片元内的每个像素。

③将像素的 z 与 z 缓存中已经存储的 z 相比较,判断是否更近或更远,如果更近,则存储新像素的 z 到 z 缓存。

将像素的颜色与颜色缓存中已经存储的颜色进行混合,基本规则是如果较近的像素不透明($\alpha=1$),则直接将新像素的颜色填入颜色缓存,如果透明($\alpha<1$)则新像素颜色与缓存中已存储的颜色进行混合,计算出的颜色存入颜色缓存。

具体的混合过程由 GPU 来进行,GPU 会使用一个混合函数来进行混合操作。这个混合函数和透明度相关,根据透明度的值进行相加、相减、相乘等。例如,相加运算可以使用如下形式的公式

$$R=R_1\cdot\alpha_1+R_2\cdot(1-\alpha_1)$$
$$G=G_1\cdot\alpha_1+G_2\cdot(1-\alpha_1)$$
$$B=B_1\cdot\alpha+B_2\cdot(1-\alpha_1)$$

其中 R_1、G_1、B_1、α_1 是较近的像素点颜色,R_2、G_2、B_2 是较远的像素点颜色,RGB 是混合后的颜色。

光栅化阶段的实际情况可能会更复杂一些,考虑到一些片元或者其中的像素,可能会被遮挡掉,那么前面所做的片元着色工作就被放弃了。GPU 会尽可能在执行片元着色器之前就进行这些深度测试。尽可能早地知道哪些片元是会被舍弃的,对于这些片元就不需要再使用片元着色器来计算它们的颜色。例如,在 Unity 给出的渲染流水线中,可以发现它给出的深度测试是在片元着色器之前。在光栅化阶段,不同的编程接口会有不同的流程。

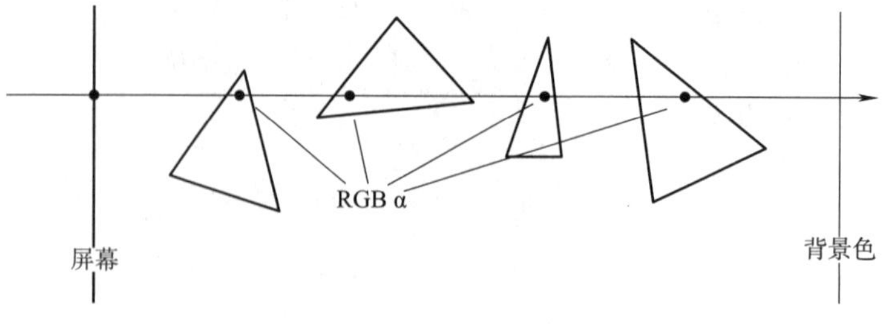

图 10.8　像素混合

至此,我们已经完成了图形渲染流水线的全部工作,整个过程从几何模型开始,到屏幕显示颜色为止。

10.2　图形运算器 GPU

10.2.1　GPU 的特点

图形运算的计算量很大，一般来说顶点和三角形的数量都在百万、千万级。图形运算绝大部分工作都是关于顶点、三角形、片元的计算。而且这些计算都是独立进行，互不相关的。如顶点运算中，各个顶点逐个地进行，计算一个顶点时，并不需要其他顶点的计算数据。三角形和片元的计算也是如此，图形流水线表现出很强的并行性，适合实行并行计算。例如，如果有 100 万个顶点，有 1 万个运算器，需要进行 100 次计算就可以完成，如果仅有 1 个运算器，就需要运算 100 万次。CPU 核心数少，显然不适合并行运算，对于这种情况，产生了专用的图形运算器 GPU。

GPU(Graphics Processing Unit，显示核心)，是一种专门在个人计算机、工作站、游戏机和一些移动设备上运行绘图运算工作的微处理器。GPU 不仅有着大量运算单元，还有其他特点：

①包含大量的运算单元，如在一款新 GPU 中拥有 8 704 个浮点运算器。

②集成高速存储器，如 10G 容量的 DDR6 存储芯片。

③拥有较大的显存带宽，如位宽 320 bit。

因此，GPU 的优势包括并行性，拥有非常大的并行处理能力，能够产生多条绘制流水线；高密集计算；高频率、大位宽的显存；长流水线。一般来说，目前显卡的流水线都有数百个指令阶段，所以 GPU 作为流式数据并行处理机有明显的优势。

10.2.2　GPU 的发展

NVIDIA 公司在 1999 年 8 月发布了 GeForce 256 图形处理芯片，首先提出 GPU 的概念。Geforce 256 的核心技术有硬件级的几何与光照转换引擎、纹理压缩、凹凸映射、双重纹理等。同时期的 OpenGL 和 DirectX7 也提供了硬件顶点变化的编程接口。随后 GPU 进入高速发展时期。到目前为止，GPU 已经过了十几代的发展，每一代都拥有比前一代更强的性能和更完善的可编程架构。

1999 年，以 NVIDIA 的 Geforce256 为代表 GPU，能够完全支持几何变换和光照计算，实现了高速的顶点变换和顶点着色。

2003 年，以 NVIDIA 的 GeforceFX 为代表，特点是像素和顶点运算的可编程性得到了大大的扩展，还可以访问纹理数据，Cg 语言等其他高级语言在这一代 GPU 开始得到应用。

2006 年，以 NVIDIA GeForce 7800 为代表，做了许多架构上的改良，提高许多常见可视化运算速度，支持更复杂的着色效果，生成图像的质量也得到提高。新开发的像素着色单元提供高出两倍的浮点运算效率，大幅提升其他数学运算的速度，提高处理流量；先进的材质运算单元结合许多新型硬件算法以及更优异的快取机制，使像素混色等运算速度得到进一步提升。

2006 年，微软发布了图形 API DirectX 10，同时提出了统一渲染架构的概念。同年，NVIDIA 公司发布了统一架构的 GPU 方案 G80 及基于 G80 的显卡产品 GeForce 8800 GTX。随后 AMD 也发布了统一架构的方案 R600 及产品 Radeon HD 2900 XT。此后，GPU 进入了统一渲染架构时期。

在统一架构概念提出之前，各类图形硬件和API均采用分离渲染架构，顶点渲染和像素渲染各自独立进行，前者的任务是构建出含三维坐标信息的多边形顶点，后者则是将这些顶点从三维转换为二维，GPU中也有专门的顶点渲染单元和像素渲染单元来分别执行这两项工作。但微软认为这种分离渲染架构不够灵活，不同的GPU，其像素渲染单元和顶点渲染单元的比例不一样，不同的图形游戏或软件对像素渲染和顶点渲染的需求不一样，导致GPU的运算资源得不到充分利用。为此微软提出只用一种渲染单元，让它既能完成顶点渲染，也能完成像素渲染，甚至还能实现几何渲染。这样一来，渲染单元可以得到最大程度的利用，减少了资源闲置的情形。统一架构和非统一架构的区别如图10.9所示。

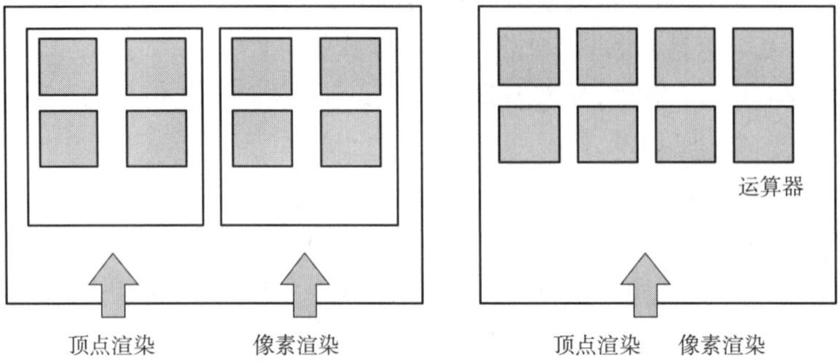

图10.9 非统一架构（左）与统一架构（右）

在这以后，NVIDIA公司对自己的GPU架构统一进行命名，从2010年发布的Femi架构到2020年发布的Ampere架构，共有六代架构，新架构方案的推出时间平均不到两年。每一代的架构代表了一种设计思想，追求更好完成并行运算的思想，芯片就是对上述思想的实现。

在图10.10中列出了NVIDIA公司各代GPU架构的部分信息，从中可以看到近十年来GPU发展状况。

发布时间	2010.3	2013.11	2015.11	2016,4	2017.5	2018.8	2020.5
架构	Femi	Kepier	Maxwell	Pascal	Volta	Turing	Ampere
制程	40 nm	28 nm	28 nm	16 nm	12 nm	12 nm	7 nm
晶体管数量	30亿	71亿	80亿	153亿	211亿	186亿	510亿
晶片尺寸		551 mm	601 mm	610 mm	815 mm	754 mm	825 mm
功耗		235 W	250 W	300 W	300 W	250 W	400 W
流处理器	16	15	24	56	80	68	108
张量核心					640	544	432
FP64 核心	256	960	96	1792	2560	0	0
FP32 核心	512	2880	2072	3584	5120	4352	8704
FP32 峰值能力（TFLOPS）		5.04	6.08	10.6	15.7	13.4	19.5

图10.10 NVIDIA公司GPU架构的演变

①GPU工艺方面，制程从40 nm变为7 nm。芯片的集成度越来越高。

②晶体管数量从30亿增长到510亿，增长了十几倍。

③芯片尺寸增大了一些，从550 mm^2增加到825 mm^2。

④流处理器从 16 个增加到了 108 个。

⑤浮点运算器从 512 个增加到了 8 704 个。

⑥运算速度从 5 TFLOPS 增加到了 19 TFLOPS。

⑦从 Volta 架构开始,还增加了张量核心,用于进行矩阵运算。

10.2.3 GPU 架构

所谓架构,是厂商为 GPU 设计的硬件方案,包括部件的配备、组织方式、技术特性等。NVIDIA 公司以科学家的名字来命名 GPU 架构,从早期的 Femi 到最新的 Ampere。在每个架构中,还可能有不同的版本,不同版本方案略有差别。

为了了解 GPU 架构,我们这里以 NVIDIA 公司的 Volta V100 架构为例,说明 GPU 的基本组成,其中最重要的是关于运算器的组织。相关术语如下:

①GPC(Graphics Processing Cluster),图形处理集群。

②TPC(Texture/Processor Cluster),纹理处理簇。

③SM(Stream Multiprocessor),流多处理器。

④SP(Streaming Processor),流处理器。

⑤SFU Special Function Unit),特殊函数单元。

Volta V100 架构如图 10.11 所示,从图中能看到关于运算单元配置为:

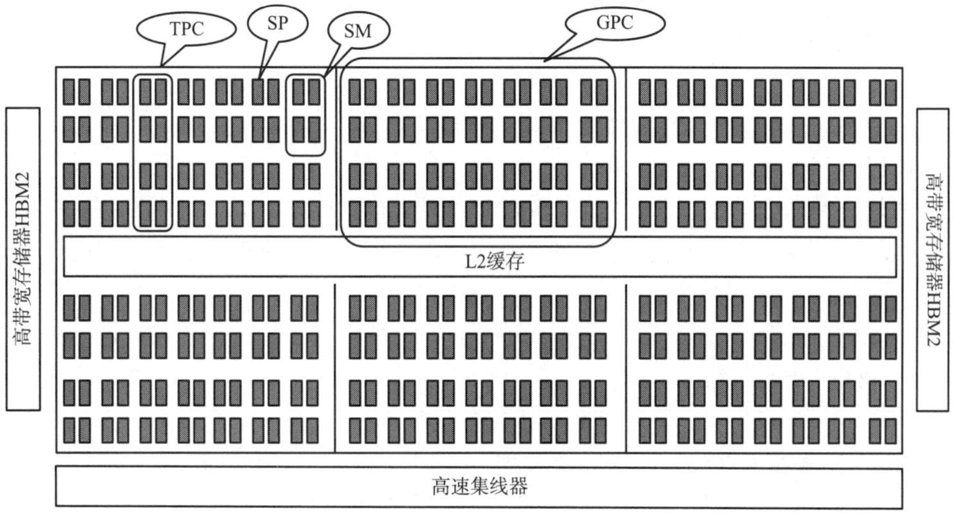

图 10.11 Volta 架构 V100

①共 6 个 GPC。

②每个 GPC 包含 7 个 TPC。

③每个 TPC 包含 2 个 SM。

④每个 SM 包含 4 个 SP。

Volta V100 架构中共包含 84 个 SM,即流多处理器。在图 10.12 中可以看到一个 SP 中共包含:

① 8 个 FP64 运算器。

② 8 个 FP32 运算器。

③ 16 个 INT 运算器。

④ 2 个 Tensor 运算器。

汇总到一起，Volta 架构总共有：

① 2 688 个 FP64 运算器。

② 2 688 个 FP32 运算器。

③ 5 376 个 INT 运算器。

④ 672 个 Tensor 运算器。

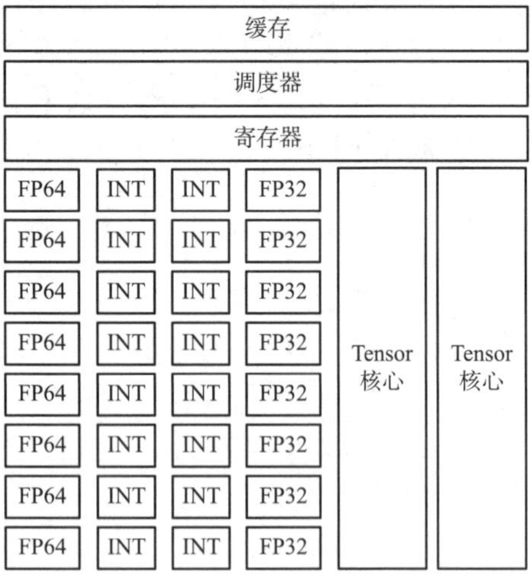

图 10.12　SP 内部结构

运算器的数量及 GPC、TPC、SM 等组织方式体现了一个架构的特点。Volta 架构强化了 FP64 运算器和 Tensor 运算器的配备，体现了面向 GPGPU 和 AI 的倾向，其重点已经不限于图形运算方面。

GPC、TPC、SM 的作用就是将运算器进行分级组织，便于开发者进行多任务调度。如果不对运算器加以组织，所有运算器都是同级别的，有着相同的使用规则，实际使用时就会难于操纵。

设想这样一种情况，有两个计算任务需要进行，每个任务都是并发的，需要同时使用多个运算器。将任务 1 投入计算时，因为并行性，它会启用所有的运算器，任务 2 就只能等任务 1 完成后才能进行。如果运算器实行的分级组织管理，就可以将任务 1 投入 GPC1，将任务 2 投入 GPC2，这样两个任务就可以同时进行了。多级组织方式适合于 MIMD 并行计算，在很多领域都有着重要的应用。

在处理图形时，GPU 工作流程概要如下：

①程序通过图形 API 发出 DrawCall 指令。

②在图元分配器中分配工作，三角形分成批次发送给多个 PGCs。

③在 GPC 中，每个 SM 中的通过三角形索引取出三角形的数据，在 SM 中开始处理顶点数据。

④接下来这些三角形将被分割，再分配给多个 SP，进行三角形的像素信息的生成，同时会处理裁剪 Clipping、背面剔除。

⑤像素着色器完成了颜色的计算还有深度值的计算。

由此可见，三角形运算被分配给多个 GPC，在 GPC 内部，顶点和像素的计算工作在分配给 SM 来进行。如同一个工厂组织生产一样，任务是一级级的安排和下达的。

GPU 开发者需要理解这种组织关系，在编程时合理地分派任务，计划好各个任务应该使用哪些 GPC 或 TPC 来进行计算，保证并行计算工作有序地进行。

10.3　Unity3d Shader 技术

10.3.1　Unity3d Shader 运行环境

几乎从一开始，GPU 就具备了可编程性，允许开发者编写运行在 GPU 中的程序。在图形领域，目前已经有多种技术支持 GPU 编程，它们包括：DirectX HLGL（High Level Shader

Language)、NVIDIA cg(C for Graphics)、OpenGL GLSL(OpenGL Shading Language)。

这些编程语言也称着色语言(Shader Language),通过这些语言编写的程序段,能够进入图形渲染流水线中的顶点着色器和片元着色器中,成为渲染流水线的一部分,实现满足自己需要的渲染算法。

Unity3d 支持编写 Shader 程序(着色器),将 Shader 作为材质参来使用,代替内置的着色器。在 Unity3d 中,主要有两种:表面着色器(Surface Shader)、顶点和片段着色器(Vertex and Fragment Shader)。

在 Unity3d 中,Shader 是一种材质,相当于自定义材质。而材质是物体的一个组件,因此 Shader 的作用是计算并提供渲染物体所需要的材质参数。当然一个 Shader 也只是对一个物体发生作用,图 10.13 显示了这种关系。

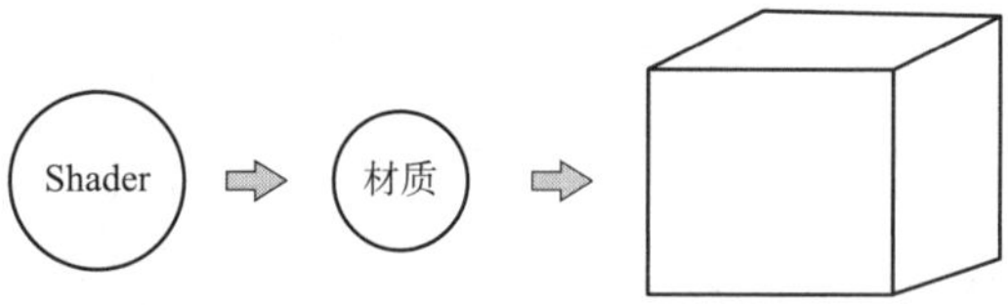

图 10.13　Unity3d Shader 与物体的关系

Unity3d Shader 是一段程序,组织结构称为 ShaderLab。在其中使用 cg/HLSL 语言来编写程序代码。因为 Shader 是物体的一个组件,需要与物体结合在一起,程序必须具有规范的模式,ShaderLab 在这里起到了规范的作用。

ShaderLab 可以看作是程序框架,程序计算逻辑的编写语法按照 cg/HLSL 语言,cg 和 HLSL 是两种不同的着色器语言,但在 Unity3d Shader 中不加区别,都可以使用。

和在 Unity3d 中用 C#语言编写程序一样,Shader 是存储在文本文件中的程序代码,文件扩展名为 . Shader,Unity3d 会自己来编译它,不需要编程者做处理。

10.3.2　创建一个 Shader

按以下步骤就可以创建一个 Shader:

①在 Unity3d 的 Project 面板右击,展现快捷菜单,在菜单中选 Create→Shader→Unlit 命令,即创建了一个 Shader 文件,出现在面板中。

②相似地,在 Project 快捷菜单中选 Create→Material 命令,即创建了一个 Material 文件,出现在面板中。

③选中新建的 Material,在其属性面板中找到 Shader 属性,在下拉框中选 Unlit→Shader 文件。

④选中一个物体,在物体的组件面板中,找到 Materials 组件,展开其中的 Element 属性,选中上面新建的 Material 文件。

经过这些步骤,结果是为物体添加了一个新 Material,新 Material 连接了一个 Shader。此时 Shader 已经可以用于渲染物体了。

Unity3d 新创建的 Shader 文件中,已经有了完整的代码。我们可以删除这些代码,也可以改写这些代码,完成我们自己的程序。

10.3.3 Shader 示例

这里我们先来看一个完整的 Shader 程序。

```
Shader "Unlit/SimpleUnlitTexturedShader"
{
    Properties
    {
        [NoScaleOffset] _MainTex ("Texture",2D) = "white" {}
    }
    SubShader
    {
        Pass
        {
            CGPROGRAM
            #pragma vertex vert                  //使用 "vert" 函数作为顶点着色器
            #pragma fragment frag                //使用 "frag" 函数作为像素(片元)着色器
            struct appdata                       //定义顶点着色器输入结构
            {
                float4 vertex:POSITION;          //模型空间顶点坐标
                float2 uv:TEXCOORD0;             //纹理坐标
            };
            struct v2f                           //定义顶点着色器输出("顶点到片元")结构
            {
                float2 uv:TEXCOORD0;             //纹理坐标
                float4 vertex:SV_POSITION;       //裁剪空间中顶点坐标
            };
            v2f vert (appdata v)                 //顶点着色器
            {
                v2f o;
                //将位置转换为裁剪空间(乘以模型* 视图* 投影矩阵)
                o.vertex = mul(UNITY_MATRIX_MVP,v.vertex);
                o.uv = v.uv;                     //仅传递纹理坐标
                return o;
            }
            sampler2D _MainTex;                  //纹理对象,与 Shader 属性相同
            //像素着色器;返回低精度("fixed4" 类型)颜色("SV_Target" 语义)
            fixed4 frag (v2f i):SV_Target
            {
                fixed4 col = tex2D(_MainTex,i.uv);  //对纹理进行采样并将其返回
                return col;
            }
            ENDCG
        }
    }
}
```

这段程序实现了两个着色器:

顶点着色器 vert,其中计算了顶点坐标在裁剪空间中的坐标。

像素着色器 frag,其中计算了像素的颜色,由于颜色已经先定义在_MainTex = " white" ,本

程序结果是将物体表面全输出为白色。

程序的整体结构，就是 ShaderLab 所规定的结构，其中的各个部分由关键字来定义。我们已经看到了所包含的关键字 Shader、Properties、SubShader、Pass、CGPROGRAM/ENDCG、#pragma。

还应该注意到诸如 TEXCOORD0、SV_POSITION 等语义符号，它们是与 Unity 物体内部参数相关的符号。

处在 CGPROGRAM 和 ENDCG 之间的代码是 cg/HLSL 语言程序代码，这部分才是真正的程序部分，这之外的部分是 ShaderLab 结构。

10.3.4　ShaderLab 语法规则

总体上看 Unity3d Shader 程序是一个层次结构，其基本框架如下：

```
Shader "Unlit/SimpleUnlitTexturedShader"
{
    Properties
    {
    }
    SubShader
    {
    Pass
    {  Tags {          }
       {
          CGPROGRAM
               //代码部分
           ENDCG
        }
    }
    FallBack
}
```

1. Shader

这里定义一个 Shader 的名字，就是出现在 Project 面板的中的名字，语法为：

```
Shader"name"
```

2. Propeties

定义属性，它们也是程序中的变量，但定义在这里的属性会在 Unity3d 属性查看器中显示，并能在面板中进行设置。

语法格式示例：

```
Properties
{
    _RefrDistort("Refraction distort",Range(0,1.5))=0.4
    _RefrColor("Refraction color",Color)=(34,.85,.92,1)
    _RefractionTex("Environment Refraction",2D)=""{}
    _Fresnel("Fresnel(A)",2D)=""{}
}
```

以第二个为例，说明如下：

_RefrColor:属性名,在程序中按这个名字访问该属性。

"Refraction color":出现在属性面板中的符号名。

Color:属性的数据类型。

(34,.85,.92,1)属性的初始值,类型都是在Unity3d有定义的,如2D类型是一个图片类型,Color类型为一个颜色向量类型。

3. Subshaders

一个Shader必须有一个Subshaders,一般也只需要有一个。

4. Tags

标签用来说明子着色器以什么方式加入到Unity3d的渲染队列,以及用什么方式来渲染。标签的数量种类很多,但每种标签都有默认值。如果不对标签进行指定,则按默认值。例如:

```
Tags { "Queue" = "Transparent" }
```

指定当前Shader所处的渲染队列,表示当前Subshaders所包含的着色器代码,在Geometry和AlphaTest之后运行,进行渲染。

5. FallBack

如果子着色器Subshaders运行失败,则执行这里指定的Unity3d内置的渲染方式,例如:

```
Fallback "Diffuse"
```

表示使用内置的漫反射模型进行渲染。

ShaderLab中最复杂的部分是Tags和Pass这两个部分,其中包含了众多的参数,通过设置这些参数,可以向Unity3d中提供渲染设置。但这些参数都有默认值,必要时才需要进行设置。

10.3.5 着色器语义

Shader程序的最终目标是修改物体的某些参数,因此必须有符号来指示物体参数,这些符号称为着色器语义。在程序不同的部分,所使用的语义是不同的。

这些语义在使用时,必须与cg/HLSL程序中的变量关联在一起,在定义变量时,按下面的格式来实现关联:

```
float4 pos:POSITION;                          // 语义
```

即在定义了变量后再加冒号和语义。

对于着色器函数,输出值必须指定语义,以便将函数的输出值用在物体上。指明函数的输出语义有三种方式:

①直接在函数声明中指定。

```
fixed4 frag (v2f i):SV_Target;                // 语义
```

②定义一个结构体,在结构体中指定。

```
struct fragOutput {
        fixed4 color:SV_Target;                        //语义
};
fragOutput frag (v2f i)                                //函数返回值包含语义
{
```

```
        fragOutput o;
    o.color = fixed4(i.uv,0,0);
        return o;
}
```

③定义在着色器函数的参数表中,下面的例子中,同时产生了两种输出方式。

```
    struct v2f {
      float2 uv:TEXCOORD0;
    };
    v2f vert ( float4 vertex:POSITION,                    //顶点输入
            float2 uv:TEXCOORD0,                          //纹理坐标输入
            out float4 outpos:SV_POSITION )               //裁剪空间坐标输出
    {
        v2f o;
        o.uv = uv;
        outpos = UnityObjectToClipPos(vertex);            //输出了顶点坐标
        return o;                                         //输出了 uv
    }
```

1. 顶点着色器输入语义

着色器函数(由 #pragma vertex 指令表示)需要在所有输入参数上都有语义。这些对应于各个网格数据元素,如顶点位置、法线网格和纹理坐标,为的是向顶点程序提供顶点数据。

POSITION:模型空间顶点坐标,类型为 float3 或 float4(齐次坐标)。

NORMAL:顶点法线,类型为 float3。

TEXCOORD0:第一个 UV 坐标,类型为 float2、float3 或 float4。

TEXCOORD1、TEXCOORD2 和 TEXCOORD3:分别是第 2、第 3 和第 4 个 UV 坐标。

TANGENT:切线矢量(用于法线贴图),类型为 float4。

COLOR:是每顶点颜色,类型为 float4。

以上语义已经包含了顶点的所有参数。

2. 顶点着色器输出和片元着色器输入语义

顶点着色器需要输出顶点的最终裁剪空间位置,以便 GPU 知道屏幕上的栅格化位置以及深度。此输出需要具有语义如下:

SV_POSITION,类型为 float4,其中 SV 代表系统值(Systam Value)。此语义为裁剪空间顶点坐标。

顶点着色器的输出,目的是向片元着色器提供数据,除了 SV_POSITION,顶点着色器输入中的语义也可以作为顶点着色器输出语义。

3. 片元着色器输出语义

片元(像素)着色器会输出颜色,并具有 SV_Target 语义。

```
fixed4 frag (v2f i):SV_Target
```

函数 frag 的返回类型为 fixed4(低精度 RGBA 颜色)。因为只需要返回一个值,所以语义由函数自身指示:SV_Target。

上述着色器输出语义定义、同时也限制了向 Shader 传入的物体模型数据,以及输出给物体模型的数据。

10.3.6 #pragma

由 cg/HLSL 语言编写的 Unity3d Shader 程序代码片段写入 CGPROGRAM 和 ENDCG 关键字之间。在这部分,首先出现的就是#pragma 语句。这是一个编译指令,指示要编译的着色器函数。一般说来,只有以下两种形式:

```
#pragma vertex funcname1
#pragma fragment funcname2
```

其中 funcname1 是顶点着色器函数名,funcname2 是片元着色器函数名。它们都要和后面将编写的着色器名称一致。有了这个指令,新编写的着色器代码才会加入 Unity3d 渲染引擎中。这也意味着着色器函数名已经确定下来。

10.3.7 内置变量

在 Shader 中,不仅可以访问物体的顶点等数据,还可以使用物体内的变换矩阵,摄像机参数等。

变换矩阵使用下面的符号来表示,它们都是 4×4 矩阵:

UNITY_MATRIX_MVP:当前模型*视图*投影矩阵。

UNITY_MATRIX_MV:当前模型*视图矩阵。

UNITY_MATRIX_V:当前视图矩阵。

UNITY_MATRIX_P:当前投影矩阵。

UNITY_MATRIX_VP:当前视图*投影矩阵。

UNITY_MATRIX_T_MV:模型转置*视图矩阵。

UNITY_MATRIX_IT_MV:模型逆转置*视图矩阵。

unity_ObjectToWorld:当前模型矩阵。

unity_WorldToObject:当前世界矩阵的逆矩阵。

摄像机参数为:

_WorldSpaceCameraPos:类型 float3,摄像机的世界空间位置。

_ProjectionParams:类型 float4,x 是 1.0,y 是近平面,z 是远平面。

_ScreenParams:类型 float4,x,y 存储了屏幕尺寸。

_ZBufferParams:类型 float4,用于线性化 Z 缓冲区值。x 是(1 - 远/近),y 是(远/近)。

unity_OrthoParams:类型 float4,x 是正交摄像机的宽度,y 是正交摄像机的高度。

unity_CameraProjection:类型 float4×4,摄像机的投影矩阵。

unity_CameraInvProjection:类型 float4×4,摄像机投影矩阵的逆矩阵。

unity_CameraWorldClipPlanes[6]:类型 float4,摄像机视锥体平面世界空间方程。

代码示例:

```
v2f vert (appdata_base v)
{
    v2f o;
    o.pos = mul(UNITY_MATRIX_MVP,v.vertex);          //模型视图投影矩阵与顶点坐标相乘
    o.uv = TRANSFORM_TEX(v.texcoord,_MainTex);       //cg 语言定义的计算纹理坐标
```

```
    return o;
}
```

10.3.8　UnityCG. cginc 中的顶点变换函数

在 CGPROGRAM/ENDCG 代码段中,加入这样一行代码:

```
#include UnityCG.cginc
```

这是 C 语言语法格式,在头文件 UnityCG. cginc 中,包含了多个功能函数,也是在 Unity3d Shader 编程中常用到的,下面是部分函数:

float4 UnityObjectToClipPos(float3 pos):将对象空间中的点变换到齐次坐标中的摄像机裁剪空间。

float3 UnityObjectToViewPos(float3 pos):将对象空间中的点变换到视图空间。

fixed Luminance (fixed3 c):将颜色转换为亮度(灰阶)。

float3 WorldSpaceViewDir (float4 v):返回从给定对象空间顶点位置朝向摄像机的世界空间方向。

float3 ObjSpaceViewDir (float4 v):返回从给定对象空间顶点位置朝向摄像机的对象空间方向。

10.3.9　实例:纹理化着色器

下面的着色器根据网格的纹理坐标输出棋盘图案:

```
Shader "Unlit/Checkerboard"
{
    Properties
    {
        _Density ("Density",Range(2,50)) =30
    }
    SubShader
    {
        Pass
        {
            CGPROGRAM
            #pragma vertex vert
            #pragma fragment frag
            #include "UnityCG.cginc"
            struct v2f
            {
                float2 uv:TEXCOORD0;
                float4 vertex:SV_POSITION;
            };
            float _Density;
            v2f vert (float4 pos:POSITION,float2 uv:TEXCOORD0)
            {
                v2f o;
                o.vertex =UnityObjectToClipPos(pos);
```

```
            o.uv=uv* _Density;
            return o;
        }
        fixed4 frag (v2f i):SV_Target
        {
            float2 c=i.uv;
            c=floor(c)/2;
            float checker=frac(c.x+c.y)* 2;
            return checker;
        }
        ENDCG
    }
  }
}
```

程序运行结果如图 10.16 所示,将物体表面渲染成棋盘格的颜色。

纹理可以看作是一个图片,其坐标系用整数坐标,即像素坐标(见图 10.14),模型上的顶点都有一个纹理坐标(u,v),指示该顶点对应于纹理空间的点。此例中没有对应的图片,但有 uv 坐标,不管是否有纹理图片,程序中都重新计算了颜色值,没有使用纹理图片的颜色。

在图 10.15 中,显示的是一个棋盘格的空间,为了判断一个点(u,v)是白格还是黑格,可以采用如下公式

$$Q=\text{int}\left(\frac{u}{h}\right)+\text{int}\left(\frac{v}{h}\right)$$

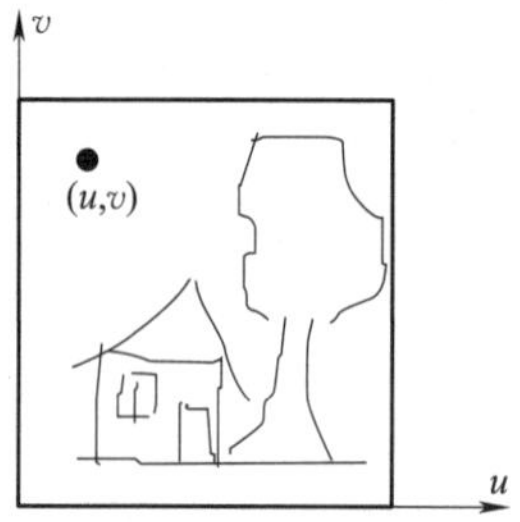

图 10.14　纹理空间

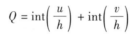

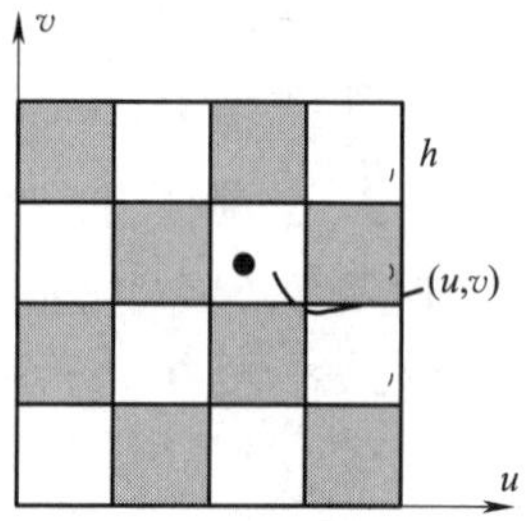

图 10.15　棋盘格空间

如果 Q 为奇数,则为黑格,否则为白格。因此,示例程序的算法为:

①定义一个可调节的整数_Density,范围为(2,50)。

②在顶点着色器中,将 uv 坐标乘上_Density,然后传入片元着色器。

③片元着色器中,使用公式

$$Q=2\cdot\left(\text{int}\left(\frac{u}{2}\right)+\text{int}\left(\frac{v}{2}\right)\right)$$

如果 $Q=0$,则处于黑格,渲染为黑色,否则渲染为白色。因为这时(u,v)原本就是乘了_Density放大来的,所以后面就不用再做除法了。

再对代码部分的语法进行说明。

①这两条语句

```
_Density ("Density",Range(2,50)) =30
float _Density;
```

作用是相同的,重复定义是因为语句属于不同部分,前者是 ShaderLab 部分,后者是 cg/HLSL 部分,必须重复定义。

②定义了输出结构体 v2f。

```
struct v2f
{
    float2 uv:TEXCOORD0;
    float4 vertex:SV_POSITION;
};
```

结构体中的两个成员变量 uv, vertex, 分别对应于物体顶点参数 TEXCOORD0 和 SV_POSITION。这是在顶点着色器向片元着色器传送数据时的数据类型。

③顶点着色器直接在入口参数声明中使用了语义:

```
v2f vert (float4 pos:POSITION,float2 uv:TEXCOORD0)
```

传入了两个参数 pos,uv,对应物体顶点的 POSITION 和纹理坐标 TEXCOORD0。

④片元着色器传入了一个来自顶点着色器的参数 i,输出为 SV_Target 语义,即颜色。

```
fixed4 frag (v2f i):SV_Target
```

程序产生了如图 10.16 的效果。

图 10.16 纹理化着色器(图片来自 Unity3dManual)

将 Unity3d Shader 部分做一总结:

①一个 Shader 本质上就是一个材质,它作为物体的一个组件,用途是通过计算颜色对物体进行着色。

②Unity3d Shader 进入渲染管线,在 GPU 中运行。

③Shader 通过语义与物体参数进行通信。

④ShaderLab 规定了 Shader 程序模型,外层结构是定义好的,内层由 cg/HLSL 语言进行编程。

⑤Shader 程序最复杂的地方是 tag 部分,涉及大量的参数,但都有默认值。

⑥Shader 程序的着色功能由两个函数来实现:vertex vert,顶点着色器;fragment frag,片元

着色器。其中顶点着色器输出传给片元着色器,片元着色器输出颜色,实现着色。着色器被用于该物体的所有顶点和片元。

⑦Unity3d 提供了多个内置函数,用于计算。

⑧可以使用 cg/HLSL 语言的 API,用于计算。

⑨Unity3d Shader。

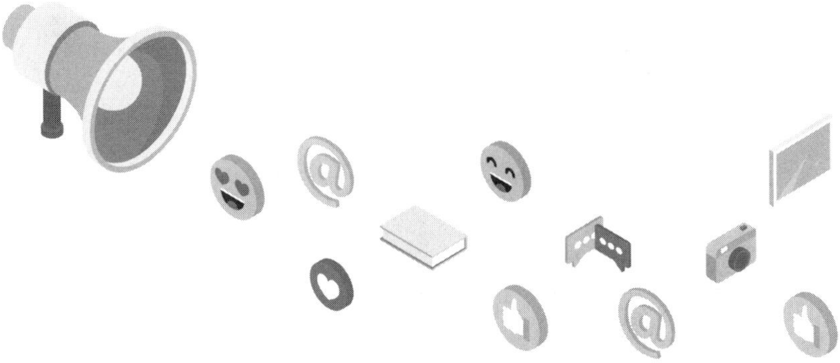

附录A 实验指导

A.1 Microsoft Visual Studio 基本使用方法

1. 新建项目

①运行 Microsoft Visual Studio,关闭当前已经打开的所有项目。

②依次选择“主菜单”→文件→新建→项目。

③此时“新建项目”窗口如图 A.1 所示。

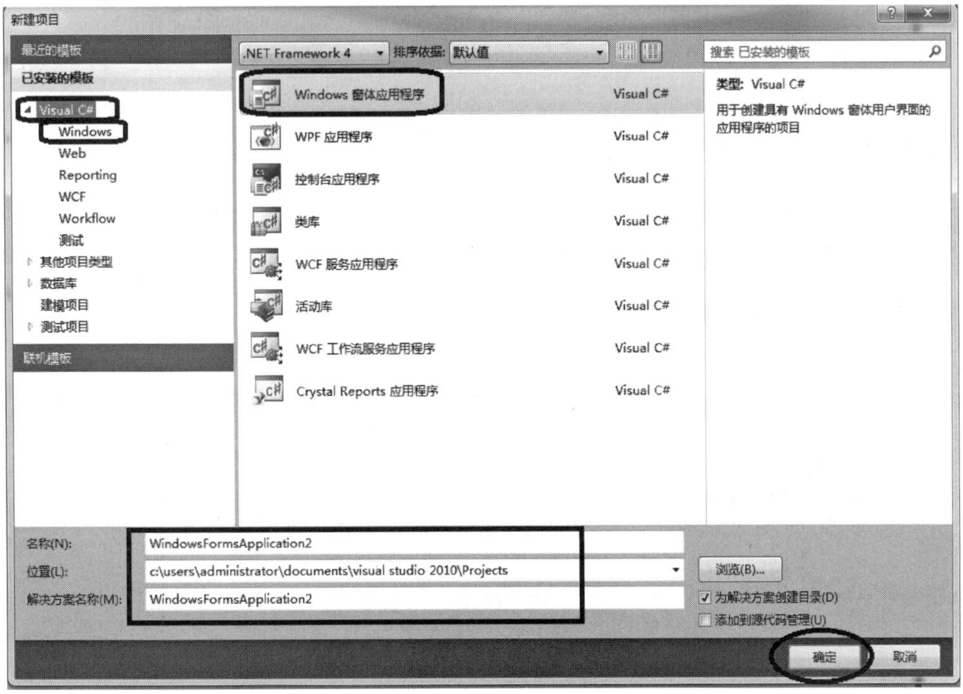

图 A.1 “新建项目”窗口

在新建窗口中选择 Visual C#、Windows、Windows 窗体应用程序，以及项目名称、存储目录，选择“确定”按钮。完成后即创建了一个新的解决方案，即一个程序集。

2. Windows 窗体应用程序的结构

程序创建后的界面如图 A.2 所示，中央部分为程序主窗口，右侧为“解决方案资源管理器”窗格。与实验相关的内容为：

①主窗口。

②System. Drawing，这个是引用声明，表明编程中可以使用 Windows GDI + 编程接口。

③Form1. cs，是与主窗口对应的程序文件，实验编程代码将写在这个文件中。

④调试运行按钮，选择此按钮，Microsoft Visual Studio 将编译、连接、运行本程序，并生成. exe 格式可执行文件。

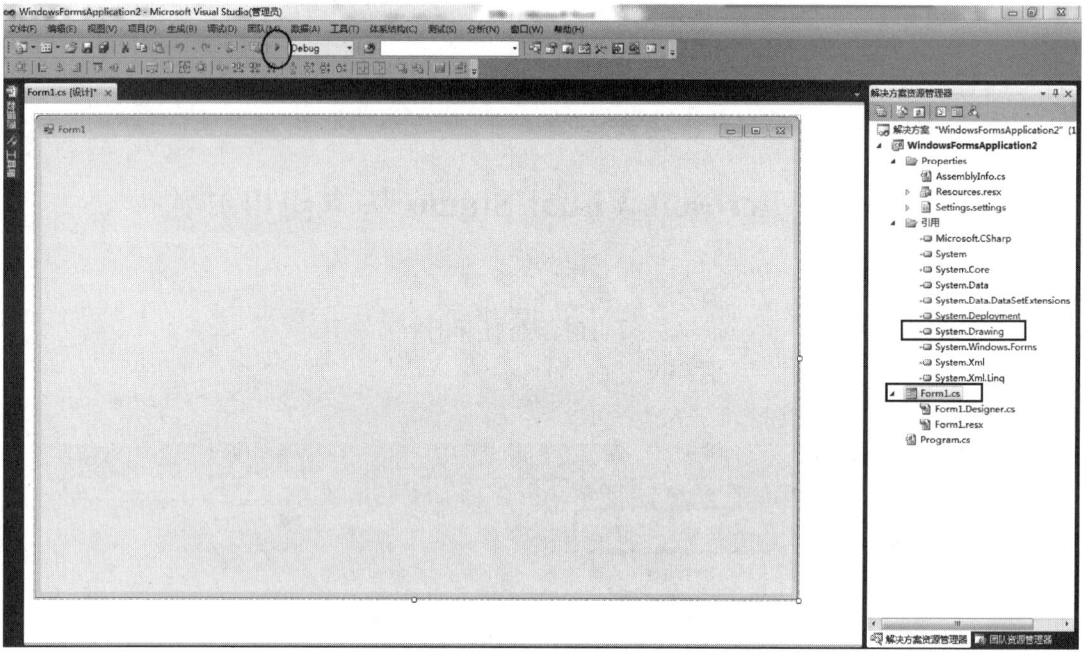

图 A.2　编程环境主界面

⑤Form1. cs，在初始时刻代码为：

```
using System;
using System.Collections.Generic;
using System.ComponentModel;
using System.Data;
using System.Drawing;
using System.Linq;
using System.Text;
using System.Windows.Forms;

namespace WindowsFormsApplication2
```

```
{
    public partial class Form1:Form
    {
        public Form1()
        {
            InitializeComponent();
        }
    }
}
```

其中 using 部分为对系统类的引用声明,实验中不需要对这部分进行操作。

class Form1,声明一个窗体类,即本程序主窗体对象的代码。初始时类中仅包含一个构造函数,其后根据实验内容需要,将编写更多的代码。

3. 控件及事件函数

控件,就是诸如按钮、输入框、标签等交互元件,若要在主窗体上放置控件,可以在左侧面板中拖入所需的控件,如图 A.3 所示。

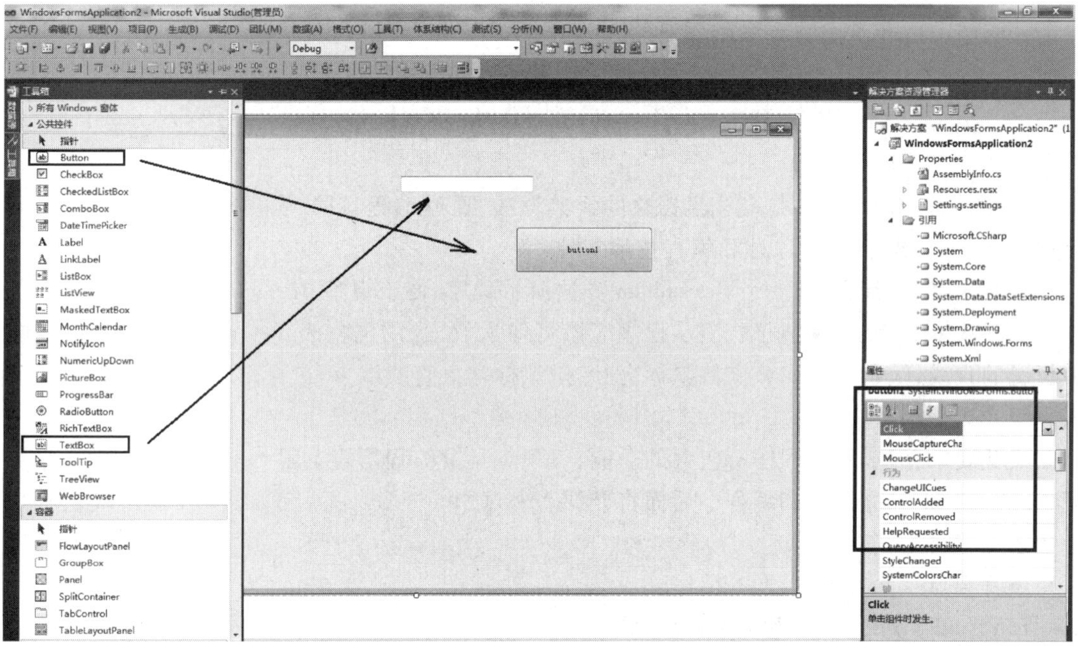

图 A.3 控件操作

控件是作用在程序实现交互功能,使用控件的基本逻辑是:

①放置控件,构建使用者界面。

②设置属性。

③生成事件函数,在事件函数中编写代码,从而实现程序所预期的功能。

控件放在窗体上之后,对控件的设置在开发环境界面的右下角属性编辑器中进行操作。例如为按钮控件加事件函数的操作方法为:

①选中按钮控件。

②在属性编辑器中选事件选项卡,双击 Click 属性。

③完成后主窗体的代码中将出现按钮事件函数。

此时主窗体的代码变为:

```
<using 部分略>namespace WindowsFormsApplication2
{
    public partial class Form1:Form
    {
        public Form1()
        {
            InitializeComponent();
        }
//按钮事件函数:
        private void button1_Click(object sender,EventArgs e)
        {
            //编写按钮事件代码
        }
    }
}
```

在实验中可能会用到多种控件和不同的事件函数,原理都是相似的。

A.2 Bresenham 直线光栅化算法实验

实验目的: Bresenham 是直线光栅化的经典算法,通过编程实验,实现算法的过程,深入理解和掌握 Bresenham 算法原理和编程技术。

实验内容:设计、实现一个 Bresenham 算法演示程序,便于观察 Bresenham 算法对直线光栅化的实现效果。为了方便观察,演示程序应该将像素放大,用网格表示一个像素;为了演示各种情况的直线,演示程序应该支持鼠标交互,用鼠标输入直线端点,鼠标单击 2 次后,程序显示该直线光栅化结果。

实验要求:完成示例程序所包含的功能,编程工具及编程语言不限。学生应在理解算法原理、公式基础上独立设计和编程。后面将介绍 Visual Studio . net、C#及 GDI + 及本实验程序的编程要点,仅作为参考。

编程要点:

1. Visual Studio . net 和 C#程序结构

在 Visual Studio . net 环境下创建基于 C#语言的 Windows 窗体应用程序。打开 Form1. cs 文件,看到生成的基本框架如下:

```
using System;                                    //引用系统库 System
(其他引用说明,根据程序需要增加)
namespace
{
    class Form1                                  //窗体类
    {
(自定义公共变量写在这里)
构造函数
(编程时创建的事件函数)
```

```
(编程时编写的函数)
    }
}
```

在窗体设计器上,打开属性窗口可以为窗体添加事件函数。常用的事件有:

①Load 初始化事件,公共变量的赋值以及其他初始化代码可以写在这里。

②Paint 绘制事件,每当窗体需要重新绘制时,会执行这个事件函数。

③MouseClick 鼠标事件,用户单击鼠标时引发,事件函数传入一个参数 e,其中包含鼠标位置(X,Y)。

2. GDI+初步

这是.net Frame 的二维图形库,C#程序中可以调用图形库中的函数,实现基本的图形输出。GDI+具有较丰富的图形功能,包括图形、图像绘制和变换,能满足大多数二维图形输出编程。

(1)建立 GDI+对象

添加引用:

```
using System.Drawing;
using System.Drawing.Drawing2D;
```

某些 GDI+类可能需要其他的引用,根据编程时的提示添加。

定义 GDI+对象:

```
Graphics g;
```

初始化 GDI+对象:

```
g=CreateGraphics();  //指定窗体为图形设备
```

如果要定义全局的 GDI+对象,语句 Graphics g 应该写在公共变量部分,语句 g=CreateGraphics()应该写在构造函数或 Load 事件函数内。

窗体坐标系为:原点在左上角,x 轴向右,y 轴向下,坐标单位为像素。

(2)GDI+图形图像函数

```
DrawLine()                          //两点坐标相同时为画点
DrawRectangle()
DrawEllipse()
DrawPolygon()
FillRectangle()
FillEllipse()
DrawImage()
```

以上函数的参数为画笔、画刷、坐标。

(3)画笔、画刷对象

预定义的画笔画刷存储在系统枚举中:Pens,Brushes。

自定义画笔:Pen。

属性:Color、Width、DashStyle 线型枚举,包括实线、虚线等。

构造函数:Pen(Color,Width)。

类似地可以自定义画刷对象 Brush。

例如:要在 x,y 位置绘制一个填充的圆,半径为 r。

```
g.FillEllipse(Brushes.Blue,x,y,r,r);
```

在 x,y 位置绘制一个非填充的圆，半径 r。

```
g.DrawEllipse(Pens.Blue,x,y,r,r);
```

3. 示例程序框架和流程参考说明

```
classForm1
{
公共变量 Form1()
    {
初始化公共变量
    }
Form1_Paint() //Paint 事件函数
   {
程序启动时调用一次 DrawSence()
   }
Form1_MouseClick()
    {
记录鼠标坐标，并绘制位置
    }
DrawSence()
    {
绘制背景网格
    }
DoBresenham()
    {
实现 Bresenham 算法，绘制离散像素点
    }
}
```

(1)公共变量

示例程序使用了如下公共变量：

```
int Cols,Rows,CellSize;              //网格参数，行数、列数、格子尺寸
Graphics g;                          //GDI+对象
bool ipaint=true;                    //标识程序启动
int iclick=0;                        //记录第几次点鼠标，取值为 0、1、2
Point A=new Point();                 //记录第一个点鼠标坐标
Point B=new Point();                 //记录第二个点鼠标坐标
```

(2)网格

为了演示算法过程，示例程序使用网格代替像素，即将像素放大为一个单元格。网格参数为 Cols，Rows，CellSize。而接收到的鼠标坐标为像素坐标，需要计算像素 x，y，与 i 行 j 列单元格转换关系：

```
j=(int)(x/CellSize);
i=(int)(y/CellSize);
x=j * CellSize;
y=i * CellSize;
```

DrawSence()函数绘制网格，即一组水平线和垂直线。代码为：

```
void DrawSence()
{
this.Refresh();
    int i;
    for (i=0;i <=Cols;i++)
g.DrawLine(Pens.Black,i* CellSize,0,i* CellSize,Rows* CellSize);
for (i=0;i <=Rows;i++)
        g.DrawLine(Pens.Black,0,i* CellSize,Cols* CellSize,i* CellSize);
}
```

(3) Form1_MouseClick( )函数

当鼠标事件发生时,根据状态变量 iclick 的值,确定点击位置是线的开始点还是结束点,依此进行计算和输出。

iclick =0,程序启动。

iclick =1,鼠标点击位置为线段起点。

iclick =2,鼠标点击位置为线段终点。

```
switch (iclick)
{
  case 2:
    case 0:
{
  A=new Point(e.X/CellSize,e.Y/CellSize);
          DrawSence();
   g.FillEllipse(Brushes.Red,A.X* CellSize,A.Y* CellSize,CellSize,CellSize);
          iclick=1;
          break;
    }
    case 1:
    {
  B=new Point(e.X/CellSize,e.Y/CellSize);
           DoBresenham(); g.FillEllipse(Brushes.Red, B.X * CellSize, B.Y * CellSize,
CellSize,CellSize);
          iclick=2;
          break;
}
}
```

(4) DoBresenham( )函数

在 MouseClick( )函数里,已经将线的两个端点记录在 A、B 对象里,DoBresenham( )函数中用 Bresenham 算法计算 A、B 之间的像素点,并绘制出来。程序代码为:

```
void DoBresenham()
{
    int i;
    int x=A.X,y=A.Y;
    int stepRow,stepCol;
    int deltaCol=B.X-A.X;
    int deltaRow=B.Y-A.Y;
```

```
    int d;
    if (deltaRow < 0) stepRow = -1;else stepRow = 1;
    if (deltaCol < 0) stepCol = -1;else stepCol = 1;
    deltaRow = Math.Abs(deltaRow);
    deltaCol = Math.Abs(deltaCol);
    if (deltaCol > = deltaRow)
        d = 2* deltaRow - deltaCol;
    else
        d = 2* deltaCol - deltaRow;
    if (deltaCol > = deltaRow)
    {
        for (i = 0;i < deltaCol;i ++)
        {
            if (d > = 0)
            {
            y = y + stepRow;
            d = d - 2* deltaCol;
            }
            d = d + 2* deltaRow;
            x = x + stepCol;
            g.FillEllipse(Brushes.Blue,x* CellSize,y* CellSize,CellSize,CellSize);
            }
        }
            else
            {
            for (i = 0;i < deltaRow;i ++)
            {
            if (d > = 0)

            {
                x = x + stepCol;
                d = d - 2* deltaRow;
                }
                d = d + 2* deltaCol;
                y = y + stepRow;
                g.FillEllipse(Brushes.Blue,x* CellSize,y* CellSize,CellSize,CellSize);
}
  }
}
```

A.3 直线裁剪算法实验

实验目的：本实验将直线编码裁剪算法应用于交互程序设计，通过编程实践，加强对直线裁剪算法原理、编码规则和裁剪步骤的理解和掌握。

实验内容：设计、实现一个直线编码裁剪算法演示程序，实现课堂锁学习的裁剪算法，通过程序能观察算法的实现效果。程序界面如图 A.4 所示，运行程序后，在窗体上单击 2 次鼠标输入一条线段的 2 个端点。输入后程序根据预置的裁剪窗口进行裁剪计算，得到裁剪后的线段，最后将裁剪前后的线段绘制输出。

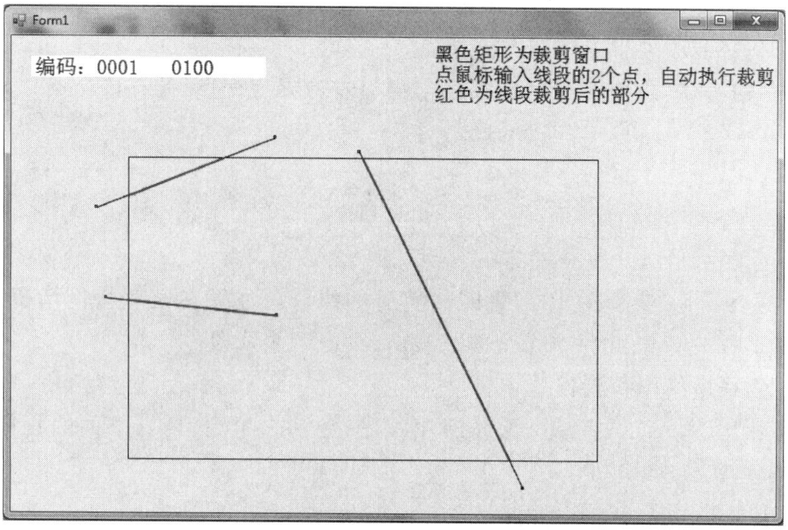

图 A.4　裁剪算法实验完成效果示意图

实验要求：完成示例程序所包含的功能，编程工具及编程语言不限。学生应在理解算法原理、公式基础上独立设计和编程。后面将介绍 Visual Studio .net、C#及 GDI + 及本实验程序的编程要点，仅作为参考。

裁剪原理和编程要点：

1. 编码裁剪算法原理

①将直线 2 个端点 $P1(x_1,y_1)$、$P2(x_2,y_2)$ 分别按其所在区域进行编码（见图 A.5），设编码为 C1、C2。

②检查：若 C1 = C2 = 0，线段全体在裁剪窗口内，全部保留，结束裁剪。

③检查：若 C1&&C2 > 0，线段全体在裁剪窗口一侧外，全部不可见，结束裁剪。

④检查：若 C1||C2 的第 1 位为 1，线段与窗口上边界有交点，计算该交点

$$x' = \frac{x_2 - x_1}{y_2 - y_1}(Wyt - y_1) + x_1$$

$$y' = Wyt$$

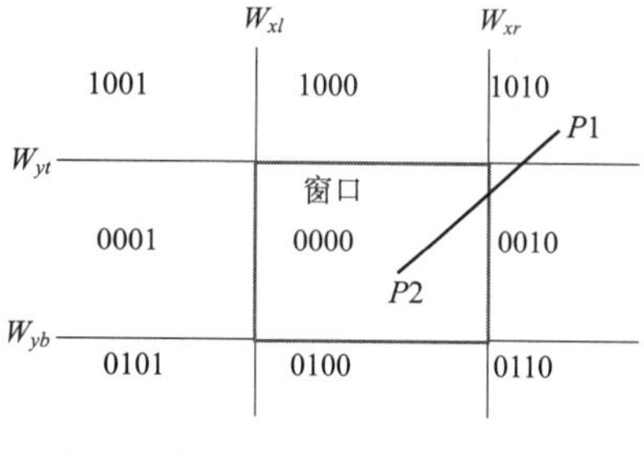

图 A.5　区域编码规则

用(x',y')代替线段处于窗体上方的端点。

⑤检查：若 C1||C2 的第 2 位为 1，线段与窗口下边界有交点，计算该交点

$$x' = \frac{x_2 - x_1}{y_2 - y_1}(Wyb - y_1) + x_1$$

$$y' = Wyb$$

用(x',y')代替线段处于窗体下方的端点。

⑥检查：若 C1||C2 的第 3 位为 1，线段与窗口右边界有交点，计算该交点

$$x' = Wxr$$

$$y' = \frac{y_2 - y_1}{x_2 - x_1}(Wxr - x_1) + y_1$$

用(x',y')代替线段处于窗体右方的端点。

⑦检查:若 C1||C2 的第 4 位为 1,线段与窗口左边界有交点,计算该交点

$$x' = Wxl$$

$$y' = \frac{y_2 - y_1}{x_2 - x_1}(Wxl - x_1) + y_1$$

用(x',y')代替线段处于窗体左方的端点。

⑧完成上述计算后,更新的 $P1$、$P2$ 即裁剪后的线段。注意在某些特例情况下,裁剪后的线段为一个点,即 $P1 = P2$,此时看作全部被裁剪,没有剩余线段。

2. 参考示例程序结构和流程

①程序类型为 C#. net,Windows 窗体应用程序,包括一个窗口类,下面的程序都包括在窗口类内。

②公共变量:

```
Point window1,window2;                      //保存裁剪区矩形
Point line1,line2;                          //保存线段的两个端点坐标
int start;                                  //标志点击次数,取值范围 0,1,2
Graphics g;                                 //GDI + 对象
```

③构造函数:

```
g = CreateGraphics();
window1 = new Point(120,120);               ///裁剪区左下角
window2 = new Point(600,420);               ///裁剪区右上角
start = 0;
```

④Paint 事件函数:

```
////绘制裁剪矩形
if (start = =0)
g.DrawRectangle(Pens.Black,window1.X,window1.Y,
window2.X - window1.X,window2.Y - window1.Y);
```

⑤MouseClick 事件:

```
int x = e.X,y = e.Y;     //////记录鼠标单击位置:
g.DrawRectangle(Pens.Black,x - 2,y - 2,2,2);//画一个小方块,显示单击位置
if (start! =1)  //////如果是第一次单击,记录后离开
{
    start =1;
    line1 = new Point(e.X,e.Y);
    return;
}
//////第二次,先记录,然后执行裁剪计算,绘制输出
start =2;
line2 = new Point(e.X,e.Y);
///////////////////////////开始裁剪     /////////////////////////
```

```
///以下进行裁剪计算,及绘制裁剪前后的线段,代码略
////////////////////////////////////////////////////////////////////
```

⑥文字输出,有2种方法可以实现文字输出,使用Label控件和使用GDI+库函数。以下说明后者的编程方法。

DrawString( )函数实现文字输出,使用这个函数需要提供:字符串对象;字体对象;画刷对象;位置参数。示例如下:

```
String str;
str="要输出的文字";
g.DrawString(str,
new Font("宋体",16,FontStyle.Regular),          //临时字体对象
Brushes.Black,                                  //画刷枚举
20,20);                                         //位置
```

A.4 图形变换计算实验

实验目的:通过一个动画程序的设计编程,全面掌握图形变换的相关概念、原理及计算流程。本实验涉及齐次坐标、几何变换、坐标变换、投影变换、视窗变换、组合变换及摄像机坐标系的建立,应用到了图形变换的多方面内容,在理解原理的基础上完成实验,有助于深入掌握图形变换理论及方法。

实验内容:设计、实现一个图形变换演示程序。程序实现2个相互关联的、运动的立方体动态坐标计算及图形输出。立方体B绕固定于立方体A上的转轴转动,立方体A沿x方向做平移运动,程序以图形方式演示了特定视角下2个立方体的运动,并能进行暂停控制,如图A.6所示。

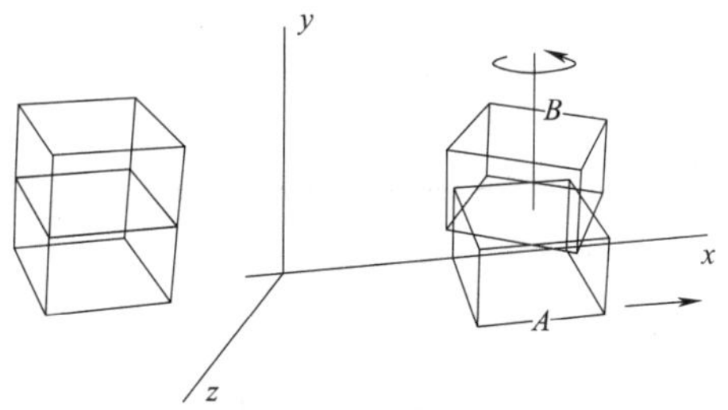

图A.6 图形变换实验效果示意图

实验要求:完成示例程序所包含的功能,编程工具及编程语言不限。学生应在理解算法原理、公式基础上独立设计和编程。后面将介绍在Visual Studio .net环境下,本实验程序的编程要点,仅作为参考。

编程要点:

1. 向量和矩阵类

变换计算过程需要进行矩阵运算,实验素材中提供了Matrix.cs程序代码,其中包括2个类的声明:

```
class Vector4;      4元向量类
class Matrix4×4;    4×4矩阵类
```

向量类 Vector4 仅存储一个齐次向量,数据成员为 x,y,z,w。

矩阵类 Matrix4 ×4 存储一个 4 ×4 矩阵,数据成员为 16 个:

e11,e12,e13,e14,

e21,e22,e23,e24,

e31,e32,e33,e34,

e41,e42,e43,e44。

包括了几个运算功能:

identity( ):置对角矩阵。

Matrix4 ×4 operator ∗(Matrix4 ×4 m1,Matrix4 ×4 m2):2 个矩阵相乘。

Vector4 operator ∗(Matrix4 ×4 m,Vector4 u):矩阵乘向量。

2. vs. net 的定时器控件

定时器是实现动画循环的基本方法之一。定时器按设定的时间间隔触发,调用定时事件函数,因此使程序以固定的周期进行循环。

vs. net 环境下,定时器由一个控件 Timer 实现,在工具板上找到这个控件,拖到 Form 上,再设置其属性就可以使用。Timer 的属性如下:

Enable:true/false,定时器是否启动。

Interval:定时器触发的时间间隔,单位为毫秒。

Tick:定时事件。

3. 立方体的几何数据

初始状态下,立方体中心在(0,0)位置,尺寸为 $S_x = S_z = 2, S_y = 1$(见图 A.7)。

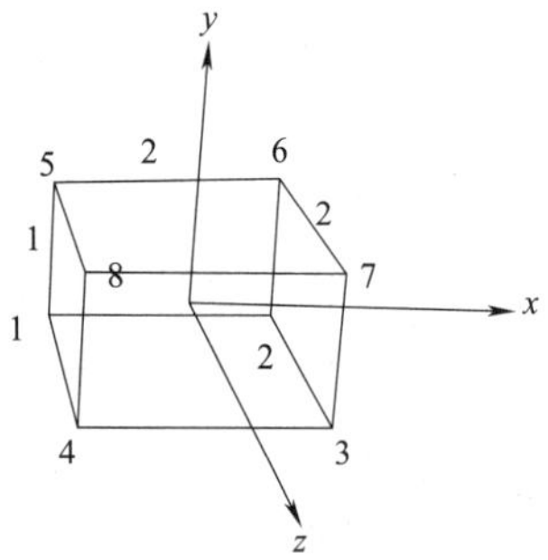

图 A.7　立方体顶点和边的编号

立方体有 8 个顶点,12 个边。图中数字为各个顶点编号。程序中的 2 个立方体具有同样的位置和尺寸。

4. 变换原理

①立方体 1(Cube1)的变换:

平移变换(几何变换): Δx = translationx,$\Delta y = -0.5$ translationx 是平移运动瞬时位置	$M_1 = \begin{pmatrix} 1 & 0 & 0 & \Delta x \\ 0 & 1 & 0 & \Delta y \\ 0 & 0 & 1 & 0 \\ 0 & 0 & 0 & 1 \end{pmatrix}$
照相机变换(坐标变换): 照相机坐标系参数为 c_x,c_y,c_z(位置) u_x,u_y,u_z(x 轴) v_x,v_y,v_z(y 轴) n_x,n_y,n_z(z 轴)	$M_2 = \begin{pmatrix} u_x & u_y & u_z & 0 \\ v_x & v_y & v_z & 0 \\ n_x & n_y & n_z & 0 \\ 0 & 0 & 0 & 1 \end{pmatrix}\begin{pmatrix} 1 & 0 & 0 & -c_x \\ 0 & 1 & 0 & -c_y \\ 0 & 0 & 1 & -c_z \\ 0 & 0 & 0 & 1 \end{pmatrix}$
投影变换(透视投影): 设视点在(0,0),投影面在$(0,0,Z_p)$需要注意的是,实施投影变换时,将 Z_p 置为 $-Z_p$,是因为考虑到照相机坐标系是左手系,而且屏幕的 y 轴向下	$M_3 = \begin{pmatrix} \frac{z_p}{z} & 0 & 0 & 0 \\ 0 & \frac{z_p}{z} & 0 & 0 \\ 0 & 0 & z_p & 0 \\ 0 & 0 & 0 & 1 \end{pmatrix}$

续表

视窗变换窗口边界：W_{xl}，W_{xr}，W_{yb}，W_{yt}； 视区边界：V_{xl}，V_{xr}，V_{yb}，V_{yt}；	$M_4=\begin{pmatrix} \frac{Vxr-Vxl}{Wxr-Wxl} & 0 & 0 & Vxl-\frac{Vxr-Vxl}{Wxr-Wxl}Wxl \\ 0 & \frac{Vyt-Vyb}{Wyt-Wyb} & 0 & Vyb-\frac{Vyt-Vyb}{Wyt-Wyb}Wyb \\ 0 & 0 & 1 & 0 \\ 0 & 0 & 0 & 1 \end{pmatrix}$

②立方体2(Cube2)则是在Cube1变换的基础上，加一个绕 y 轴的转动变换：

$$M_0=\begin{pmatrix} \cos\theta & 0 & \sin\theta & 0 \\ 0 & 1 & 0 & 0 \\ -\sin\theta & 0 & \cos\theta & 0 \\ 0 & 0 & 0 & 1 \end{pmatrix}$$

其中 $\theta=$ rotationy，是Cube2相对于Cube1的瞬时转角。

5. 程序结构(学生自己设计)

6. 程序实现

(1)公共变量

```
///立方体初始顶点坐标
float[,] Cube1 = {{-1, -0.5f, -1},{1, -0.5f, -1},{1, -0.5f,1},{-1, -0.5f,1},
                  {-1,  0.5f, -1},{1,  0.5f, -1},{1,  0.5f,1},{-1,  0.5f,1}};
float[,]Cube2 = {{-1, -0.5f, -1},{1, -0.5f, -1},{1, -0.5f,1},{-1, -0.5f,1},
                  {-1,  0.5f, -1},{1,  0.5f, -1},{1,  0.5f,1},{-1,  0.5f,1}};
Vector4[] tCube1 = new Vector4[8];          //变换后的Cube1顶点坐标
Vector4[] tCube2 = new Vector4[8];
float translationx,rotationy;               //瞬时运动参数，平移、转角
float xstep,rstep;                          //单位时间移动、转动步长
float cx,cy,cz;                             //照相机位置
float dx,dy,dz;                             //照相机方向
float upx,upy,upz;                          //照相机上方
float ux,uy,uz,vx,vy,vz,nx,ny,nz;           //照相机坐标系
float zp;                                   //视平面位置
float wxl,wxr,wyb,wyt;                      //窗口参数
float vxl,vxr,vyb,vyt;                      //视区参数
Graphics g;
```

(2)公共变量初始化

```
g = CreateGraphics();
g.SmoothingMode = SmoothingMode.AntiAlias;

//图形运动参数，平移、转动、平移步长，转动步长为10度
translationx = 0;
rotationy = 0;
xstep = 0.2f;
rstep = 10;

cx = -2;cy = -5;cz = -12;              //照相机位置
```

```
dx = - cx;dy = - cy;dz = - cz;                  //照相机方向
upx = 0;upy = 1;upz = 0;                        //照相机上方参考向量
zp = cz;                                        //投影面位置

wxl = -5;wxr = 5;wyb = -3;wyt = 3;              //窗口参数
vxl = 0;vxr = 640;vyb = 0;vyt = 480;            //视区参数

float d;                                        //单位化视线向量
d = (float)Math.Sqrt(dx* dx + dy* dy + dz* dz);

///照相机坐标系第 3 轴,N = (dx,dy,dz)
nx = dx/d;
ny = dy/d;
nz = dz/d;

///照相机坐标系第 1 轴,U = N* UP
ux = (ny* upz - nz* upy);
uy = (nz* upx - nx* upz);
uz = (nx* upy - ny* upx);

///照相机坐标系第 2 轴,V = U* N
vx = (uy* nz - uz* ny);
vy = (uz* nx - ux* nz);
vz = (ux* ny - uy* nx);
```

(3)变换计算和绘图

```
int i;
Matrix4x4 M = new Matrix4x4 ();
for (i = 0;i < 8;i ++)
{
    tCube1[i] = new Vector4 (Cube1[i,0],Cube1[i,1],Cube1[i,2],1);
    tCube2[i] = new Vector4 (Cube2[i,0],Cube2[i,1],Cube2[i,2],1);
}

translationx + = xstep;
if ((translationx > =5) || (translationx < = -5)) xstep = - xstep;
rotationy + = rstep;
if (rotationy > 360) rotationy - =360;

//Cube1 的变换
//平移 x
M.identity();
M.e14 = translationx;
M.e24 = 0.5f;
for (i = 0;i < 8;i ++)
    tCube1[i] = M* tCube1[i];

//照相机变换 M.identity();
```

```
M.e14 = cx;
M.e24 = cy;
M.e34 = cz;
for (i = 0;i < 8;i ++)
    tCube1[i] = M* tCube1[i];

M.identity();
M.e11 = ux;M.e12 = uy;M.e13 = uz;
M.e21 = vx;M.e22 = vy;M.e23 = vz;
M.e31 = nx;M.e32 = ny;M.e33 = nz;
for (i = 0;i < 8;i ++)
    tCube1[i] = M* tCube1[i];

//投影变换
for (i = 0;i < 8;i ++)
{
    M.identity();
    M.e11 = - zp/tCube1[i].z;
    M.e22 = - zp/tCube1[i].z;
    M.e33 = zp;
    tCube1[i] = M* tCube1[i];
}
//视窗变换 M.identity();
M.e11 = (vxr - vxl)/(wxr - wxl);
M.e22 = (vyt - vyb)/(wyt - wyb);
M.e14 = vxl - (vxr - vxl)/(wxr - wxl)* wxl;
M.e24 = vyb - (vyt - vyb)/(wyt - wyb)* wyb;
for (i = 0;i < 8;i ++)
    tCube1[i] = M* tCube1[i];

//Cube2 的变换//////////////////////
/////////////////////////
//y 轴转动

M.identity();
M.e11 =   (float)Math.Cos(rotationy* 3.14159/180.0);
M.e33 =   (float)Math.Cos(rotationy* 3.14159/180.0);
M.e13 =   (float)Math.Sin(rotationy* 3.14159/180.0);
M.e31 = - (float)Math.Sin(rotationy* 3.14159/180.0);
for (i = 0;i < 8;i ++)
    tCube2[i] = M* tCube2[i];

//平移 x
M.identity();
M.e14 = translationx;
M.e24 = - 0.5f;

for (i = 0;i < 8;i ++)
```

```
    tCube2[i]=M* tCube2[i];

//照相机变换
M.identity();
M.e14=cx;
M.e24=cy;
M.e34=cz;
for (i=0;
i<8;i++)
    tCube2[i]=M* tCube2[i];

M.identity();
M.e11=ux;M.e12=uy;M.e13=uz;
M.e21=vx;M.e22=vy;M.e23=vz;
M.e31=nx;M.e32=ny;M.e33=nz;
for (i=0;i<8;i++)
    tCube2[i]=M* tCube2[i];

//投影变换
for (i=0;i<8;
i++)
{
    M.identity();
    M.e11= -zp/tCube2[i].z;
    M.e22= -zp/tCube2[i].z;
    M.e33=zp;

    tCube2[i]=M* tCube2[i];
}
//视窗变换
M.identity();
M.e11= (vxr-vxl)/(wxr-wxl);
M.e22= (vyt-vyb)/(wyt-wyb);
M.e14=vxl- (vxr-vxl)/(wxr-wxl)* wxl;
M.e24=vyb- (vyt-vyb)/(wyt-wyb)* wyb;
for (i=0;i<8;i++)
    tCube2[i]=M* tCube2[i];

//绘图
g.Clear(Color.White);

g.DrawLine(Pens.Red,tCube1[0].x,tCube1[0].y,tCube1[1].x,tCube1[1].y);
g.DrawLine(Pens.Red,tCube1[1].x,tCube1[1].y,tCube1[2].x,tCube1[2].y);
g.DrawLine(Pens.Red,tCube1[2].x,tCube1[2].y,tCube1[3].x,tCube1[3].y);
g.DrawLine(Pens.Red,tCube1[3].x,tCube1[3].y,tCube1[0].x,tCube1[0].y);

g.DrawLine(Pens.Red,tCube1[4].x,tCube1[4].y,tCube1[5].x,tCube1[5].y);
g.DrawLine(Pens.Red,tCube1[5].x,tCube1[5].y,tCube1[6].x,tCube1[6].y);
```

```
g.DrawLine(Pens.Red,tCube1[6].x,tCube1[6].y,tCube1[7].x,tCube1[7].y);
g.DrawLine(Pens.Red,tCube1[7].x,tCube1[7].y,tCube1[4].x,tCube1[4].y);

g.DrawLine(Pens.Red,tCube1[0].x,tCube1[0].y,tCube1[4].x,tCube1[4].y);
g.DrawLine(Pens.Red,tCube1[1].x,tCube1[1].y,tCube1[5].x,tCube1[5].y);
g.DrawLine(Pens.Red,tCube1[2].x,tCube1[2].y,tCube1[6].x,tCube1[6].y);
g.DrawLine(Pens.Red,tCube1[3].x,tCube1[3].y,tCube1[7].x,tCube1[7].y);

g.DrawLine(Pens.Black,tCube2[0].x,tCube2[0].y,tCube2[1].x,tCube2[1].y);
g.DrawLine(Pens.Black,tCube2[1].x,tCube2[1].y,tCube2[2].x,tCube2[2].y);
g.DrawLine(Pens.Black,tCube2[2].x,tCube2[2].y,tCube2[3].x,tCube2[3].y);
g.DrawLine(Pens.Black,tCube2[3].x,tCube2[3].y,tCube2[0].x,tCube2[0].y);

g.DrawLine(Pens.Black,tCube2[4].x,tCube2[4].y,tCube2[5].x,tCube2[5].y);
g.DrawLine(Pens.Black,tCube2[5].x,tCube2[5].y,tCube2[6].x,tCube2[6].y);
g.DrawLine(Pens.Black,tCube2[6].x,tCube2[6].y,tCube2[7].x,tCube2[7].y);
g.DrawLine(Pens.Black,tCube2[7].x,tCube2[7].y,tCube2[4].x,tCube2[4].y);

g.DrawLine(Pens.Black,tCube2[0].x,tCube2[0].y,tCube2[4].x,tCube2[4].y);
g.DrawLine(Pens.Black,tCube2[1].x,tCube2[1].y,tCube2[5].x,tCube2[5].y);
g.DrawLine(Pens.Black,tCube2[2].x,tCube2[2].y,tCube2[6].x,tCube2[6].y);
g.DrawLine(Pens.Black,tCube2[3].x,tCube2[3].y,tCube2[7].x,tCube2[7].y);
```

A.5 Bezier 曲线生成实验

实验目的：通过编程实验，深入理解和掌握 Bezier 曲线的组成、特性和生成算法。

实验内容：设计、实现一个 Bezier 曲线生成和绘制的演示程序，观察 Bezier 曲线的特点。演示程序使用鼠标左键输入多个控制点，鼠标右键结束输入，进行生成和绘制。

实验要求：完成示例程序所包含的功能，编程工具及编程语言不限。学生应在理解算法原理、公式基础上独立设计和编程。后面将介绍实验程序的编程要点，仅作为参考。

编程要点：

1. Bezier 曲线方程和 deCasteljau 算法

给出 $n+1$ 个控制点 $P_0 \cdots P_n$，Bezier 曲线基本方程为

$$P(t) = \sum_{i=0}^{n} P_i \cdot B_{i,n}(t) \qquad 0 \leqslant t \leqslant 1$$

其中 $B_{i,n}(t) = C_n^i t^i (1-t)^{n-i}$，约定 $0^0 = 0! = 1$。

$B_{i,n}(t)$具有递推性，即 n 阶的函数可以由 2 个 $n-1$ 阶函数复合生成：

$$B_{i,n}(t) = t \cdot B_{i-1,n-1}(t) + (1-t) \cdot B_{i,n-1}(t)$$

根据这个特点，deCasteljau 构建了曲线的快速算法。若要计算曲线上一点 t 的函数值，将控制点 $P_0 \cdots P_n$ 连成折线，每段折线上计算一个比例点 $Q_i = t \cdot P_i + (1-t) \cdot P_{i+1}$。再将 Q_i 作为新的控制点重复上面的计算，反复进行直到只有一个 Q_i，即曲线上 t 的函数值。图 A.8 表示了这个计算过程。

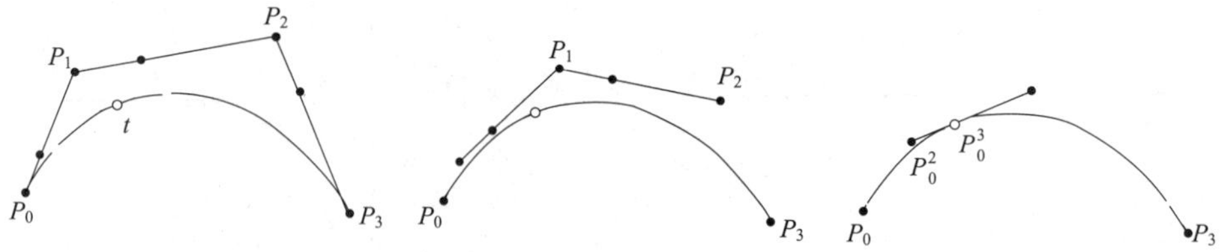

图 A.8 deCasteljau 算法示意图

2. 示例程序参考说明

(1)公共变量

```
PointF[] p = new PointF[100];              //存储控制点坐标
int count;                                 //记录已输入的控制点个数
Graphics g;                                //GDI + 对象
```

(2)初始化

```
g = CreateGraphics();
count = 0;
```

(3)deCasteljau 算法的实现

```
PointF deCasteljau(double u)   //曲线参数为 u,函数返回一个二维点 P(u)
{
    int i,k;
    //以下将控制点数组 p[],复制到数组 q[]
    PointF[] q = new PointF[100];
    for (i = 0;i < count ;i ++)
    {
        q[i].X = p[i].X;
        q[i].Y = p[i].Y;
    }
    //以下用 de Casteljau 割角算法计算 bezier 曲线上参数点 u 对应的 x,y,
    //计算完成后,结果存储在 q[0]
    for (k = 1;k < count ;k ++)
        for (i = 0;i < count - k;i ++)
        {
            q[i].X = (float)(1.0 - u)* q[i].X + (float)u* q[i + 1].X;
            q[i].Y = (float)(1.0 - u)* q[i].Y + (float)u* q[i + 1].Y;
        }
    return new PointF(q[0].X,q[0].Y);
}
```

(4)鼠标左键事件

```
if (count = = 0)                          //如果输入的是第一个点,先清空窗口
    g.Clear(BackColor);
g.FillRectangle(Brushes.Red,e.X - 2,e.Y - 2,4,4);  //输出一个标记
p[count] = new PointF(e.X,e.Y);       //存储
count ++;
                                       //记录输入控制点个数
return;
```

(5)鼠标右键事件

本段程序在 0 < u < 1 范围内,取若干个点计算 Bezier 曲线点,然后每 2 点间连成线段,输出一条折线近似模拟曲线。

```
PointF q1 = new PointF();
PointF q2 = new PointF();
double u;
for (int i = 0;i < = 100;i ++)//生成 100 个点并连成折线
{
    u = (double)i/100.0;
    if (i = = 0)
    {
        q1 = deCasteljau(u);
    }
    else
    {
        q2 = deCasteljau(u);
        g.DrawLine(Pens.Black,q1,q2);
        q1.X = q2.X;
        q1.Y = q2.Y;
    }
}
count = 0;
return;
```

A.6　球面光照渲染实验

实验目的:通过编程实验,加强对光照渲染相关概念的理解,掌握 Phong 模型的原理、计算公式及编程应用,深入理解光照模型的组成,各个参数的意义和特点。

实验内容:从 Phong 光照模型原理出发,设计一个球体光照渲染演示程序,实现真实感绘制,实验效果如图 A.9 所示。研究、观察 Phong 光照模型中各个参数的作用,以掌握光照渲染计算方法。

实验要求:完成示例程序所包含的功能,编程工具及编程语言不限。学生应在理解算法原理、公式基础上独立设计和编程。后面将介绍实验程序的编程要点,仅作为参考。

编程要点:

1. Phong 光照模型

设场景存在环境光源和点光源,对物体表面任意点 P(见图 A.10),其亮度(即颜色)计算如下:

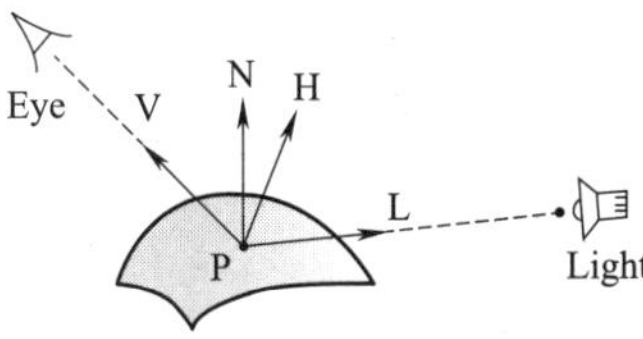

图 A.9　光照实验效果示意图

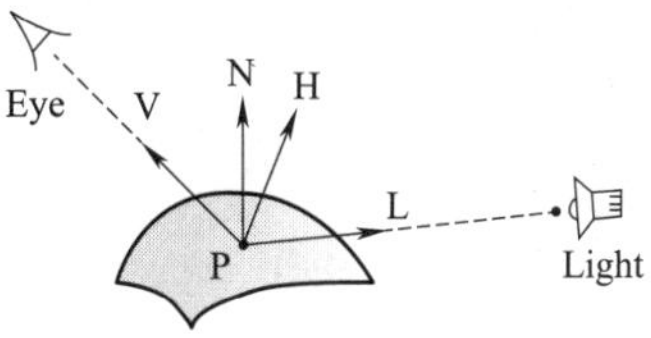

图 A.10　光照模型表示

$$I = I_a K_a + I_l K_d \cos\theta + I_l K_s \cos^n \alpha$$

其中：

$I = (R \quad G \quad B)$为 P 点亮度，各分量值为 0 ~ 255。

$I_a = (R_a \quad G_a \quad B_a)$为环境光亮度，各分量值为 0 ~ 255。

$I_l = (R_l \quad G_l \quad B_l)$为点光源亮度，各分量值为 0 ~ 255。

$K_a = (K_{ar} \quad K_{ag} \quad K_{ab})$为环境光漫反射系数，各分量值为 0 ~ 1。

$K_d = (K_{dr} \quad K_{dg} \quad K_{db})$为点光源漫反射系数，各分量值为 0 ~ 1。

$K_s = (K_{sr} \quad K_{sg} \quad K_{sb})$为点光源镜面反射系数，各分量值为 0 ~ 1。

n 为高光系数，取值 0 ~ ∞ 。

V、L、N 分别为视线向量、光线向量、法线，$H = V + L$。所有向量均为单位向量。

$$\cos\theta = V \cdot N$$

$$\cos\alpha = V \cdot H$$

需要注意的是，亮度（颜色）具有 3 个分量，因此表面材料参数 K_a，K_d，K_s 也都有 3 个分量，计算时需要给出 I_a，I_l 及 K_a，K_d，K_s 的全部分量，分别计算 $I = (R \quad G \quad B)$的每个分量。

2. 球面几何模型

如图 A.11 所示，球体在坐标原点，半径为 R，球面上任意点 P（x，y，z）满足关系 $x^2 + y^2 + z^2 = R^2$。P 点的法线 $N = (x, y, z)$，设视点位置为(v_x, v_y, v_z)，点光源位置为(l_x, l_y, l_z)，那么视线向量 $V = (V_x - x \quad V_y - y \quad V_z - z)$

光线向量 $L = (l_x - x \quad l_y - y \quad l_z - z)$

V，L 均要进行单位化，为单位向量。

$H = V + L$，也进行单位化。

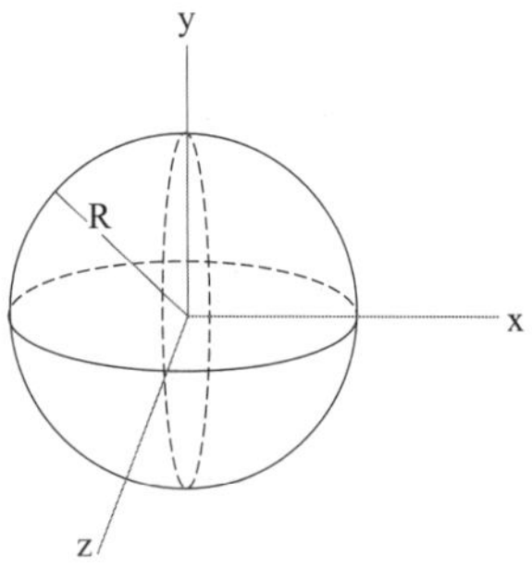

图 A.11　球面模型

3. 示例程序参考说明

（1）变量定义

```
///原始数据，需要在定义同时进行赋值
        int r,cx,cy;                          //球半径，绘制时中心位置
        float Lightx,Lighty,Lightz;           //点光源位置
float viewx,viewy,viewz;                      //视点位置
        float ka_r,ka_g,ka_b;                 //环境光漫反射系数
        float kd_r,kd_g,kd_b;                 //点光源漫反射系数
        float ks_r,ks_g,ks_b;                 //点光源漫反射系数
        float kn;                             //高光系数
        float ia_r,ia_g,ia_b;                 //环境光亮度
        float il_r,il_g,il_b;                 //点光源亮度
///计算数据
float x,y,z,ll;                               //球表面点的坐标，也是法线向量
float lx,ly,lz;                               //从球表面点到光源的方向向量
float nx,ny,nz;                               //球表面点的法线向量
float lvx,lvy,lvz;                            //视线向量和光源向量的平均向量
float cosxita,cosalpha;                       //Phong 光照模型中的 Cosθ 和 Cosα
        int colorr,colorg,colorb;             //存储表面点的颜色计算结果
        Graphics g = CreateGraphics();
```

(2)计算和绘制流程

```
for (int i = - r;i < r;i ++)//对球面上所有点进行循环
    for (int j = - r;j < r;j ++)//
    {
  x = i;y = j; if (x* x + y* y > r* r) continue;//不在圆范围内,放弃
        //以下按 Phong 公式计算 x,y 点的颜色值 colorr,colorg,colorb
        //且要保证颜色值在 0 ~ 255 之间
        //最后绘制像素,即在 x,y 点绘制一个尺寸为 1 的园
          g.FillRectangle(new SolidBrush(Color.FromArgb(colorr,colorg,colorb)),
                                       (int)x + cx, - (int)y + cy,1,1);//绘制
    }
```

参 考 文 献

[1] 赫恩. 计算机图形学[M]. 3 版. 宋继强,蔡敏,译. 北京:电子工业出版社,2010.

[2] 费尔南多. GPU 精粹:实时图形编程的技术、技巧和技艺[M]. 姚勇,王小琴,译. 北京:人民邮电出版社,2006.

[3] 施奈德,埃伯利. 计算机图形学几何工具算法详解[M]. 周长发,译. 北京:电子工业出版社,2005.

[4] Unity 公司,史明,刘杨. Unity 5. X/2017 标准教程[M]. 北京:人民邮电出版社,2018.

[5] 亚当斯. DirectX 高级动画制作[M]. 刘刚,译. 重庆:重庆大学出版社,2005.

[6] 罗钟铉,孟兆良,刘成明. 计算几何:曲面表示论及其应用[M]. 北京:科学出版社,2010.

[7] 帕伦特. 计算机动画算法与技术(第 2 版)[M]. 刘祎,译. 北京:清华大学出版社,2012.

[8] 冯乐乐. Unity Shader 入门精要[M]. 北京:人民邮电出版社,2016.